编委会

项 目 负 责 人：马宏伟　黄乃明

项目技术总顾问：樊明武

主　　　　编：张春舞　郑维先　陈志东

副　主　　编：沈沙亭　王伯光

编　　　　委：马宏伟　黄乃明　张春舞　郑维先

　　　　　　　陈志东　王伯光　沈沙亭　张　杰

　　　　　　　郑冬琴　钟伟荣　唐振方　张春林

　　　　　　　赵　玲　张茂平　钟雨乐

审　　　　校：郑冬琴　张茂平　钟雨乐

暨南大学、佛山市顺德区顺能垃圾发电有限公司、广东恒健投资控股有限公司共同资助

垃圾焚烧发电
应用技术及其安全分析

LAJI FENSHAO FADIAN YINGYONG JISHU JIQI ANQUAN FENXI

张春犇 郑维先 陈志东 主编

暨南大学出版社
JINAN UNIVERSITY PRESS

中国·广州

图书在版编目（CIP）数据

垃圾焚烧发电应用技术及其安全分析/ 张春粦，郑维先，陈志东主编. —广州：暨南大学出版社，2019.12
ISBN 978 - 7 - 5668 - 2725 - 8

Ⅰ. ①垃…　Ⅱ. ①张… ②郑… ③陈…　Ⅲ. ①垃圾发电—安全技术—研究　Ⅳ. ①X705

中国版本图书馆 CIP 数据核字（2019）第 202776 号

垃圾焚烧发电应用技术及其安全分析
LAJI FENSHAO FADIAN YINGYONG JISHU JIQI ANQUAN FENXI
主　编：张春粦　郑维先　陈志东

出 版 人：徐义雄
责任编辑：曾鑫华　傅　迪　亢东昌
责任校对：林　琼　苏　洁　王燕丽
责任印制：汤慧君　周一丹

出版发行：暨南大学出版社（510630）
电　　话：总编室（8620）85221601
　　　　　营销部（8620）85225284　85228291　85228292（邮购）
传　　真：（8620）85221583（办公室）　85223774（营销部）
网　　址：http：//www. jnupress. com
排　　版：广州尚文数码科技有限公司
印　　刷：深圳市新联美术印刷有限公司
开　　本：787mm×1092mm　1/16
印　　张：18.5
字　　数：467 千
版　　次：2019 年 12 月第 1 版
印　　次：2019 年 12 月第 1 次
定　　价：68.00 元

前　言

　　作为世界上最大的发展中国家，我国改革开放40多年来，随着经济的快速发展，人民生活水平迅速提高，城市化进程不断加快，城市生活垃圾产量急剧增加。据不完全统计，目前我国城市生活垃圾人均年产量450~500kg，且以每年8%~10%的速度增加，年产量达2.3亿吨，足可以将一个100万人口的城市覆盖1m深以上。城市生活垃圾存量70多亿吨，垃圾侵占土地面积已超过5亿平方米，全国已有600多个城市被垃圾"包围"。住建部的一项调查数据表明：截至2016年，北京每天产生垃圾2.7万吨，每年增长8%；上海的生活垃圾日产量已经超过2.84万吨，每年增长8%以上；广州每天产生的生活垃圾多达1.93万吨，每年增长7%以上。广州、深圳是广东省两座经济、文化排头兵城市，在生活垃圾处理上，同样担当着排头兵的角色。2000年，广深两市同被建设部确定为全国8个垃圾分类收集试点城市；2012年，广东省政府颁布的《广东省生活垃圾无害化处理设施建设"十二五"规划》中，广深两市在生活垃圾处理上同样被赋予重任，需100%实现生活垃圾无害化处理、争创"全国垃圾分类示范城市"等。然而，广深两市如今却在生活垃圾处理上面临一定程度的尴尬，被认为能有效缓解垃圾围城的利器，如垃圾焚烧发电项目，也面临着选址的困难，导致两市在生活垃圾处理上同陷困境。广深两市"垃圾围城"的尴尬与日俱增，围城垃圾成了广深两市政府和群众无法回避的难题。目前广州垃圾处理的最大特色是搭建了"政府搭台，企业唱戏"的平台，让供销企业与城市管理部门合作，解决市民投放生活垃圾中低值可回收物回收处理的难题。

　　据报道，从2014年6月10日开始，历时一个月，广州市相关部门组织1万多名大中小学校长、基层组织代表、媒体记者、青年志愿者等参观广州市有关垃圾焚烧发电厂。广州市市长曾提出：要把垃圾处理当成头等大事来抓，广州垃圾填埋场明年就要填满了，如果不处理好垃圾，政府扛不下去。我们的垃圾处理从来只有一个目标，就是追求生态效益，从来没有追求不切实际的经济效益。政府日后考核垃圾焚烧企业，不会对该企业的经济效益进行不切实际的考核。

　　广州市政府提出，每个周末开放200个参观名额，供市民参观垃圾焚烧发电厂，包括反对垃圾焚烧发电厂选址乃至反对垃圾焚烧技术的市民，通过这些活动，让社会各阶层都了解垃圾焚烧技术是安全的，以达成共识。实现原生垃圾零填埋，为此推动全民发动、人人参与，共同创建良好局面的形成。

　　我国对生活垃圾焚烧技术的研究起步较晚，比世界第一台垃圾焚烧炉的建成晚了一个世纪，到了国家"八五"规划期间才被列入国家科技攻关项目。研究成果表明，城市生活垃圾通过焚烧产生的余热发电，具有明显的社会、环境和经济效益。据预测，1.8亿吨垃圾焚烧可获得的热能相当于1.34×10^7吨石油的能源，按垃圾平均发热量4 600kJ/kg计算，全国每年的生活垃圾中所含能量折合约4.0×10^6吨标准煤，燃烧3吨垃圾所产生的热量相当于1吨标准煤的热量，一座城市的垃圾就像一座低品位的露天煤矿，可以长期开发。我国每年环保投入超过1 000亿元，面对这项"朝阳产业"，将形成一个前景广阔的新兴产业——环卫工程产业。

城市垃圾在运输、储存、燃烧过程中有可能产生二次污染问题，对大气、土地、水体和人类生存环境造成严重污染，不仅影响城市环境质量，还威胁着民众的健康，已成为社会公害。

垃圾焚烧发电过程将产生二噁英等有害物质，控制二噁英的产生和排放是垃圾焚烧的关键技术问题之一。二噁英在一定条件下可以降解，首先焚烧炉设计要严格符合《生活垃圾焚烧炉及余热锅炉》（GB/T18750—2008）的要求，能确保烟气在炉内850℃以上的温度环境下停留2s以上，这保证了焚烧炉内部的二噁英被降解掉。其次在烟气从焚烧炉到烟气净化系统的过程中，随着温度降低，又会合成二噁英形成二次污染，于是要对尾气进行净化处理，通过喷入活性炭吸附烟气中的二噁英类物质和重金属，然后进入布袋除尘器，通过过滤，将烟气中的细灰尘粒、吸附有二噁英和重金属的活性炭颗粒等捕集后排出，符合环保要求的洁净烟气由80～90m的高烟囱排入大气。对排放的物质通过在线监控等手段进行监管，确保公众安全。

目前，我国生活垃圾发电技术研究和应用成果缺少完整、系统和成熟的设计技术和运行经验。本书作者在收集、整理、归纳国外大量资料和实践经验的基础上，参照深圳绿色动力环境工程有限公司在垃圾发电行业盈利模式、投融资模式、工程建设管理、工厂运营管理、企业战略和技术开发等方面积累的经验，以及暨南大学理工学院、暨南大学环境工程学院、广东恒健投资控股有限公司和广东省环境辐射监测中心等有关垃圾焚烧发电技术及其安全分析的科研成果，分工合作撰写了《垃圾焚烧发电应用技术及其安全分析》一书。本书对生活垃圾管理部门、垃圾发电厂建设单位、研究设计单位、大专院校等有关人员均具有参考价值。

本书的编写分工如下：第一章：张春舞、黄乃明；第二章：郑冬琴、钟伟荣、张春舞；第三章：张春林；第四章：唐振方、张春林、张春舞；第五章：陈志东、钟雨乐；第六章：郑维先；第七章：赵玲；第八章：张杰、钟伟荣、张春舞；第九章：王伯光、郑冬琴、张茂平；第十章：沈沙亭。

本书由马宏伟教授、黄乃明教授任项目负责人；樊明武院士任项目技术总顾问；张春舞教授、郑维先高级工程师、陈志东高级工程师任主编；沈沙亭高级工程师、王伯光教授任副主编。

由于作者水平有限，书中不妥之处在所难免，敬请专家和读者指正。

编　者
2019年3月15日

目　录

1 绪 论

1.1 编写本书的背景及意义

随着我国经济的高速持续增长,工业化和城市化进程不断加快,城市规模不断扩大,人民生活水平迅速提高,我国城市生活垃圾的数量急剧增加,引起了日益严重的各种环境污染问题。住建部的一项调查数据表明,目前全国有1/3以上的城市被垃圾"包围"。全国600多座大中城市中,有1/4的城市已没有合适的场所堆放垃圾。截至2016年,北京每天产生垃圾2.7万吨,每年增长8%;上海生活垃圾的日产量已超过2.84万吨,每年增长8%以上;广州每天产生的生活垃圾1.93万吨,产量年均增长7%。据统计,2016年我国城市人均日产垃圾量约2.25kg,且每年以8%~10%的速度增长。目前全国积存的城市生活垃圾总量高达70多亿吨,侵占土地面积5亿多平方米,有日益加剧之势,严重破坏了城市生态环境,制约着我国城市经济发展。城市生活垃圾的减量化、无害化和资源化已成为我国城市建设亟待解决的关键问题之一。

目前城市生活垃圾处理方式主要有填埋、焚烧和堆肥三种。垃圾处理方式的选择与社会经济发展水平、人口密度、土地面积、垃圾组分和环保意识等有关。我国城市生活垃圾处理一直以填埋为主,但近几年来,垃圾焚烧技术具有无害化、减容(90%以上)、减量(80%以上)的特点,而且垃圾焚烧方法占地面积小、运行稳定、对周围环境影响小,因而在我国的经济发达地区如北京、上海、广州及珠三角和长三角等得到推广和应用。据了解,《广东省生活垃圾无害化处理设施建设"十二五"规划》指出:"十二五"期间全省规划建设36个生活垃圾焚烧项目,处理能力约为4.31万吨/天,其中珠三角地区处理能力约为3.39万吨/天。

垃圾焚烧过程中伴随的二次污染问题是难以从根本上避免的。一段时间以来,因民意汹涌反对建垃圾焚烧发电厂事件不断发生,甚至愈演愈烈,给各级政府和相关企业带来前所未有的社会舆论压力。

2010年1月,广州社情民意研究中心最新公布的广州生活垃圾处理民意调查结果显示,48.6%的市民不赞成垃圾"一烧了之",高达96.4%的市民认为"文明处理垃圾是社会生态文明的重要组成部分"。民调显示了民众对垃圾处理方式的鲜明态度,主要基于民众对保护生态环境的需求,在一定程度上,这是民众维护自身利益的无声表达。在没有获得可信依据之前,市民不愿意垃圾焚烧发电厂建在自家周边,因而垃圾处理陷入窘境,这不仅是处理方式的争议,也是项目选址的较量。

解决垃圾围城之困势在必行,然而,垃圾处理发电厂选址之难如何破解呢?市民的心态之忧如何化解呢?解忧,需仰仗先进的科学技术解决垃圾处理终端"死结"。垃圾围城步步紧逼,寻找出路迫在眉睫,政府部门及有关企业应该依靠高等学校、科研单位拿出科学、权威的依据,从垃圾处理技术、市场运营、市民接受方面进行论证,公众的接受度是垃圾焚烧发电发展的最重要因素。

垃圾焚烧发电厂选址邻避现象的本质是一个关于人性公平的问题。在解决垃圾焚烧发电厂产生的社会冲突机制时，如以损害少数人利益为代价，追求所谓社会成本最低的邻避机制是无效的，要在成本收益过程中考虑人性公平这一因素，以确保公众参与合理补偿、科学选址、运行管理等，形成一种具有稳定性的制度，才能使垃圾处理设施的邻避现象及其社会冲突问题从根本上得到解决。以广州李坑生活垃圾焚烧发电厂为例，在选址和建厂过程中，已制定生活垃圾终端处理设施区域生态补偿办法，每半年拨付一次生态补偿费，其中 2012 年生态补偿费为 3 650 万元，主要用于垃圾处理设施周围环境综合治理，包括生态环境修复、公共设施建设、经济发展扶持、居民生活改善、居民健康检查、居民参与环境监督等，较好地解决了垃圾焚烧发电项目选址的困难，得到广大居民的理解和支持。

1.2　垃圾焚烧发电技术的特点

1.2.1　利用垃圾焚烧发电技术，实现垃圾减量化、资源化和无害化处理

建造垃圾焚烧发电厂是快捷、有效、能彻底处理垃圾的最优方法之一，它能实现垃圾减量化、资源化和无害化处理。

1. 减量化

垃圾焚烧发电过程实质上是质量传递、化学反应、结构变化、热传递等物理化学反应综合的复杂过程。垃圾吸收热量后，通过高温氧化过程，把可燃物氧化为二氧化碳和水，同时释放热能，水分蒸发，排出烟气和灰渣，伴随这些过程开始、发展、结束和交替，垃圾本身的体积减容 90% 以上，质量减量 80% 以上。这对生活垃圾管理目标具有重要意义。

2. 资源化

垃圾焚烧发电的资源化效益主要来自其热能回收，以电能输出来体现，这一效益代表了生活垃圾重要的资源价值。

目前我国生活垃圾具有成分复杂、水分高（水分在 50% 以上）、热值低（平均热值只有 1 047 ~ 4 187kJ/kg 或 800 ~ 1 000kcal/kg）的基本特点。随着城市化进程加快、煤气化普及、市民生活物质水平的提高，垃圾热值也会不断提高。垃圾具有可观的回收价值，3t 垃圾可顶 1t 煤。如何利用垃圾的热值，是垃圾资源回收利用需关注的重点。

3. 无害化

垃圾焚烧将垃圾中的病原菌彻底杀灭，达到无害化的效果。依靠垃圾焚烧进行发电的企业作为一类能源企业，安全因素是决定其成败的关键因素。焚烧后的垃圾达到了无害化，可以无害填埋。由于垃圾组分复杂，焚烧过程中有多种有害气体和有毒物质排出，如 SO_2、NO_x、HF、HCl、二噁英等气体，垃圾中含有重金属物质如汞、镉、铅等，经高温焚烧后，其中一部分因焚烧蒸发而存在于烟气中，因此，垃圾焚烧存在的主要问题，是焚烧后排放的烟气是否达到国家允许标准的问题，必须在保证无害的基础上实现烟气达标排放。我国制定和实行严格的垃圾排放管理标准，在烟气处理、尾气排放上要求达到标准。具体措施是增加尾气处理，用布袋除尘器使其除尘效率达到 99% 以上，对尾气进行喷淋 CuO 吸附除去 SO_2、NO_x、HF、HCl；用活性炭吸附清除上述有害气体及重金属

等；炉内控制燃烧温度在 850℃ 以上，烟气在炉内停留时间不小于 2s，烟气中含氧量不少于 6%，并合理利用 3T（Temperature，Turbulence，Time）技术，即提高炉温、增强湍流、延长烟气停留时间，使燃烧物与氧气充分搅拌混合，形成富氧燃烧状态，减少二噁英前驱物的产生。电子束法烟气净化技术是近年来发展较快的一项烟气净化高新技术。使用电子加速器产生的电子束让烟气中的氧气和水分经高能电子束辐照后产生活性粒子，如氧化性自由基·OH 和·O 等，进而破坏二噁英的化学结构，对二噁英的分解率在 90% 以上；大量的自由基与烟气中的 SO_2 和 NO_x 以及注入 NH_3 进行反应，最后产物是硫酸铵和硝酸铵，其脱硫率达到 90% 以上，脱硝率达到 50% 以上，从而使垃圾焚烧尾气的排放达标有保证。

1.2.2 垃圾焚烧发电设备的特点

1. 垃圾焚烧发电用的锅炉

垃圾焚烧发电系统的关键设备之一是焚烧炉。由于垃圾组分复杂、水分高、热值低、含有腐败性有机物及有害物质，焚烧炉的设计必须充分考虑垃圾在炉内停留时间、燃烧温度、烟气在炉内停留时间及紊流，从而达到垃圾完全燃烧、气体完全燃烧、控制恶臭、抑制二噁英的产生。按燃烧方式不同，焚烧炉可分为机械炉排焚烧炉、流化床焚烧炉、旋转窑焚烧炉和热解气化焚烧炉，由于后两种炉的焚烧处理量较小，一般较少使用在较大的垃圾发电厂工程上。

（1）机械炉排焚烧炉。机械炉排焚烧炉技术已有 100 多年历史，大型垃圾焚烧处理发电厂 90% 以上使用该技术，其具有完善、成熟的特点，是当今世界垃圾焚烧主流技术。该炉大体可分三段：干燥段、燃烧段、燃尽段。按照炉排运动特性可分为：固体炉排炉、移动炉排炉、转动炉排炉和震动炉排炉等。由于生活垃圾形态的多样性，常具含有各种不规则固体、含水分较高等特点，对于混合型垃圾不适合单独使用机械炉排焚烧炉进行焚烧处理。该炉的主要优点是适用大容量（200t/d 以上）、燃烧可靠、运行管理容易和余热利用率高；主要缺点是造价高、操作维修费高、对连续和操作运转技术要求高。

（2）流化床焚烧炉。流化床焚烧炉是利用流态化技术进行垃圾焚烧，在炉内有大量的石英砂作为热载体。流化床在焚烧垃圾前，通过喷油燃烧将炉内的石英砂加热至 600℃ 以上，垃圾破碎至 5cm 以下的粒度投入炉内，流态化的垃圾与煤体强烈混合，垃圾水分很快蒸发，使垃圾变脆而燃烧。

流化床焚烧炉由于有热载体的存在，燃烧稳定、对垃圾变化适应性好、燃烧热效率高。由于炉内温度可控制在 850℃ 左右，因而可降低 NO_x 的产生，同时可在炉内直接喷入石灰，与 SO_x、HCl 等酸性气体反应，达到去除酸性气体的目的。其缺点是垃圾必须分选破碎，分选机破碎系统复杂，消耗动力大，同时要使垃圾及煤体处于流化状态也必须消耗很大的动力，流化态固体颗粒对炉墙磨损严重，由于国内垃圾热值较低，难以单独燃烧，需与煤进行混烧。

由于流化床焚烧炉的特点是对垃圾种类的适应能力强，对垃圾质量要求低，热值达到 3 349kJ/kg 以上的垃圾都可以燃烧，所以用流化床焚烧炉焚烧比较合适，近期采用流化床焚烧炉设备的垃圾热电厂较多，因为助燃煤的价格仅为油的 1/20 ~ 1/7，这就使以煤助燃的流化床垃圾焚烧炉的热电厂发电、供热成本具有竞争力，有利于我国垃圾处理市场化的进展。

2. 垃圾焚烧发电用的汽轮机

由于垃圾焚烧发电厂产汽量有限，因此，适用于垃圾焚烧发电厂的汽轮机均为凝汽式汽轮机。一种功率在 6～12MW、低压段抗水蚀能力强、变工况能力强的中压或次高压凝汽式汽轮机适用于垃圾焚烧发电厂。

由于垃圾中可燃有机物的热值远低于燃煤发电厂所用的煤，目前建成或正在筹建的垃圾发电厂锅炉所产生的蒸汽压力一般在 4.0MPa 左右，蒸汽温度为 400℃左右，每台焚烧炉的产汽量约为 30t/h，一般日处理垃圾 1 000t 左右的垃圾焚烧厂设置 3～4 台焚烧炉，总产汽量为 90～120t/h。从我国汽轮机设计制造现状结合垃圾焚烧厂产汽情况来看，现有汽轮机产品中完全适用于垃圾焚烧发电厂的很少，因此必须对现有汽轮机进行创新、改型设计。上海浦东新区生活垃圾焚烧厂的汽轮机发电机组是这类汽轮机的代表，它采用 3 台垃圾焚烧炉，每台炉产汽量为 29.32t/h，参数为 4.0MPa/400℃的过热蒸汽，设计 2 台功率为 8.709MW 的汽轮发电机组，每台机组进汽量为 43.98t/h，进汽参数为 3.85MPa/390℃，以此作为汽轮机的设计参数。

1.3　国内外垃圾焚烧发电技术应用现状

人类利用垃圾焚烧产生蒸汽和发电已有 100 多年的历史。100 多年前，德国已经开始进行垃圾焚烧技术的研究，第一个固体废物焚烧发电设备于 1895 年在德国汉堡建成。第二次世界大战后，由于资源短缺和能源危机的影响，发达国家转向对垃圾实行"资源化"处理，垃圾焚烧发电技术在发达国家迅猛发展。德国是世界上最早进行垃圾发电技术开发的国家，目前已有 50 多套从垃圾中提取能量的装置及 10 多座垃圾发电厂。美国从 20 世纪 80 年代起，由政府投资 70 多亿美元兴建垃圾焚烧发电厂，1905 年在纽约建成了垃圾焚烧发电厂，目前已建成大中型垃圾焚烧发电厂 400 多座。底特律拥有世界上最大的垃圾焚烧发电厂，处理规模达 4 000t/d，发电总量达 65MW。日本的年产垃圾量很大，是世界上拥有垃圾焚烧发电厂较多的国家之一，已有垃圾焚烧发电厂 100 多座，垃圾处理总量达 5.2 万吨/天，发电总量 32MW，每天垃圾焚烧处理量占垃圾总量的 77%以上。法国共有垃圾焚烧炉 300 多台，可将城市垃圾的 40%以上处理掉。在荷兰、瑞士、丹麦、瑞典等国家，焚烧已成为垃圾处理的主要手段。目前欧洲有 500 多座垃圾焚烧发电厂在运行，每座处理能力为 130～1 800t/d。

国外垃圾焚烧发电技术和工艺设备已较为成熟。目前的焚烧方式主要有层燃方式、流化悬浮燃烧方式和沸腾悬浮燃烧方式。用于垃圾处理的焚烧炉有机械炉排焚烧炉、流化床焚烧炉、热解气化焚烧炉和旋转窑焚烧炉。目前使用较多且单炉处理容量最大的是机械炉排焚烧炉，常用的有马丁炉排焚烧炉和滚筒炉排焚烧炉等。从燃烧方式来看，流化床焚烧炉有很多优点，如炉体结构简单，但处理能力小（20～150t/d），在很多国家使用受到限制；旋转窑焚烧炉主要适用于处理危险废物，在城市垃圾处理中应用不多；从烟气污染控制来看，热解气化焚烧炉有很多优点。

我国作为世界上最大的发展中国家，每年将产生垃圾 1.5 亿吨，每年增长 8%～10%，约占世界总量的 20%～30%。目前很多垃圾未经处理，堆积在城郊，垃圾存量已达 70 多亿吨，侵占土地面积 5 亿多平方米，全国 600 多座大中城市约有 1/4 陷于垃圾包围中，如何处理这些问题，已成为当前社会和各级政府关注的焦点。

国外垃圾焚烧发电技术的发展已充分证明，生活垃圾通过焚烧产生余热发电，具有明显的环境效益、社会效益和经济效益。我国垃圾焚烧发电技术研究起步于 20 世纪 80 年代中期，1987 年国内第一座垃圾焚烧发电厂深圳清水河垃圾焚烧发电厂投入运行，短短 20 多年，我国垃圾焚烧技术有了快速发展，大中城市建成了 140 多座垃圾发电厂，主要集中在北京、上海、广州、深圳等大城市。按照国家"十一五"规划要求，拟建和在建的垃圾焚烧发电厂 60 多座。现将我国已开发或使用的垃圾焚烧发电情况简述如下：

①北京。截至 2016 年，北京日产生活垃圾 2.7 万吨，并以每年 8% 的速度增加。为清运这些垃圾，每年要耗费 6.8 亿多元。目前北京的垃圾以填埋为主，每个大型垃圾填埋场占地 300 ~ 1 000 亩，使用寿命 10 ~ 14 年，如果全部填埋消纳，每年需占用 1 000 亩土地，每年处理费需 12.25 亿元。北京朝阳绿色环保垃圾发电厂，每日焚烧垃圾 2 000t，年发电 $1.36 \times 10^8 kW \cdot h$，总投资 6.8 亿元；2013 年底，亚洲最大的北京鲁家山垃圾焚烧发电厂建成，焚烧规模达 1.6 万吨/天，北京成为世界最大的垃圾焚烧城。

②上海。截至 2016 年，上海生活垃圾日产量已超过 2.84 万吨。上海浦东新区垃圾焚烧发电厂日处理量 1 000t，两套 8.5MW 发电机组，总投资 6.7 亿元。利用垃圾作燃料，每年相当于节省标准煤 $5.5 \times 10^4 t$，每年可减少 $9.3 \times 10^6 t$ 垃圾运输费用。上海闵行垃圾焚烧厂日处理量 3 000t，占地面积 200 亩，总建筑面积 3.8 万平方米，配置 4 台 750t/d 焚烧炉，2 台 25MW 汽轮发电机组，每年可发电约 3 亿千瓦·时，总投资 14 亿元。

③广州。截至 2016 年，广州每日产生的生活垃圾高达 1.93 万吨，垃圾产量年均递增 7%。广州李坑垃圾焚烧发电厂于 2004 年建成，日处理量 2 000t，每日发电总量 25 万千瓦·时，总投资 10 亿元。目前广州已建成资源热力电厂两座（广州市第一资源热力电厂一、二分厂，处理能力 3 000t/d），另外四座资源热力电厂已开工建设，2017 年底，广州垃圾焚烧能力可达到 1.6 万吨/天。广州垃圾处理最大特色是搭建了"政府搭台、企业唱戏"的平台，让供销企业与城市管理部门合作，解决市民投放生活垃圾中低值可回收物回收处理难题。广州实施了居民区"定时定点"分类投放垃圾模式，引进第三方进入垃圾回收体系，对全国城市实现绿色循环低碳处理、破解全国性垃圾围城问题提供了宝贵的经验。

④深圳。2016 年，深圳每天生活垃圾日处理量 2.13 万吨，年均递增 8%。1988 年，我国第一座现代化垃圾焚烧发电厂——深圳罗湖区草铺大坑发电厂建成，占地面积 6 万平方米，处理能力 300t/d，一套 0.5MW 发电机组。1990 年，该厂二期工程建成，处理能力 450t/d，一套 3MW 发电机组，发电量 $2.27 \times 10^7 kW \cdot h$，供热 49.17GJ。

国内垃圾焚烧发电技术及其设备情况如下：

目前我国有 30 多家生产企业、研究单位和大专院校在研究开发各种垃圾焚烧技术及设备。目前国内用于垃圾焚烧的技术主要是机械炉排焚烧炉技术和流化床焚烧炉技术。在我国目前建成的和在建的垃圾焚烧发电厂中，机械炉排焚烧炉和流化床焚烧炉平分秋色。旋转窑焚烧炉主要适宜处理危险废物，在生活垃圾处理中应用不多，用热解气化炉来焚烧处理垃圾是一种新型燃烧技术，它具有燃烧充分、热效率高、炉渣热灼减量小、烟气污染控制较容易等优点，但单炉处理能力受炉膛直径放大的限制而较难提高。

目前国内正在使用或研究开发的焚烧炉的途径是引进国外技术的焚烧炉和国内开发的焚烧炉。

1. 引进国外技术的焚烧炉

（1）马丁炉排焚烧炉。深圳于 1985 年从日本引进 2 台处理能力为 150t/d 的三菱马丁炉排焚烧炉，1 台 500kW 发电机组及配套设备。1996 年又增造 1 台国产三菱马丁炉和1 台 3 000kW 发电机组及配套设备，其中 85% 以上为国内生产。近年来，珠海、宁波等国内一些经济发达城市的生活垃圾焚烧厂也引进国外的炉排焚烧炉技术设备。如上海浦东垃圾焚烧发电厂引进德国 BABCOCK 的 SITY 200 逆推往复式炉排焚烧炉；珠海生活垃圾发电厂引进美国炉排；宁波垃圾焚烧发电厂引进德国诺尔的马丁炉排。总的看来，对引进技术的消化吸收还不够，归纳起来主要有如下几个问题：①对热值低、水分高、成分复杂的生活垃圾适应性不好。②工程投资大。目前国内利用国外先进技术建造的焚烧厂建设工程投资大，折合吨工程投资约 50 万 ~75 万元，而引进技术、关键设备国内生产的吨工程投资约 34 万 ~45 万元，技术和设备全部国产化的吨工程投资只要 25 万 ~30 万元。③运行成本高。据统计，我国目前运转基本正常的国外技术建造的垃圾焚烧发电厂运行费用为 180 万 ~300 万元/吨。

（2）旋转窑焚烧炉。广州重型机械厂引进美国西屋公司技术生产的旋转窑焚烧炉；北京国信公司引进加拿大技术生产的旋转窑焚烧炉。

（3）热解气化焚烧炉。加拿大瑞威公司引进在国内生产的水平式控气焚烧炉，即一种热解气化焚烧炉。

2. 国内开发的焚烧炉

目前国内开发的生活垃圾焚烧技术主要是机械炉排焚烧炉技术、流化床焚烧炉技术和热解气化焚烧炉技术。北京昌平区建成的日处理 300t 的生活垃圾焚烧炉是链条炉排焚烧炉；北京燕山石化生活垃圾焚烧炉是往复式炉排焚烧炉。中科院、清华大学和浙江大学都进行了流化床焚烧炉的开发与研制。清华大学与太原烽亚机电设备有限公司合作研制与开发了城市垃圾立式热解焚烧炉系统。虽然国内现有研究开发的焚烧炉种类很多，但单炉处理容量不大，总体技术水平一般较低。如焚烧炉膛优化设计欠缺考虑，大多数焚烧系统没有设置二燃室进行强化烟气燃烧，焚烧炉后续焚烧尾气处理系统比较简单，燃烧过程的控制系统薄弱等。由于焚烧温度较低，多数只能达到 500℃ ~700℃，焚烧烟气中含有大量有机物，气体燃烧不完全，会对大气环境造成污染，这不利于加强环境保护和环保产业的健康发展。

1.4　垃圾焚烧发电技术的发展前景及存在问题

据统计，我国人均年产垃圾 400kg，无害化处理率仅为 35.7%，年产垃圾总量为1.8 亿吨，足可以使一个 100 多万人口的城市被垃圾覆盖 1m 深以上，垃圾处理已成为重大难题。面对垃圾泛滥成灾的现实，世界各国已从如何控制和销毁垃圾转变为科学处理、利用垃圾，将垃圾列为维持经济持续发展重要资源，向垃圾要资源、要能源、要效益。从资源角度来看，它是地球上在增长的资源，一种潜在的资源。我国是当今世界第二大能源消费国，目前中国能源的需求预计将以每年 4% ~5% 增长。经计算，每燃烧 3t 垃圾可获得相当于燃烧 1t 煤的热量。利用 1t 垃圾，可获得 300 ~400kW 的电能；按年产垃圾1.8 亿吨计算，垃圾焚烧获得的热能相当于 $1.34 \times 10^7 t$ 石油的热能；按垃圾平均发出的热能为 4 600kJ/kg 计算，全国每年产生的垃圾中所含的热能可以折合成约 $4.0 \times 10^6 t$ 标准煤。垃圾焚烧处理后灰渣呈中性，无臭味，不会引发二次污染，并且体积减小90%，质量减少80%以上。垃圾焚烧发电可以作为城市供热、供气、供电的重要能源。据初步测算，我国城市生活垃圾每年可创造财富达2 500亿元，若全国有20%～30%的城市垃圾采用燃烧方式处理，将形成300亿～450亿元的环保设备市场。广东珠三角地区已建成垃圾发电厂10多个，形成了40多亿元的产业规模。随着垃圾的回收、处理、运输及综合利用已形成产业化，垃圾发电将成为像太阳能发电、风能发电一样的新能源方式。

在国外，垃圾处理所需的成套机械已形成一个前景广阔的新兴产业——环卫工程产业。我国每年环保投入超过1 000亿元以上，面对这项"朝阳产业"，国内有关行业应抓住机遇，迅速发展。

我国垃圾发电之所以发展较慢，主要是受到经济、技术和安全问题制约。垃圾焚烧发电必须具备以下条件：

（1）城市生活垃圾低热值较高，一般需达到4 187J/kg，才能不加辅助燃料进行焚烧发电。目前我国城市垃圾热值较低，水分含量高，地区差别大，东部地区城市平均为3 140J/kg，中部地区为2 219J/kg，西部地区为1 507J/kg。就全国而言，全靠焚烧垃圾发电条件是不够的，但北京、上海、广州、深圳和各省的省会城市，燃气率高达90%，生活垃圾低热值大于4 187J/kg。按居民生活燃气率逐年提高趋势，城市燃气率必将很快增加，垃圾的热值也会相应提高。

（2）垃圾发电投资大，运行费用高。美国洛杉矶市Long Beach垃圾发电厂容量为100MW机组，总投资1.1亿美元，年运行维护费1 200万美元。据测算，我国建设大型垃圾发电厂，建设投资比卫生填埋高6倍以上。如深圳宝安垃圾发电厂，垃圾处理量600t/d，当地政府每年需补贴2 300万元才能有经济效益；上海浦东、浦西垃圾发电厂，垃圾处理量1 000t/d，总投资约7亿元；北京高安屯垃圾发电厂，总投资7.5亿元。

（3）较完善的垃圾分类收集和转运系统。目前我国城市垃圾分类不完善，输运系统（中转站到处理场）建设滞后。输运系统建设需投入大量资金，居民改变垃圾分类收集的习惯也需时日。

从我国现有焚烧技术的运行情况来看，焚烧技术的发展主要存在以下主要问题：

（1）从国外引进的焚烧炉，由于焚烧系统的设计主要以垃圾焚烧处理后充分达到无害化、减量化和资源化为主要目标，对系统的经济性、垃圾组分波动性的考虑不够充分，使得设备投资较高、关键高温部件使用寿命较短、维修不够方便。

（2）从国外引进技术在国内生产制造的焚烧炉，由于炉排和焚烧炉自控系统必须使用国外产品，价格居高不下，日处理每吨垃圾投资达40万～70万元，是其他处理方法的5～10倍。

（3）须建立完善的垃圾焚烧技术准入制度和评价体系。目前我国大量低水平垃圾焚烧技术和设施仍在应用，一些垃圾焚烧处理技术和设施存在烟气（特别是二噁英）不达标，渗滤液处理不完善，飞灰没有严格按照危险废物进行安全处置。因此有必要加快完善特许经营制度，进一步规范垃圾发电技术市场准入条件，引导先进清洁的垃圾发电技术的应用，强化对技术应用全过程的监督和管理。

综上所述，垃圾焚烧发电是一种新型能源，垃圾焚烧发电产业是社会公益型产业，在产业发展政策中，国家将其列为优先发展产业，对垃圾发电给予了一系列优惠政策支持，运用市场利益激励机制，吸收更多的投资和企业。我国的垃圾发电起步较晚，但前景乐观，有丰富的垃圾资源，有极大的潜在社会经济和环境效益。现在全国城市每年因垃圾造成损失 300 亿元，而其综合利用能创造 2 500 亿元的效益，同时还可以保护环境。

1.5 垃圾焚烧发电与环境保护

我国城市垃圾发电的环境保护目标是推行分类收集、密闭运输、无害化处置的技术路线；研究开发适合我国国情的处理处置技术和设备，推进垃圾处理产业化，以减量化为前提、以无害化为主体、以资源化为目标，在保证最大限度减少垃圾污染的前提下，实现垃圾资源化。

垃圾焚烧发电技术是一种高度复杂、成本相对昂贵的垃圾处理技术。生活垃圾的输运、贮存与燃烧过程都有产生二次污染的可能性。如颗粒物、二噁英、SO_2、NO_x、HCl、HF 和重金属（Hg、Cd、Pb）等空气污染物。垃圾焚烧发电处理减容、减量、无害化程度都很高，焚烧过程产生的热量用来发电可以实现垃圾资源化，不造成环境的二次污染。保护环境、变废为宝是我们首要的目标。根据国内外的经验，建设垃圾焚烧发电厂，可以改善环境，还能提供能源，是一种较好的垃圾处理方法。

引起垃圾焚烧二次污染的因素错综复杂并相互影响，如重金属可能是二噁英生成的部分催化剂。对无害化焚烧处理，需要制定和完善垃圾焚烧二次污染物排放限值浓度标准，并制定垃圾焚烧的污染控制法规，以规范和扶持垃圾清洁焚烧处理工艺的发展。归根结底，解决垃圾问题的根本方法是从源头上减量化，有效控制垃圾的过快增长。从资源化角度来看，推动垃圾分类收集，因地制宜，实现垃圾分类处理和资源化利用。为了达到无害化的目的，在垃圾焚烧过程中都必须按我国有关的标准、法规限制有害、有毒污染物的排放。垃圾焚烧过程中产生的二次污染源是飞灰和气体污染物，飞灰是法规中要求最严格的部分，因为飞灰是一类浸取毒性很大的复杂颗粒物，含有重金属和有机物等。对飞灰这类固态污染物的处理指标，其毒性浸取试验结果应符合地面水水质标准，其处理方法是水泥固化、在填埋场中填埋等。气态污染物如二噁英、HCl、NO_x 等，对其治理和排放应严格执行我国《生活垃圾焚烧污染控制标准》。

垃圾焚烧发电厂的发展要与环境保护相统一。

（1）焚烧发电厂实现了垃圾处理的减量化、资源化、无害化，是对环境保护的贡献。因而垃圾焚烧发电厂与环境保护是相统一的。

（2）垃圾焚烧炉技术的发展是一个关键因素。国外采用的炉排炉不完全适合我国城市垃圾热值偏低和水分高的特点。近年来发展的流化床燃烧技术利用炉内燃料的充分流动、混合，从而实现高效清洁燃烧，为流化床焚烧炉的推广应用又创造了较好的环境。广东东莞横沥垃圾焚烧发电厂是目前国内最大规模的循环流化床焚烧发电厂，4 个焚烧炉，单炉处理能力为 400t/d，总处理量 1 600t/d，流化床焚烧技术在上述实际应用中得到很好的发展。该循环流化床焚烧炉能充分燃烧垃圾，不可燃杂质很少，因而设备的选择与环境保护相统一。

（3）垃圾焚烧发电过程中二噁英的控制与净化是垃圾能源利用的关键所在。目前国内外的研究主要集中在控制二噁英生产上，对尾气中二噁英的净化研究却较少。因此，尾气处理的研究是垃圾焚烧发电的基本点，是与环保要求相统一的。在垃圾焚烧发电厂的设计、施工和运行过程中要充分考虑加大尾气处理的投资，留出足够空间，提高尾气处理标准，还要考虑飞灰中重金属无害化处理，以达到与环境保护相统一。

参考文献

［1］张益，赵由才. 生活垃圾焚烧技术. 北京：化学工业出版社，2000.

［2］王华. 二噁英零排放化城市生活垃圾焚烧技术. 北京：冶金工业出版社，2001.

［3］胡桂川，朱新才，周雄. 垃圾焚烧发电与二次污染控制. 重庆：重庆大学出版社，2012.

［4］汪玉林. 垃圾发电技术及工程实例. 北京：化学工业出版社，2003.

［5］王丰春，田新珊，蔡广宇. 城市垃圾处理方法综述. 电力环境保护，2003，19（1）.

［6］聂永丰，刘富强，王进军. 我国城市垃圾焚烧技术发展方向探讨. 环境科学研究，2000，13（3）.

［7］袁克，萧惠平，李晓东. 中国城市生活垃圾焚烧处理现状及发展分析. 能源工程，2008（5）.

［8］言惠. 垃圾发电——保护环境，变害为宝. 上海大中型电机，2005（1）.

［9］李晶，华珞，王学江. 国内外城市生活垃圾处理的分析与比较. 首都师范大学学报（自然科学版），2004，25（3）.

［10］王淑兰，孟志鹏，丁信伟. 适用于固定工业源泄放的扩散模型—AERMOD. 化学工业与工程，2003，20（4）.

［11］丁峰，李时蓓. AERMOD 在国内环境影响评价中的实例验证与应用. 环境污染与防治，2007，29（12）.

［12］杨多兴，杨木水，赵晓宏. AERMOD 模式系统理论. 化学工业与工程，2005，22（2）.

2 垃圾焚烧发电厂厂址选择与污染物扩散模拟

2.1 引言

2.1.1 垃圾焚烧发电厂选址的困境

随着我国经济高速发展，工业化和城市化进程加快，人民生活水平不断提高，城市垃圾的数量不断增加，引起了日益严重的各种环境污染问题。城市垃圾围城严重破坏了城市生态环境，制约着我国城市经济发展。城市生活垃圾的减量化、无害化和资源化已成为我国城市建设亟待解决的关键问题之一。

垃圾焚烧处理技术具有处理设施占地较少，减量效果明显，臭味控制相对容易，焚烧余热可以利用等优点。对于土地资源紧缺、人口密度高的城市要优先采用焚烧处理技术。

垃圾焚烧过程可能产生二次污染，污染源主要是烟气。烟气由两部分组成：一是颗粒很细的飞灰，如余热锅炉排灰、喷雾反应器排灰、布袋除尘器排灰等；二是气态污染物，如二噁英、氮氧化物、碳氢化合物等。大气环境中的二噁英有90%来源于垃圾焚烧，是目前发现的毒性最强的化合物，其毒性相当于氰化钾（KCN）的1 000倍以上，被称为地球上毒性最强的毒物。二噁英具有致癌毒性、生殖毒性和遗传毒性，直接危害人类后代的健康和生活。因此二噁英污染是关系到人类存亡的重大问题，必须加以严格控制。

但由于垃圾焚烧过程中伴随的二次污染问题难以从根本上避免。建垃圾焚烧发电厂既可节约土地资源、保护环境，同时也能够解决电力不足的问题，一段时间以来，因民意汹涌反对建垃圾焚烧发电厂事件不断发生，甚至愈演愈烈。最具代表性的事件如下：

2009年4月，上海江桥垃圾焚烧厂周边居民举行抗议活动，悬挂标语，称"团结起来，为生存环境不被恶化而抗争"；

2009年5月，深圳数百名居民聚集工地，反对建设白鸽湖垃圾焚烧厂；

2009年8月，北京发生群体性抗争活动，反对建设阿苏卫垃圾焚烧发电厂；

2009年11月，广州番禺区垃圾焚烧发电厂周边居民共数百人集体前往广州市政府上访；

2013年7月，广州花都区狮岭前进村群众因垃圾焚烧厂的选址问题聚众游行抗议。

频频出现的垃圾焚烧处理事件已给各级政府和相关企业带来了前所未有的社会舆论压力，政府不得不投入更多精力到协调和平衡各方利益与不满的矛盾之中。垃圾处理企业同样背负着沉重的社会压力，其正常运营、稳定发展面临巨大的风险。

可以预料，如果没有科学保驾护航，任凭政府官员或企业人士喊得舌敝唇焦，也难以服众，问题的死结难以解开，欲解垃圾围城，首先得解开市民的"心结"。

2.1.2 垃圾焚烧发电厂选址的邻避效应

垃圾焚烧发电厂选址问题是邻避设施的选址问题。垃圾焚烧发电厂选址、建厂以及之后运营管理都可能面临较大的风险。

国外常称邻避设施为不受居民欢迎的设施"露露"（即地方排斥的土地使用，Locally Unwanted Landuse，简称 LuLu）。邻避设施所产生的效益为绝大多数人所共享，设施附近居民承受污染，这就导致少数人的生活环境质量变差。当少数人的利益受损超出忍受极限时，设施附近居民开始抵制就不可避免，导致不断的抗争现象，甚至形成剧烈冲突，反抗就随之而起。

为解决"垃圾围城"之急，广大群众都认为政府设置垃圾焚烧发电厂是合理的，但绝不同意把垃圾处理设施建在自家住地周围。从社会范围而言，垃圾处理美化了城市居民的居住环境而产生正能量，因而得到绝大多数市民的赞同；从垃圾处理所在地区而言，因为垃圾处理可能存在产生"二次污染"的风险，因而垃圾处理过程存在明显的负能量，常被垃圾处理厂周围居民抵制，这就是"邻避效应"。

2.1.3 垃圾焚烧发电厂选址的解决途径

国内外经验表明，解决垃圾焚烧发电厂选址中的社会冲突，法律并不是万能手段，采用协商、谈判、调节等方法公平合理地解决冲突是有效的途径，具体方案是：

1. 国外在垃圾焚烧发电厂选址中的解决途径

（1）发达国家解决垃圾焚烧发电厂选址的经验表明，如果市民受教育程度高，环保、公益意识强，垃圾分类彻底，便于垃圾处理场设置，甚至在城区中心建设垃圾焚烧发电厂，这些都克服了人们心目中垃圾处理的脏、乱、臭、二噁英和蚊蝇等问题。

（2）垃圾处置的权威性强，配套设施到位，只有环评能通过的厂址才能规划立项，这从根本上解决了选址问题。

（3）着力解决垃圾焚烧发电厂运营过程中产生的"二次污染"问题，尤其是能够解决垃圾焚烧发电厂产生的二噁英问题。如日本的垃圾焚烧发电厂和香港兰桂坊垃圾转运站，建在繁华的休闲一条街上。由于技术先进，如果没人指示，外人一般察觉不到它的存在。

（4）建造垃圾焚烧发电厂，最终目的是改善人居环境，为人民创造良好的生活条件，运营后不会以营利为目的，也不能获得高的收入回报，不能以牺牲居民利益为代价。因此选址过程中搭建一个让冲突各方平等沟通的协商平台，在邻避设施决策和冲突产生过程中，设置通畅的对话渠道，才不至于把矛盾激化和扩大，社会冲突事件自然减少。

2. 国内在垃圾焚烧发电厂选址中的解决途径

（1）充分利用国外垃圾焚烧发电厂选址的经验，解决选址中的冲突与协调。

广州番禺区垃圾焚烧发电厂项目引起风波后，出于对环境污染和健康的担忧，广东、北京、上海等地先后发生了多起群体性事件，一部分居民发起反对兴建垃圾焚烧发电厂，抗议发生"二次污染"事故。从政府层面上，垃圾焚烧发电面临着不可抗拒的迫切性；

从居民层面上，越来越多的民众已经获悉垃圾焚烧会带来二噁英等有毒物质，同时也知道，即使在欧美发达国家，关于垃圾焚烧也有很多争议。不难理解，在政府提出的环评报告准确性尚需证明的今天，居民反对在自己家园的附近兴建垃圾焚烧发电厂，就是保护自己健康生存权的最佳选择。

能否找到最佳方案？我国资源环境专家提出：政府与市民难以达成共识，究其原因，这与政府部门在公众心目中的诚信度缺失有关。政府与民众要达成共识，民众支持兴建垃圾焚烧发电厂，但是选址必须在政府或环保部门办公场所附近，由官民双方共同承担垃圾焚烧的风险。这种选址无技术难度，已有国际先例，可充分借鉴，引为己用。这样做可以最大限度争取民心，这就表示垃圾焚烧技术已成熟，不会危害市民健康，消除民众对垃圾焚烧带来的环境问题的担忧。

（2）解决垃圾焚烧发电厂选址需要遵循有关原则。

①受益者补偿原则。在选址冲突中，公共设施的建立会给多数相关者带来益处，同时给其他附近的少部分相关者带来损害，在处理冲突时，受益者应对受损者进行补偿，设施补偿之后，能保证各个相关者受益。

②公平原则。就垃圾发电厂选址而言，不论是城市居民，还是农村居民，都应该得到公平对待，公平享有优美的居住环境、舒适的生活环境、呼吸新鲜的空气、饮用干净的水等。人们不但关心自己是否得到公平对待，而且关心他人是否得到公平对待。虽然只有垃圾发电厂周围少数人承担垃圾处理带来的外部负面效应，但为什么厂址选择中往往会引发大规模的群体冲突呢？虽然垃圾发电厂选址中受害的只有少部分人，但当事件曝光后，特别是受害方与政府发生冲突时，那些没有受到伤害的人，会觉得受害方遭受不公平对待，就像他们自己受到伤害一样，因此，具有公平思想的人，往往会加入他们认为遭遇不公平的一方的抗争中去，因而一个局部的选址问题，最终演变成影响范围广泛的社会冲突问题。随着人们环保意识的增强，在垃圾焚烧发电厂选址中的诉求不仅仅满足于补偿的单一目标，而且提出垃圾焚烧发电厂的邻避问题解决机制的设计应遵循公平原则。在进行制度和机制设计时，包括完善相关法律、法规确保公平的前提和使命；完善立项决策程序，追求公平作为立项首要条件。只有这样，才可能在搬迁安置补偿、选址决策、运行管理等方面形成具有稳定性的制度。

③冲突提出仲裁原则。对垃圾发电厂选址发生冲突时，选择拖延冲突对全体相关者都不利，如果各方难以达成一致时，双方均不可单方面地采取不利对方的行动，应将冲突提交法院仲裁，这也是国外重要经验之一。

综上所述，邻避设施可为广大地区居民带来生活上的便利与福祉，却由于设施附近居民承受污染，导致不断抗争。不受欢迎的邻避设施的解决途径见图2－1。

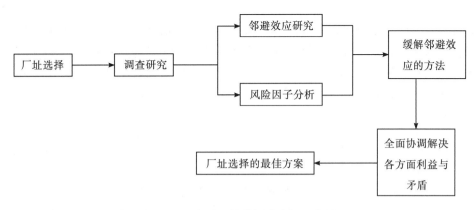

图 2-1 邻避设施的解决途径示意图

2.2 垃圾焚烧发电厂烟气排放对环境影响的模拟

垃圾焚烧发电厂烟气排放对周围环境的影响是选址决策的一项重要参考指标。在发电厂建设之前，通过计算机数值模拟或实验模拟的方法预测发电厂排放物对周围环境的影响水平是必要的。模拟的一般方法是利用当地的实际地形和气候条件，假设一定的污染源，建立合适的模型，模拟污染物在大气中的扩散过程，以此来预测污染物的扩散范围以及污染程度。

计算机数值模拟的对象实际上是模型，模拟的好坏首先决定于模型的好坏，因此模型的构造自然就成为计算机模拟的首要问题，从实际问题提出模型，从而抓住问题的本质；同时还需要熟悉模拟的方法进行模拟。计算机数值模拟结果究竟是否正确，归根结底要由实验来检验。结果的首要问题是模型是否正确，其次是模拟方法和计算程序是否正确，为了保证模拟结果和结论的可靠性，还应该进行物理模拟和现场实验，应当尽可能采用不同方法来互相认证。

2.2.1 计算机数值模拟

当代大气扩散模拟的代表模型包括 U. S. EPA 联合美国气象学会（American Meteorological Society，AMS）共同开发的 AERMOD（AMS/EPA Regulatory Model）模型和英国剑桥环境研究所（Cambridge Environmental Research Consultants，CERC）开发的 ADMS（Atmospheric Dispersion Management System）模型。AERMOD 是在 ISCST3 框架基础上建立起来的，2006 年 U. S. EPA 正式将原来的法规模型 ISCST3 替换成 AERMOD。作为第三代空气质量管理模型的代表，由美国 Sigma 公司开发的 CALPUFF 模型是一种多层、多物种、非稳态的高斯烟团扩散模型，并被 U. S. EPA 推荐为区域尺度（>50km）空气污染物的法规模型。

2018 年国家环境保护部公布的《环境影响评价技术导则 大气环境》（HJ/T2.2—2018）将 AERMOD、ADMS 和 CALPUFF 模型列入推荐模式清单，其中 AERMOD 可用于模拟点、面和体源等排放出的污染物浓度分布，适用于局地范围农村或城市地区、简单或复杂地形；ADMS 除具备 AERMOD 功能外，还可用于局地范围污染物（如 NO、NO_2 和 O_3 之间）干湿沉降和化学反应计算；CALPUFF 则可用于模拟三维流场随时间和空间发生变化时污染物的输送、转化和清除过程，适用于从 50 公里到几百公里范围内污染物的干湿沉降、化学转化，以及颗粒物浓度对能见度的影响等计算。

尽管属于第一代空气质量管理模式，ISCST3 模型凭借其简单易学、计算效率高、对气象数据要求少、包含干湿沉降算法和计算结果较为保守等特点而成为许多国家局地空气质量评估的推荐模型。ISCST3 模型已被广泛应用于垃圾焚烧厂烟气排放引起的周边烟气二噁英浓度的模拟计算。

1. ISCST3 模型

（1）ISCST3 模型简述。

ISCST3 模型的理论基础为稳态高斯（Gauss）扩散方程，即假定污染物的扩散在空间维度上遵循正态分布。

ISCST3 模型的输入文件主要由 5 部分构成，按先后次序分别为 CO、SO、RE、ME 和 OU。其中 CO（control）是输入文件的起始部分，主要为模型计算的各种控制命令；SO（source）用来描述污染源的信息，包括位置、烟囱高度、直径、源强、排烟口温度等；RE（receptor）用来设定受体的位置，可以是直角坐标或极坐标；ME（meteorology）用来设定气象资料，包括地面小时数据，如风向、风速、气温、云层高度、云量和降雨量以及一天两次的混合层高度数据；OU（output）用来指定输出文件的格式和内容。

（2）大气污染物扩散模拟。

在讨论定量计算大气污染物扩散模式之前，需介绍几个术语：

①点源和体积源。释放污染物到大气中的装置称为排放源。按排放源的几何形状可分为点源、线源、面源和体积源。在垃圾焚烧发电厂的环境评价中常用点源和体积源。单一个烟囱，由于它的体积小可以认为是点源。但如果受烟囱附近建筑物的影响很快形成一个体积很大的源，在近距离内应当看作体积源，但从远距离看，它的体积与距离尺度相比很小，也可以看作点源。

②连续源和瞬时源。连续排放的污染源，或者排放时间大于运送到所要考虑的下风向位置的时间的污染源，称为连续源。瞬时源是指短促的时间（如几秒钟）内排出污染物的污染源。

连续源按其排放的持续时间又分短期释放和长期释放。常把几分钟到几小时内释放称为短期释放，在此期间风的平均方向和大气稳定度假定不发生变化；而把时间很长的连续排放称长期释放。一个长期连续排放污染物的装置如果在监测时是短期取样，这种情况下还是应当把排放源作短期释放处理。这实际上是依取样时间来确定是短期还是长期释放源。

③源强。连续源单位时间内排出污染物的量称为源强。瞬时源源强是它排出污染物的总量。连续源排出物的总量有时也称为源强。

连续线源是指连续排放扩散物的线状源，其强度处处相等且不随时间变化。通常把繁忙的公路当作连续线源。在高斯模式中，连续线源等于连续点源在线源长度上的积分，其浓度公式为：

$$C(x,y,z) = \frac{Q_l}{\bar{u}} \int_0^l f \mathrm{d}l$$

式中，Q_l——线源强度，是单位时间单位长度排放的物质量；

　　　　f——连续点源浓度的函数。

连续面源是指源强恒定的面源。

大气污染物扩散模式简述如下：

在平坦地形条件下，在大气温度的垂直分布结构是均匀的和风向没有不连续变化的条件下，大气扩散实验的资料表明：污染物的平均浓度在横风方向和垂直方向都是高斯

分布,即统计学中的正态分布。高斯分布浓度具有下列特点:

①在每一个下风距离上,浓度在横风方向和垂直方向都有一个高峰值。

②在每一个下风距离上,横风方向和垂直方向的浓度分布也都有一个对称轴,轴的两边浓度曲线是对称的。

③在横风方向两边无限延伸,浓度趋于零,当垂直方向坐标向上无限延伸时,浓度也趋于零。

烟羽高斯分布的坐标系如图 2-2 所示:X 轴沿平均风向水平延伸;Y 轴在水平面上垂直于 X 轴,即横风方向;Z 轴在垂直方向上;原点 O 在烟囱底部地面上。

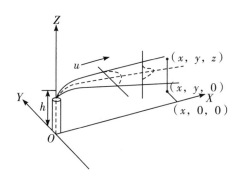

图 2-2 烟羽高斯分布的坐标系

假如污染物顺风移动时,没有从烟羽中迁移,也不增加,即满足连续性条件:

$$Q = \int_0^\infty dz \int_{-\infty}^{+\infty} C\, \bar{u}\, dy \tag{2.1}$$

式中,Q——源强,又称排放率(mg/m³);

  C——污染物在位置 (x, y, z) 的浓度(mg/m³);

  $\bar{u}$——有效排放高度的平均风速(mg/m³)。

同时,考虑地面对污染物烟羽不吸收,在地面上发生全反射,就可以得到满足上述条件的连续点源短期释放时其浓度分布的高斯公式:

$$C(x, y, z) = \frac{Q_l}{2\pi \bar{u}\sigma_y \sigma_z} \exp\left(-\frac{y^2}{2\sigma_y^2}\right) \times \left\{ \exp\left[-\frac{(z-h)^2}{2\sigma_z^2}\right] + \exp\left[-\frac{(z+h)^2}{2\sigma_z^2}\right] \right\} \tag{2.2}$$

式中,C——空间某点 (x, y, z) 的平均污染物浓度(mg/m³);

  h——有效排放高度(m),见图 2-3(a);

  $h = h_s + \Delta h$;

  h_s——烟囱高度(m);

  Δh——烟羽抬升高度(m)。

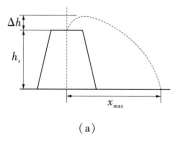
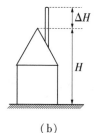

(a)   (b)

图 2-3 烟羽抬升高度示意图

图中，x_{max}——最高浓度点至烟囱中心的最大距离（m）。

对于高烟囱（指高于附近建筑物 $2 \sim 2.5$ 倍的烟囱），在中性和不稳定天气时，可应用如下方程计算烟柱抬升高度 Δh：

$$\Delta h = 1.44 d_i \left(\frac{u_0}{\bar{u}_s}\right)^{2/3} \left(\frac{x}{d_i}\right)^{1/3} - D \qquad (2.3)$$

式中，d_i——烟囱出口内径（m）；

u_0——烟羽出口的初速度（m/s）；

$\bar{u}_s$——烟囱高度 h_s 处平均风速（m/s）；

x——下风向距离（m）；

D——烟羽下沉修正因子（m）；

当 $u_0 / \bar{u}_s \geqslant 1.5$ 时，取 $D = 0$；

当 $u_0 / \bar{u}_s < 1.5$ 时，取 $D = 3\left(1.5 - \dfrac{u_0}{\bar{u}_s}\right) d_e$；

当计算出的 h 值比周围房子低时，有效烟囱高度要比周围房子高 $3 \sim 4m$；

当烟囱由房顶伸出时，烟囱应高出房顶 ΔH（m），$\Delta H = 1.1\sqrt{H}$，见图 $2-3$（b）。

σ_z，σ_y 表示下风向 x（m）处侧风方向及垂直方向烟羽浓度分布的标准差（又称水平与垂直方向大气扩散参数）（m），体现了湍流作用，是大气稳定度、地面粗糙度、扩散距离 x（或扩散时间 $t = x/\bar{u}$）和所要估计浓度的取样时间的函数。为了得到厂址的大气扩散参数 σ_z，σ_y，除了进行大气扩散实验测定之外，常采用帕斯奎尔—吉贺德（Pasquill-Gifford）曲线（简称 P – G 曲线），见图 $2-4$、图 $2-5$。P – G 曲线近似表达式为 $\sigma = rx^a$，对不同稳定度的 r、a 值见表 $2-1$。

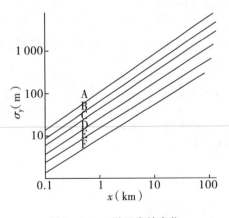

图 2 - 4　σ_y 随距离的变化

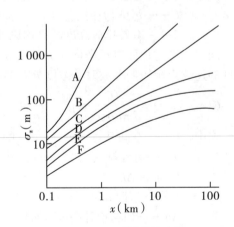

图 2 - 5　σ_z 随距离的变化

图 $2-4$ 和图 $2-5$ 中 A、B、C、D、E、F 表示 6 种不同大气稳定度：A——极不稳定；B——中等不稳定；C——稍不稳定；D——中性（中性状态是指处于不稳定状态与稳定状态之间的或者两者都不是的中间状态）；E——稍稳定；F——中等稳定。

表 2 - 1　P - G 曲线扩散参数近似表达式 $\sigma = rx^a$

扩散参数	稳定度	a	r	下风距离 x（m）
σ_y	A	0.901 074	0.425 809	0 ~ 1 000
		0.850 934	0.602 052	1 000 ~ ∞
	B	0.914 370	0.281 846	0 ~ 1 000
		0.865 014	0.396 353	1 000 ~ ∞
	C	0.924 279	0.177 154	0 ~ 1 000
		0.885 157	0.232 123	1 000 ~ ∞
	D	0.929 418	0.110 726	0 ~ 1 000
		0.888 723	0.146 669	1 000 ~ ∞
	E	0.920 818	0.086 400 1	0 ~ 1 000
		0.896 864	0.101 947	1 000 ~ ∞
	F	0.929 418	0.055 353 4	0 ~ 1 000
		0.888 723	0.073 334 8	1 000 ~ ∞
σ_z	A	1.121 54	0.079 990 4	0 ~ 300
		1.513 60	0.008 547 71	300 ~ 500
		2.108 81	0.000 211 545	500 ~ ∞
	B	0.964 485	0.127 190	0 ~ 500
		1.093 56	0.057 025 1	500 ~ ∞
	C	0.917 595	0.106 803	0 ~ ∞
	C ~ D	0.838 628	0.126 152	0 ~ 2 000
		0.756 410	0.235 667	2 000 ~ 10 000
		0.815 575	0.136 659	10 000 ~ ∞
	D	0.826 212	0.104 634	0 ~ 2 000
		0.632 023	0.400 167	2 000 ~ 10 000
		0.555 360	0.810 763	10 000 ~ ∞
	D ~ E	0.776 864	0.111 771	0 ~ 2 000
		0.572 317	0.528 992	2 000 ~ 10 000
		0.499 149	1.03 810	10 000 ~ ∞
	E	0.788 370	0.092 752 9	0 ~ 2 000
		0.565 188	0.433 384	2 000 ~ 10 000
		0.414 743	1.732 41	10 000 ~ ∞
	F	0.784 400	0.062 076 5	0 ~ 2 000
		0.525 969	0.370 015	2 000 ~ 10 000
		0.322 659	2.406 91	10 000 ~ ∞

　　我国《制定地方大气污染物排放标准的技术方法》（GB/T3840—1991）中对烟气抬升计算公式作了如下规定：

　　当 $Q_k \geqslant 2\,100$ kW 和（$T_s - T_a$）$\geqslant 35$K 时：

　　$\Delta h = n_0 Q_h^{n_1} h_s^{n_2} \bar{u}^{-1}$ 　　　　　　　　　　　　　　　　　　(2.4)

$$Q_h = 0.35 P_a Q_v \frac{\Delta T}{T_s} \tag{2.5}$$

$$\Delta T = T_s - T_a \tag{2.6}$$

式中，n_0、n_1、n_2——系数，按表 2-2 选取；

$\quad\quad Q_h$——烟气的热释功率（kW）；

$\quad\quad T_s$——烟气出口处的烟气温度（K）；

$\quad\quad T_a$——环境大气温度（K）；

$\quad\quad P_a$——大气压力（hPa）取邻近气象站年平均值；

$\quad\quad Q_v$——实际排烟量（m^3/s）。

表 2-2   系数 n_0、n_1、n_2 的值

Q_h（kW）	地表状况（平原）	n_0	n_1	n_2
$Q_h \geq 21\,000$	农村或城市远郊区	1.427	1/3	2/3
	城区及近郊区	1.303	1/3	2/3
$2\,100 \leq Q_h < 21\,000$ 且 $\Delta T \geq 35K$	农村或城市远郊区	0.332	3/5	2/5
	城区及近郊区	0.292	3/5	2/5

当 $1\,700kW < Q_h < 2\,100kW$ 时：

$$\Delta h = \Delta h_1 + (\Delta h_2 - \Delta h_1)\frac{Q - 1\,700}{400} \tag{2.7}$$

$$\Delta h = \frac{2(1.5v_a + 0.01Q)}{\bar{u}} - \frac{0.048(Q - 1\,700)}{\bar{u}} \tag{2.8}$$

Δh_2 是按式（2.4）计算的抬升高度。

当 $Q_h \leq 1\,700kW$ 或 $\Delta T < 35K$ 时：

$$\Delta h = 2(1.5v_s + 0.01Q_h)/\bar{u} \tag{2.9}$$

$\quad\quad v_s$——烟气出口流速（m/s）；

$\quad\quad \bar{u}$——烟气出口处的平均风速（m/s）。

当 10m 高处的年平均风速小于或等于 1.5 m/s 时：

$$\Delta h = 5.5 Q_h^{1/4}\left(\frac{dT_a}{dZ} + 0.009\,8\right)^{-3/8} \tag{2.10}$$

式中，$\frac{dT_a}{dZ}$ 为排放源高度以上气温直减率（K/m），取值不得小于 0.01K/m。

对气载流出物的环境影响评价中，人们更关心近地面处空气污染度，取 $z = 0$ 代入 (2.2) 式，可得高位连续点源下风向近地空气污染平均浓度为：

$$C(x, y, 0) = \frac{Q}{\pi \bar{u} \sigma_y \sigma_z} \cdot \exp\left(-\frac{y^2}{2\sigma_y^2}\right) \cdot \exp\left(-\frac{h^2}{2\sigma_z^2}\right) \tag{2.11}$$

式中符号意义同前。

由 (2.11) 式可知，近地空气污染浓度在 x 轴两侧呈对称分布，轴上浓度最大，向 $+y$、$-y$ 两侧逐渐降低。取 $y = 0, z = 0$ 代入 (2.11) 式，可以求得烟云中心轴线下方

近地空气浓度为：

$$C(x,0,0) = \frac{Q}{\pi \bar{u} \sigma_y \sigma_z} \cdot \exp\left(-\frac{h^2}{2\sigma_z^2}\right) \tag{2.12}$$

按（2.12）式中求得的不同大气稳定度条件，在释放高度为 100m 的高位连续点源下风中心轴线下方近地空气污染浓度随距离 x（m）的变化如图 2-6 所示。图 2-6 中 $\bar{u}\frac{C}{Q}$ 表示单位污染源强下风向，单位风速的近地空气浓度，称大气扩散因子，该因子可利用（2.11）、（2.12）式求得。

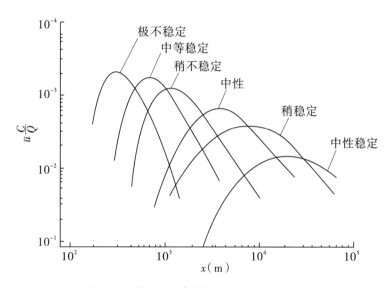

图 2-6　在 100m 高烟囱下风向的浓度分布

从图 2-6 可见，对高位连续点源来说，一开始空气污染浓度随 x 的增加而增大，当达到浓度最大值 $C_{\max}$ 后，将逐渐减少，在 σ_y/σ_z 比值变化不大时，近地空气最大污染浓度可以表示为：

$$C_{\max} = \frac{2Q}{\pi e u h^2} \cdot \frac{\sigma_y}{\sigma_z} \tag{2.13}$$

式中，e——自然对数的底。其他符号意义同前。

在某类天气条件下，对最大浓度点在 x 轴上的位点 $x_{\max}$（m），可从（2.13）式或图 2-6 中求得。例如，当 $h = 100$m，中性（D 类）天气条件下，求得 $x_{\max} = 1\,000$m。

如果污染物是地面排放，按 $z = 0$，$h = 0$，（2.2）式简化为：

$$C(x,y,0) = \frac{Q}{\pi \bar{u} \sigma_y \sigma_z} \cdot \exp\left(-\frac{y^2}{2\sigma_y^2}\right) \tag{2.14}$$

如果污染物地面排放在下风向轴线的近地浓度按 $x = 0, y = 0, h = 0$，（2.2）式简化为：

$$C(0,0,0) = \frac{Q}{\pi \bar{u} \sigma_y \sigma_z} \tag{2.15}$$

式中，有效排放高度（h）处的平均风速 $\bar{u}$（m/s）可表示为：

$$\bar{u} = \bar{u}_{10}\left(\frac{h}{10}\right)^m$$

$\bar{u}_{10}$——离地面 10m 高处的平均风速（地面风速）（m/s）；

h——有效排放高度（m）；

m——风速廓线系数（无量纲），见表 2 – 3。

表 2 – 3　风速廓线系数 m 值

下垫面	稳定度类型					
	A	B	C	D	E	F
海或湖	0.03	0.05	0.06	0.08	0.10	0.12
农田	0.10	0.15	0.20	0.25	0.35	0.40
丘陵	0.11	0.12	0.14	0.25	0.39	0.44
山区或城市	0.16	0.24	0.32	0.40	0.56	0.64

下面我们来计算长期连续释放的平均浓度。由于时间很长，平均风向、风速和大气稳定度都在变化，相应的大气湍流扩散能力、扩散公式中在给定距离上的 σ_y、σ_z 也随之改变，即使在测风仪上指示为同一风向的情况下，其下风向轴线浓度也随时间而变化。因此，上面的公式已不再适用，需要用长期平均浓度公式来计算。

对平均风向、风速和大气稳定度三者都不变的条件下的长期平均浓度计算，由于考虑的时间长，可以假定污染物在这一平均风向下张角 360°/16（风向为 16 个方位）的水平弧线上均匀分布。将高斯方程（2.11）沿 Y 方向积分 $\int_{-\infty}^{+\infty} C(x,y,0)\mathrm{d}y$，得到下风距离为 x 的 Y 方向各处地面浓度的总和，除以每一方位的弧度长 $2\pi x/16$，得到：

$$C(x) = \left(\frac{2}{\pi}\right)^{1/2} \frac{Q}{\bar{u}\sigma_z(2\pi x/16)} \exp\left(-\frac{h^2}{2\sigma_z^2}\right) \tag{2.16}$$

式中，$C(x)$——下风向距离为 x 米对应于给定的大气稳定度（垂直扩散参数为 σ_z，风速为 $\bar{u}$）的长期地面浓度（mg/m³）。

为计算年平均浓度，因一年中有 16 个风向，有各种稳定度和不同的风速，所以应把该风向下按各风速各天气稳定度类型分别用公式（2.9）计算，然后叠加起来：

$$\bar{C}_i(x) = \sum_j \sum_{k-1}^{6} \left(\frac{2}{\pi}\right)^{1/2} \frac{0.01 f_{ijk} Q}{u_{ij}(\sigma_z)_k (2\pi x/16)} \times \exp\left(-\frac{h^2}{2(\sigma_z)_k^2}\right) \tag{2.17}$$

式中，坐标和其他符号意义同前。

　　　角标 i——风向；

　　　角标 j——风速范围；

　　　角标 k——大气稳定度类型；

　　　$\bar{C}_i(x)$——风向为 i 下风距离为 x 的年平均地面浓度（mg/m³）；

　　　u_{ij}——风向为 i 风速范围为 j 的平均风速（m/s）；

　　　$(\sigma_z)_k$——大气稳定度类型为 k 的大气垂直扩散参数（m）；

　　　f_{ijk}——风向为 i、风速范围为 j 和大气稳定度类型为 k 的年频率百分数，它满

足：$\sum_i \sum_j \sum_{k-1}^{6} f_{ijk} = 100$。

Q 实际上可能不是常数，只要长期连续释放速率大体均匀，Q 取平均值，仍可按公式（2.17）计算。

对于地面源，$h = 0$，计算年平均地面浓度可简化为：

$$\bar{C}_i(x) = \sum_j \sum_{k-1}^6 \frac{2.03 \times 10^{-2} f_{ijk} Q}{u_{ij}(\sigma_z)_k x} \times \exp\left(-\frac{h^2}{2(\sigma_z)_k^2}\right) \tag{2.18}$$

在评价垃圾发电厂运行排出的污染烟气的环境影响时，公式（2.17）和（2.18）被广泛应用。

2. AERMOD 模型

（1）AERMOD 模型简述。

美国环保署（EPA）提出了许多大气扩散模型，当前 EPA 在近地大气扩散模型中使用的基本方法，是从二十多年前延续下来的，基本上没什么变化。在这期间，人们已取得一些可融入扩散模拟研究中的重大科技进步，提出了适用于固定工业源泄放的扩散模型——AERMOD 模型。该模型可对污染物质的浓度分布、危险范围以及持续时间等问题进行预测和评估。

AERMOD 模型是稳定状态烟羽模型，它以扩散统计理论为出发点，假定污染物的浓度分布在一定程度上服从高斯分布。AERMOD 模型可用于多种排放源（包括点源、面源和体积源）的排放，它也适用于乡村环境和城市环境、平坦地形和复杂地形、地面源和高架源等多种排放扩散情形的模拟。

与 ISCST3 等模型相比，AERMOD 扩散模型具有下列特点：①以行星边界层湍流结构及理论为基础；②对地面源和高架源的情形都适用；③对简单地形和复杂地形进行了一体化的处理。基于以上的特点，AERMOD 有着相当广泛的应用范围。

AERMOD 模型的组成和原理：

AERMOD 模式系统包括：AERMOD（大气扩散模型）、AERMET（气象数据预处理器）和 AERMAP（地形数据预处理器）。AERMET 的尺度参数和边界层廓线数据可以直接由输入的现场观测数据确定，也可以由输入的 NWS（国家气象局）的常规气象资料生成。尺度参数和边界层廓线数据经过设于 AERMOD 模式系统中的界面进入 AERMOD 模型后，给出相似参数，同时对边界层廓线数据进行内插。最后，将平均风速、湍流量、温度梯度（dT/dz）及边界层廓线等数据输入扩散模式，并计算出浓度。

（2）AERMOD 扩散模型。

1）考虑地形影响的浓度公式的一般形式。

AERMOD 模型认为障碍物上的污染物浓度值取决于烟羽的两种极限状态，一种极限状态是在非常稳定的条件下被迫绕过障碍物的水平烟羽，另一种极限状态是在垂直方向上沿着障碍物抬升的烟羽，任一网格点的浓度值就是这两种烟羽浓度加权之后的和。假设一网格点（x，y，z）在平坦地形上（即不考虑地形影响时）的质量浓度公式为 $C(x, y, z)$（也就是水平烟羽的质量浓度表达式），则考虑地形（或障碍物）影响时的总质量浓度公式为：

$$C_T(x, y, z) = fC(x, y, z) + (1-f)C(x, y, z_{eff}) \tag{2.19}$$

式中，$C_T(x, y, z)$ 是烟羽总质量浓度（g/m³）表达式，z_{eff} 是点（x，y，z）的有效高度（m），其表达式为 $z_{eff} = z - z_t$，z_t 是该点处地形的高度（m），$C(x, y, z_{eff})$ 反映的就是地形对浓度分布的影响，也就是沿地形抬升烟羽的浓度表达式。f 是烟羽状态的权函数，它决定着地形对浓度计算的影响程度。当 $f = 1$ 时，所有网格点的浓度计算按平坦地形上的扩散处理。权函数 f 由大气稳定度、风速以及烟羽相对于地形的高度因素决定。在稳定条件下，水平烟羽占主导地位，赋给它的权值就大些；而在中性及不稳定条件下，沿着地形抬升的烟羽则被赋给较大的权值。在计算 f 之前，需要先计算在分界流线高度 H_e 之下的烟羽质量与总烟羽质量的比值 Φ：

$$\Phi = \frac{\int_0^{H_e} C(x, y, z)\,\mathrm{d}z}{\int_0^{\infty} C(x, y, z)\,\mathrm{d}z} \tag{2.20}$$

式中，H_e 可由高度尺度 H_e 计算得到，其计算方法与 CTDMPLUS 中的相应算法相同。那么，就可将（2.20）式代入下式求得权函数 f：

$$f = 0.5\ (1 + \Phi) \tag{2.21}$$

公式（2.19）的 $C(x, y, z)$ 的一般形式是：

$$C(x, y, z) = \frac{Q}{U} P_y(y, x)\ P_z(z, x) \tag{2.22}$$

式中，Q 是源的排放速率（g/s），U 是有效风速（m/s），P_y 和 P_z 分别是表述水平方向和垂直方向浓度分布的概率密度函数（1/m），在 CBL 和 SBL 中它们有不同的表达形式。

2）适用于对流边界层（CBL）的算法。

在平坦地形上，适用于对流条件（$L < 0$）的 AERMOD 质量浓度表达式 $C(x, y, z)$。在此之前，先定义判定对流条件的参数——Monin-Obukhov 长度 L：

$$L = \frac{\rho^* \cdot C_p \cdot T \cdot u^{*3}}{k \cdot g \cdot H} \tag{2.23}$$

式中，ρ^* 是空气密度（kg/m³），C_p 是空气比热（J/g·k），T 是空气温度（K），u^* 是地面摩擦速度（m/s），k 是 Von Karman 常数（$k = 0.4$），g 是重力加速度（m/s²），H 是地面热通量（w/m²）。

在具体模拟中使用的是概率密度函数方法，偏离烟羽中心线的浓度的概率分布用 p_w 和 p_v 来计算，p_w 和 p_v 分别是 CBL 中随机垂直速度（w）和水平速度（v）的概率密度函数（1/m）。从观测得到的结果可以知道 CBL 中的 p_w 是不对称的，于是 AERMOD 通过两个高斯分布（上升气流的分布和下降气流的分布）的叠加来近似这个不对称的分布；而 CBL 中的水平分布仍可认为服从高斯分布。

因此，CBL 中对 w 的概率密度函数 p_w（1/m）的近似公式如下式所示：

$$p_w = \frac{\lambda_1}{\sqrt{2\pi}\sigma_1}\exp\left[\frac{(w - \bar{w}_1)^2}{2\sigma_1^2}\right] + \frac{\lambda_2}{\sqrt{2\pi}\sigma_2}\exp\left[\frac{(w - \bar{w}_1)^2}{2\sigma_2^2}\right] \tag{2.24}$$

式中，λ_1 和 λ_2 是两个高斯分布（1 为上升气流，2 为下降气流）的权系数，$\lambda_1 + \lambda_2 = 1$。$\bar{w}_i$ 和 σ_i（$i = 1, 2$）分别是各自分布的平均垂直速度（m/s）和标准差（m/s），并假定垂直湍流强度（m/s）与 σ_w 成比例。Weil 给出了一个 σ_w 与 S（w^3/σ_w^2）σ_w 的函数来求解 $\bar{w}_i$，σ_i 和 λ_i。

CBL 中烟羽的总质量浓度表达式 $C(x, y, z)$ 由三部分组成：

第一部分 $C_d(x, y, z)$ 是因下沉气流直接扩散到地面的所谓直接源；第二部分

$C_r(x, y, z)$ 是因为上升气流扩散到混合层顶层的所谓间接源，间接源反映了烟羽上升到混合层顶部附近时，水平方向扩散缓慢，直到烟羽温度接近于环境温度，烟羽向上速度消失之后，才扩散到地面；第三部分 $C_p(x, y, z)$ 是穿透进入混合层上部稳定层中的烟羽，经过一段时间后，还将重新进入混合层，并扩散到地面。地面质量浓度是上述三部分源的影响总和，可表示为：

$$C(x, y, z) = C_d(x, y, z) + C_r(x, y, z) + C_p(x, y, z)$$

①对流条件下直接源对质量浓度的贡献：

$$C_d(x, y, z) = \frac{Q}{2\pi\sigma_j}\exp\left[-\frac{y^2}{2\sigma_y^2}\right] \cdot \sum_{j=1}^{2}\sum_{m=0}^{\infty}\frac{\lambda_j}{2\sigma_{zdj}}\left\{\exp\left[-\frac{(z-h_{edj}-2mz_i)^2}{2\sigma_{zdj}^2}\right] + \right.$$
$$\left. \exp\left[-\frac{(z+h_{edj}+2mz_i)^2}{2\sigma_{zdj}^2}\right]\right\} \tag{2.25}$$

式中，

$$h_{edj} = h_s + \Delta h + \frac{a_j\sigma_w x}{U}$$

$$\sigma_{zdj} = \left(\sigma_b^2 + \frac{b_j\sigma_w x}{U}\right)^{1/2} \tag{2.26}$$

$$\sigma_y = \left[\sigma_b^2 + \frac{\left(\frac{\sigma_v x}{U}\right)^2}{1+\frac{0.5x}{UT_L}}\right]^{1/2}$$

h_{edj} 分别是对应于公式（2.27）中两个分布的有效源高（m）和垂直扩散系数（m），σ_b 是由于浮力影响引起的扩散系数（m），$\sigma_b = \frac{0.4\Delta h}{\sqrt{2}}$，$T_L$ 是拉格朗日时间尺度（s）。上面用到的速度比例系数 a_j，标准差比例系数 b_j（$j=1, 2$）的定义如下：

$$a_1 = \bar{w}_1/\sigma_w, \quad a_2 = \bar{w}_2/\sigma_w$$
$$b_1 = \sigma_1/\sigma_w, \quad b_2 = \sigma_2/\sigma_w \tag{2.27}$$

②对流条件下间接源对质量浓度的贡献：

$C_r(x, y, z)$ 的表达式与公式（2.25）很类似，只是烟羽抬升高度的计算有所不同；而 $C_d(x, y, z)$ 的表达式是简单的高斯模式。

③对流条件下穿透源对质量浓度的贡献：

穿透源对质量浓度的贡献按高斯模式计算，如下式所示：

$$C_p(x, y, z) = \frac{Q}{U} \cdot F_z(x, z, h_p) \cdot F_y(y) \tag{2.28}$$

式中，

$$F_z = \frac{1}{\sqrt{2\pi}\sigma_z}\sum_{n=-\infty}^{\infty}\left\{\exp\left[-\frac{(z-h_p+2nh_a)^2}{2\sigma_z^2}\right] + \exp\left[-\frac{(z+h_p+2nh_a)^2}{2\sigma_z^2}\right]\right\} \tag{2.29}$$

$$F_y = \frac{1}{2\pi\sigma_y} \cdot \exp\left(-\frac{y^2}{2\sigma_y^2}\right) \tag{2.30}$$

在上述三式中，烟羽的稀释和烟羽的散布都是使用边界层的有效参数来计算的，h_p 是烟羽高度（m），h_a 是垂直混合的极限高度（$= \max(h_p, h)$）（m），其中 h 是稳定混合层高度（m），h_p 等于排放源高度（m）与烟羽抬升高度 Δh（m）之和，这里的 Δh 可用下式计算：

$$\Delta h = 2.66 \left(\frac{F_b}{N^2 U}\right) \left[\frac{0.7N \cdot F_m}{F_b} \sin\left(\frac{0.7N \cdot x}{U}\right) + 1 - \cos\left(\frac{0.7N \cdot x}{U}\right)\right]^{1/3} \quad (2.31)$$

该式适用于烟羽抬升的情形。式中 x 是下风向距离（m），烟羽的浮力通量 F_b（$m^4 \cdot s^3$）和烟羽动量通量 F_m（$m^4 \cdot s^3$）都是排放源参数和环境温度的函数，N 是 Brunt-Vaisala 频率（1/s），可由下式得到：

$$N = \left(\frac{g}{\theta} \frac{d\theta}{dz}\right)^{1/2} \quad (2.32)$$

其中 θ 是位温（K）。

烟羽在水平方向和垂直方向的扩散参数分别为：

$$\sigma_y = \max\left[\frac{\sigma_v \cdot x}{U}, 0.1x\right]$$

$$\sigma_z = \max\left[\frac{\frac{\sigma_w \cdot x}{U}}{\left(1 + \frac{t}{2T_{Lz}}\right)^{1/2}}\right] \quad (2.33)$$

式中，t 是烟羽输送的时间 x/U（s），T_{Lz} 是拉格朗日积分时间尺度（s）。

AERMOD 模型是在 ISCST3 模型的算法结构基础上建立起来的，与 ISCST3 模型相比，AERMOD 模型的一个根本性变化是其将行星边界层理论引入扩散模拟中，并且考虑了边界层垂直方向上的不均一性。同时，AERMOD 模型在抓住扩散过程实质的基础上，使其算法尽可能简单，并且易于进行修正。

（3）AERMOD 模型运行所需基本数据。

1）AERMOD 基本数据。

运行 AERMOD 扩散计算模块，至少需要建立一个文本格式的控制流文件，该控制流文件中提供了模型运行的一些程序控制选项、污染源位置及参数、预测点位置、气象数据的引用以及输出参数。若考虑建筑物下洗，控制流文件中还需要建筑物几何参数数据。

此外，AERMOD 运行还需要两个基本的气象数据文件：地面气象数据文件（surface meteorological data file）及探空廓线数据文件（profile meteorological data file），这两个文件由气象预处理程序 AERMET 生成。如考虑地形的影响，还需在控制流文件中加入地形数据文件的引用，地形预处理文件需要由地形预处理模块 AERMAP 生成。

此外还需要的场地数据包含源所在地的经纬度、地面湿度、地面粗糙度、反射率。污染源数据包括源的编码、源的几何参数、排放率等。AERMOD 可以处理点源、线源、面源、体源。预测点数据包括预测点的地理位置和高程。AERMOD 可以处理网格预测点和任意离散的预测点。所有元数据存储在 AERMOD.INP 文件中。在运行扩散模型时，AERMOD 将对输入的数据格式进行有效性检查。

2）污染源参数。

AERMOD 处理的污染源包括点源、面源、体源。

①点源源强参数：点源排放率 [g/（sm²）]；烟气温度（K）；烟囱高度（m）；烟囱出口烟气排放速度（m/s）；烟囱出口内径（m）。

②面源源强参数：

规则形状面源：面源排放率 [g/（sm²）]；高度（m）；长度（m）（东西方向）；宽度

（m）（南北方向）；方向角。

不规则形状面源：面源排放率[g/(sm²)]；高度（m）；面源多边形顶点数；烟羽初始高度（m）；面源多边形顶点的坐标。

③体源源强参数：体源排放率[g/(sm²)]；高度（m）；体源初始长度（m）；体源初始宽度（m）。

④建筑物的下洗几何参数：

当烟囱的几何高度小于建筑物高度的 2.5 倍时，需考虑建筑物下洗作用。建筑物的几何参数，如建筑物的高度、宽度及方位角。

3）AERMET 气象预处理输入数据。

AERMET 可以接受以下数据：①国家气象局的标准数据。②来自最近的探空站的风、温度、露点探空数据。③现场观测到的风、温度、湍流、压力、太阳辐射测量。运行 AERMOD 模型系统所需的最少测量或衍生的气象数据如下：①气象数据：时间（年、月、日、时）；风速；风向；云量（低云、总云）；降水量、环境温度；每日两次早晨低空探空测量数据。②风向与季节变化的地表特征：需要为 AERMET 指出 12 个风向上随季节变化的中午反射率、湿度和粗糙度。反射率是被地面反射的那一部分太阳辐射；粗糙度是地面以上水平风速为 0 处的高度。该类参数可根据地表状况查表得到。

4）AERMAP 地形预处理输入数据。

AERMOD 地形预处理模块使用网格化地形数据计算预测点的地形高度与尺度。AER-MAP 输入的参数包括评价区域网格点或任意点的地理坐标、评价区域地形高程数据文件。其中，地形高程数据包含的地理范围不得小于评价区域的范围，以保证所有的计算点都能从地形数据文件中获取各自的地形高程值。以上参数经 AERMOD 模块运行后，生成 AERMOD 模块所需的网格点或任意点的高度尺度、地形高程。另外，AERMAP 输入的地形高程数据的空间分辨率可以低于评价区域网格点的空间分辨率，在此情况下，AER-MAP 采用线性插值方法，计算出网格点的高度尺度。地形数据是 DEM 数据高程数据格式，可以在 USGS（www. USGS. com）网站上免费下载。AERMAP 网格可以是圆形、扇形、规则网格或不规则网格。

（4）扩散计算及其结果处理。

在编辑好 AERMOD 控制流文件后（系统默认为 aermod. inp），运行 aermod. exe，程序将执行浓度扩散计算。扩散模块可以计算出给定污染物的小时、日或年平均浓度分布及烟羽抬升高度、干湿沉降。控制流中设定的"最大浓度"指令可以从各时段平均浓度数据中挑选出任意指定数量的最大浓度（最大、次最大等）。用户需要设置单位时间内输出多少个最大值，以及最大浓度的阈值。计算及结果以文本格式储存在已设定的文件中。

AERMOD 输出的结果是以数据文件的格式储存在磁盘上，经处理生成相应格式文件，使用 ArcGIS8 及 Surfur8 进行后期作图，可生成不同污染源点位分布图、叠加背景图层、不同污染物浓度等值线图等。

3. CALPUFF 模型

（1）CALPUFF 模型简述。

CALPUFF 是一个中小尺度的空气质量烟团模型，模型系统包括 CALPUFF 扩散模型及气象预处理模块 CALMET。

CALPUFF 为非定常三维拉格朗日烟团输送模式。CALPUFF 采用烟团函数分割方法，垂直坐标采用地形追随坐标，水平结构为等间距的网格，空间分辨率为一公里至几百公里，垂直不等距分为 30 多层。污染物包括 SO_2、NO_x、C_mH_n、O_3、CO、NH_3、PM10（TSP）等，主要包括污染物之排放、平流输送、扩散、干（湿）沉降等物理与化学过程。CALPUFF 模型系统可以处理连续排放源、间断排放情况，能够追踪质点在空间与时间上随流场的变化规律，考虑了复杂地形动力学影响、斜坡流、FROUND 数影响及发散最小化处理。

CALPUFF 模拟系统包括诊断风场模型 CALMET、高斯烟团扩散模型 CALPUFF 和后处理软件 CALPOST 三部分。CALPUFF 模式可运用于静风、复杂地形等非定常条件。其中 CALMET 利用质量守恒原理对风场进行诊断，输出包括逐时风场、混合层高度、大气稳定度（PGT 分类）、各种微气象参数等。CALPOST 为计算结果后处理软件，对 CALPUFF 计算的浓度进行实践分配处理，并计算出干（湿）沉降通量、能见度等。

（2）CALPUFF 基本原理。

CALPUFF 基本原理为高斯烟团模式，利用在取样时间内进行积分的方法来节约计算时间，输出主要包括地面和各指定点的污染浓度烟团分裂利用采样函数方法对烟团的空间轨迹、浓度分布进行描述；烟羽抬升采用 Briggs 抬升公式（浮力和动量抬升），考虑稳定层结构中部分烟羽穿透，过渡烟羽抬升等因素。

①一个烟团对指定点浓度贡献的基本方程：

$$C = \frac{Q}{2\pi\sigma_x\sigma_y} \cdot g \cdot \exp\left(\frac{-d_a^2}{2\sigma_x^2}\right) \cdot \exp\left(\frac{-d_c^2}{2\sigma_y^2}\right) \tag{2.34}$$

$$g = \frac{2}{(2\pi)^{1/2}\sigma_z} \cdot \sum_{n=-\infty}^{\infty} \exp\left(\left[-(H_e+2nh)^2/(2\sigma_z^2)\right]\right) \tag{2.35}$$

式中，C——地面污染物浓度（g/m^3）；

　　　　Q——烟团污染物质量（g）；

　　　　σ_x、σ_y、σ_z——分别是高斯分布在下风向、侧风向和垂直方向标准差（m）；

　　　　d_a——烟团中心距离指定点的下风向距离（m）、侧风向距离（m）；

　　　　d_c——侧风向离烟团中心的距离（m）；

　　　　H_e——烟团中心距离地面有效高度（m）；

　　　　h——混合层高度（m）。

②CALPUFF 面源烟羽抬升方程。连续性方程、动量方程、能量方程如下式：

$$\frac{d}{ds}(\rho U_{sc}r^2) = 2r\alpha\rho_a|U_{sc} - U_a\cos\varphi| + 2r\beta\rho_a|U_a\sin\varphi| \tag{2.36}$$

$$\frac{d}{ds}[\rho U_{sc}r^2(u-U_a)] = -r^2\rho w\frac{dU_a}{dz} \tag{2.37}$$

$$\frac{d}{ds}(\rho U_{sc}r^2w) = gr^2(\rho_a - \rho) \tag{2.38}$$

式中，α、β——常数，$\alpha = 0.11$，$\beta = 0.6$；

　　　　$U_{sc} = \sqrt{u^2 + w^2}$；

　　　　u、w——烟羽水平风向、垂直方向的速度（m/s）；

　　　　U_a——水平风速（m/s）；

ρ、ρ_a——烟羽密度和空气密度（mg/m^3）；

φ——中心线倾角；

S——烟羽中心线高度（m）；

g——重力加速度。

③CALPUFF 扩散参数计算公式：

近地层：$\sigma_v = u_* \left[4 + 0.6 \left(-h/L \right)^{2/3} \right]^{1/2}$ (2.39)

$\sigma_w = u_* \left[1.6 + 2.9 \left(-h/L \right)^{2/3} \right]^{1/2}$ (2.40)

混合层：$\sigma_v = \left(3.6 u_*^2 + 0.35 w_*^2 \right)^{1/2}$ (2.41)

$\sigma_w = \left(1.2 u_*^2 + 0.35 w_*^2 \right)^{1/2}$ (2.42)

式中，w_*——混合后摩擦速度（m/s）；

u_*——地面摩擦速度（m/s）；

σ_v、σ_w——浓度分布在横风向、垂直方向的标准差（即大气水平扩散参数、大气垂直扩散参数）（m）。

④CALPUFF 干沉降计算公式：

阻尼公式：$v_d = F/\chi_s$ (2.43)

气体：$v_d = \left(r_a + r_d + r_c \right)^{-1}$ (2.44)

颗粒物：$v_d = \left(r_a + r_d + r_a r_d v_g \right)^{-1} + v_g$ (2.45)

⑤CALPUFF 湿沉降计算公式：

$$\chi_{t+dt} = \chi_t \exp \left[-\Lambda \Delta t \right]$$
$$\Lambda = \lambda \left(R/R_1 \right)$$
                 (2.46)

式中，F——单位时间单位面积的沉降量 [mg/（m^2·s）]；

v_d——干沉积速度（m/s）；

χ_s——地面空气污染物浓度（mg/m^3）；

Λ——冲洗率（定义为单位时间内污染物被清洗的份额）；

λ——冲洗系数；

R——沉降速率（mm/h）；

R_1——基准沉降速率（mm/h）；

r_a，r_d，r_c——分别为近地层、沉降层、（准层流层）、植被层的阻尼系数；

v_g——重力沉降系数。

（3）CALMET 基本原理。

CALMET 对客观分析场（MM5 预测输出气象要素、常规监测的地面与高空气象要素）进行地形动力学、倾斜流、热动力学等诊断分析。以发散最小化原理求解三维风场，根据湍流参数化方法，计算湍流尺度参数。

三维风场连续方程：$\dfrac{\mathrm{d}u}{\mathrm{d}x} + \dfrac{\mathrm{d}v}{\mathrm{d}y} + \dfrac{\mathrm{d}w}{\mathrm{d}z} = 0$ (2.47)

式中，u、v、w 为 x、y、z 方向平均风速（m/s）。

CALMET 稳定：$h = \min \left[0.4 \left(u_* L/f \right)_{0.5}, \ 2\,400 u_*^{1.5} \right]$ (2.48)

中性：$h = \dfrac{\sqrt{2} u_*}{\left(f N_B \right)^{0.5}}$ (2.49)

不稳定（Carson 方法）：$h_{t+\mathrm{d}t} = \left[h_t^2 + \dfrac{2Q\ (1+E)\ \mathrm{d}t}{\psi_l \rho c_p} - \dfrac{2\mathrm{d}\theta_t h_t}{\psi_l} \right]^{1/2} + \dfrac{\mathrm{d}\theta_{t+\mathrm{d}t}}{\psi_l}$ (2.50)

式中，h——倾斜流层厚度（m）；

    u_*——表面摩擦速度（m/s）；

    f——科里奥利（coriolis）参数，$f \approx 10^{-4}$（1/s）；

    L——大气混合层厚度（m）；

    N_B——在稳定层上面 Brunt – Väisälä 频率；

    h_t——地形高度（m）；

$Q_h = -\rho c_p u_* \theta_*$

    Q_h——u_* 与 θ_* 有关的热通量；

    ρ——空气表面密度（kg/m³）；

    c_p——恒定压强的比热 [J/（kg·K）]。

$\theta_* = \min\left[\theta_{*1},\ \theta_{*2}\right]$

    θ_*——温标。

$\theta_{*1} = 0.09\ (1 - 0.5N^2)$ (2.51)

$\theta_{*2} = \dfrac{TC_{DN}u^2}{4\gamma z_m g}$ (2.52)

    N——Brunt – Väisälä 频率（1/s）。

$N = \left[\ \left(\dfrac{g}{\theta}\right)\dfrac{\mathrm{d}\theta}{\mathrm{d}z}\right]^{1/2}$

    θ——环境温度（°K）；

    $\dfrac{\mathrm{d}\theta}{\mathrm{d}z}$——环境温度递减率；

    C_{DN}——中性阻力系数 [$k/\ln\ (z_m/z_0)$]；

    γ——常数（≈ 4.7）；

    z_m——风速 u 的测量高度（m）；

    g——重力加速度（9.8m/s²）。

$\mathrm{d}\theta_{t+\mathrm{d}t} = \dfrac{2\psi_l E\theta_h \mathrm{d}t}{\rho c_p}$ (2.53)

    ψ_l——在 h_t 层上面环境温度递减率（温度垂直梯度）；

    E——常数（≈ 0.15）；

    $\mathrm{d}\theta$——在混合层顶部温度跃迁（N_k）。

（4）CALPUFF 数据需求。

①地球物理资料。包括地表粗糙度、土地使用类型、地形高程、植被代码。其中，计算区域网格点地形高程数据包括两个要素：UTM 国家坐标（相对坐标）、地形高程（空间分辨率可达0.9km）。计算区域的空间分辨率可以高于地形数据的分辨率。地形计算时，采用地形追踪坐标，通过六点差值获取计算区域中网格点的高程值。地表粗糙度、地表使用类型、植被代码可以用来自国土资源部有偿的或美国地调局免费的数据。这种数据通过 GIS 系统进行转化后，可直接使用。其中地表粗糙度、土地使用类型、植被代码、地形高程数据都以矩阵格式输入。

②气象资料。CALMET 需要输入评价范围内的气象背景初猜场，之后进行地形动力、倾斜流、地形阻挡作用的调整得到第一步的气象要素场，用评价范围内的地面和探空常规气象观测资料对第一步气象要素场进行订正，得到最终的评价范围气象要素诊断场。

③污染源资料。CALPUFF 可以处理点源、线源、面源、体积源，需考虑干湿沉降、建筑物下洗等因素。源的数据格式与 AERMOD 一致，可以输入随时间变化的排放清单。

（5）扩散计算模块 CALPUFF。

首先用 input 菜单生成一个 calpuff. inp 控制流文件，再运行 run 生成计算结果。

①setup：设置 calpuff 的工作目录，calpuff 控制流文件名称等。控制流文件可新生成，也可引入一个已有的文件，再进行修改。

②网格设置：可用 import shared grid data 输入气象网格文件，也可用 grid setting 设置。在这里需要气象网格的有关数据，以及计算网格的范围。气象网格的有关参数应完全按 CALMET 中的有关设置，与其输入一致。计算网格的范围应在气象网格的内部，不能超出气象网格的边界。为了减少气象网格的边界影响效应，计算范围一般要在气象网格内部，离气象网格边界有一缓冲距离。

③Run information：主要是设置计算时间的起止，这个时间应是相关 CALMET 计算时间的全部或一部分。

④污染物（species）：定义参与计算的污染物及其属性参数。系统本身库中已带有 16 个污染物及相应参数，如果要计算的污染物在这个库里，只要选取即可；否则需要在污染物库中添加这个污染物及其参数，再选取。

⑤污染源：可分别输入点、面、体、线、Boundary condition 五种污染源参数及污染物排放参数。Boundary condition（边界条件源，BC 源）是在考虑预测范围边界的流入通量时的一个因素。污染物排放参数：可用表格输入各源各污染物的排放率（单位可选）。如果污染物排放是变化的，可定义变化系数。污染物排放变化可以是全年 24 小时周期的、以月为周期的、以季度 24 小时为周期的、以风速和稳定度为周期的、以温度为周期的。

⑥预测点：包括网格点、任意点及复杂地形特定网格（CTSG 网格）。所有预测点都应在②中网格设置的计算范围之内。预测网格点是计算网格范围的一部分或者全部，通过 Nesting 因子设置，可以比计算网格（即气象网格）更密或更粗，比如 Nesting 因子 = 2，则预测网格密度是计算网格的两倍。

⑦模型选项。

气象和土地利用类型：气象数据格式，可以是 CALMET 的输出结果也可以是 AERMET 的输出结果。城市地面类型的范围及参数设置，如果用 AERMET 的气象数据，则要输入单个气象站的参数（因 AERMET 只用一个气象站数据）。风速幂指数可直接输入或采用列表中城市 1、城市 2 或农村的缺省值。

烟羽抬升：有四个模型选项。考虑烟羽抬升过渡期（弯曲抬升段）；考虑烟囱本身的下洗作用；考虑排放口以上的垂直风速切变；考虑烟羽的部分穿透。

扩散选项：烟羽模型为烟团或分段烟羽。高级变量设置包括烟羽最大长度；烟团分割控制参数设置；积分控制参数；烟团释放速率、取样频率、移动速率的上限。扩散参数 σ_y、σ_z 及各稳定度的风速 σ_v、σ_w 的下限。风廓线近场垂直分布方式为均匀或高斯分布。

地形选项：地形调整的方法及相关系数。若选择部分烟羽路径调整，则要输入各稳定度下的烟羽路径系数。如果选择对孤立山体采用 CYSG 网格（复杂地形特定网格），则可以采用屏幕输入或从 CTDM 文件读入的方式输入地形和预测点相关数据。

⑧输出设置。

设置结果文件名称：CONCENTRATIONS（浓度）、DRYFLUXES（干沉）、WET-FLUXES（湿沉）、RH（相对湿度、可见度）、Fogging Potential（起雾概率）。

输入结果可以用 Binary（二进制，可以压缩并节省空间）文件格式，也可以是 List File 文件格式。对 List File 除输入名称外，要设定污染物输出的单位。可以选择保存的时间间隔 Print Interval。每种污染物的输出浓度、是否沉降等可在 Species Output 表格中设置。

⑨沉降选择。可对每一个已选择的污染物设置是否考虑干沉、湿沉。如果考虑，可以进一步设置相关参数。如，颗粒物干沉降：GEOMETRIC MASS MEAN DIAMETER（几何平均直径）、粒子比重。湿沉降参数设置：去除系数、Liquid Precip（液态降水量）、固态降水量等。

⑩化学反应和转换。

设置化学参数：臭氧输入选项（MOZ = 0 或 1）；臭氧月浓度序列（BCKO3）；氨月浓度序列（BCKNH3）；夜间 SO_2、NO_x 亏损率（RNITE1、RNITE2）；HNO_3 转化率（RNITE3）；H_2O_2 输入选项（MH2O2）；H_2O_2 月浓度序列（BCKH2O2）；二次生成有机气溶胶模块参数输入（BCKPMF、OFRAC、VCNX）。

（6）气象处理模块 CALMET。

首先用 input 菜单生成一个 calmet. inp 控制流文件，再运行 run 生成 calpuff 所需的气象文件。

①setup：设置 calmet 的工作目录，calmet 控制流文件名称等。控制流文件可新生成，也可引入一个已有的文件，再进行修改。

②坐标及网格和地表文件的设置：可用 import shared grid data 输入一个坐标及三维网格定义文件，也可用 grid setting 进入一个设置窗口。在这里要设置坐标投影方法及网格原点、三维网格行列层数，并给定地表情况的地球物理数据文件（GEO. DAT）。GEO. DAT 可用预处理工具中的 MAKEGEO 生成，也可直接生成。

投影方法一般可用 UTM，计算范围很大，要考虑地球曲率时须采用 LCC（一般500km 以上情况）。投影格式缺省值取 WGS - 84。

UTM zone 分 60 区，从西经 180 度开始，一直往东到东经 180 度，每隔 6 度为一区。对于每个 UTM zone，X 坐标以其中间子午线设为 500 000m，向东为增加，向西为减少。Y 坐标以赤道设为 0m，向北为正 Y 值。北京为东经 116 度，UTM zone 为 30 + int（116/6）+ 1 = 50，北半球为 N。

③Run information：设置标题（一级到三级）、气象时段（起止或长度）、气象所用时区（北京时间为 UTC + 0800）及其他计算选项（可用缺省值）。其中 Run option 中第二项采用气象数据来源（NOOBS）。如果 NOOBS = 0，则所有气象资料采用有关气象站数据；NOOBS = 1，则地面和水面采用气象站数据，高空采用 MM5/M3D 计算结果；NOOBS = 2，则所有气象资料采用 MM4/MM5/M3D 计算结果。

④mixing height parameters：定义混合层计算相关参数。可以都用缺省值。

⑤temperature and RH parameters：温度和相对湿度相关参数。如果 NOOBS = 0，则一

般选气象站观测值。地表温度可用某一个序号的地表站的观测值，同样上空温度递减率也可用某一序号高空站的一定垂直高度（如200m）的温度梯度。它们也可读入经预处理（地面和高空站）的结果文件DIAG.dat。其他参数一般可用缺省值。

⑥wind field：风场设置。

首先设置options。风场生成模式：一是目标分析法；二是诊断风场法（DWM）。目标分析法，就是用所有气象观测站的数据内插出气象网格的数据。诊断风场法则要从初猜场进行地形、坡风、闭合效应、三维散度最小化调整，生成最终风场。

⑦设置气象站及数据文件Mete data。分别设置地面、探空、降水、水面站的情况。比如地面站，要定义气象数据文件surf.dat（这个文件包括全部站的观测数据，其格式可用SMERGE工具来生成），并用表格方式输入全部地面站的ID、坐标、时区、测风高等数据。

⑧输出选项Output options：定义输出结果的文件名称、格式。可定Cloud和List File属性。List File保存CALMET的计算选项和输入的参数以及一些网格化数据。CALMET需要至少一个地面站（逐时）和一个探空站（每天至少两次）的气象观测资料。所有地表气象观测站数据按规定的格式放在SURF.DAT文件中。如CALMET运行所需的地表气象数据文件（SURF.DAT）、探空气象文件（UP.DAT）、降雨数据文件（PRECIP.DAT）和海面气象数据（SEA.DAT）。

4. 环评工具ADMS

（1）ADMS—环评简介。

ADMS大气扩散模型是由英国剑桥环境研究中心（CERC）开发的一套先进的大气扩散模型，属新一代大气扩散模型。该模型已在英国及其他地区建立起来，包括伦敦、布达佩斯、罗马等地区正在使用，世界范围内用户已达300多家。

ADMS—环评是一个三维高斯模型，以高斯分布公式为主计算污染浓度，但在非稳定条件下的垂直扩散使用了倾斜式的高斯模型。烟羽扩散的计算使用了当地边界层的参数，化学模块中使用了远处传输的轨迹模型和箱式模型。可模拟计算点源、面源、线源和体源，模型考虑了建筑物、复杂地形、湿沉降、重力沉降和干沉降以及化学反应、烟羽抬升、喷射和定向排放等影响，可计算各取值时段的浓度值，并有气象预处理程序。

ADMS适用于下列条件：

①模拟点源、面源、线源和体源的输送和扩散；

②地面、近地面和有高度污染源的排放；

③污染物连续排放；

④稳态条件下，EIA版适用于评价范围小于50公里，Urban版适用于评价范围数百公里以内；

⑤模拟1小时到年平均时间的浓度；

⑥简单和复杂地形；

⑦农村或城市地区。

（2）ADMS的安装和运行。

①安装。

a. 安装盘文件清单：

program files、System、System32、Windows 0X0409.ini、ADMS－EIA.msi、Autorun.inf、instmsia.exe、instmsiw.exe、program、setup.exe、setup.ini、acee。

b. 安装步骤：

运行setup.exe文件，然后将acee目录下的文件复制到安装目录中，注意安装完后请把 acee 目录下的文件拷贝到安装目录中（不要连同目录复制）。

比如：

安装目录是 C：\ Program Files \ CERC \ ADMS – EIA \ ，复制后是 C：\ Program Files \ CERC \ ADMS – EIA \ ，且目录下多了以下几个文件：eia. exe、example1. upl（有地形数据）、example2. upl（平坦地形）、TERRAIN. TER、meteorology. met。

②运行。

a. 文件说明：

. upl 文件是 ADMS – EIA 工程文件；

met 文件是 ADMS – EIA 气象文件；

ter 文件是 ADMS – EIA 地形文件。

. upl 文件中有许多文件路径，使用时请改成实际工作路径，具体格式请参考①b 中文件。

. upl 为文本文件，可以用文本编辑器打开编辑。

b. 制作 . upl 文件：

可以仿照①b 中文件制作 . upl 文件，需要手动修改 . upl 文件内有关路径。

c. 执行：

配置好文件后，请运行 ADMS. exe，打开 . upl 文件后，若是平坦地形请点击运行平坦地形，若是山地请点击运行山地（有地形数据）即可。

（3）ADMS—环评的使用。

ADMS—环评经开发可运行在 Pentium PC 128 Mbytes RAM Microsoft Windows NT 4. 0 的系统上，若安装 ADMS—环评，您的计算机需至少有 500Mbytes 硬盘空间。

ADMS—环评的界面可用两种方式启动：与 Arc View 联合启动或单独启动，一般建议采用第一种方式，因为对一个典型的 ADMS—环评项目而言，通过 Arc View 地图更易于给模型添加污染源数据，Arc View 同时还可提供多种工具浏览输出结果。以下为使用步骤：

第一，准备程序所需输入文件。

①气象参数文件。根据预测方案要求，按文件格式给出全年小时气象资料或某一时段小时气象浓度。文件名可自定义，格式参见图 2 – 7。

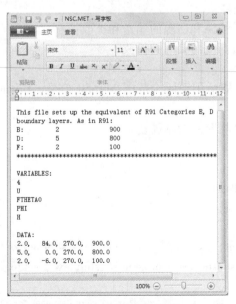

图 2 – 7　气象参数格式

说明：

Line1：定义变量格式（VARIABLES：不可更改）

Line2：共定义 7 个变量（7）（各变量顺序可自定义，但气象数据须与之对应）

Line3：风速（U）

Line4：风向偏北角度（需根据十六位方位转换）（PHI）

Line5：年份（YEAR）

Line6：日序列数（1—366）（TDAY）

Line7：时（THOUR）

Line8：云量（8 进制，需根据总云量进行转换）（CL）

Line9：温度（℃）（TOC）

Line10：数据输入开始（DATA）

Line11：逐时气象数据，每列数据与 Line3—Line9 定义顺序相同。

输入单位及格式可参考表 2 - 4。

表 2 - 4　气象参数输入单位及格式

风速 （m/s）	风向偏北角 （°）	年份	日序列数	时	云量 （8 进制）	温度（℃）
2.6	22	2004	1	2	0	- 2.9
0	4	2004	1	5	1	- 3.3

②地形参数文件。根据预测范围的地形情况，按文件格式给出评价区域内的地形数据。如评价区域为平坦地形，可不用给出地形文件参数。

③地面粗糙度参数文件。如评价范围地面粗糙度不同，可根据预测需要，按文件格式给出评价区域内的不同区域地面粗糙度参数。

④背景浓度参数文件。如需在预测过程中直接叠加背景浓度，可按文件格式给出不同点位背景浓度文件。

各参数要求及取值范围请参考《大气预测软件系统 ADMS 共享版简要用户使用手册》。

第二，修改程序控制文件 . upl。

. upl 文件实际为文本格式文件，可使用写字板打开。该程序文件中包括了程序运行所需的各种控制命令、运行参数等。根据项目特点，修改并保存文件中相关行的参数，包括污染源数据、预测输出数据、气象输入文件、地形数据输入文件等相关参数及文件路径。

第三，运行程序。

运行安装目录下的 adms-eia. exe。出现界面如图 2 - 8 所示。

①点击"程序—打开 . upl 文件"。

图 2-8　运行安装界面

②打开需执行的.upl文件后，可预览.upl文件内容，如需更改此文件，请关闭文件，采用写字板等文本编辑软件修改后重新调入，如图 2-9 所示。

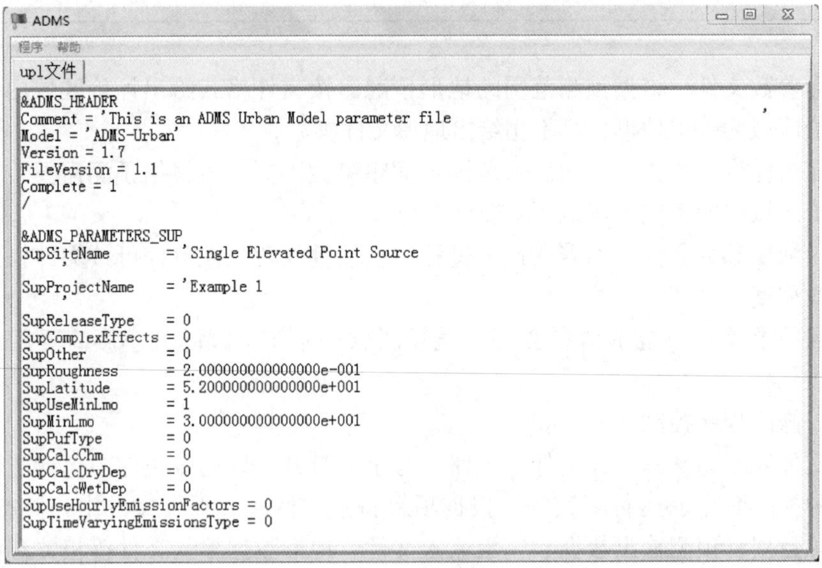

图 2-9　.upl文件预览界面

注意在运行前，需检查.upl文件中所引用的各项原始文件（气象参数文件、地形文件、地面粗糙度文件、背景浓度文件等）路径是否和 ADMS 安装路径一致。

③根据是否有地形文件，选择"程序—运行（平坦地形）/运行（山地）"。运行成功后界面如图 2-10 所示。

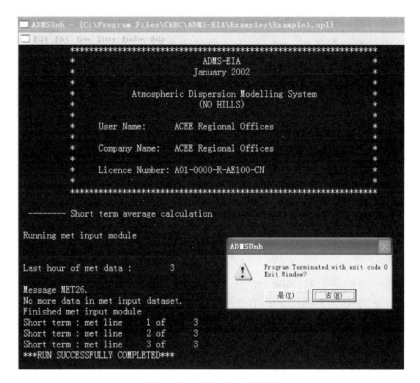

图 2 - 10　运行成功后界面

第四，进行计算结果分析。

程序运行结束后，在与所运行的 . upl 文件同目录下将新增数个结果文件，各文件格式均为文本格式，可采用写字板或者 Excel 等文本编辑软件处理。根据不同预测要求，选择不同的输出文件，对预测数据进行后期数据分析及绘图。

2.2.2　物理模拟实验

1. 概述

除了应用数值模拟外，还可应用物理、化学、生物等方法直接模拟环境影响问题，这类方法称为物理模拟实验。这类方法最大特点是采用实物模型来进行预测，其关键在于原型与模型的相似，即几何相似、热力相似、运动相似和动力相似。

用分析的方法从数学上求解湍流扩散方程是不可能的，而众多的湍流模式理论应用到复杂地形时也遇到许多困难，地形情况越复杂湍流模式越难以应用，在这种情况下，可以采用一些被广泛应用的湍流烟羽模拟实验来解决问题。大气扩散的物理模拟主要分两种：边界层风洞模拟和拖曳水槽模拟。风洞模拟理论基础清晰，实验手段简单，费用低廉，数据也比较可靠。水槽模拟视觉上更直观，对大气温度层结构的模拟是其特长。自 20 世纪 60 年代以来，物理模拟实验被大量地应用于大气流动和扩散研究上。

2. 物理模拟的基础理论

物理模拟的基础理论是量纲分析与相似理论，其基本假设有两个：①物理过程的本质与所选取的测量单位无关；②两现象相似的充要条件是满足同一个微分方程及其初边条件。下面的讨论以此两个基本假设为前提。

从流体力学方程出发可分析得到物理模拟需要满足的相似条件，再根据大气边界层的其他特征给出其他相似条件。在 x 轴和 y 轴的水平面上，向上为 z 方向的正交坐标系下大气边界层流动的基本方程组可表示如下：

连续方程：$\partial\rho/\partial t + (\rho u_i)_i = 0$ (2.54)

动量方程：$\partial u/\partial t + u_j u_{i,j} + 2\varepsilon_{i,j,k}\omega_i u_k = -p_i/\rho_0 - \Delta T/T_0 g\delta_{i3} + vu_{i,jj} + (-u_i'u_j')_j$ (2.55)

能量方程：$\partial T/\partial t + u_j T_j = K/\rho_0 C_p \cdot T_{jj} + (-\theta' u_j')_j + \Phi/\rho_0 C_p$ (2.56)

式中，ρ 为空气密度（kg/m³）；ω_j 为科氏力系数（1/s）；g 为重力加速度（9.8m/s²）；v 为动力学黏性系数（kg/m·s）；T 为空气温度（°K）；K 为空气传热系数（m·kg/s³·K）；C_p 为空气的定压比热（m²/s²·K）；u_j' 为脉动速度（m/s）；θ' 为脉动温度（°K）；Φ 为耗散函数。

这里，（2.56）式用到了 Boussinesq 近似。由上述基本方程组出发，对其中的物理量作如下无量纲化处理：

$x_i^* = x_i/L,\ t^* = tU/L,\ u_i^* = u_i/U,\ T^* = T/T_0,\ p^* = p/\rho_0 U^2$

$\rho^* = \rho/\rho_0,\ \omega_j^* = \omega_j/\Omega,\ u_i'^* = u_i'/U,\ \Delta T^* = \Delta T/T_0,\ \theta'^* = \theta'/T_0$

其中，L 为特征长度；U 为特征速度；T_0 为特征温度；代入（2.54）、（2.55）、（2.56）进行推导，为方便起见，省去 * 号，得无量纲形式的方程：

连续方程：$\partial\rho/\partial t + (\rho u_i)_i = 0$ (2.57)

动量方程：$\partial u/\partial t + u_j u_{i,j} + 2\varepsilon_{i,j,k}\omega_i u_k/R_0 = -p_i - R_i\Delta T\delta_{i3} + u_{i,jj}/R_e + (-u_i'u_j')_j$ (2.58)

能量方程：$\partial T/\partial t + u_j T_j = T_{jj}/(P_r \cdot R_e) + (-\theta' u_j')_j + \Phi R_e \cdot E_c$ (2.59)

其中，$R_e = UL/v$，$R_i = \Delta T/T_0 \cdot lg/U^2$，$R_0 = U/L\Omega$，$P_r = \rho C_p v/K$，$E_c = U^2/C_p T_0$。

这 5 个无量纲参数原则上是模拟应当考虑的参量。不同的无量纲化方法会得到不同的相似准则。

3. 物理模拟的技术实现

大气边界层污染扩散的物理模拟主要在环境风洞进行。Snyder 学者讨论了环境风洞的尺寸问题，他认为风洞实验段的高度至少得 2m。他总结出决定实验段长度的公式：

$L = 8\delta + 40H_s + 20\Delta h$ (2.60)

式中，δ 为边界层厚度，H_s 为烟源高度，Δh 为烟羽抬升高度。按 1:1 000 比例模拟，取 $\delta = 600m$，$H_s = 300m$，$\Delta h = 20m$，则 L 在 20m 左右。

图 2-11 为北京大学环境科学中心环境风洞的结构示意图。该风洞实验段长 32m，宽 3m，高 2m，顶板最高可调到 2.5m，风速在 0.2~20m 连续可调，实验段起始处有粗糙元。实验段设有两个直径 2m 的转盘，可用于模拟来流风向。风机驱动功率为 160kW。

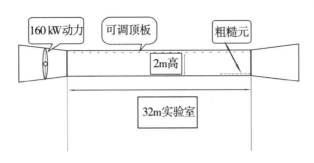

图 2 - 11　北京大学环境科学中心环境风洞示意图

2.2.3　示踪扩散实验

1. 概述

示踪实验是确定沿海、山谷等复杂地形大气扩散参数的有效手段，因为对上述复杂地形很难获得现成的合适的扩散参数。示踪剂应选择本底值低、物理化学性能稳定、对环境基本上无污染、便于释放和取样、易实现高精度分析且价格合宜的气态、气溶胶、放射性物质。目前应用最广泛的示踪剂 SF_6 的示踪距离可达近百千米，此外 CCl_4、HTO、CF_2Br_2、$CFCl_3$、^{85}Kr 等也都曾作为示踪剂用于大气弥散实验。我国首次 SF_6 示踪实验于1976 年在葫芦岛进行。目前最先进的示踪剂是高碳氟化合物。

2. SF_6 示踪实验的布点、释放、取样与分析

（1）布点。在大部分高架点源示踪扩散实验中，一般采用如下布点方案：以释放源为中心，在主导风向下风向或关心方位按扇形（一般取60° ~ 90°）布置若干条（通常 3 ~ 5 条）取样弧线，近距离密些，远距离疏些，每条弧线一般布置 5 ~ 9 个取样点。实验期间应根据释放时刻风向，调整取样点的布置，尽可能使该时刻的烟羽轴线恰好通过各弧线的中央取样点，以保证风向两侧的取样点大致相等。但在山区等复杂地形，不允许按弧线布点时，可采用分区布点法为主，并尽可能地辅以弧线取样。此方法的原则是关心区域，例如在估计可能导致较大污染或可能成为关键居民区的地方以及居民集中的村、镇集中布点。我国连云港核电厂址 SF_6 示踪实验就属于此类情况。该处山丘众多，地形起伏，最高峰高于 600m，东西最长 11 ~ 12km，南北最宽 6 ~ 7km，其他小山丘海拔也多在250m 以上。如此复杂的地形不允许按常规进行弧线布点，实际布点根据居民点和旅游景点分布确定关心区域的取样点，并在地形条件许可的情况下增加适当点位，力求构成取样弧。为了考察示踪物的输送途径，还在山顶和下风山谷通道安排了若干附加点位。这样布点构成了一个沿下风向、垂直于风向和沿突出地形周边的取样网。

（2）释放、取样与分析。对于高架源释放，一般在铁塔上进行，把装有 SF_6 的钢瓶吊到铁塔释放高度（通常在气象铁塔顶平台上），然后通过流量计调节流量，释放时间一般控制在 30 ~ 60min，根据事先估算好的总释放量均匀释放。

目前一般采用专门的自动取样器把 SF_6 样品采集在塑料袋中，每次试验可采集 3 ~ 4 个样品，每个样品采集 10min，然后间隔 5min，再采集第 2 个样品。取样点应选在比较开阔的位置，尽可能离建筑物或树有一定距离，取样器高度在 1.5m 左右为宜，取样袋必须编号，以免混乱。

样品分析通常采用带有电子捕获器的气相色谱（GC – ECD）。以连云港核电厂的 SF_6 示踪实验为例，试验采用的分析仪器有气相色谱仪、微处理机、记录仪。

3. 扩散参数的估算

（1）最小二乘法拟合。假定 SF_6 示踪剂的扩散服从高斯烟羽模式的假定，则可由高架源高斯连续点源公式导出地面浓度公式为：

$$C(x, y, 0; h) = \frac{Q}{\pi \bar{u} \sigma_y \sigma_z} \exp\left[-\left(\frac{y^2}{2\sigma_y^2} + \frac{h^2}{2\sigma_z^2}\right)\right] \tag{2.61}$$

式中，$C(x, y, 0; h)$ 表示源强为 Q（mg/s）、有效源高为 h（m）的源在下风向地面任一点 (x, y) 处造成的浓度；$\bar{u}$ 为源高处的平均风速（m/s）；σ_y，σ_z 分别是横向和垂向的扩散参数（m）。

假定 σ_y，σ_z 与下风向距离 x 存在如下的幂函数关系：

$$\sigma_y = p_y x^{q_y}, \quad \sigma_z = p_z x^{q_z} \tag{2.62}$$

式中，p_y，q_y，p_z，q_z 可看作常数。则地面浓度公式可以表示为：

$$C(x, y, 0; h) = \frac{Q}{\pi \bar{u} (p_y x^{q_y})(p_z x^{q_z})} \exp\left[-\left(\frac{y^2}{2(p_y x^{q_y})^2} + \frac{h^2}{2(p_z x^{q_z})^2}\right)\right] \tag{2.63}$$

这样，只要确定常数 p_y，q_y，p_z，q_z，即可给出高架源造成的地面浓度分布。

p_y，q_y，p_z，q_z 的确定可以利用最小二乘法。即使地面浓度计算值 $C_i[C_i = C(x, y, 0; h)]$ 与实测值 C_{mi} 之差的平方和 S 最小，S 由下式表示：

$$S = \sum_{i=1}^{n} (C_i - C_{mi})^2 \tag{2.64}$$

式中，n 为一次式中实验所有采样点中采集到样品的点的总数。

因为实验中的样品采集方法属于不等精度测量，所以为了权衡各种测量数据的不同精度，可以引入标志测量精度的权数 w 作为处理数据时不同测量数据相对重要程度的指标。则 S 可表示为：

$$S = \sum_{i=1}^{n} w_i (C_i - C_{mi})^2 \tag{2.65}$$

式中，w_i 为每个采样点的权数。权数的确定方法有多种，为方便起见，w_i 取为：

$$w_i = C_{mi} / C_{m,\max} \tag{2.66}$$

式中，$C_{m,\max}$ 为本次实验中所有取得样品的采样点中的最大浓度测量值。

为使 S 最小，则由（2.64）式给出的 S 对 p_y，q_y，p_z，q_z 四个参数的偏导数应为 0，即：

$$\frac{\partial S}{\partial a_j} = 0, \quad j = 1, 2, 3, 4 \tag{2.67}$$

这里 a_j 分别为表示四个参数 p_y，q_y，p_z，q_z。令非线性方程组为：

$$f_i = f_i(a_1, a_2, a_3, a_4) = \frac{\partial S}{\partial a_j}, \quad i = 1, 2, 3, 4 \tag{2.68}$$

即构造出了所需的四个方程。由于 S 是所有采集到样品的点的实测值与计算值差的平方和，因此，所构造的方程实际上是从 n 个采样点实测值中求解参数 p_y，q_y，p_z，q_z，这样通过迭代就可直接求出一次扩散实验的扩散参数表达式。

作为示例，连云港核电厂厂址各次示踪实验按上述方法算得 p_y，q_y，p_z 和 q_z 值，以及按不同稳定度分类综合处理后的扩散系数平均值。图 2 – 12、图 2 – 13、图 2 – 14 则分别给出连云港核电厂 SF_6 示踪实验数据按上述最小二乘法拟合处理后获得的横向扩散参数 σ_y，及垂向扩散参数 σ_z，随下风距离 x 的变化曲线与 P–G 曲线、Briggs 曲线以及布鲁克海文（BNL）曲线的比较。

（2）应用标准差公式求单个取样弧线的扩散参数 σ_y。假定取样弧线上示踪剂浓度分布近似服从高斯分布，按照标准差定义，则有：

$$\sigma_j = \left[\overline{(y - \bar{y})^2} \right]^{1/2} = \left[\overline{y^2} - (\bar{y})^2 \right]^{1/2} \tag{2.69}$$

式中，$\overline{y^2} = \sum_{i=1}^{N_i} C_{mi} y_i^2 \Big/ \sum_{i=1}^{N_i} C_{mi} \tag{2.70}$

$$\bar{y} = \sum_{i=1}^{N_i} C_{mi} y_i \Big/ \sum_{i=1}^{N_i} C_{mi} \tag{2.71}$$

式中，C_{mi} 表示 i 点的 SF_6 实测浓度，y_i 表示第 i 取样点距轴线的水平方向距离，N_i 表示该 i 弧线上的取样点总数。

（3）同一稳定度实验结果的平均。同一稳定度下进行的若干次示踪实验所获得的扩散系数可以差异很大，因此，对同一地点的多次示踪实验进行平均时，宜采用几何平均方法，具体计算公式如下：

$$\bar{p}_y = \left(\prod_{i=1}^{N} p_{yi} \right)^{1/N}, \quad \bar{p}_z = \left(\prod_{i=1}^{N} p_{zi} \right)^{1/N} \tag{2.72}$$

$$\bar{q}_y = \frac{1}{N} \sum_{i=1}^{N} q_{yi}, \qquad \bar{q}_z = \frac{1}{N} \sum_{i=1}^{N} q_{zi} \tag{2.73}$$

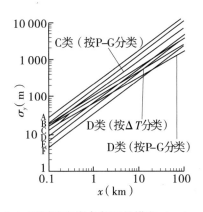

（a）不同稳定度条件下的横向（σ_y）

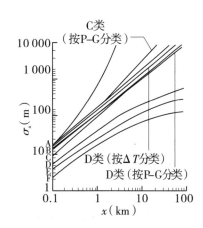

（b）不同稳定度条件下的垂向（σ_z）

图 2–12　扩散曲线与 P–G 扩散曲线的比较

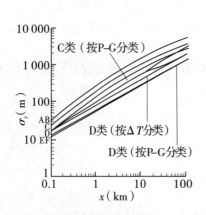
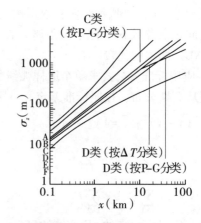

（a）不同稳定度条件下的横向（σ_y）　　（b）不同稳定度条件下的垂向（σ_z）

图 2 – 13　扩散曲线与 Briggs 扩散曲线的比较

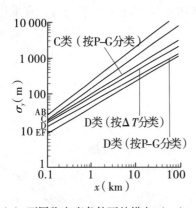
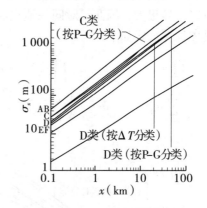

（a）不同稳定度条件下的横向（σ_y）　　（b）不同稳定度条件下的垂向（σ_z）

图 2 – 14　扩散曲线与 BNL 高架源扩散曲线的比较

2.3　选址周围健康风险评估

2.3.1　垃圾焚烧设施的健康风险评价

　　健康风险评价（HRA）是表征人类暴露环境危险因素之后，出现不良健康效应的特征。1983 年美国国家科学院（National Academy of Sciences，简称 NAS）提出了 HRA 的"四步法"，即危害鉴定（Hazard Identification）：鉴定风险源的性质及强度；剂量—反应评估（Dose-response Assessment）：暴露与暴露所导致的健康或生态系统影响的因果关系，即剂量—反应关系的研究与描述；暴露评估（Exposure Assessment）：人群或生态系统暴露于风险因子的方式、强度、频率及时间的评估和描述；风险表征（Risk Characterization）：对有害实物发生的概率及概率可靠程度给以估算与分析。

　　NAS"四步法"理念在危险废物焚烧厂中的具体应用，其健康风险评价流程如图 2 – 15 所示：

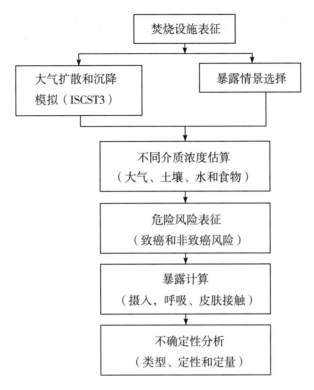

图 2 - 15　危险废物焚烧设施健康风险评价流程

从图 2 - 15 中不难发现，对于危险废物焚烧设施完整的健康风险评价应包括由焚烧设施污染源排放引起的周边大气、土壤、水和食物四种介质中污染物浓度的估算，人体直接暴露（Direct Exposure，包括呼吸、皮肤接触和土壤或灰尘摄入）和间接暴露（Indirect Exposure，即食物摄入）量的计算，以及人体暴露量危害风险（包括致癌风险，Cancer Risk，简称 CR 和非致癌风险，Non - Cancer Risk，简称 NCR）的表征和不确定性的分析。

由于二噁英与人体接触的浓度一般比较低，影响时间长，所产生的主要是慢性效应，故采用慢性效应中非致癌参考剂量（Reference Dose，简称 R_f）和致癌斜率因子（Cancer Slope Factor，简称 CSF）来计算其对人体的非致癌和致癌风险。

$$HR = ADD/R_fD \tag{2.74}$$

$$CR = LADD \times CSF \tag{2.75}$$

其中，HR、ADD 和 LADD 分别为非致癌风险指数（Hazard Ratio）、日均摄入量（Averaged Daily Dose）和终生日均摄入量（Life Averaged Daily Dose）。当人群预期寿命为 70 岁时，ADD 和 LADD 等价。WHO 推荐的 R_f，即每日二噁英摄入量（Total Daily Intake，简称 TDI）为 1 ~ 4pgTEQ/d·kg，U. S. EPA 推荐的值为 0.001 ~ 0.01 pgTEQ/d·kg。U. S. EPA 推荐的 CSF 值为 1.5×10^5 ［mg/（d·kg）］，而当 HR 和 CR 分别小于等于 1 和 10^{-6}，认为该健康风险是可接受的。

2.3.2 垃圾焚烧厂周边居民二噁英人体暴露风险的评估

1. 人体暴露风险模型

环境介质中二噁英对人体暴露的主要途径有呼吸暴露途径、皮肤暴露途径、土壤和灰尘摄食暴露途径及食物摄食暴露途径四种。

①呼吸暴露途径。

$$IP = \frac{V_r \cdot C_{air} \cdot f_r \cdot \tau_f}{W} \tag{2.76}$$

式中，IP——每日二噁英呼吸暴露量（ngTEQ/kg·d）；

V_r——每日呼吸量（m³/d）；

C_{air}——大气中二噁英浓度（ngTEQ/m³）；

W——人体重量（kg）；

f_r——滞留肺泡空气比率；

τ_f——暴露时间比率。

②皮肤暴露途径。

$$DA = DA_{soil} + DA_{dust} \tag{2.77}$$

$$DA_{soil} = \frac{24DAE_o \cdot DAR \cdot f_m A_{exp_o} C_{soil} \tau_{fs_o}}{W} \tag{2.78}$$

$$DA_{dust} = \frac{24DAE_i \cdot DAR \cdot f_m \cdot f_{rd_i} A_{exp_i} C_{soil} \tau_{fs_i}}{W} \tag{2.79}$$

式中，DA——每日二噁英皮肤暴露量（ngTEQ/kg·d）；

DA_{soil}、DA_{dust}——土壤、灰尘每日二噁英皮肤暴露量（ngTEQ/kg·d）；

DAE_o、DAE_i——皮肤表面、皮肤内接触灰尘量（kg/m²）；

DAR——单位时间（1/d）；

f_m——土壤因子；

f_{rd_i}——土壤中的灰尘因子（皮肤）；

A_{exp_o}——手臂暴露面积（m²）；

A_{exp_i}——手暴露面积（m²）；

C_{soil}——土壤中二噁英浓度（ngTEQ/kg）；

W——人体重量（kg）；

τ_{fs_o}、τ_{fs_i}——屋外、屋内暴露时间比率。

③土壤和灰尘摄食暴露途径。

$$DU = DU_{soil} + DU_{dust} \tag{2.80}$$

$$DU_{soil} = \frac{24C_{soil} \cdot AID \tau_{fs_o}}{W} \tag{2.81}$$

$$DU_{dust} = \frac{24f_{rs_i} C_{soil} \cdot AID \cdot \tau_{fs_i}}{(24 - T_{sl})W} \tag{2.82}$$

式中，DU——每日二噁英摄入量（ngTEQ/kg·d）；

DU_{soil}、DU_{dust}——土壤、灰尘每日二噁英摄入量（ngTEQ/kg·d）；

AID——摄入土壤颗粒量（kg/d）；

T_{sl}——每日睡眠时间（h/d）。

其他符号意义同前。

④食物摄食暴露途径。

$$DF = \frac{(\sum C_{fc_i} Q_{fc_i}) \cdot F_{fc}}{W} \tag{2.83}$$

式中，DF——食物摄食暴露量（ngTEQ/kg·d）；

C_{fc_i}——食物中二噁英浓度（ngTEQ/kg·d）；

Q_{fc_i}——人体每天食物消费量（kg/d）；

F_{fc}——区域二噁英的消费系数。

其他符号意义同前。

人体在环境介质 PCDDs/PCDFs 暴露下总风险为呼吸暴露、皮肤暴露、摄食暴露（土壤、灰尘和食物）的总和，为下式所示：

$$TE = IP + DA + DU + DF \tag{2.84}$$

式中，TE——人体健康风险总暴露量（ngTEQ/kg·d）。

其他符号意义同前。

2. 人体暴露风险模型参数设置

参数设置见表 2-5 和表 2-6。

表 2-5　模型参数设置

参数	意义	成人取值	单位
f_r	肺中空气停留系数	0.75	
V_r	通风率	20	m³/d
W	人体体重	70	kg
τ_{fs_o}	屋外暴露时间比率	0.158	
τ_{fs_i}	屋内暴露时间比率	0.458	
DAE_o	皮肤表面接触灰尘量	0.037 5	kg/m²
DAE_i	皮肤内接触灰尘量	0.000 56	kg/m²
DAR	单位时间	0.01	1/d
f_m	土壤因子	0.15	
f_{rd_i}	土壤中的灰尘因子（皮肤）	0.8	
A_{exp_o}	皮肤暴露表面积 1	0.17	m²
A_{exp_i}	皮肤暴露表面积 2	0.9	m²
AID	摄入土壤颗粒量	2.6×10^{-5}	kg/d
T_{sl}	睡眠时间	8	h/d
f_{rs_i}	土壤中的灰尘因子（摄食）	0.8	

（续上表）

参数	意义	成人取值	单位
F_{fc}	区域二噁英的消费系数	0.8	
C_{air}	大气中二噁英浓度	0.036 6	pgTEQ/m^3
C_{soil}	土壤中二噁英浓度	3.243 6	pgTEQ/m^3

表 2-6　某典型区域人均食物消费量和食物中二噁英含量水平均值

品种	人均食物消费量（kg/d）	二噁英含量水平均值（pgTEQ/g）
粮食	0.199	0.003 4
油脂类	0.016	0.056
水产品	0.035	0.21
奶制品	0.031	0.04
蛋类	0.017	0.85
肉类	0.143	0.095
蔬果类	0.432	0.000 4

根据人体暴露模型和参数设置，计算结果如下：

IP 为 0.005 4pgTEQ/（d·kg）；

DA 为 0.005 4pgTEQ/（d·kg）；

DU 为 0.001 5pgTEQ/（d·kg）；

DF 为 0.438 5pgTEQ/（d·kg）；

TE 为 0.445 9pgTEQ/（d·kg）。

计算结果表明：环境介质暴露途径中大气暴露占 1.21%；土壤暴露占 0.46%；食物摄食暴露占 98%。由此可见，食物摄食暴露是二噁英进入人体的主要途径，因此，加强食物中二噁英含量监测研究，能够为有关部门制定相关政策提供科学依据。

2.4　垃圾焚烧发电厂厂址选择

垃圾焚烧发电厂选址要考虑的因素，很多是跟火电厂相同的，但要比火电厂有更高的安全要求，因为垃圾焚烧发电厂是邻避设施，存在"二次污染"风险。

在我国的火电厂建造运行中，曾出现过少数火电厂严重污染环境，使周围居民、牲畜和农作物受到有害影响。造成污染的主要原因有：一是电厂选址不当，不利的地形和气象条件使排出的烟尘、二氧化碳等不易扩散；二是除尘设备陈旧，效率低或运行管理不善，达不到排放标准。对垃圾焚烧发电厂来说，如发生上述类似情况，则造成的影响可能性更大，还会败坏垃圾发电厂的声誉。

垃圾焚烧发电厂选址工作涉及区域规划、安全环保、技术和经济因素。我国已积累了大量火电厂和垃圾焚烧发电厂选址的经验，近几年来，许多地区进行了垃圾焚烧发电厂选址工作，不少单位对选址的原则、环境调查、确定方法、需要考虑的主要因素和技术要求等做了大量的研究工作，取得了丰富的研究成果。

2.4.1　选址的原则

生活垃圾焚烧发电厂选址的原则应符合当地城乡建设总体规划和环境保护规划的规定，并符合当地的大气污染防护、水资源保护和自然保护的要求。垃圾焚烧发电厂选址要从社会性、安全性和经济性三方面出发，综合考虑，进行代价—利益的差分分析，做出抉择。

（1）社会性。垃圾焚烧发电厂是邻避设施，邻避设施为社会带来生活上的便利与福祉，却会对附近居民带来负面影响，以致产生邻避情结，并存在"二次污染"风险。这一模式是把垃圾对人类造成的危害集中到了某小区域的居民身上，是少数人的利益损害换来了多数人的环境利益。如果处理得不合理，对垃圾处理的抵制就不可避免，反抗将随之而起，从而产生邻避现象。在垃圾处理中，受益者应对受损者进行补偿，实施补偿之后，能保证各个相关者都受益。

（2）安全性。安全性包括选址、设计、运营，直到寿期终了关闭全过程的安全。我们所讲的安全性，既要考虑垃圾焚烧发电厂自身的正常运营，又要考虑环境对厂址的影响以及厂址对环境的影响。采取措施保证居民受损的概率最小。

（3）经济性。要考虑厂址的基本建设费用、运行维修费用的多少。如征用土地、建筑材料来源、交通运输、负荷中心距离（一般厂边界以外500m为圈内避开集中居住区）等项。

2.4.2　选址的环境调查

垃圾焚烧发电厂选址要考虑的环境因素很多，概括起来可分为三类：
（1）自然灾害，如地震、洪水、飓风、海啸等；
（2）环境条件，如水文、地质、供水、气象、生态等；
（3）土地利用条件，如人口分布、工业布局、农业生产、交通运输、自然资源附近有无风景游览区、文物古迹和自然保护区等。首先是以环境调查为基础的，所需调查项目包括：

①人口分布调查。
②食物链调查。
③生态系统调查。
④气象调查及大气扩散实验。
⑤江河湖海调查及扩散实验。
⑥土地利用调查。
⑦地质调查。
⑧地震调查。
⑨水文调查。

从上述条件出发，确定垃圾焚烧发电厂厂址。

2.4.3 选址的确定方法

目前我国还没有关于垃圾焚烧发电厂厂址选择的准则或规定。按照我国《电力工业技术管理法规》的规定，厂址选择划分为规划选址和工程选址两个阶段。规划选址：对拟建厂地做初步调查和收集整理建厂所需的资料，如收集地质地震、环境保护、人口分布等资料。在分析整理基础上，加以综合比较，提出预选厂址。工程选址：对预选厂址进行实地的勘测和实验工作。在进行可行性分析基础上，提出具体推荐厂址。选址过程是一个不断筛选的过程。所谓筛选是综合考虑各个厂址的优点，选留较好的厂址；反筛选是首先判定是否存在不适宜建厂条件，舍去那些较差的厂址。总结以往垃圾焚烧发电厂选址的做法和经验，从下达选址任务书成立选址项目组开始，直至厂址批准的全过程，可分为：准备、调研、勘察文体编制和审定厂址等五个阶段。确定出候选厂址后，编写《初步安全分析报告》和《环境影响报告书》，上报有关部门申请建厂。

2.4.4 选址要考虑的主要因素和技术要求

1. 环境保护因素

垃圾焚烧发电厂的工程选址一般应选择城市近郊并在主要风向下风处为宜，避免将厂址选在地形闭塞、通风不良的深山峡谷中。

气象条件是影响选址的一个因素，也是设计必须考虑的因素之一。对气象条件的基本要求是气流畅通，有利于有害气体的稀释扩散。就环境保护角度来看，气象条件往往不是选址是否合适需要考虑的。

同时应采取切实有效的保护措施，使垃圾焚烧发电厂产生的烟气、渗沥水和焚烧残渣的排放控制在国家规定的排放标准之内。

2. 交通运输条件

垃圾焚烧发电厂是垃圾运输车辆的集中聚散地，因此其工程选址应结合城市道路交通网的现状和规划，选周围有良好交通运输条件的位置。此外，铁路、公路可以接近垃圾焚烧发电厂，但不能影响其正常运营。在事故（如洪水）条件下，需保证通往外界的道路通畅。

3. 垃圾焚烧发电厂用地面积的要求

关于垃圾焚烧发电厂的用地面积，我国建设部行业标准《城市环境卫生设施设置标准》（CJJ27—1989）中规定，其用地指标为 $90 \sim 120 m^2/t$，可供工程选址和规划设计时参考。通过这几年的实践也发现了上述规定的一些不足，一是用地指标偏大，与日本及欧洲的现行标准相差 1 倍以上；二是没有充分考虑到工程规模大小和焚烧炉布置数量对用地面积的影响。结合近几年的工程实践，并参考国外有关标准，现将垃圾焚烧发电厂用地面积的建议指标列于表 2 - 7，供建设和设计单位参考选用。

表 2 - 7　垃圾焚烧厂用地面积的建议指标

工程规模（t/d）		200	300	400	500	600	700	800	900	1 000
1 炉	面积/亩	28	30	32	35	38	41	45	49	55
2 炉	面积/亩	32	35	38	41	45	51	57	64	73

（续上表）

工程规模（t/d）		200	300	400	500	600	700	800	900	1 000
3 炉	面积/亩	36	40	44	48	54	60	69	79	90
4 炉	面积/亩	40	45	50	55	62	70	80	91	104

在具体工程设计中考虑垃圾焚烧发电厂的用地面积时，还将涉及可供征用的场地情况、余热综合利用设想、厂内建筑物、绿化布置和公共设施布局等诸多因素，应作综合分析并广泛征求有关部门的意见后确定。

4. 电力联网或区域供热的要求

垃圾焚烧发电厂选址应尽可能接近负荷中心，在对几个候选厂址作比较时必须包括输电距离或热负荷中心地区的距离，对由此造成的损耗、输电输热损耗和占地的经济投入进行比较，提高垃圾焚烧发电厂的经济效益。

5. 垃圾焚烧发电厂选址需要考虑的其他因素

（1）选址应尽量靠近垃圾集中产生源，垃圾焚烧发电厂平均单程运距不大于 15km。

（2）选址应尽可能选择有较好基础设施条件（如给水、排水、通信等）的地区，并且附近具有较充足的水源。

参考文献

［1］大气预测软件系统 ADMS 共享版简要用户使用手册，国家环保总局环境工程评估中心，环境质量模拟重点实验室，http://www.lem.org.cn，2006.

［2］徐梦侠. 城市生活垃圾焚烧厂二噁英排放的环境影响研究. 浙江：浙江大学，2009.

［3］张向和. 垃圾处理场的邻避效应及其社会冲突解决机制的研究. 重庆：重庆大学，2010.

［4］苏珊珊. 二噁英环境多介质分布、焚烧释放及减量控制研究. 武汉：华中科技大学，2012.

［5］胡二邦，陈家宜. 核电厂大气扩散及其环境影响评价. 北京：原子能出版社，1999.

［6］张益，赵由才. 生活垃圾焚烧技术. 北京：化学工业出版社，2000.

［7］胡桂川，朱新才，周雄. 垃圾焚烧发电与二次污染控制技术. 重庆：重庆大学出版社，2012.

［8］汪玉林. 垃圾发电技术及工程实例. 北京：化学工业出版社，2003.

［9］曹春艳，赵永华，张洪林，等. 应用 ISCST3 与 ADMS – Urban 预测抚顺 TSP 浓度的比较. 城市环境与城市生态，2006（19）：25 – 27.

［10］王淑兰，孟志鹏，丁信伟. 适用于固定工业源泄放的扩散模型—AERMOD. 化学工业与工程，2003，20（4）.

［11］孙冬，王玉才，谢春梅. 垃圾焚烧烟气中污染物对人体健康风险评价. 环境卫生工程，2004，12（3）.

［12］宋妙发，强亦忠. 核环境学基础. 北京：原子能出版社，1999.

［13］BAILEY D T. User's guide for the industrial source complex（ISC3）dispersion models（revised）volumeI. US：EPA，1995.

［14］PERRY S G. AERMOD description of model for mulation（draft）. AMS/EPA Regulatory Model Improvement Committee，1998.

3 垃圾焚烧发电基本理论

3.1 垃圾的成分和特性

像所有的固体燃料一样，垃圾是复杂的高分子碳氢化合物。其主要的成分有：碳（C）、氢（H）、氧（O）、氮（N）、硫（S）、灰分（A）及水分（M）。垃圾通常以燃料的组成和发热值来表征燃料的基本特征。常用的特性指标主要有四个：工业分析成分、元素分析成分、发热量和灰熔点。对垃圾燃料而言，特性指标中除上述指标外还包括物理组成分析，即按可燃物和不可燃物、不适燃物区分。物理组成分析在工程设计中虽不能作为设计数据使用，但可帮助设计人员了解垃圾的特性。在实际应用中，垃圾通常按物理分类测定其工业分析成分、元素分析成分、发热量，再按物理分类成分比例进行加权得到其平均成分。不同国家和地区垃圾燃料的成分比例不同，使得垃圾的成分及特性有较大差异，而燃料的成分和特性对垃圾焚烧系统设计的合理性、运行操作的可靠性和经济性都有重要影响，因此对于焚烧系统的设计及运行人员而言，掌握好垃圾的成分、特性及其对焚烧系统运行的影响是十分必要的。

3.1.1 垃圾的物理性质及特点

垃圾的物理性质包括物理组成、容重和粒度。垃圾的物理组成主要包括以下几种类型：

（1）厨余，主要指居民家庭厨房、单位食堂、餐馆、饭店、菜市场等处产生的高含水率、易腐烂的生活垃圾。由于厨余垃圾中含有大量水分，使生活垃圾的总含水率增加，热值下降。

（2）纸类，主要指家庭、办公场所、流通领域等产生的纸类废物，属易燃有机物，热值高。一般来说，经济发展水平越高，垃圾中纸类成分的含量越高。

（3）竹木类，主要指各种木材废物及树木落叶等，属纤维类有机物，易燃且热值较高。

（4）橡塑，主要指垃圾中的塑料及皮革、橡胶等废物。橡塑垃圾也属于易燃有机物，热值高，生物降解困难。

（5）纺织物，主要指纺织类废物，属易燃有机物，热值较高，生物降解中等。

（6）玻璃，主要指各种玻璃类废物，以废弃的玻璃瓶为多，有无色和有色之分。

（7）金属，主要指各种饮料的金属包装壳及其他金属废物。

（8）砖瓦渣土，主要指零星的碎砖瓦、陶瓷以及煤灰、土、碎石等，主要源于居民生活中废弃的物质及燃煤和街道清扫的垃圾。

（9）其他，主要指上述项目以外的垃圾，以及无法分类的垃圾。

上述分类中，可燃物包括橡塑、生物质、纸类等；不可燃物包括玻璃、金属、砖瓦渣土等。这个分类成分主要按表观特征和属性来区分。

国内部分城市典型垃圾组分见表 3 - 1。

表 3 - 1　国内部分城市典型垃圾组分

城市	有机物（%）	无机物（%）	纸类（%）	布类（%）	竹木类（%）	塑料（%）	橡塑（%）	玻璃（%）	金属（%）	含水量（%）	热值（kJ/kg）
常州	44.40	34.60	3.56	3.15	1.80	7.95		3.50	1.04	48.47	3 007
杭州	58.19	24.00	3.68	2.23	1.20	6.62	1.01	2.09	0.98	53.60	4 452
温州	44.70	17.90	7.68	1.69	1.87	23.86		1.30	1.00	52.00	6 730
广州	60.17	17.12	5.40	3.40	1.06	8.99		3.37	0.49	50.12	4 412
深圳	40.00	15.00	17.00	5.00		13.00	2.00	5.00	3.00	45.00	5 656

3.1.2　垃圾的元素成分性质及特点

一般固体燃料（如煤）中有机物（即可燃成分）通常含有碳（C）、氢（H）、氧（O）、氮（N）和硫（S）等元素，垃圾中通常含有一定量的卤族元素即氯（Cl）和氟（F）。因此，垃圾的元素分析应包括：碳、氢、氧、氮、硫、灰分、水分、氯、氟。垃圾元素分析可采用经典法或仪器法测定。采用经典法测定垃圾元素成分值时，可按煤的元素分析方法进行，并应符合现行国家标准中的有关规定；采用仪器法测定元素分析成分值时，应按各类仪器的使用要求确定样品量。

1. 碳

碳是燃料中的主要可燃元素。碳元素包括固定碳（挥发分释放后所剩下的纯碳）和挥发分（CH_4、C_2H_2 及 CO 等）中的碳。一般垃圾中碳成分约为 10% ~ 22%。1kg 纯碳完全燃烧生成物为二氧化碳时，可释放出约 32 700kJ 的热量；当不完全燃烧生成 CO 时，仅能释放出 9 270kJ 的热量。纯碳起燃温度很高，燃烧缓慢，火焰也短。垃圾中的碳不是以单质状态存在，而是与氢、氮、硫等组成有机化合物。

2. 氢

垃圾中的氢元素含量约为 1% ~3%，且均以化合物状态存在。氢的发热量在燃料所有元素中最高，1kg 氢完全燃烧时释放出的热量为 120 370kJ（扣除水的汽化潜热后所剩下的热量）。其热量约为纯碳发热量的 3.7 倍。

氢极易着火和燃烧，含氢量多的燃料较容易着火及燃尽。

3. 硫

燃料中的硫以三种形态存在：有机硫（与 C、H、O 等元素组成复杂化合物）、硫化铁硫和硫酸盐硫（与 Ca、Mg、Fe 等元素组成各种盐类）。前两种能释放出热量，合称之为挥发硫。

1kg 硫完全燃烧时释放出 9 050kJ 的热量。硫是有害元素，硫燃烧生成产物为 SO_2 和 SO_3。它们与烟气中的水蒸气结合生成亚硫酸（H_2SO_3）及硫酸（H_2SO_4）蒸汽，使烟气的露点升高，酸蒸汽凝结在低温的受热面上便造成金属的低温腐蚀及堵灰。此外，烟气中的硫化物排向大气，造成环境污染，损害人体健康及农作物的生长。垃圾中的硫含量在 0 ~ 0.6%。

4. 氧及氮

氧及氮都是燃料中的不可燃元素。垃圾中氧含量可高达 8% ~ 15%。垃圾中的氮含量一般在 0.5% ~ 1.5%。但作为有害元素，在垃圾燃烧时，部分氮将与空气中的氧结合，生成有害气体 NO_x。

5. 氯

相比其他固体燃料，垃圾中氯含量较高，一般在 0.1% ~ 1.5%。在垃圾焚烧过程中，氯将生成 HCl 等化合物，易导致锅炉受热面的高温腐蚀。更重要的是，氯在焚烧过程中能促进二噁英类物质的生成，产生二次污染。垃圾中氯元素主要来源于废塑料、废橡胶制品及厨余垃圾。

垃圾元素分析可采用经典法测定，可按照《煤的元素分析方法》（GB/T476）及《煤中氯的测定方法》（GB/T3558）、《煤的水分测定方法》（GB/T15334）、《煤中碳和氢的测定方法》（GB/T15460）、《煤中全硫的测定方法》（GB/T214）等进行。

3.1.3　垃圾的工业分析及特点

垃圾的工业分析包括固定碳（Fixed Carbon，用 FC 表示）、灰分（Ash，用 A 表示）、挥发分（Volatile，用 V 表示）、水分（Moisture，用 M 表示）的分析，以及确定灰熔点、发热量与低位热值。

1. 挥发分

挥发分又称为挥发性固体含量，是指在绝热条件下，将垃圾样品加热到 (900 ± 10)℃，持续 7 分钟，分解析出的除水蒸气以外的气态物质。其主要成分包括以甲烷和非饱和烃为主的气态碳氢化合物以及氢气、一氧化碳、硫化氢等气体。

由于垃圾各组分的分子结构不同，断链条件不同，因而挥发分析出的温度不同，具有在比较低的温度环境下，短时间大量析出的特点。橡胶、塑料、竹木、纸类等有机垃圾的挥发分析出的初始温度在 150℃ ~ 250℃。垃圾焚烧过程中主要以挥发分燃烧为主。同时由于挥发分着火温度低，有利于垃圾的着火和燃尽。垃圾可燃物中的挥发分比煤要高得多，一般占到 70% ~ 80%，垃圾焚烧是以挥发分的空间燃烧为主。挥发分的析出和水分的蒸发过程是生活垃圾主要的减容、减重过程。

2. 灰分及灰熔点

固体燃料燃烧产生的固体残渣称为灰分，生活垃圾的灰分由有机物中的灰分和无机物组成，其中有机物焚烧过程产生的灰分由垃圾中的有机成分以及燃烧工况决定。生活垃圾中灰分含量在 10% ~ 25%。

对垃圾焚烧炉而言，一般把直接从燃烧室（即炉膛）排出的灰分称为炉渣，从烟气净化系统收集到的灰分称为飞灰，有些焚烧炉在余热锅炉中排除部分灰分，称为中灰，从排放控制角度看也应归入飞灰，但中灰颗粒比烟气净化系统收集到的飞灰要粗大，停留时间较短，所吸附的重金属和有机污染物也较少，为减轻飞灰处置的负荷与费用，对中灰进行成分测定再依国家标准判定其是否属于危险废物是比较科学的做法。

灰分的熔化特征对燃烧设备而言是一个重要参数，把灰样按标准压碎，加黏合剂制成灰锥放入高温电炉，炉内应保持半还原性气氛，加热到一定温度时，灰锥顶尖开始变形，此时的温度为起始变形温度 DT，继续升温后灰锥软化、倾斜、歪倒，这时的温度就是起始软化温度 ST,继续升温直至灰锥开始熔化流动,这时的温度为起始液化温度 FT。严格地说,应采用这三个指标才能较好地表示灰分的熔化特征,习惯上以起始软化温度 ST 作为灰熔点,垃圾的灰分中含有 Na_2O、K_2O 等碱金属氧化物,熔点显著低于煤的灰熔点,有些垃圾的灰熔点 ST 可低至 1 000℃左右。

3. 水分

垃圾的水分包括外在水分和内在水分。外在水分即垃圾各组分表面保留的水分,内在水分指垃圾各组分内部毛细孔中的水分。生活垃圾中含水量主要来自瓜果蔬菜等厨余物,以及雨水的侵蚀等。我国城市生活垃圾含水量为 40% ~ 60%。垃圾含水量具有模型的季节特征,春夏季含水量较高,秋冬季含水量较低。

4. 固定碳

失去水分和挥发分后的剩余部分(焦炭)放在(800 ± 20)℃的环境中灼烧到重量不再变化时,取出冷却。焦炭所失去的重量为固定碳。垃圾在焚烧过程中,固定碳的燃烧只占垃圾放热的一小部分,且基本在挥发分燃尽后才进行。固定碳的总失重量不大,发热量不多。当垃圾的灰分高、熔点低时,可能形成厚而密实的灰壳,使固定碳的燃烧难以完全进行。因此,在垃圾的焚烧中,通常采用运动炉排搅动和台阶式落差等措施,促进垃圾的搅拌混合,强化固定碳的燃烧。

5. 发热量与低位热值

垃圾的发热量是指单位质量(一般以 kg 为单位)完全燃烧时所产生的热量,单位为 kJ/kg(旧的工程单位为 kcal/kg,1kcal/kg = 4.18kJ/kg)。燃料发热量有高位发热量与低位发热量。垃圾低位热值(低位热值,low heat value,缩写为 LHV)是指单位质量垃圾完全燃烧时,当燃烧产物恢复到反应前垃圾所处温度、压力状态,并扣除其中水分汽化吸热后释放出的热量。此外,在工程设计中,还有设计垃圾低位热值(设计低位热值,low heat value for design)概念,即指在设计时,为确定焚烧炉的额定处理能力所采用的垃圾低位热值计算值。另外,我们也要区分焚烧炉上限垃圾低位热值(upper limit LHV of waste for incinerator)与焚烧炉下限垃圾低位热值(lower limit LHV of waste for incinerator)概念,前者指能够使焚烧炉正常运行的最大垃圾低位热值,后者指能够使焚烧炉正常运行的最小垃圾低位热值。从可利用热值角度来看,中国大部分城市的垃圾热值高于 3 344kJ/kg 的焚烧最低热值限,采用焚烧法处理城市生活垃圾在中国大有潜力。

3.1.4　成分基准及换算

元素分析和工业分析结果随计算基数而异。在煤的分析中,有收到基(as received basis,缩写为 ar)、空气干燥基(air dried basis,缩写为 ad)、干燥基(dry basis,缩写为 d)以及干燥无灰基(dry ash - free basis,缩写为 daf)。收到基组分是指锅炉炉前使用的燃料,包括全部灰分和水分。空气干燥基组分是以去掉外部水分的燃料作为 100% 的成分。干燥基组分是以去掉全部水分的燃料作为 100% 的成分。而干燥无灰基是以去掉水分和灰分的燃料作为 100% 的成分。要确切说明燃料的特性,必须同时指明百分比的基准。在垃圾的分析中,其计算基数通常以收到基和空气干燥基两种表示方法应用较多。

收到基组分表示为:$C^{ar} + H^{ar} + O^{ar} + N^{ar} + S^{ar} + Cl^{ar} + A^{ar} + W^{ar} = 100\%$

干燥基组分表示为:$C^{ad} + H^{ad} + O^{ad} + N^{ad} + S^{ad} + Cl^{ad} + A^{ad} + W^{ad} = 100\%$

收到基组分转化干燥基组分的转化系数为:$(1 - W^{ar}) / (1 - W^{ad})$

3.2 垃圾的燃烧特性及燃烧计算

3.2.1 燃烧过程

垃圾焚烧炉（waste incinerator）是利用高温氧化方法处理垃圾的设备。垃圾焚烧余热锅炉（waste incineration boiler）是利用垃圾燃烧释放的热能，将水或其他工质加热到一定温度和压力的换热设备。目前用于垃圾焚烧发电厂的余热锅炉多为中温中压蒸汽锅炉。从概念上说焚烧就是燃烧，人们习惯于称以燃烧方式处理废弃物的方法为焚烧，因此在垃圾处理领域中"焚烧"与"燃烧"可认为是同义的。燃料燃烧是燃料中的可燃分子与氧化剂分子相接触，在一定温度和浓度条件下，发生剧烈化合并释放出一定热量的化学反应过程，大多数燃烧过程会产生火焰，伴有升温和显著热辐射的现象。为了使可燃分子与氧化剂分子相接触，需要一个物质的混合、扩散到燃烧反应完成的过程，即燃烧过程。燃烧过程是一种复杂的物理过程和化学过程的综合过程，其中包括化学反应、传热、传质、流动及能量不同形式的转化等。

高水分垃圾的焚烧过程可分为：①干燥点火阶段：垃圾经历了预热、水分蒸发及升温着火吸热过程；②挥发分析出及燃烧阶段：挥发分在此阶段析出，并进行燃烧，释放出挥发分热量的放热过程；③固定碳燃烧及燃尽阶段：在燃尽阶段以固定碳完全燃烧为主的放热过程。几个燃烧阶段相互影响，在实际燃烧中没有明显的界限。

1. 理论燃烧温度

假定燃料在绝热条件下进行完全燃烧，并假定反应在一瞬间完成（即达到化学平衡和热平衡），燃烧的全部热量中减去由于燃料热分解引起的热损失，此时燃烧产物所能达到的最高温度即为理论燃烧温度（又称绝热燃烧温度，用 T_0 表示）。

$$T_0 = \frac{Q_{LHV} - Q_{TD}}{V_{fg}^0 C_{fg}}$$

其中，Q_{LHV}——燃料的低位发热量（kJ/kg）；

Q_{TD}——燃料热分解损失热量（kJ/kg）；

V_{fg}^0——单位理论燃烧生成气体量（Nm³/kg）；

C_{fg}——燃烧生成气的平均比热容 [kJ/（Nm³·℃）]。

应该注意的是，理论燃烧温度与炉膛内实际的最高温度（T_{max}）不是一回事，炉膛内的实际温度要明显低于理论燃烧温度，但又高于炉膛出口温度（T_{out}），即

$$T_0 > T_{max} > T_{out}$$

2. 着火

着火过程是指燃料与氧化剂分子均匀混合后，在缓慢氧化反应的基础上，不断地累积热量和活性粒子，温度升高达到激烈燃烧反应之前的一段过程，是燃烧的准备阶段。从微观过程看，在燃烧时气态组分首先着火，如芳香族有机物在不足300℃时就可以点着并开始燃烧，C_2H_2（气）的自燃着火温度也仅有335℃。在垃圾焚烧的干燥点火阶段，垃圾被推入焚烧炉后，吸收炉内高温烟气的辐射热，在100℃~180℃范围内预热，实现垃圾水分快速蒸发的过程。此后，垃圾继续吸收热量，挥发分首先析出，当可燃挥发分与氧发生剧烈反应，使得放热大于吸热时，垃圾开始着火。着火过程主要是由温度不断

提高引起，这一过程称为热力着火过程。对垃圾焚烧而言，在层状燃烧（如使用炉排式焚烧炉）时，局部自燃的着火温度大约在300℃～400℃，此时垃圾热解产生的芳香族即显著燃烧并迅速导致燃料层温度上升到800℃以上，进入旺盛燃烧状态。

3. 燃烧效率

燃烧效率是指燃料中可燃质已燃烧部分释放的热量占燃料热量的百分数。对于固体燃料，未燃烧部分包括固体未完全燃烧损失（百分数用q_{gt}表示）和气体未完全燃烧损失（百分数用q_{qt}表示），那么燃烧效率为

$$\eta = 1 - (q_{gt} + q_{qt})$$

一般的大型炉排式焚烧炉，燃烧效率不低于95%，而循环流化床焚烧炉可达98%以上。

4. 炉渣热灼减率

垃圾焚烧效果的表征除了燃烧效率，常用另一个指标来表示：炉渣热灼减率。垃圾焚烧后的炉渣干燥后要经（600±25）℃、3h 的灼烧。测量灼烧前的炉渣在室温下的质量m_0和灼烧后冷却至室温的质量m，得到热灼减率为

$$P = \frac{m_0 - m}{m_0} \times 100\%$$

国家标准规定生活垃圾焚烧炉的炉渣热灼减率不得大于5%，一般大型炉排式焚烧炉的P值为3%～5%，流化床焚烧炉的P值通常可以达到1%以内。炉排式焚烧炉的飞灰含碳量较低，循环流化床焚烧炉的飞灰含碳量稍高。

垃圾在不同燃烧阶段的特性见表3-2。

表3-2　垃圾在不同燃烧阶段的特性

阶段	干燥点火			燃烧	燃烧与燃尽
	预热	水分蒸发	升温着火	挥发分析出及燃烧	固定碳燃烧及燃尽
现象	从常温加热到水分蒸发平衡温度	水分吸热蒸发，进入气相	水分进一步蒸发，加热到着火温度	气相成分析出，伴有快速失重过程	固定物质反应放热，灰渣生成
作用	提供垃圾水分蒸发的条件	去除水分，为垃圾稳定燃烧创造条件	为垃圾着火提供条件，快速燃烧反应开始	垃圾焚烧重要阶段之一。部分垃圾热分解，为继续燃烧提供热量	垃圾焚烧重要阶段之一。热量释放，灰渣生成
表征参数	$\Delta T = T_E - T_C$， ΔT——温升（K）； T_E——平衡温度（K）； T_C——环境温度（K）	$W \propto (T_E, P, S, t, \cdots)$， W——垃圾含水量（%）； P——蒸发环境压力（MPa）； S——蒸发结构参数； t——时间（s）	$\Delta T = T_i - T_E$， ΔT——温升（K）； T_i——着火温度（K）	$\Delta V = V_0 - V$（%）， ΔV——析出的挥发分； V_0——初始挥发分含量； V——即时挥发分含量	$T \propto T(m_g, Q_g, t, \cdots)$， $m \propto m(m_g, Q_g, t, \cdots)$

（续上表）

阶段	干燥点火			燃烧	燃烧与燃尽
	预热	水分蒸发	升温着火	挥发分析出及燃烧	固定碳燃烧及燃尽
伴随效应	1. 吸热 $\Delta Q_1 = mC_p\Delta T$，$m$——垃圾堆积密度（kg/m³）；$C_p$——垃圾比热（kJ/kg）2. 垃圾堆积密度改变	1. 失重 $\Delta W = mW(T_E,P,S,t,\cdots)$（kg）2. 水分蒸发吸热 $\Delta Q_2 = qmW$（kJ），q——水分汽化潜热（kJ/kg）	1. 吸热升温 $\Delta Q = m_g C_p \Delta T$，$m_g$——垃圾干堆积密度（kg/m³）2. 开始由吸热转为放热 3. 质量变化加剧 4. 挥发分开始析出，有火焰	1. 质变 $\Delta m = m\Delta V$（kg）2. 热量释放 $\Delta Q_4 = q(V_i)\Delta m$（kJ），$q(V_i)$——第 i 组分析出时的放热系数	1. 质变 $\Delta m = K_C S$（kg），K_C——燃烧比速度（kg/m²）；S——燃烧反应当量表面积（m²）2. 热量释放 $\Delta Q_5 = Q_g \Delta m$（kJ），$Q_g$——干基高位发热量

3.2.2 影响垃圾焚烧过程的主要因素

影响垃圾焚烧过程的因素有许多，主要有垃圾的物化性质、烟气停留时间、焚烧温度、炉内气流的湍流度、过量空气系数等。

（1）垃圾的物化性质。包括垃圾的热值、组分、含水量、粒度等。热值越高，燃烧过程越易进行，燃烧效果越好。垃圾粒度越小，单位比表面积越大，燃烧过程中垃圾与空气的接触越充分，传热传质的效果越好，燃烧越完全。垃圾热值是决定各种焚烧炉能否正常燃烧的关键因素，同时也影响着辅助燃料的使用情况。垃圾热值高，炉内燃烧稳定，辅助燃料用量小；反之，炉内燃烧不稳定，辅助燃料用量大，生产成本增加。

（2）烟气停留时间。停留时间一是指垃圾自入炉到灰渣排出炉外的总时间。为使垃圾能在炉内完全燃烧，需要垃圾及其挥发所产生的烟气在炉内有足够的停留时间。垃圾焚烧停留时间与垃圾固体颗粒粒度、含水量等因素有关。粒度越细的固体颗粒，燃烧速度快，所需的炉内停留时间越短。一般来说，垃圾含水量越大，干燥所需时间越长，垃圾在炉内停留的时间也越长。二是国家标准中定义的烟气停留时间，指的是燃烧所产生的烟气处于高温段（≥850℃）的持续时间。烟气停留时间的长短决定了气态可燃物的完全燃烧程度。停留时间越长，气态可燃物的完全燃烧程度越高。国家标准中规定炉膛内烟气停留时间必须大于2秒。

（3）焚烧温度。垃圾焚烧过程的焚烧温度是指焚烧过程中炉膛内所达到的最高温度。焚烧温度越高，燃烧速度越快，有毒可燃物分解得越充分彻底，焚烧的减重、减容效果越好。一般来说，垃圾的燃烧温度与其燃烧特性有直接的关系，热值越高、水分越低的垃圾，其燃烧温度也就越高。国家标准中规定炉膛内焚烧温度必须大于850℃。

（4）炉内气流的湍流度。湍流度是垃圾与助燃空气在炉膛内混合程度的表征指标。炉内气流的湍流度对垃圾的充分燃烧有决定性作用。湍流度越大，气固接触越充分，可燃物与氧气接触的概率增加，燃烧反应就越完全。在现有炉排式、回转窑和循环流化床垃圾焚烧炉三种炉型中，炉排炉内气流的湍流度最差。炉排式焚烧炉中，增大气流的湍流度，可通过翻动成团的形式，增加层内垃圾的燃烧空气，以提高燃尽度。在回转窑焚烧炉中，由于垃圾随炉体转动，炉内气流随炉体做螺旋式前进，与垃圾翻转的方向垂直交叉，因而垃圾中可燃物与空气接触充分，湍流度大。在循环流化床焚烧炉中，炉内呈流态化沸腾燃烧，垃圾入炉后，即随同气流一起形成沸腾状流动，在强湍流中迅速完成换热、传质、燃烧。因此，循环流化床焚烧炉在气体湍流度方面是最好的。

（5）过量空气系数。炉内过量空气系数关系到炉内燃烧、有害物质分解、排烟温度、锅炉效率等。供给适量的过量空气是可燃物完全燃烧的必要条件。增加过量空气量既可以提供充足的氧气，又可增加焚烧炉内的湍流度，有利于焚烧过程的进行。但过量空气过多，既会降低炉膛内的燃烧温度，又增大了烟气的排放量，造成锅炉热效率降低。炉排式焚烧炉因其层状燃烧，为使气体可扩散至垃圾层内，炉内过量空气系数极大，导致锅炉排烟温度升高，最高可达280℃，锅炉效率下降。同时，由于炉排式焚烧炉中存在转动机械，炉膛漏风系数较大，造成炉内过量空气系数进一步增大。回转窑焚烧炉内过量空气系数与炉排炉类似，但其炉膛漏风较小。在循环流化床焚烧炉中，垃圾在炉内呈流态化燃烧，气固接触充分，可以在较小的过量空气系数条件下实现高燃尽率。

3.2.3 垃圾的燃烧计算

燃烧是燃料中的可燃元素与空气中的氧在高温条件下所进行的一种强烈的化学反应。单位燃料完全燃烧所需要的最小空气量称为理论空气量。理论空气量等于燃料中各可燃元素完全燃烧所需空气量的总和减去燃料自身含氧量的折算率。垃圾中可燃元素有碳、氢、硫等。垃圾的燃烧计算最基本内容是根据可燃元素的燃烧化学反应方程式，求出所需理论空气量和实际送风量，以及燃烧生成的烟气量和相应成分等。建立燃烧反应式时，通常假定：

（1）空气由氮气和氧气组成，其体积比为 79/21，空气和烟气均符合理想气体定律，在标准状态下摩尔体积为 $22.4m^3/kmol$。

（2）燃料中的固定氧可用于燃烧。

（3）燃料中的硫主要被氧化成 SO_2。

（4）燃料中的氮在燃烧时转化为 N_2。

（5）空气中所含氮所生成的热力型 NO_x 不计。

1. 燃烧所需空气量

设空气和烟气均为理想气体，即每千摩尔气体在标准状态下（0℃，0.101 3MPa 即 1 个标准大气压）的容积为 $22.4m^3$，则碳在燃烧时的化学反应式为：

$$C + O_2 \longrightarrow CO_2$$

1kg 燃料中含碳量是 C^{ar} kg，燃烧时所需的氧气量为：

$$\frac{22.4}{12} \times \frac{C^{ar}}{100} = 1.867 \frac{C^{ar}}{100}$$

同样，氢燃烧的化学反应式为：

$$2H_2 + O_2 \longrightarrow 2H_2O$$

1kg 燃料中含氢量是 $H^{ar}/100$kg，燃烧时所需的氧气量为：

$$\frac{22.4}{4 \times 1.008} \times \frac{H^{ar}}{100} = 5.56 \frac{H^{ar}}{100}$$

硫燃烧的化学反应式为：

$$S + O_2 \longrightarrow SO_2$$

1kg 燃料中含碳量是 $S^{ar}/100kg$，燃烧时所需的氧气量为：

$$\frac{22.4}{32} \times \frac{S^{ar}}{100} = 0.7\frac{S^{ar}}{100}$$

1kg 燃料中含有氧 $O^{ar}/100kg$，这些氧相当于：

$$\frac{22.4}{32} \times \frac{O^{ar}}{100} = 0.7\frac{O^{ar}}{100}$$

因此，1kg 垃圾完全燃烧所需外界供氧量为：

$$V^0_{O_2} = （1.867C^{ar} + 5.56H^{ar} + 0.7S^{ar} - 0.70O^{ar}）/100 （Nm^3/kg）$$

空气中氧的体积含量为 21%，所以 1kg 垃圾完全燃烧所需的理论空气量可按下式计算：

$$V^0_{air} = \frac{V^0_{O_2}}{21} = 0.0889C^{ar} + 0.265H^{ar} + 0.0333S^{ar} - 0.0333O^{ar} （Nm^3/kg）$$

以上所计算的空气量指不含水蒸气的干空气。

在没有详细元素分析数据时，可根据垃圾低位热值，按下式初步估算燃烧空气量：

$$V^0_{air} = \gamma \cdot Q^{0.897}_{dw} （kg/kg）$$

式中，γ 为系数，可取为 0.002kg/kJ。

在焚烧炉的实际运行中，由于现有焚烧设备难以保证垃圾中的可燃元素成分和空气的理想混合，因此，为了促进燃料尽可能地完全燃烧，以达到垃圾减重减量最大化，降低对环境的污染，实际给入焚烧炉内的空气量一定要大于理论空气量，即燃烧 1kg 燃料所需的实际空气量等于理论空气量加上过量空气量。实际空气量与理论空气量之比称为过量空气系数。如果实际空气量用 V_{air}（Nm^3/kg）表示，过量空气系数表达式为：

$$\alpha = \frac{V_{air}}{V^0_{air}}$$

在传统的炉排式垃圾焚烧炉的垃圾焚烧过程中，过量空气系数通常为 1.4 ~ 1.9，最大为 2.3。新型燃烧技术在传统的燃烧技术基础上，实现低空气比燃烧，减少烟气产生量和污染物的排放，减少热量损失从而提高余热回收利用率。在新型炉排式垃圾焚烧炉的焚烧中，过量空气系数通常为 1.3 ~ 1.4。

在实际运行中，考察垃圾焚烧是否尽量实现完全燃烧的工程指标有：

（1）烟气中的 CO 含量低于 $40mg/m^3$。

（2）垃圾有机成分的灰渣含碳量低于 2%。

按照我国关于垃圾焚烧的现行标准：烟气中的 CO 含量低于 $100mg/m^3$（小时均值）；炉渣热灼减率低于 5%。

2. 燃烧产生的烟气量

垃圾中的可燃成分是其有机物中的碳和氢元素，它们燃烧后的最终产物是 CO_2 和 H_2O。由于生活垃圾中还含有少量的硫和氯元素，一部分硫经氧化后生成 SO_2，而氯元素则生成 HCl。

（1）烟气量计算。

在理论空气量下，燃料完全燃烧所生成的烟气体积称为理论烟气体积（V^0_{fg}）。其主要的成分为 N_2、CO_2、SO_2 和水蒸气。烟气中除水蒸气以外的部分称为干烟气（V^0_{df}）；包括水蒸气在内的烟气称为湿烟气。

$$V_{df}^0 = 1.866C^{ar} + 0.7S^{ar} + 0.8N^{ar} + 0.79V_{air}^0$$

（2）水蒸气体积计算。

理论水蒸气体积（$V_{H_2O}^0$）由三部分组成：燃料中所含氢元素燃烧后生成的水蒸气，燃料本身所含水蒸气以及所送入的理论空气带入的水蒸气。

$$V_{H_2O}^0 = 1.24W^{ar} + 11.1H^{ar} + 0.0161V_{air}^0$$

理论烟气量为干烟气和理论水蒸气体积之和：

$$V_{fg}^0 = V_{df}^0 + V_{H_2O}^0$$

在焚烧过程中，为了尽量实现完全燃烧，通常给入的空气量大于理论空气量。理论干烟气量与过量空气量之和，即实际干烟气量（V_{df}）：

$$V_{df} = V_{df}^0 + (\alpha - 1)V_{air}^0$$

实际湿烟气量等于理论烟气量、过量空气量以及随同空气带入的水蒸气量之和：

$$V_{df} = V_{fg}^0 + 1.0161(\alpha - 1)V_{air}^0$$

3.3　垃圾焚烧系统的热平衡与物料平衡

垃圾的焚烧过程可用热平衡和物料平衡加以描述。热平衡计算和物料平衡计算都是设计垃圾焚烧发电厂时最重要的设计计算。

1. 热平衡计算

从能量转换的观点来看，垃圾焚烧系统是一个能量转换设备，它将垃圾燃料的化学能通过燃烧过程，转化成烟气的热能，烟气再通过辐射、对流、导热等传热方式，将热能分配交换给工质或排放到大气环境。送入焚烧系统的热量等于系统的有效利用热加各项热损失，这就是焚烧系统的热平衡（见图3-1）。

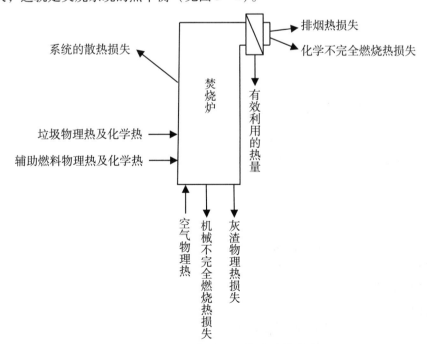

图 3 - 1　垃圾焚烧炉能量平衡示意图

焚烧系统的热平衡方程如下：

$$Q_{in} = Q_1 + Q_2 + Q_3 + Q_4 + Q_5 + Q_6$$

式中，Q_{in}——送入焚烧系统的热量（kJ/h）；

Q_1——有效利用的热量（kJ/h）；

Q_2——排烟热损失（kJ/h）；

Q_3——化学不完全燃烧热损失（kJ/h）；

Q_4——机械不完全燃烧热损失（kJ/h）；

Q_5——系统的散热损失（kJ/h）；

Q_6——灰渣物理热损失（kJ/h）。

若以送入焚烧系统的热量的百分数来表示，则为：

$$100 = q_1 + q_2 + q_3 + q_4 + q_5 + q_6$$

$$q_1 = \frac{Q_1}{Q_{in}} \times 100$$

$$q_2 = \frac{Q_2}{Q_{in}} \times 100$$

……

在进行系统设计时，可通过热平衡计算求出系统的热效率 η。系统的热效率计算式为：

$$\eta = \frac{Q_1}{Q_{in}} \times 100 = 100 - (q_2 + q_3 + q_4 + q_5 + q_6)$$

此时，系统的各项热损失按经验数据选取。

对正在运行的焚烧系统，必须通过热平衡试验，才可求出其热效率。直接测定系统有效利用的热量 Q_1 及送入焚烧系统的热量 Q_{in}，按下式进行计算：

$$\eta = \frac{Q_1}{Q_{in}} \times 100$$

（1）送入焚烧系统的热量。送入焚烧系统的热量包括垃圾的热量为：

$$Q_{in} = Q_{LHV} + i_{MSW} + Q_a + Q_{aux}$$

式中，Q_{LHV}——垃圾的发热量；

i_{MSW}——垃圾的物理显热；

Q_a——助燃空气热量；

Q_{aux}——辅助燃料的热量。

①垃圾的发热量。垃圾的发热量等于送入炉内的垃圾量 W_{MSW}（kg/h）与其单位低位热值的乘积：

$$Q_{LHV} = W_{MSW} \cdot Q_{LHV}^{ar}$$

式中，Q_{LHV}^{ar}——单位垃圾的收到基发热量。

②辅助燃料的热量。若辅助燃料只是在启动点火或是焚烧炉工况不正常时才投入，则辅助燃料的输入热量不计。若在正常运行过程中为了维持高温，需要一直添加辅助燃料辅助焚烧炉的燃烧时才计入。此时，

$$Q_{aux} = W_{aux} \cdot Q_{aux}^{ar}$$

式中，W_{aux}——辅助燃料量（kg/h）；

Q_{aux}^{ar}——辅助燃料的低位热值（kJ/kg）。

③助燃空气热量。

$$Q_a = V_{air}^0 \beta \left(I_a^0 - I_{ta}^0 \right)$$

式中，β——空气进入预热器前的空气过量系数；

I_a^0——焚烧炉进口处理论空气的焓；

I_{ta}^0——理论冷空气的焓。

④垃圾的物理显热。

$$i_{MSW} = c_{MSW}^{ar} t_{MSW}$$

式中，c_{MSW}^{ar}——燃料的收到基比热容〔kJ/（kg·℃）〕；

t_{MSW}——燃料温度，可取为20℃。

（2）有效利用的热量。有效利用的热量是其他工质在焚烧系统中被加热时所获得的热量。被加热的工质一般是水，它可产生蒸汽或热水。

$$Q_1 = D \left(h_2 - h_1 \right)$$

式中，D——工质流量（kg/h）；

h_1，h_2——分别是输入、输出工质的焓（kJ/kg）。

（3）排烟热损失。由于排放出焚烧系统时的烟气焓高于进入系统时的空气焓而造成的热损失。这是热损失中最主要的一项，其计算如下：

$$Q_2 = \left(I_{fg} - \alpha_{fg} I_a^0 \right) \times \frac{100 - q_4}{100}$$

式中，I_{fg}——排烟的焓，即低温段空气预热器出口的烟气焓；

α_{fg}——空气预热器出口处的过量空气系数。

（4）化学不完全燃烧热损失。由于炉温低、送风量不足或混合不良等导致烟气中一些可燃气体（如 CO、H_2、CH_4 等）未燃烧放热就随烟气排放到大气中，因此所损失的热量为各可燃气体容积与其发热量乘积的总和。

$$Q_3 = W_{MSW} \left(V_{CO} Q_{CO} + V_{H_2} Q_{H_2} + V_{CH_4} Q_{CH_4} \right) \times \frac{100 - q_4}{100}$$

式中，Q_{CO}——一氧化碳的发热量，$Q_{CO} = 12\ 640 kJ/m^3$；

Q_{H_2}——氢气的发热量，$Q_{H_2} = 10\ 800 kJ/m^3$；

Q_{CH_4}——甲烷的发热量，$Q_{CH_4} = 35\ 820 kJ/m^3$；

V_{CO}、V_{H_2}、V_{CH_4}——分别是烟气中对应 1kg 燃料的相应气体的体积（m^3/kg）。

（5）机械不完全燃烧损失。垃圾中未燃或未完全燃烧的固定碳所引起的热损失。机械不完全燃烧损失由以下三部分组成：

①灰渣损失是由灰渣中未燃烧或未燃尽固定碳引起的损失；

②飞灰损失是由未燃尽固定碳随烟气排出炉外引起的损失；

③漏燃料损失是部分燃料经炉排落入灰坑引起的损失。

因此，燃料燃烧时，由机械不完全燃烧所引起的热损失等于灰渣、飞灰、漏燃料中所含碳量与碳的发热量乘积的总和，即

$$Q_4 = Q_4^{slag} + Q_4^{fa} + Q_4^{rf} = 32\ 700 W_r \left(m_{slag} C_{slag} + m_{fa} C_{fa} + m_{rf} C_{rf} \right)$$

式中，m_{slag}、m_{fa}、m_{rf}——分别为运行 1h 的灰渣、飞灰及漏燃料量（kg/h）；

C_{slag}、C_{fa}、C_{rf}——分别为灰渣、飞灰及漏燃料中的碳含量；

32 700——每千克纯碳的发热量。

（6）系统的散热损失。由于焚烧炉炉墙、余热锅炉炉墙、锅筒、集箱、汽水管道、烟风管等部件的温度高于周围大气温度而向四周环境所散失的热量。影响散热损失的因素有：炉墙外表面积的大小、表面温度、炉墙结构、绝热层的隔热性能与厚度以及周围环境的温度等。

（7）灰渣物理热损失。垃圾焚烧所产生炉渣的物理显热。灰渣热损失等于燃料中的灰渣量与该温度下的灰渣焓的乘积。

$$Q_6 = W_f \frac{A^{ar}}{100} \alpha_{slag} \ (c\vartheta)_{slag}$$

式中，$(c\vartheta)_{slag}$——每千克灰渣在温度为 ϑ 时的焓（kJ/kg）。

2. 物料平衡计算

垃圾焚烧过程中，输入系统的物料包括垃圾、空气、烟气净化所需的化学物质及大量的水。垃圾焚烧时，其中的有机物与空气中的部分氧气发生化学反应，并以烟气形式排出［其中包括部分细小固体颗粒成分（飞灰）］，燃料中不可燃物以炉渣形式排出系统。进入焚烧系统的水主要包括冷却水、余热锅炉补充水、烟气净化系统用水及其他必要的用水，最终以水蒸气和废水的形式从系统中排出。余热锅炉中吸热介质水与烟气相互间只有热量传递，而没有质量交换，因此进入余热锅炉的介质质量等于离开余热锅炉热水（或水蒸气）的量。

垃圾焚烧工厂的物料平衡根据垃圾特性、焚烧炉型、余热利用方式、环境保护标准等设计条件来计算。计算的基础是理论上的垃圾燃烧、烟气处理和水处理的方式、化学反应式、过量空气系数、投入的化学药品等。这里仅讨论焚烧系统的物料平衡。垃圾焚烧系统物料的输入/输出示意图如图 3-2 所示。

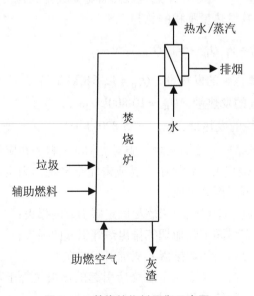

图 3-2　焚烧炉物料平衡示意图

进入焚烧系统的物质总量为：

$$M_{in} = M_{MSW} + M_{aux} + M_{air}$$

式中，M_{MSW}、M_{aux}、M_{air}——分别是垃圾、辅助燃料和入炉空气的质量。

离开系统的物质总量为：

$$M_{out} = M_{slag} + M_{Fly\ ash} + M_{Flue\ gas}$$

式中，M_{slag}、$M_{Fly\ ash}$、$M_{Flue\ gas}$——分别是炉渣、飞灰和烟气的质量。

根据质量守恒定律，输入焚烧系统的物料量等于输出的物料量：

$$M_{in} = M_{out}$$

3.4 垃圾焚烧中污染物的生成及影响因素

垃圾焚烧的目的是将生活垃圾经高温焚烧处理后，使其对人类的危害最小，最大限度地实现无害化、减量化和资源化的目标。垃圾焚烧如果处理不当，污染物排放标准将不达标，使固体污染物转化为气态污染物或其他形式的污染物继续污染环境，危害人们的健康。垃圾焚烧产生的污染物主要有二氧化硫（SO_2）、氮氧化物（NO_x）、一氧化碳（CO）、氯化氢（HCl）、可吸入颗粒物（IP）、重金属、二噁英类（PCDD/Fs）等。

3.4.1 垃圾焚烧排放主要污染物及其危害

1. 二氧化硫

燃烧过程中生成的硫氧化物（SO_x）不仅对人体有害，还会引起酸雨。就环境保护而言，对硫氧化物的发生源加以控制是十分重要的。SO_2 是一种刺激性气体，属中等毒性物质，它对人体健康的影响主要是刺激眼和鼻腔等黏膜，它与水结合成亚硫酸，具有腐蚀性。由于 SO_2 易溶于水，吸入后易被鼻腔和上呼吸道黏膜吸收，而不易进入肺部。但如果空气中含有各种颗粒物，则 SO_2 可以吸附于颗粒物表面而深入呼吸道内部。SO_2 被上呼吸道吸收后，将有约 40%～90% 进入血液分布全身，在气管、肺、肺门淋巴结和食道中含量较高，其次为肝、肾、脾等器官。进入血液的 SO_2 经过代谢，最后以硫酸盐形式随尿排出。不同浓度的 SO_2 对人体健康的影响见表 3-3。

表 3-3　不同浓度的 SO_2 对人体健康的影响

浓度（mg/m^3）	对人体毒害作用
5 240	立即产生喉头痉挛，喉水肿而窒息
1 050～1 310	短时间接触也有致死危险
400	吸入 5min 的一次接触限值
200	吸入 15min 的一次接触限值
125	吸入 20min 的一次接触限值
50	引起眼睛刺激症状及窒息感
20～30	引起喉部刺激的阈浓度
8	约有 10% 的人发生暂时性支气管收缩
3～8	连续吸入 120h 无症状

动物实验还表明，大气中 SO_2 可加强苯并芘的致癌作用。

垃圾焚烧中产生的 SO_2 来源于垃圾中含硫物质的氧化，垃圾中的硫分很低。生活垃圾燃烧过程中产生的硫化合物有 SO_x、H_2S、COS、CS_2。虽然生活垃圾的硫含量因垃圾成分而异，并且在燃烧过程中炉内各处产生的硫化合物不相同，但主要的硫化合物气体产物是 SO_x、H_2S 和 COS。在生活垃圾燃烧的初期阶段，燃料中的硫化合物迅速分解挥发并生成了反应活性很高的中间产物，这种中间产物又进一步被氧化转变成 SO_2。与氢结合的硫化合物的挥发性要比与碳结合的高，以 C—S、S—H、S—S 链状形式结合的硫要比碳或氢先挥发出来，不过 FeS 和由多环结合的噻吩硫即使在高温下也很稳定，挥发很慢。

2. 氮氧化物

氮氧化物通常是指一氧化氮（NO）和二氧化氮（NO_2），NO 是一种无色、无味气体，在空气中能与氧（O_2）或臭氧（O_3）反应生成 NO_2。NO_2 是棕红色的气体，有刺激性；NO_2 在阳光作用下能形成 NO 和 O_3。

NO 本身无刺激性，但它能作用于动物的中枢神经系统，NO 在高浓度下（如 $3\,057mg/m^3$）几分钟即可引起动物麻痹和惊厥，甚至死亡。它还能和血红蛋白结合，形成亚硝基血红蛋白，使血液中高铁血红蛋白含量增加，导致红细胞携带氧的能力下降。

NO_2 是刺激性气体，毒性为 NO 的 4～5 倍。在空气中浓度为 $1～3mg/m^3$ 时，人即可嗅出，当浓度达到 $5mg/m^3$ 时可使呼吸道阻力增加，肺顺应性下降；$13mg/m^3$ 时鼻和上呼吸道产生明显的刺激作用；$100～150mg/m^3$ 暴露 $30～60min$，可发生喉头水肿，出现呼吸困难、发绀、昏迷等症状，甚至可能导致死亡。不同浓度的 NO_2 对人体健康的急性影响见表 3－4。生活垃圾焚烧产生的氮氧化物主要来源于含氮化合物的分解，如果是层燃方式焚烧垃圾，还可能有微量空气中的 N_2 氧化生成。

表 3－4 不同浓度的 NO_2 对人体健康的急性影响

浓度（mg/m^3）	对人体毒害作用
1 460	迅速死亡
560～940	致命性肺水肿
220～290	可立即发生肺水肿
140	只能坚持 $30min$，可引起支气管炎和肺炎
70	黏膜刺激作用，能承受几个小时
7.5～9.4	除呼吸道阻力增加外，还能导致肺 CO 弥散功能降低
1.3～3.8	呼吸道阻力增加

在垃圾焚烧过程中，主要通过三种形式生成 NO_x，即热力型 NO_x、瞬时型 NO_x 和燃料型 NO_x。

（1）热力型 NO_x。热力型 NO_x 是由于燃烧空气中氮在高温下氧化而产生的，这时 NO 的生成过程是一个不分支的连锁反应。在高温下的氧分子首先离解生成氧原子，然后再发生不分支连锁反应为：

$$O + N_2 \Longrightarrow NO + N$$
$$N + O_2 \Longrightarrow NO + O$$

随着温度的升高，其反应速率根据阿累尼乌斯定律，按指数规律迅速增加，实验表明，在燃烧温度低于1 500℃时，其NO的生成量很小；在超过1 500℃时，温度每增加100℃，反应速率将增大6~7倍。温度对热力型NO_x的生成具有决定性的影响。

（2）瞬时型NO_x。瞬时型NO_x是由于燃料挥发物中的碳氧化合物高温热分解生成的CH自由基和空气中的氮反应生成HCN和N，再进一步与氧作用，以极快的反应速率生成NO_x，其形成时间只需约60ms。燃烧过程中生成的热力型NO_x和瞬时型NO_x中的N，都是来自空气中的氮。

（3）燃料型NO_x。燃料型NO_x是燃料中的氮化合物在燃烧过程中氧化而形成的。在600℃~800℃时就会生成燃料型NO_x，因此温度对它的生成影响不大。在垃圾焚烧所形成的三种形式的NO_x中，燃料型是主要的，大约占整个NO_x发生量的90%。在生成燃料型NO_x的过程中，首先是由燃料中含有的氮有机化合物热分解产生N、CN、HCN和NH_n等中间产物基团，然后再氧化生成NO_x。

在燃烧过程中，降低NO_x生成，主要依靠分级燃烧来实现。垃圾焚烧炉的NO_x抑制界限约100~120mg/m³，如要进一步降低NO_x浓度，一般采用选择性非催化剂脱硝法或选择性催化剂脱硝法，但成本很高。

分级燃烧是沿燃烧室内烟气流动方向，分别在不同位置注入助燃空气的燃烧方式，可以降低NO_x的生成，同时能促进具有还原作用的NH_n的产生，烟气中的可燃气体与通过炉膛上部吹入的二次空气、三次空气混合后完全燃烧。NO的还原反应是在O_2、NO以及还原剂的共存下，在800℃以上进行的。烟气中的可燃气体包括NH_n、HCN、CH_m、吡啶碱等，在燃烧时，这些还原成分中的一部分即可直接被氧化为NO_x，另外也能够还原炉膛底部（炉排或密相区）的燃烧过程中产生的NO_x，这种氧化和还原过程是一个竞争的过程。在炉膛上部存在的碳微粒也能够部分还原NO_x。当炉膛底部的燃烧份额较大时，由于炉底附近的耗氧速度较快，增大了NO_x还原的空间，也有利于抑制NO_x的产生。此外，一次空气的供入量有一个最佳值，它相当于炉膛底部挥发分燃烧所需要的理论空气量的80%左右。二次空气的供入位置应选择在NH_n还原NO_x过程接近结束的地方。在实际的焚烧炉中选择二次空气供入位置时，主要根据气体的混合距离决定。尽管不同焚烧设备所需的二次空气供入位置不一样，但是至少要保证含有可燃气体的烟气在高温区（1 000℃以上）有1s的燃烧时间。

向焚烧炉内的挥发分燃烧区喷射水或进行烟气再循环，可以降低燃烧室内因空气量减少而导致的温度上升，减少因空气中氮被氧化而生成的热反应性NO_x。不过水的注入量和再循环烟气量过多时，有可能引起燃烧不稳定和CO生成量的增加。

3. 一氧化碳

一氧化碳是一种无色、无臭、无味、无刺激性的有毒气体，比空气略重。吸入的CO通过肺泡进入血液，与血红蛋白结合生成碳氧血红蛋白（COHb）。CO与血红蛋白的结合力比氧与血红蛋白的结合力大200~300倍，而碳氧血红蛋白的离解速度仅为氧合血红蛋白的1/3 600，所以CO可降低红细胞的携氧能力。碳氧血红蛋白还有抑制、减缓氧合血红蛋白离解释放氧的作用。

CO中毒的程度主要取决于血液中COHb的饱和浓度，COHb饱和度达7%时，产生轻度头昏；12%时，产生中度头昏与眩晕；25%时，产生严重头痛；45%~60%时，产生恶心、呕吐与昏迷；90%时，死亡。

生活垃圾焚烧时产生的 CO 主要来源于不完全燃烧。在入炉垃圾成分一定、焚烧炉结构一定的条件下，烟气中的 CO 浓度完全取决于燃烧组织状况，因此烟气中 CO 浓度一般可作为判断是否完全燃烧的指标。另外，由于 CO 和 NO_x 之间存在相互牵制的关系，设计燃烧设备时必须考虑 CO 和 NO_x 之间的关系。

焚烧过程中 CO 发生的原因主要是碳氢（CH）化合物的不完全燃烧，除此以外，还有燃烧中挥发分的热分解等。影响燃料完全燃烧的因素包括氧气、温度、燃料与助燃气体的混合度以及在合适温度下的停留时间。燃烧不完全可能是由于氧气供给量不足。一般而言，氧气的绝对供给量会超过燃烧所需氧气量，之所以存在供给不足现象，主要是混合不好，从而导致存在局部的低氧气浓度区域。燃烧温度不够高也是引起燃烧不完全的一个重要因素，可能是炉膛内整体温度偏低，也可能存在局部低温，还可能是燃料与低温壁接触导致的燃烧不完全。燃烧室容积过小或发生气流的短路或是着火延迟都可能使停留时间不够长，从而导致不完全燃烧产生。CO 和 O_2 一样对碳氢化合物的燃烧起很重要的作用，但是 CO 单独存在时却难以发生燃烧。在 CO 的燃烧反应中，如果存在氢（H）或者水蒸气（H_2O）等氢的发生源将促进 CO 的氧化反应，并且在温度较高时将于很广的温度范围内进行高速氧化反应，即

$$CO + HO \longrightarrow CO_2 + H$$

然而在低温时，自由基的再结合反应将停止，下式反应将成为主导反应，即

$$CO + H_2O \longrightarrow CO_2 + H_2$$

在 CO 的脱除反应中，这个反应具有很重要的意义，当过量空气系数为 1.1 ~ 1.4，CO 原始浓度为 0.1% 且温度为 1 200℃ ~ 1 300℃ 时，CO 的氧化反应速度最快。

针对 CO 产生的特点，在设计焚烧炉时，要保证燃烧室有足够的温度和停留时间，增加炉膛二次风的穿透能力。

4. 氯化氢

用焚烧炉处理垃圾时，即使在完全燃烧时也会产生 HCl 等有害气体。HCl 的排放几乎不受焚烧温度影响。垃圾燃烧中产生的 HCl 浓度与垃圾的成分有关，通常认为在 400 ~ 1 000mg/m³ 范围内，而从工业废弃物焚烧炉产生的 HCl 浓度则为 100 ~ 3 000mg/m³。

HCl 是无色、有刺激性气味的发烟性气体，极易溶于水，其水溶液称为盐酸。它的毒性很强，空气中容许浓度为 5mg/m³，即使少量也会刺激眼睛、皮肤和黏膜。表 3 - 5 列举了空气中 HCl 浓度对人体健康的影响。干燥的 HCl 性质不活泼，对金属没有腐蚀作用，但在潮湿状态下腐蚀作用则很强。垃圾焚烧产生的 HCl 主要来源于含氯塑料（如 PVC）和无机氯盐（如 NaCl）在一定条件下的转化。

表 3 - 5 空气中 HCl 浓度对人体健康的影响

浓度（mg/m³）	对人体毒害作用
5	容许浓度
10	几小时内安全
35	刺激气管的最低浓度
50 ~ 100	1h 内安全
1 000 ~ 2 000	30min ~ 1h 就会发生危险
1 300 ~ 2 000	很快死亡

城市垃圾燃烧中产生 HCl 的主要来源有如下两类：

（1）聚氯乙烯等有机氯化合物；

（2）氯化钠等无机氯化合物。

垃圾中含有聚氯乙烯（PVC）和聚偏二氯乙烯（沙纶）等物质，当这些垃圾被焚烧时，这些有机氯化合物的分解会产生 HCl。例如，燃烧聚氯乙烯时，可通过以下反应产生 HCl：

$$CH_2CHCl + \frac{5}{2}O_2 \Longrightarrow 2CO_2 + HCl + H_2O$$

当空气中温度为 230℃ 时，50% 的聚氯乙烯被分解；当温度提高到 600℃ ~ 800℃，燃烧 10 ~ 15min，聚氯乙烯就能完全分解生成 HCl。另外，垃圾中除了聚氯乙烯以外，还含有 0.2% ~ 0.4% 的有机氯化合物，这些物质也会在高温燃烧中发生分解而生成 HCl。

垃圾中一般还含有 NaCl 和 CaCl₂ 等无机氯化合物，这些物质与排放气体中含有的 SO_2 反应，生成 HCl 和硫酸盐，该反应所需温度是 430℃ ~ 540℃，反应式为：

$$2NaCl + SO_2 + \frac{1}{2}O_2 + H_2O \Longrightarrow Na_2SO_4 + 2HCl$$

如果考虑上述反应的平衡状态，则燃烧温度越低，二氧化硫浓度越高，Na_2SO_4 越稳定；在炉内的反应条件下，SO_2 几乎全部与 NaCl 反应生成 HCl。

此外，还可以考虑按下反应式发生 NaCl 与水蒸气的反应。但是，在温度为 700℃ ~ 1 300℃、H_2O 浓度为 $1.0 \times 10^{-5}\%$ ~ 100% 时，几乎不产生 HCl。

$$2NaCl + H_2O \Longrightarrow 2HCl + Na_2O$$

如果炉内过量空气系数很大时，会发生下列反应：

$$4HCl + O_2 \Longrightarrow 2Cl_2 + H_2O$$

HCl 的脱除主要通过烟气净化处理装置进行。

5．可吸入颗粒物

烟是指燃烧不完全的直径小于 1μm 的碳粒，尘是指直径大于 1μm 的碳粒、工业粉尘和自然灰尘。粒径大于 10μm 时，因其自身重力作用可降落到地面者称为降尘，颗粒粒径小于或等于 10μm 者称为飘尘，能长时间浮游在空中的，又称为可吸入颗粒物。不同粒径的可吸入颗粒物滞留在呼吸道的部位不同。大于 5μm 的多滞留在上部气道，小于 5μm 的多滞留在细支气管和肺泡。颗粒物越小，进入的部位越深。1μm 以下的在肺泡内沉积率最高，但小于 0.4μm 的颗粒物能进入肺泡随呼吸气体排出体外，故沉积较少。垃圾焚烧产生的可吸入颗粒物成分较复杂，除含有碳、二氧化硅、石棉外，还含有许多重金属，如铅、汞、铬、镍、镉、铁、铍等，并具有很强的吸附性，常吸附一些有害气体和致癌性碳氢化合物，是多种有害物质的载体，对人体危害较大。因此，垃圾焚烧炉的除尘要求较高，其粉尘排放指标是各种炉窑中最为严格的。

6．锑、砷、铅、铬、钴、铜、锰、镍及其化合物

单质铅是一种银灰色质软的重金属，铅以氧化物的形式随烟尘扩散或飘浮在空气中，经过呼吸道或消化道进入人体。经口摄入的铅通常仅有 5% ~ 10% 被吸收，其余的随粪便排出。进入肺部的铅，约有 70% ~ 75% 仍随呼气排出，每日排出量约为 0.02 ~ 0.08mg。汗液、头发、乳汁、唾液等也是排铅的途径。铅中毒是慢性的，其对人体的毒害作用主要是侵犯造血系统、神经系统及肾脏。吸收进入血液的铅，形成可溶性磷酸氢盐及蛋白

质结合物，被运送至肝、肾、脾、肺、脑中。垃圾焚烧时，由于铅的熔点低，垃圾中的铅燃烧后聚集在烟气中，烟气中的微小烟尘颗粒是铅的载体，大约50%的铅吸附在粒度小于$1\mu m$的颗粒上，大约88%以上的铅吸附在粒度小于$2\mu m$的颗粒上。

单质铬是一种银白色有光泽、坚硬而耐腐蚀的金属。铬污染大气、食物、水质，通过呼吸道、皮肤和黏膜侵入人体，在体内主要蓄积在肝、肾、分泌腺中。通过呼吸道吸收，易蓄积于肺中。在铬化合物中六价铬毒性最强，三价铬次之，二价铬和铬本身毒性很小或无毒。六价铬在体内可以影响氧化、还原和水解过程，在体内与核酸核蛋白结合。六价铬还可以促使维生素 C 氧化，使血红蛋白变为高铁血红蛋白，致使红细胞携带氧的功能发生障碍。铬经皮肤接触，可引起接触性皮炎、湿疹、溃疡、铬疮；经呼吸道进入人体内，可引起鼻炎、鼻中隔穿孔、咽炎、支气管炎、哮喘、肺气肿等；经消化道进入人体内，可引起口腔炎、胃肠道的烧伤、肝肾的损害和继发性贫血等。

砷在自然界中分布很广泛，多以重金属的砷化合物和硫砷化物的形式存在于镉矿石中。五价和三价砷在体内可相互转化，如摄入的五价砷，可还原成三价砷。三价砷的毒性大于五价砷，元素砷的毒性很低，而砷的氧化物绝大部分毒性很高，例如三氧化二砷（又名砒霜）就是一种剧毒物质，人经口致死剂量为100～300mg，急性中毒剂量为10～50mg。国际癌症研究中心认为，砷是人类的致癌物。尽管砷不属于金属，但其毒性和理化性质与上述重金属较为接近，故一般也把砷列入控制的重金属范围内。

7. 镉、铊及其化合物

单质镉是银白色金属，略带淡蓝色光泽。燃烧中镉以氧化物的形式随烟气排入大气，大气中含镉烟尘经自然沉降和雨水冲淋降落到地表，可在土壤中逐步积累。含镉废水是重金属废水中毒性最大的一种，人体中镉主要贮存于肾、肝中，贮存量约为体内总镉量的50%。大气中的含镉颗粒还可通过呼吸道进入人体。镉在人体内富集并能取代骨头里的钙，使骨质变松，引起严重的骨痛病、骨折，甚至咳嗽都可能导致肋骨骨折。即使在较低浓度下，长期慢性中毒也会致癌。

8. 汞及其化合物

单质汞是银白色液态金属，常温下即可蒸发，污染大气。汞通过呼吸道、皮肤、消化道三种途径进入人体。汞能随血流分布到全身，并能透过血脑屏障进入中枢神经系统，进而影响大脑代谢过程。无机汞对人体的肝脏和肾脏还有损伤。在焚烧过程中，由于汞蒸发压力高，焚烧处理后，主要以气态形式排放，进入大气后，易被微生物转化为甲基汞，这种形态的汞毒性最大，通过食物链进入人体后，损坏中枢神经，造成儿童发育畸形等危害。

垃圾焚烧中的汞主要来自烧碱生产工艺的残渣、日光灯管和塑料纸的颜料。常见的有来自灰尘、汞电池和破损的温度计的汞废料。

9. 二噁英类

二噁英是两类三环芳香族有机化合物的统称，包括多氯代二苯并—对—二噁英（Polychlorinated dibenzo-p-dioxins，简称 PCDDs）和多氯代二苯并呋喃（Polychlorinated dibenzofurans，简称 PCDFs），统称 PCDD/Fs。在二噁英的分子结构中，由于每个苯环上都可以取代 1～4 个氯原子，所以共有 75 个 PCDD 异构体和 135 个 PCDF 异构体，共 210 种。在 210 种异构体中，在 2，3，7，8 四个位置同时被氯原子取代的化合物具有生理毒性，共 17 种。按国际毒性当量参数（TEQ）进行比较，其中毒性最强的是 2，3，7，8－四氯二苯并二噁英（2，3，7，8 - PCDD），毒性约为 KCN 的 1 000 倍或 HCN 的 390 倍，被称为地球上最毒的物质，称为"世纪之毒"。其他 2，3，7，8 - 氯取代的同系物，随着氯原子数的增加，其毒性减弱。苯环上卤素含量的增加，使其在环境中的稳定性、亲脂性、热稳定性以及对酸、碱、氧化剂和还原剂的抵抗能力也有所增加，因而 PCDD/Fs 在环境中广泛存在。

二噁英毒性很强，具有致畸性、致癌性和致突变性，有很强的生物毒性，难降解，在环境中长期残留，如果人体内长期累积还会致癌，损坏神经系统和其他器官，进入人体后便很难排出，被国际癌症中心列为一级致癌物质，《关于持久性有机污染物的斯德哥尔摩公约》还把二噁英纳入首批必须优先控制的持久性有机污染物中。二噁英类物质可经消化系统、呼吸系统、皮肤摄入或经母婴传播进入人体内。大量的动物实验表明很低浓度的二噁英就能对动物表现致死效应。WHO 规定人体的二噁英每日每公斤允许摄入量为 1～4pg。

影响垃圾焚烧二噁英形成的因素非常复杂，至今仍未能完全理解其生成机理。一般认为，垃圾焚烧炉排放出的 PCDD/Fs 的来源主要有：垃圾本身含有的 PCDD/Fs，高温气相反应生成以及低温异相催化反应生成（包括前驱物与 De novo 生成反应）。二噁英类可在焚烧炉内（燃烧过程中）、余热锅炉内（热回收—排放气体冷却过程中）、除尘器内（排放气体处理过程中）等处形成。二噁英类排放途径有三个，分别为焚烧炉渣、排放烟气和飞灰。焚烧炉渣总量较多，但是一般认为其所含有的 PCDD/Fs 浓度很低。排放烟气中含有的 PCDD/Fs 包括前驱物反应生成和通过 De novo 反应生成。前者主要生成的是 PCDD，De novo 反应生成的主要是 PCDF。垃圾焚烧中二噁英的生成主要以 De novo 反应为主。飞灰中的二噁英类浓度较高，对飞灰需进行安全处置。

影响垃圾焚烧二噁英形成的因素主要有：

（1）垃圾自身含有的 PCDD/Fs 对二噁英生成的贡献。垃圾自身就含有微量的二噁英，这部分二噁英随垃圾进入垃圾焚烧厂后，在燃烧的过程中未发生变化或是其结构不完全被破坏，最终随焚烧产物排放出来。生活垃圾的组分复杂，各国各地区的垃圾中二噁英含量差别很大。如加拿大某垃圾焚烧厂垃圾中二噁英的含量，HpCDD 和 OCDD 的含量分别为 $100ng \cdot kg^{-1}$～$1mg \cdot kg^{-1}$ 和 $400～600mg \cdot kg^{-1}$；国内检测的垃圾中二噁英的含量为 $11～255ng \cdot kg^{-1}$。各组分对二噁英排放的贡献也不尽相同。有研究测得垃圾的各成分中二噁英含量如下：纸和硬纸板为 $3.1～45.5mg \cdot kg^{-1}$，塑料、木材、皮革和织物混合物为 $9.5～109.2mg \cdot kg^{-1}$，蔬菜类为 $0.9～16.9mg \cdot kg^{-1}$，其他的为 $0.8～83.8mg \cdot kg^{-1}$。焚烧炉在良好的组织燃烧下，绝大部分入炉垃圾带入的二噁英几乎被完全分解，很少进入焚烧产物中。但是在后燃区可能通过再生成反应重新合成。

（2）高温气相反应生成。垃圾进入焚烧炉内初期干燥阶段，除水分外含碳氢成分的低沸点有机物挥发后与空气中的氧反应生成 H_2O 和 CO_2，形成暂时缺氧状况，使部分有机物同 HCl 反应生成 PCDD/Fs，即高温气相反应。该反应通常发生在 500～800 ℃。

（3）从头合成反应（De novo synthesis）生成。从头合成反应是指碳、氢、氧和氯元素通过基元反应生成二噁英。该反应主要是飞灰上由铜等金属氧化物作为催化剂进行的气固反应。具体而言就是由残留在飞灰中未燃尽以及飞灰表面吸附的各种碳氢化合物直接合成 PCDD/Fs 的反应，或是由化学结构不相近的化合物或不含氯的有机物与氯源反应生成，如聚苯乙烯、纤维素、木质素、煤和颗粒碳等生成杂环碳氢化合物，最终被氯化产生二噁英类。一般发生在200℃～400℃范围内，最易在300℃附近进行，在470℃附近二噁英类的生成也有峰值；而当铜存在时，该峰值产生的温度有降低的倾向，因此可以认为在270℃～600℃的范围内是二噁英类产生较多的区间。

（4）前驱物合成反应（precursor synthesis）生成。前驱物合成指垃圾本身存在或者通过不完全燃烧可形成多种有机前驱物，再由这些前驱物生成PCDD/Fs，氯代前体物如多氯联苯（PCBs）、氯苯和氯酚是形成二噁英的主要前驱物，反应温度大于400℃，一般在400℃～750℃。前驱物合成主要有异相前驱物催化合成和同相前驱物催化合成两种。异相前驱物催化合成是指烟气中已生成的气态前驱物氯苯、氯酚等与飞灰表面吸附的二噁英类前驱物在催化剂催化作用下生成二噁英的过程。同相前驱物催化合成是指飞灰表面吸附的前驱物聚氯乙烯与氯苯、氯酚等反应生成二噁英的过程。

我国的《生活垃圾焚烧污染控制标准》（GB18485—2014）将生活垃圾焚烧排放二噁英限值由之前的1.0ngTEQ/m³大幅度降低为0.1ngTEQ/m³，这在规范二噁英排放的同时，对其控制技术的要求更加严格。垃圾焚烧系统中影响二噁英排放的必要条件有：①氯源的存在；②不良的燃烧工况；③燃烧过程及低温烟气段催化剂（如铜及其金属氧化物）的存在；④未采取严格有效的烟气净化措施。因而控制二噁英最重要的三个关键环节是控制形成源、切断形成途径以及采取有效的尾气净化技术。

3.4.2　影响垃圾焚烧污染物生成的主要因素

垃圾焚烧中污染物的生成和排放受垃圾成分、焚烧炉工艺条件等多种因素影响。

1. 生活垃圾成分的影响

在相同的工艺条件下，生活垃圾中所含的产生污染物的源体物质越多，则对应污染物的原始浓度越高。所谓源体物质，指的是在焚烧过程中能够产生相应污染物的生活垃圾成分，如塑料、重金属等。废旧电池越多，重金属排放越高；含氯塑料越多，HCl排放越高。城市生活垃圾成分在不同地域、不同季节都有所不同，因而焚烧后的污染物成分与浓度也是不同的。

2. 焚烧炉工艺条件的影响

工艺条件对污染物生成和排放的影响比生活垃圾成分更为重要，也是焚烧系统设计、运行中主要的技术着眼点。因为对某一特定的城市而言，生活垃圾源是确定的，问题就归结为如何控制焚烧工艺条件，尽量降低各种污染的原始浓度。掌握焚烧工艺条件对污染物浓度的影响，对于控制焚烧炉污染物的排放有着重要的意义。

影响污染物浓度的工艺条件包括温度、烟气在焚烧炉内的停留时间、焚烧炉内气体的湍流度、空气过量系数等，其中：

（1）焚烧温度是最为显著的影响因素。较高的温度有利于生活垃圾中有机物的充分燃烧，从而使烟气中CO和有机物的原始浓度降低。

（2）烟气在垃圾焚烧炉高温区内的停留时间越长，燃烧效果越好，烟气中CO和有机类污染物的原始浓度越低。温度与停留时间是一对相互影响的因素，例如我国规定，当燃烧区温度高于1 000℃，烟气在焚烧炉内高温区的停留时间不小于1s。

（3）适当的过量空气系数有利于完全燃烧，可降低不完全燃烧类污染物的原始浓度。如果过量空气系数过大，可导致焚烧炉内温度降低，使不完全燃烧类污染物原始浓度增加，而太小的过量空气系数会使垃圾焚烧炉内供氧不足，同样使燃烧不充分。

美国 EPA 提出控制二噁英排放的措施之一是创造良好的垃圾焚烧燃烧条件。我国《生活垃圾焚烧污染控制标准》（GB18485—2014）中进一步明确了生活垃圾焚烧炉技术性能指标应满足：炉膛（二次燃烧室）内任意点温度不低于850℃；停留时间不少于2.0s；保持充分的气固湍动程度；有过量的空气量，使烟气中 O_2 的浓度处于6%~11%。

3.4.3　垃圾焚烧污染物的排放标准

随着我国环境保护基础设施的建设水平显著提高，大量新建的生活垃圾焚烧设施出现，我国垃圾焚烧污染控制标准日益严格。目前，新的排放标准已基本达到美国、欧盟、日本等发达国家和地区生活垃圾焚烧污染的控制标准。表3-6列举了美国、欧盟、日本以及我国的垃圾焚烧污染物排放允许限值。

表3-6　美国、欧盟、日本以及我国的垃圾焚烧污染物排放允许限值比较

污染物	美国	欧盟	日本	我国
颗粒物（mg/m³）	20~30	10	40~250	30（1小时均值） 20（24小时均值）
NO_x（mg/m³）	215（日焚烧量＞350吨） 500（日焚烧量＜350吨）	200（日焚烧量＞144吨） 400（日焚烧量＜144吨）	250~700（cm³/m³）	300（1小时均值） 250（24小时均值）
SO_2（mg/m³）	60	50		100（1小时均值） 80（24小时均值）
HCl（mg/m³）	30	10	700	60（1小时均值） 50（24小时均值）
汞及其化合物（mg/m³）	0.08	0.05		0.05
镉、铊及其化合物（mg/m³）		0.05		0.1
锑、砷、铅、铬、钴、铜、锰、镍及其化合物（mg/m³）		0.5		1.0
二噁英（ngTEQ/m³）	0.2	0.1	0.1（小时焚烧超4吨） 1.0（小时焚烧2~4吨） 5.0（小时焚烧小于2吨）	0.1
CO（mg/m³）	50（日均值） 100（半小时均值）			100（1小时均值） 80（24小时均值）

3.5 垃圾焚烧中气态污染物的控制

垃圾焚烧中污染物的排放与垃圾成分、焚烧炉结构、焚烧的工艺条件以及尾气净化技术等有关。与其他燃烧过程中污染物的控制一样，垃圾焚烧中污染物的控制也可分为源头控制、过程控制和末端治理。

1. 源头控制

焚烧前垃圾的组分来源及成分复杂，且各成分对污染的影响不一。如废弃的电池含有金属汞、镉等有毒的物质，会造成重金属排放的增加；报纸、塑料、镍镉电池、杂草、半导体及颜料等富含 Cd 元素；报纸、塑料、木块、织物、杂草、鞋跟等是 Cr 的主要贡献者；报纸、塑料、织物、橡胶、木块、庭院杂物等富含 Pb 元素；塑料、厨余等垃圾中含氯量高，是生成 HCl 和二噁英的氯源。因此为了降低含氯量、含水率、催化金属量以及提高热值，应将入炉前的生活垃圾进行分类预处理，并破碎进料垃圾使之均匀，增加气固接触面积，使焚烧能够充分地进行。

从国内外各城市对生活垃圾分类的方法来看，大致都是根据垃圾的成分构成、产生量，结合本地垃圾的资源利用和处理方式来进行分类。如德国一般分为纸、玻璃、金属和塑料等；澳大利亚一般分为可堆肥垃圾、可回收垃圾、不可回收垃圾；日本一般分为塑料瓶类、可回收塑料、其他塑料、资源垃圾、大型垃圾、可燃垃圾、不可燃垃圾、有害垃圾等。针对不同类型的垃圾分类处理，从而可尽量避免混杂过多形态复杂的废弃物进入焚烧系统，减少各种污染物的生成和排放。

2. 过程控制

过程控制包括焚烧工艺参数的优化、添加剂的投入等措施。

如前所述，炉内工艺条件如温度、烟气在焚烧炉内的停留时间、焚烧炉内气体的湍流度、空气过量系数等对污染物的生成具有重要的影响，适当地控制这些条件，可在一定程度上降低污染物的生成和排放。通过工艺参数的控制，影响最大的是 NO_x 和二噁英的排放。

通过控制焚烧过程的工艺参数降低 NO_x 的烟气排放浓度。在 1 400℃ 以上，空气中的 N_2 即与 O_2 反应生成 NO_x。通过控制焚烧区域的最高温度低于 1 400℃，并且减少"局部过度燃烧"的情况发生，即可控制这部分 NO_x 的生成。由于垃圾中某些高热值燃料（如塑料、皮革等）集中在某一区域燃烧，造成该区域的局部温度可能超过 1 400℃，从而增加 NO_x 的生成量，一般将垃圾坑中的垃圾混合均匀就可避免此类情形发生。通过调节助燃空气分布方式，降低高温区 O_2 浓度，从而有效减少 N_2 和 O_2 的高温反应。这是一种非常经济有效的方式。热解气化焚烧炉即采用此机理。通过气体再燃，可创造反应条件使 NO_x 还原为 N_2，从而减少 NO_x 的排放。

燃烧过程中的各种主要参数如温度、湍流度、烟气停留时间等对二噁英的排放影响很大，良好的燃烧条件是控制二噁英排放的措施之一。我国《生活垃圾焚烧污染控制标准》明确了生活垃圾焚烧炉技术性能指标应满足国际上通用的 3T + E 原则：即炉膛（二次燃烧室）内任意点温度不小于 850℃ （temperature）；停留时间不少于 2.0 s （time）；保持充分的气固湍动程度 （turbulence）；过量的空气量 （excess），使烟气中 O_2 的浓度处于 6% ~ 11%。垃圾在炉膛的充分稳定燃烧，除了能有效分解垃圾中原有的二噁英以外，还能避免未完全燃烧产生的有机碳和 CO 为二噁英的再合成提供碳源。

炉内最常用的添加剂是碱性添加剂。碱性化合物可控制燃烧烟气酸性气体排放，改变飞灰表面的酸度，同时抑制炉内二噁英的排放。常用的碱性吸附剂有：CaO、$CaCO_3$、$Ca(OH)_2$、$CaSO_4$、$MgCO_3$ 等。碱性化合物通过吸附烟气中大量 HCl，使氯源减少，从而使烟气中二噁英的生成减少。SNCR 技术中投加的含氮化合物也对抑制二噁英的生成有一定作用。氮能同时控制 NO_x 和 HCl，使参与反应的氯源减少从而抑制二噁英的生成。

3. 末端治理

生活垃圾焚烧烟气中的污染物包含以下四类：①煤烟、颗粒物及飘尘；②酸性气体：HCl、HF、SO_2、NO_x；③有毒重金属：Pb、Cd、Hg、As、Cr 等；④二噁英类等卤代化合物：PCDDs（二噁英）、PCDFs（呋喃）。

（1）粉尘（颗粒物）控制技术。焚烧尾气中粉尘的主要成分为惰性无机物，如灰分、无机盐类、可凝结的气体污染物质及有害的重金属氧化物。视运转条件、废物种类及焚烧炉类形式的不同，其含量在 $450 \sim 225\ 500 mg/m^3$。一般来说，固体废物中灰分含量高时，所产生的粉尘量多。粉尘颗粒大小的分布亦广，直径有的大至 $100 \mu m$ 以上，也有小至 $1 \mu m$ 以下。除尘设备的种类主要有：重力沉降室、旋风（离心）除尘器、喷淋塔、文丘里洗涤器、静电除尘器及布袋除尘器等。前三种除尘器无法有效去除直径为 $5 \sim 10 \mu m$ 的粉尘，一般作为除尘的前处理设备。静电除尘器、文丘里洗涤器及布袋除尘器等三类为垃圾焚烧尾气净化系统中最主要的除尘设备。文丘里洗涤器多用于危险废物焚烧处理。而静电除尘器具有促进二噁英生成的环境。因而目前国内外在生活垃圾焚烧尾气净化系统中普遍采用布袋除尘器，美国、欧盟和加拿大环保局均推荐采用布袋除尘器收集粉尘。

（2）NO_x 污染控制技术。NO_x 控制技术目前应用非常广泛的主要包括选择性非催化还原技术（SNCR）、选择性催化还原技术（SCR）。

选择性非催化还原技术是在焚烧温度在 $750 ℃ \sim 900 ℃$ 的区域内向焚烧炉内注入化学物质，如氨和尿素，NO_x 与氨或尿素反应被还原为 N_2。尿素分解成为 NH_3 后参与反应，没有反应完全的 NH_3 与烟气中的 HCl 反应生成 NH_4Cl，烟气中残留的 NH_3 一般小于 $10 mg/m^3$。

选择性催化还原技术是在催化剂作用下，通过注入氨（$NH_3/NO = 1:1$，摩尔比），使 NO_x 被催化还原为 N_2。催化剂一般为 $TiO_2 - V_2O_5$，当温度低于 $300 ℃$ 时，催化剂活性不够，而当温度高于 $450 ℃$ 时，NH_3 就会被分解；因此催化反应的温度一般控制在 $300 ℃ \sim 400 ℃$。

SNCR 和 SCR 均产生 NH_3 污染问题。SCR 释放的 NH_3（大约 $10 mg/m^3$）要低于 SNCR 系统。但是，SCR 系统的催化剂失活以后就成为需要进行特殊处理的危险废物。SCR 对 NO_x 的去除率达到了 90% 以上，在 $300 ℃ \sim 400 ℃$ 条件下，$TiO_2 - V_2O_5$ 的脱硝率甚至可以达到 100%；而 SNCR 对 NO_x 的去除率约在 50%，但是 SCR 比 SNCR 更为昂贵。目前在垃圾焚烧烟气净化系统中 SNCR 的应用最为广泛。

（3）酸性气体控制技术。用于控制焚烧厂尾气中酸性气体的技术有湿法、半干法及干法等三种脱酸方法。

焚烧尾气处理系统中最常用的湿式洗气塔是对流操作的填料吸收塔。经除尘处理的尾气在洗涤器中降到饱和温度，再与喷淋而下的碱性溶液不断地在填料空隙及表面接触、反应，使尾气中的污染气体被有效吸收。湿式洗气塔的最大优点为酸性气体的去除效率高，对 HCl 去除率为 98%，SO_x 去除率为 90% 以上，并附带有去除高挥发性重金属物质（如汞）的潜力；其缺点为造价较高，用电量及用水量亦较高，此外，为避免尾气排放后产生白烟现象需另加装废气再热器，废水亦需加以妥善处理。

半干式脱酸中最常用的是喷雾干燥法。典型的喷雾干燥工艺过程主要包括吸收剂制备、吸收和干燥、固体废物捕集及固体废物处置四个过程。石灰是常见的吸收剂。利用高效雾化器将消石灰浆液从塔底向上或从塔顶向下喷入喷雾干燥塔中。尾气与喷入的石灰浆成同向流或逆向流的方式充分接触，并产生酸碱中和反应。由于雾化效果佳（液滴的直径可低至 $30\mu m$ 左右），气、液接触面大，不仅可以有效降低气体的温度，中和酸性气体，并且石灰浆中的水分可在喷雾干燥塔内完全蒸发，不产生废水。这种系统最主要的设备为雾化器，目前使用的雾化器为旋转雾化器及双流体喷嘴。

干式洗气法是用压缩空气将碱性固体粉末（石灰或碳酸氢钠）直接喷入烟管或烟管上某段反应器内，使碱性消石灰粉与酸性废气充分接触和反应，从而去除酸性气体。为了提高反应速率，实际碱性固体的用量约为反应需求量的 $3 \sim 4$ 倍，固体停留时间至少需 1s 以上。干式洗气塔结合布袋除尘器组成的干式洗气工艺是尾气净化系统中较为常见的组合工艺，设备简单，维修容易，造价便宜，消石灰输送管线不易阻塞，但由于固体与气体的接触时间有限且传质效果不佳，常需超量加药，药剂的消耗量大，同其他两种方法相比，干法的整体去除效率也较低，产生的反应物及未反应物量亦较多，最终需要妥善处置。

目前，喷雾干燥塔结合布袋除尘器的脱酸除尘组合工艺是国内外最为广泛采用的工艺技术。

（4）重金属控制技术。焚烧厂排放尾气中重金属浓度的高低与废物组成、性质、重金属存在形式、焚烧炉的操作及空气污染控制方式等有密切关系。烟气中重金属主要以气态或吸附态形式存在。气化温度较高的重金属及其化合物在烟气处理系统降温过程中凝结成粒状物质，然后被除尘设备收集去除；气化温度较低的重金属元素无法充分凝结，但飞灰表面的催化作用可能使其转化成气化温度较高、较易凝结的金属氧化物或氯化物，从而被除尘设备收集去除；仍以气态存在的重金属物质，将被吸附于飞灰上或被喷入的活性炭粉末吸附而被除尘设备一并收集去除。

活性炭粉末不仅可以吸附烟气中呈气态的重金属元素及其化合物，而且可以吸附一部分布袋除尘器无法捕集的超细粉尘以及吸附在这些粉尘上的重金属。但是，挥发性较高的铅、镉和汞等少数重金属则不易被完全去除。已有的工厂运行结果表明：布袋除尘器与半干式洗气塔并用时，除了汞之外，对其他重金属的去除效果均非常好，且进入除尘器的尾气温度愈低，去除效果愈好。但为了维持布袋除尘器的正常操作，废气温度不得降至零点以下，以免引起酸雾凝结，造成滤袋腐蚀，或因水汽凝结而使整个滤袋阻塞。汞由于其饱和蒸气压较高，不易凝结，只能靠布袋上的飞灰层对气态汞的吸附作用而去除一部分，其净化效果与尾气中飞灰含量及布袋中飞灰层厚度有直接关系。

为了进一步降低汞的排放浓度，在半干法工艺中于布袋除尘器前喷入活性炭粉末或于尾气处理流程末端使用活性炭滤床加强对汞的吸附作用，或在布袋除尘器前喷入能与汞反应的化学药剂，如 Na_2S 粉末，使其与汞作用生成 HgS 颗粒而被除尘系统去除，可达到 $50\% \sim 70\%$ 的去除效果。活性炭吸附结合布袋除尘器除尘的组合技术可以起到很好的重金属去除作用。

（5）二噁英类控制技术。二噁英主要以颗粒状态存在于烟气中或者吸附在飞灰颗粒上，因此为了降低烟气中二噁英的排放量，就必须严格控制粉尘的排放量。布袋除尘器对 1μm 以上粉尘的去除效率达到 99% 以上，但是对超细粉尘的去除效果不是十分理想，而活性炭粉末的强吸附能力可以弥补这项缺陷，因此可通过喷射活性炭粉末加强对超细粉尘及其吸附的二噁英的捕集效率。

生活垃圾焚烧烟气系统由除尘、除酸、除二噁英和重金属等各独立单元优化组合而成。其原则和目的是使整个烟气处理系统能有效地、最大化地处理去除存在于烟气中的各种污染物。目前世界上垃圾焚烧烟气处理最常用的是下列五种典型工艺：

①"半干法除酸 + 活性炭喷射吸附二噁英 + 布袋除尘"工艺；

②"SNCR 脱硝 + 半干法除酸 + 活性炭喷射吸附二噁英 + 布袋除尘"工艺；

③"半干法除酸 + 活性炭粉末喷射吸附二噁英 + 布袋除尘 + SCR 脱硝"工艺；

④"半干法除酸 + 活性炭粉末喷射吸附二噁英 + 布袋除尘 + 湿法除酸 + SCR 脱硝"工艺；

⑤"半干法除酸 + 活性炭粉末喷射吸附二噁英 + 布袋除尘 + 湿法除酸 + 活性炭床除二噁英"工艺。

参考文献

［1］李晓东，陆胜勇，徐旭，等. 中国部分城市生活垃圾热值的分析. 中国环境科学，2001，21（2）：156-160.

［2］李建新，王永川，严建华. 城市垃圾焚烧飞灰资源化利用前景分析. 电站系统工程，2008，24（1）：9-11.

［3］杜吴鹏，高庆先，张恩琛，等. 中国城市生活垃圾排放现状及成分分析. 环境科学研究，2006，19（5）：85-90.

［4］陈学俊，陈听宽. 锅炉原理. 北京：机械工业出版社，1991.

［5］张益，赵由才. 生活垃圾焚烧技术. 北京：化学工业出版社，2000.

［6］张衍国，李清海，康建斌. 垃圾清洁焚烧发电技术. 北京：中国水利水电出版社，2004.

［7］白良成. 生活垃圾焚烧处理工程技术. 北京：中国建筑工业出版社，2009.

［8］《生活垃圾焚烧污染控制标准》标准编制组.《生活垃圾焚烧污染控制标准》（征求意见稿）编制说明，2010.

［9］张刚. 城市固体废物焚烧过程二噁英与重金属排放特征及控制技术研究. 广州：华南理工大学，2013.

4 垃圾焚烧发电技术工艺和基本系统

4.1 垃圾焚烧发电技术工艺流程图

把各种垃圾收集后，由密封运输车运至焚烧厂将垃圾分类处理，垃圾在高温焚烧中产生热能转化为高温蒸汽，推动汽轮发电机转动，使发电机产生电能，电能并网后输送到各用户，实现了垃圾处理的资源化。垃圾焚烧产生的烟气和飞尘，成分复杂，属于有害废物，需进行固化、稳定化、除毒等处理，达到国家规定的排放标准后，或安全卫生填埋处理，或通过烟囱排向大气（见图4-1）。

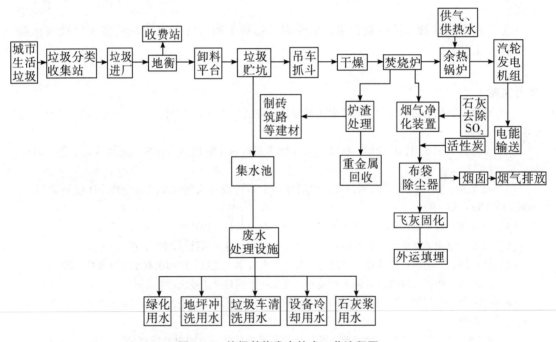

图4-1 垃圾焚烧发电技术工艺流程图

4.2 垃圾焚烧发电系统组成

垃圾焚烧发电由以下系统组成：垃圾分类收集系统；垃圾进厂计量和卸料系统；接收、储存与输送系统；焚烧前预处理系统；烟气净化系统；余热回收系统；炉渣综合利用系统；飞灰稳定化处理系统；自动控制系统；电气系统；消防系统；暖通系统；给排水系统；污水处理系统；助燃系统；压缩空气系统；化验、维修等其他辅助系统。在此主要讲述与垃圾焚烧处理有关的系统。

4.3　垃圾分类收集系统

如果垃圾能够实现完善分类，则至少有一半垃圾能直接被回收利用。回收减量后的垃圾被输送到垃圾中转站，最后被集中运送到垃圾焚烧发电厂。

广州推广"定时定点＋误时投放"模式，所谓"定时定点"模式是设置早晚两个投放时间和若干个投放点，居民在投放时间到投放地点投放垃圾，其他时间无垃圾投放设施。考虑到部分居民无法按时投放垃圾，设置"误时投放"点。这种模式能让环卫工人在居民投放垃圾时，对可回收物进行初步回收，基本上解决了垃圾的源头减量。

试验结果表明，从1t废旧手机中可提炼150g黄金、2.3kg银、172g铜；从1t废旧个人电脑中可提炼30g黄金、1g银、150g铜和2kg稀有金属等，比天然矿山提炼效率高30倍。格林美公司建成了中国第一条对报废电路板整体资源化回收生产线，年处理废旧电路板2万吨，占我国总量的20%，可回收1万吨铜，5t黄金，还有银、钯、铑等稀有金属。据估算，每回收1t废铜铁可以炼铜约0.9t，比用矿山冶炼节约成本约47%，减少空气污染约75%，降低水污染约97%。这就实现了资源循环再利用的战略目标。

4.4　垃圾进厂计量和卸料系统

4.4.1　计量系统

垃圾称重系统中的关键性设备是地衡，它是车辆的承载台、指示重量的称重装置。生活垃圾由垃圾运输车运入垃圾焚烧发电厂后驶上地衡称重，经过地衡称重后进入垃圾卸料平台卸料，倒入垃圾贮存坑。

一般地衡考虑主要参数如下：

（1）地衡数量。地衡数量根据垃圾焚烧发电厂的处理规模来确定。一般情况下，处理量500t/d以下设2套；处理量500t/d以上，每增加300～500t/d需要增加一套。

（2）最大称重量。最大称重量根据进厂垃圾车载重来确定。垃圾焚烧发电厂地衡一般最大称重为15～30t，近年来垃圾收集车呈大型化趋势，出现了称重大于30t的地衡。

（3）尺寸。根据进厂垃圾车尺寸来确定。一般尺寸为宽2.6～3m，长度8～15m。

（4）精度。根据需要及可选设备来确定。一般取1/1 000～5/1 000。

地衡应与中央控制室相连，及时进行数据交换。所有数据对生产情况的统计和生产计划的安排都非常重要。

4.4.2　卸料系统

经称重后运送垃圾的卡车，按指定路线驶向垃圾卸料平台。由于垃圾的卸料是靠其自身的重力卸入贮存坑的，贮存坑的深度也不宜过深，所以垃圾卸料平台一般都高于地面。平台必须具有足够的长度和宽度，便于多辆垃圾车的驶入、倒车、卸料和驶出。平台长度一般与垃圾贮存坑长度相等，宽度一般为最大可能车辆转弯半径的2～4倍。车辆是通过卸料门倾卸垃圾的，卸料门是连接平台和垃圾贮存坑的重要环节。卸料门平时是关闭的，以保证安全并防止垃圾贮存坑的灰尘及臭气向外泄漏。当车辆倾卸垃圾时，卸料门才开启。因此，卸料门必须具有以下性能：密封性好；开启、关闭灵活方便；能抵御垃圾贮存坑气体腐蚀；强度高，适应频繁的开启与关闭，能耐磨损与撞击。卸料门的数量必须满足车辆进厂高峰时卸料的需要，每一个门前为一个卸料车位。卸料门的开启和关闭，必须能在现场操作控制。设置卸料自动控制系统，当垃圾车到达卸料门前时，卸料门自动开启；当垃圾车辆卸空离开卸料车位时，卸料门自动关闭。

4.5　垃圾接收、贮存与输送系统

垃圾焚烧厂前处理系统的功能包括生活垃圾的接收和贮存。一般情况下，垃圾由运输车运入垃圾焚烧厂，先经过地衡称量并做记录，然后经垃圾卸料平台和卸料口倒入垃圾贮存坑。如果有大件，在倒入贮存坑前需要用大件垃圾粉碎机进行粗碎。垃圾贮存的目的是将原生垃圾在贮存坑中进行脱水，吊车抓斗在贮存坑中对垃圾进行搅拌使垃圾组分均匀并脱掉部分泥沙。垃圾贮存坑的设置，一是贮存进厂垃圾，起到对垃圾数量的调节作用；二是对垃圾进行搅拌、混合、脱水等处理，起到对垃圾性质的调节作用。垃圾贮存坑的容积一般设计成能贮存 3 ~ 5 天的垃圾焚烧量较合适。

垃圾贮存坑容积的确定主要取决于垃圾焚烧发电厂规模，应大于厂最大处理量的 2 倍以上（2 ~ 6 倍）。计算贮存坑容积时，垃圾密度可取 $0.25 ~ 0.30t/m^3$。容积长度一般取卸料门数量的 5 ~ 8 倍；宽度的确定应取抓斗张开直径的 2 ~ 3 倍；深度的确定一般应先确定有效容积（指贮存坑内垃圾卸料门水平线以下的容积），然后反算贮存坑的深度。但要注意当地地下水位，深度不宜太深，但必须满足处理规模和工艺对有效容积的要求。

垃圾贮存坑结构必须具有足够的强度，支撑坑中垃圾的重量以及来自坑外部的压力。垃圾贮存坑采用钢筋混凝土结构，并且是防水的，可避免将渗沥水泄漏到地下水中去，也避免高水位的地下水影响垃圾贮存坑。

一般应设置垃圾贮存坑的通风系统，该通风系统吸取贮存坑中的气体，将其作为一次助燃空气送入炉膛内。这种设计，使得正常运行中的垃圾贮存坑保持一定的负压状态，控制贮存坑内的臭气和灰尘向外泄漏，创造一个适合工作的操作环境。垃圾贮存坑底部必须设计成一侧具有一定的坡度，以保证垃圾渗沥水的顺利排出。较低的一侧必须设置可靠的渗沥水收集和排放系统。

垃圾贮存坑的上部需要安装垃圾吊车和抓斗，贮存坑侧壁必须有足够的强度。

垃圾贮存坑除卸料门和垃圾焚烧炉的进料口以外，应该密封起来，与外界隔绝，以避免贮存坑中的臭气和灰尘影响周围环境。

4.6　垃圾焚烧厂焚烧系统

垃圾焚烧厂焚烧系统是垃圾焚烧厂最主要最关键的系统。它决定了整个垃圾焚烧厂的工艺流程和设备结构。垃圾焚烧系统一般有焚烧炉、给料机、助燃空气供给设备、辅助燃料供给及燃烧设备。焚烧系统中最关键的设备是垃圾焚烧炉，它的结构及形式直接影响到垃圾燃烧状态和燃烧效果。目前垃圾焚烧炉有机械炉排焚烧炉、流化床焚烧炉、旋转窑焚烧炉和热解气化焚烧炉。

4.6.1 机械炉排焚烧炉

机械炉排焚烧炉技术成熟，运行较稳定，性能可以保证，单炉处理容量大于20t/d，最大可达800t/d。马丁炉排焚烧炉是机械炉排焚烧炉的典型炉型，采用活动式炉排，可使焚烧操作连续化、自动化，是目前垃圾处理中使用最广泛的焚烧炉。焚烧过程包括四个阶段：第一阶段是物料加热阶段；第二阶段是热解阶段；第三阶段是燃烧阶段；第四阶段是燃尽阶段。各个阶段界线分明，尤其是混合垃圾焚烧过程更是如此。它的主要部件包括：垃圾供料斗、垃圾堆料机、炉排、燃烧室、余热锅炉、炉渣滚筒和出渣机。

为了实现生活垃圾的燃烧效果，均匀地供给垃圾、适当地分配各段助燃空气、均匀地搅拌和混合垃圾等极为重要。燃尽阶段则是可燃质最后燃尽生产固态残渣的阶段。垃圾在燃尽段停留的时间较长，一般约为1h，以保证垃圾的充分燃烧，降低炉渣的热灼率。

机械炉排垃圾焚烧炉的关键部件为机械炉排。机械炉排的种类很多，主要的有阶段反复推动式炉排、双向推动式炉排、逆推动式炉排、滚动式炉排、阶段推动式炉排、阶梯扇形翻转式炉排、多段波动式炉排、向上倾斜推动炉排等。

机械炉排垃圾焚烧炉的炉型按垃圾与烟气的流动方式分为顺流式焚烧炉、交流式焚烧炉和逆流式焚烧炉。其特点及适用范围见表4-1。

表4-1　机械炉排生活垃圾焚烧炉炉型的种类

方式	顺流式	交流式	逆流式
特点	垃圾移动方向与助燃空气流向相同	垃圾移动方向与燃烧气体流向相反	垃圾移动方向与燃烧气体流向相反
适用范围	焚烧高温热值垃圾，即低位发热值量在1 200kcal/kg以上垃圾	焚烧中等发热值量在800～1 500kcal/kg的垃圾	处理低热值垃圾，即低位热值量在500～1 000kcal/kg的垃圾

4.6.2 流化床焚烧炉

流化床焚烧炉与机械炉排焚烧炉相比，单炉处理容量小、技术发展相对还不完善，但是由于投资低，国家政策规定可以加20%的煤，所以有利于市场化运作，近年来我国流化床焚烧炉发展很快。

流化床焚烧炉的流动原理根据风速和垃圾颗粒的运动分为固定层流化床、沸腾流动层流化床、循环流动层流化床三种。垃圾流化床焚烧炉主要是沸腾流动层状态。流化床垃圾焚烧炉的炉体一般为圆柱体，其内径上大下小。炉膛有一定数量的砂粒作为传热介质，焚烧炉内助燃空气由炉膛底部喷入。焚烧时炉内的砂粒处于沸腾状态致使炉内的传热传质过程良好，垃圾在炉内迅速燃烧。不可燃物沉到炉底和流动砂一起被排出，然后将流动砂和不可燃物分离，流动砂回炉循环使用。

流化床焚烧炉有很多优点：

（1）操作方便，运行稳定。由于流化床床料为石英砂或炉渣，蓄热量大，因而避免了床的急冷急热现象,燃烧稳定。垃圾的干燥、着火、燃烧几乎同时进行,燃烧容易控制,易于实现自动化和连续燃烧。

(2) 设备寿命长。炉内没有机械运动部件,使用寿命长。

(3) 可采用全面的防二次污染措施。对焚烧产生的有害物质进行处理,可将 SO_2、NO_x 等气体排放控制在国家标准以下,炉渣呈干态排出,便于炉渣综合利用。

(4) 燃烧适应性广,可燃烧高水分、低热值垃圾,特别适应于垃圾热值随季节变化大的特点。

需要指出的是,焚烧残渣的热灼减量远低于机械炉排焚烧炉,但是需要作为危险废物进一步安全处置的焚烧飞灰产生量远大于机械炉排焚烧炉。通常机械炉排焚烧炉的焚烧飞灰产生量约为垃圾处理量的 3% ~5%,而流化床焚烧炉的焚烧飞灰量高达15% ~25%。

4.6.3　旋转窑焚烧炉

旋转窑焚烧炉处理垃圾的范围较广,它使垃圾在炉内翻滚、移动,从而改善了垃圾的燃烧状况。旋转窑部分对垃圾起干燥和燃烧作用,后燃尽段为机械炉排,将炉渣中未燃尽物完全燃烧。旋转窑是一个带耐火材料的水平圆筒,绕着其水平轴旋转。垃圾从一端投入,当垃圾达到另一端时基本上被燃尽变为炉渣。圆筒的转速可根据垃圾燃烧特性等进行调整,一般为 0.75 ~2.50r/min。旋转窑的长径比为 2:1 ~5:1,倾斜度为2% ~4%。旋转窑焚烧炉主要适用于处理危险废物,在生活垃圾的处理中应用较少。

4.6.4　热解气化焚烧炉

用热解气化焚烧炉来处理生活垃圾是一种新型技术,它具有燃烧充分、热效率高、炉渣热灼减量小、烟气污染控制容易等优点,但单炉处理能力受炉膛直径放大的限制较难提高。热解气化焚烧炉较少用于大型垃圾焚烧发电工程上。

当炉内温度达 1 200℃以上,垃圾将会热解气化,称热解气化炉。采用"低温气化 + 高温热解"焚烧技术来处理垃圾,国外大多数技术路线是流化床低温气化加高温热解焚烧,力图使二噁英、重金属等二次污染物降至最低,同时能提高锅炉效率和发电效率,但这种热解气化集成技术耗资巨大。表4-2给出了各种垃圾焚烧炉的比较。

表4-2　各种垃圾焚烧炉的比较

比较项目	机械炉排焚烧炉	流化床焚烧炉	旋转窑焚烧炉	热解气化焚烧炉
焚烧原理	将生活垃圾供到炉排上,助燃空气从炉排下方供给,垃圾在炉内分干燥、燃烧和燃尽带	垃圾从炉膛上部供给,助燃空气从下部鼓入,垃圾在炉内与流动的热砂接触进行快速燃烧	垃圾从一端进入且在炉内翻动燃烧,燃尽的炉渣从另一端排出	先将生活垃圾进行热解产生可燃性气体和固体残渣,然后进行燃烧和熔融;或将气化和熔融燃烧合为一体
应用	过去为应用最广的生活垃圾焚烧技术	20 年前开始使用,目前几乎不再用于新厂	常应用于处理高水分的生活垃圾和热值低的垃圾	近年开始应用于美国、德国、日本等发达国家

（续上表）

比较项目	机械炉排焚烧炉	流化床焚烧炉	旋转窑焚烧炉	热解气化焚烧炉
最大能力	1 200t/d	150 t/d	200 t/d	200 t/d
前处理	一般不需要	入炉前需粉碎到20cm以下	一般不需要	因炉型而异，有的需干燥和粉碎
烟气处理	烟气含飞灰较高，除二噁英，其余易处理	烟气中含有大量灰尘，烟气处理较难	烟气除二噁英外，其余易处理	烟气含二噁英少，易处理
二噁英控制	燃烧温度较低，易产生二噁英	较易产生二噁英	较易产生二噁英	易产生二噁英
炉渣处理设备	设备简单	设备复杂	设备简单	设备简单
燃烧管理	较容易	难	较容易	因炉型而异，有的难、有的容易
运行费	较低	较高	较低	较高
维修	方便	较难	较难	较难
焚烧炉渣	需经无害化处理后才能被利用	需经无害化处理后才能被利用	需经无害化处理后才能被利用	炉渣已经高温消毒，可利用
减量比	10∶1	10∶1	10∶1	12∶1
减容比	37∶1	33∶1	40∶1	70∶1

4.7　垃圾焚烧发电运行目标体系

对垃圾进行焚烧处理，通过高温破坏垃圾中有毒有害、有机物质，从而达到减容（90%）、减量（80%）、无害化的目的。垃圾焚烧中减量控制可分为源头控制（垃圾进料改善）、过程控制（燃烧条件确保）、末端控制（尾气收集减排）三个方面，整体控制策略如图4-2所示。

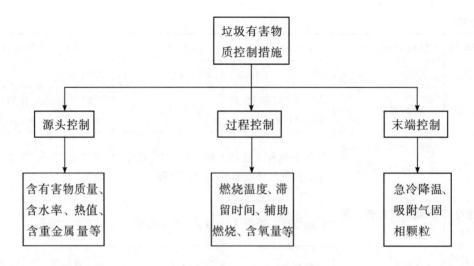

图 4 - 2   焚烧炉有害物质减排控制图

4.7.1   源头控制

从源头改善焚烧进料，将垃圾分类收集列入垃圾管理和处理规划的议程。焚烧前垃圾的组分来源尽量单一，不宜混杂废物进入焚烧系统，避免进料在焚烧过程中生成有害物。如为了实现焚烧中二噁英减量，应将入炉前的生活垃圾进行分离处理，避免厨余垃圾进入，并尽量破碎进料垃圾使之均匀。

4.7.2   过程控制

虽然进料垃圾本身含有一些有害物质如二噁英，但相对于焚烧炉排出的量较少。在燃烧过程中影响二噁英形成的有关因素有燃烧温度、滞留时间、辅助燃料、含氧量等。为减少二噁英生成，应提高燃烧效率。

4.7.3   末端控制

为了减少焚烧过程中有害物质排放量，通常采用末端处理方式来避免有害物质进入大气环境。如二噁英进入环境的主要途径，是通过焚烧和燃烧过程中衍生的烟气和飞灰，故焚烧过程释放的大量烟气和飞灰是环境中二噁英最大的来源之一，烟气直接排入环境大气中，是不可控的，但必须符合焚烧炉二噁英排放标准（$0.1\mathrm{ngTEQ/m^3}$）。

4.8   助燃空气系统

4.8.1   助燃空气系统的组成

助燃用的空气取自垃圾贮存坑的上方，由鼓风机抽吸并压送进行二级加热，第一级为蒸汽暖风机，第二级为烟气暖风机，风温提高到150℃～250℃，然后分成一次风和二次风。一次风进入炉排下方的各个风室，通过各风室风门的调节，获得最佳的风量，然后经炉条的风道穿过垃圾层进入炉膛，提供垃圾焚烧所需的氧量。二次风通过风道，经调节风门从燃烧室上方前后拱处的两排喷嘴喷射进炉膛，对燃烧气进行扰动和补充氧量，达到充分燃烧的目的。燃烧空气从垃圾贮存坑抽取是为了将这些被污染带有恶臭的空气送入炉内进行高温处理，并维持垃圾贮存坑的负压状态，避免其外逸而造成周围环境的污染。

垃圾焚烧炉助燃空气的主要作用是：①提供垃圾干燥的风量和风温，为垃圾着火准备条件；②提供垃圾充分燃烧和燃尽的空气量；③促使炉膛内烟气的充分扰动，使炉膛出口一氧化碳的含量降至最低；④提供炉墙冷却风，以防炉渣在炉墙上结焦；⑤冷却炉排，避免炉排过热变形。

助燃空气包括炉排下方送入的一次助燃空气，二次燃烧室喷入的二次助燃空气。助燃空气系统的设备包括向垃圾焚烧炉内提供空气的送风机，对助燃空气进行预热的空气预热器和空气系统中的各种管道和阀门等。

（1）一次助燃空气系统。一次助燃空气系统是由炉排系统下方将一次助燃空气送入炉排系统各区的装置，这些区段包括干燥段、燃烧段和燃尽段。送往各区段的空气量可根据燃烧控制器与炉排运动速度、废气中氧气及一氧化碳含量、蒸汽流量及炉内温度进行精密连控。

一次助燃空气通常在垃圾贮存坑的上方抽取。一次助燃空气在送入炉排前先经过空气预热器预热，以便为垃圾快速干燥和着火焚烧创造条件。

（2）二次助燃空气系统。二次助燃空气需经过预热后从位于前方或后方炉壁上一系列的喷嘴送入炉内。其流量约占整个助燃空气量的20%～40%。二次助燃空气的作用主要是加强燃烧室中气体的扰动，促使未燃气体燃尽，增加烟气在炉膛中的停留时间以及调节炉膛的温度等。

二次助燃空气主要抽自垃圾贮存坑，有时也可直接取自室内或炉渣贮存坑。二次助燃空气与一次助燃空气供给系统布置图见图4-3。

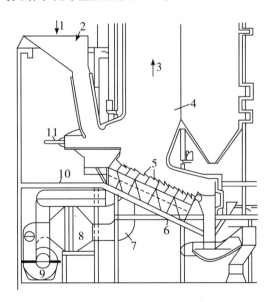

1—进料；2—进料斗；3—高温烟气；4—炉膛；5—炉排；
6—一次助燃空气分配管；7—预热空气输送管；8—一次助燃空气预热管；
9—风机；10—二次助燃空气分配管；11—推料器

图4-3　助燃空气供给系统布置图

4.8.2　送风机

（1）送风机容量的确定。送风机的容量可按下式进行设定：

$$Q = L \times A \times (1 + \alpha)$$

式中，Q——送风机的风量（一次和二次助燃空气量的总和）（m^3/h）；

　　　　L——垃圾热值最大时，单位垃圾燃烧时所必需的空气量（m^3/h）；

　　　　A——单位时间的垃圾燃烧量（kg/h）；

　　　　α——选择风机时的裕度。

以上容量是在一次助燃空气和二次助燃空气由一台送风机供给的情形下确定的。由于垃圾的热值和成分变动很大，必然会造成一定程度的燃烧不稳定性，这种燃烧不稳定性造成炉温的波动、锅炉蒸汽量的波动，可通过一、二次助燃空气量的调节来控制这种波动。

（2）风压确定。送风机所必需的风压可用下式来表示：

$$p = p_1 + p_2 + p_3 + p_4 - p_5$$

式中，p——送风机的设计风压（Pa）；

　　　　p_1——空气预热器的风压损失（Pa）；

　　　　p_2——从送风机到炉排之间所设阀门、管线的风压损失（Pa）；

　　　　p_3——炉排的压损（Pa）；

　　　　p_4——炉排上垃圾层的压损（Pa）；

　　　　p_5——送风机的入口静压（Pa）。

风压 p 根据设施的规模和构成有所不同，一般在 1 600 ~ 6 500Pa。

4.8.3　空气预热器

空气预热器一般有两种，一是利用蒸汽来加热空气的蒸汽空气预热器，二是利用燃烧烟气来加热空气的烟气空气预热器。

（1）蒸汽空气预热器。蒸汽空气预热器是利用蒸汽降温或冷凝成水时放出的热量使空气温度升高的设备。用蒸汽加热空气时，空气温度上升到比饱和蒸汽温度低20℃ ~ 30℃时较为经济。当蒸汽压力为 2.5MPa 时，出口空气温度可达到200℃；当蒸汽压力达到3.9MPa 时，出口空气温度可达到220℃。蒸汽空气预热器出口空气温度的改变，可通过调节蒸汽量来控制。

（2）烟气空气预热器。烟气空气预热器有多管式、套管式、放射式、炉壁式等形式。作为垃圾焚烧炉，空气预热器的传热性能和耐久性是垃圾焚烧厂连续运行顺利与否的决定因素。烟气空气预热器的另一个问题是腐蚀，包括壁温在300℃以上的高温腐蚀。烟气中含有 HCl、SO_2 等腐蚀性很强的气体，以硫氧化物为中心会发生低温腐蚀，以硫氧化物和氯化物为中心会发生高温腐蚀，在选用时应予以充分注意。

烟气空气预热器出口空气温度的调节，一般采用调节空气量来控制，通过设置冷空气旁路，调节旁路冷空气量，与通过预热器的高温空气相混合以控制预热空气所需达到的温度。

4.8.4　助燃空气送风方式

在垃圾焚烧厂中，分离式与分流式两种送风方式都可采用。分离式的优点是：可以根据一、二次风所需的不同风量、温度等条件单独控制，操作较为灵活；缺点是设备的投资相对较高。分流式的优缺点正好与分离式相反。

4.9　垃圾焚烧炉渣和飞灰处理系统

4.9.1　概述

在垃圾焚烧发电厂处理系统中，垃圾实现减量化、减容化，但仍有 10%～20% 质量的炉渣和飞灰。垃圾焚烧发电厂灰渣的产量与垃圾种类、焚烧炉类型、焚烧条件有关。一般 1t 垃圾焚烧会产生 100～150kg 炉渣，约 10kg 飞灰，余热锅炉室飞灰量与除尘器飞灰量差不多。

焚烧炉渣与飞灰是判定焚烧炉运行正常与否最有力的数据，通过测定焚烧灰渣热灼减量，可以推算焚烧的完成情况。由于炉渣和飞灰中含有重金属、未燃有机成分等。特别是垃圾含有重金属（如电器、电池、各种添加剂）时会大大增加焚烧生成物中重金属的含量；焚烧过程及其后产生的有机污染物特别是二噁英具有致畸、致癌、致突变的作用，其毒性相当于氰化钾（KCN）的 1 000 倍以上，国际癌症研究中心已将它列为一级致癌物。在灰渣和飞灰处理过程中对重金属和有机物要特别重视。国家环保部颁布了《生活垃圾焚烧污染控制标准》（GWKB3—2000）和《危险废物焚烧污染控制标准》（GB18484—2001），规定了生活垃圾和危险废物焚烧的二噁英排放限值。对灰渣和飞灰的处置要求是：垃圾焚烧炉渣与飞灰应分别收集、贮存和运输；炉渣按一般固体废物处理；飞灰按危险废物处理，因为焚烧产生的二噁英经烟气净化处理后绝大部分进入飞灰中，飞灰中二噁英含量相当高，约 2～31ng/g。对飞灰必须进行严格处理和控制，防止对环境造成二次污染。焚烧产生的炉渣经鉴别不属于危险废物的可回收利用，如用于筑路；属于危险废物的，必须作为危险废物处理。通过采取强化管理措施，减少二噁英的产生和排放。

4.9.2　垃圾焚烧炉渣处理系统

1. 炉渣输送工艺

垃圾焚烧后产生的炉渣需要顺利移出并进行处理，需要设置漏斗与滑槽、排出装置、冷却设备、输送装置、贮存坑、吊车与抓斗等设备。图 4-4 为某垃圾焚烧厂炉渣输送工艺流程图。

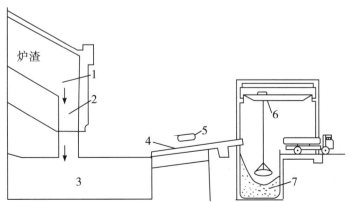

1——漏斗；2——下落管；3——出渣机；4——输送带；5——磁选机；6——吊车；7——灰渣贮存坑

图 4-4　某垃圾焚烧厂炉渣输送工艺流程图

2. 炉渣输送设备

（1）漏斗与滑槽。漏斗与滑槽为炉渣排出设备中凭借自重将炉渣顺利排出的装置。它设在炉排的下部，炉排下的漏斗一般也是一次助燃空气风箱的一部分。

（2）炉渣排出装置。炉渣排出装置用于将炉渣从其产生的场所移送到冷却装置。炉渣排出装置所满足的条件主要有：①防止外部空气漏进该设备；②炉渣能够顺利转移，防止堵塞发生；③能够抵御磨损、避免腐蚀等现象的发生。

垃圾焚烧炉出渣口一般设置在比较高的场地，而炉渣冷却装置在低处，所以，炉渣的水平移送可采用机械力、空气力、水力等进行，而垂直移送则采用自由落体方式。炉渣可自炉排下的通风缝隙中落入漏斗或滑槽内，炉渣下落管的堵塞会对垃圾焚烧炉的正常运转产生重大障碍。为了防止这种情况的发生，必须进行严格的焚烧管理，下落管的构造必须防止堵塞，为使炉渣顺利滑下，漏斗或滑槽的倾角应在40°以上为宜。

（3）炉渣冷却设备。一般进行连续排渣的机械式立交焚烧炉，其末端排出的炉渣呈高热状态（约400℃），如果不采用熔融处理，就必须利用冷却设备进行灭火和降温，所以，炉渣冷却设备是炉处理系统的关键设备，它不仅考验冷却炉渣，还具有将炉渣排出、密封焚烧炉的作用。各种不同形式的炉渣冷却设备的共同之处是下部槽中盛满水，水深30cm以上，炉渣浸入水中后冷却，在水槽中沉淀，然后由炉渣机构排出。

（4）炉渣输送装置。炉渣从冷却槽底部被推出以后，在冷却槽倾斜部分把水沥干，然后送入炉渣输送装置。炉渣输送装置是将冷却后的炉渣搬送至灰渣贮存坑所需的设备。若炉渣冷却设备靠近灰渣贮存坑时，也可采用推灰器或滑槽，直接将炉渣送入贮存坑内。当冷却设备远离灰渣贮存坑时，一般均使用输送带。炉渣输送带的形式有带式、斗式、刮板式等。

（5）炉渣贮存坑。炉渣从输送带转换成其他运输工具之前，必须临时性地贮存在炉渣贮存坑。炉渣贮存坑可以与垃圾贮存坑并排设置，称前置式；设置在垃圾焚烧炉后面的则称为后置式，可以根据地形限制而定。贮存坑的容积一般应具有3天的容量。对于炉渣贮存坑内渗出的污水，应将其收集，然后排入污水处理厂处理。炉渣中可能存在铝、锌等金属岩石性灰渣，与水接触会产生氢气，可能发生爆炸，因此，炉渣的贮存、搬运、处理过程中必须防止发生爆炸而产生重大事故。

（6）吊车与抓斗。要将炉渣从贮存坑中移出，必须设置吊车与抓斗，同时也可进行贮存坑内炉渣的翻推与整平作业。其装置情况与垃圾吊车相似。通常操作吊车采用运行中的控制方式，也有采用远距离遥控方式。炉渣吊车的使用频率范围都比较小，一般采用低速吊车。抓斗可采用双吊索平行抓斗，抓斗上有漏水孔。抓斗容量从炉渣运输车的装载能力考虑，一般为 $2m^3$。

4.9.3　垃圾焚烧飞灰处理系统

1. 飞灰输送工艺

为使由烟道、锅炉、除尘器所捕集的飞灰顺利移出并获得适当的处理，必须设置漏斗与滑槽、排出装置、输送装置、润湿装置、贮存斗等设备。某垃圾焚烧厂飞灰输送工艺流程如图4-5所示。

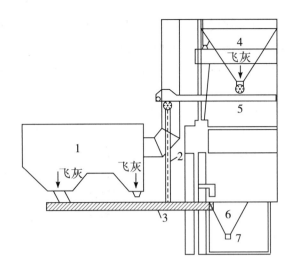

1——锅炉；2——下落管；3——螺旋转送机；4——除尘器；
5——带式输送机；6——润湿装置；7——贮存斗

图 4－5　某垃圾焚烧厂飞灰输送工艺流程图

2．飞灰输送设备

（1）漏斗与滑槽。漏斗与滑槽为飞灰排出设备中凭借自重将烟道、锅炉、除尘器等所捕集的飞灰顺利排出的装置，其位置设在各设备的下部。漏斗及滑槽的形状必须根据飞灰的特性，设置适当的断面及倾角。漏斗及滑槽的倾角应在 50°以上为宜，并应配合飞灰的吸湿性施以适当的保温。

（2）飞灰排出装置。锅炉中的飞灰多利用旋转阀自漏斗中排出，以保持气密性。飞灰的粒径大而干燥，运送时应注意输送设施的磨损。

（3）飞灰输送装置。飞灰输送装置的形式有：①螺旋式输送带，输送带适合于 5m之内短距离输送情况。②刮板式输送带，它是在链条上附有刮板的结构，使用时防止滚轮旋转时由飞灰造成磨损。③链条式输送带，它是由串联起来的链条及加装的连接物在飞灰中移动来排出飞灰的装置。④空气式输送管，由于飞灰具有流体的某些特性，因而可利用空气流动的方式来运送。空气流动的方式有压缩空气式及真空吸收式两种，均具有自由选择输送路线的优点；但缺点为造价太高，且输送吸湿性的飞灰时，易形成阻塞；此外，当输送速度太快时，也必须注意磨损情况。⑤水流式输送管。利用水流来输送飞灰，与空气式输送管一样，具有自由选择输送路线的优点，但会产生大量污水。

（4）飞灰润湿装置。当将除尘器等设备捕集的飞灰单独收集时，为防止其在贮存坑内飞散，应设置飞灰润湿装置。一般常用双轴叶型混合器，并添加约飞灰量 10%的水分，予以均匀混合后排出，但必须慎重选择混合器的材质，以防止飞灰腐蚀。

（5）贮存斗。经润湿后的飞灰，可暂时贮存在贮存斗中，再由下部可自由开闭的排出口直接排入运渣车内。贮存斗的形状，应自投入口以 60°以上的倾角渐渐收缩至排出口，由于收缩角度的限制，贮存斗的容积约为 10～12m³。若容量不足时，可考虑设置多个贮存斗；至于贮存斗排出口的大小，必须小于承载车辆的宽度。

在决定贮存斗容量时，必须考虑出灰车辆的作业时间，若仅在白天 8h 作业时，则必须具有 16h 以上的贮存量。至于贮存斗的配置位置，由于输送带的倾斜角度约在 30°，故配置时应充分利用地形，以确保要求的高度。因贮存斗与炉体为独立的结构，故其构造上颇具弹性，一般多设置于地面上，但若地形许可，也可考虑将贮存斗设置在地下或与厂房结构合为一体。贮存斗排出口滴下的渗出水，应设置集水装置加以收集。

　　3．飞灰的处理

　　由于飞灰中含有二噁英和重金属等，国外学者曾测出焚烧 1g 垃圾可产生 0.5×10^{-9} ~ 2.5×10^{-7} gTCDD，为避免填埋时重金属的渗出，必须经过特殊的处理，一般可进行稳定化或固定化处理。稳定化处理是用水、酸将飞灰中的重金属溶出，溶出的重金属用药剂（碱、硫化钠）或烟气中的 CO_2 进行不熔化处理。固化处理是将含有大量重金属的除尘器飞灰进行防止溶出处理。固化处理的优点有：大多数情况下，可以防止重金属的溶出；可以实现减容化；烧结、熔融固定处理时，稳定化程度高。该方法的缺点有：由于结合剂的加入，使飞灰的重量增加；加热固化时，低沸点金属易挥发。

　　固化的方法主要有水泥固化、沥青固化、烧结固化和熔融固化等。

　　由于被吸附的二噁英类物质随颗粒一起进入飞灰系统中，所以飞灰中二噁英的量比大气中二噁英的量多得多。若将飞灰送入温度 1 200℃ 以上的熔化炉内熔化，飞灰中二噁英类物质在高温下，被迅速分解和燃烧。研究表明，通过飞灰熔融处理后，PCDD/PCDF 的分解率达 99.7%。因此，飞灰熔融处理技术是一种有效的飞灰处理手段，但耗资巨大。

4.10　垃圾焚烧发电厂烟气净化处理系统

4.10.1　烟气净化工艺系统

　　垃圾焚烧厂烟气处理系统主要是除去烟气中的固体颗粒、硫的氧化物、氮的氧化物、氯化氢、二噁英等有害物，国外学者曾测出烟气中的 TCDD 浓度为 1.43×10^{-8} g/m³，以使垃圾焚烧中的烟气在排放以前达到排放标准，减少环境污染。生活垃圾焚烧中的烟气净化处理工艺的形式较多，有多种组合形式，且各有特点。按其系统中是否有废水排出，一般分为湿法净化处理工艺、半干法净化处理工艺和干法净化处理工艺三种。每种工艺都有多种组合形式，且各有优缺点。湿法净化处理工艺具有污染物去除效率高、可以满足严格的排放标准、一次性投资大、运行费用高、产生废水并需进行后续污水处理等特点，有代表性的湿法净化处理工艺流程如图 4 -6 所示。半干法净化处理工艺既可以高效率地净化处理污染物，同时投资和运行费用较低、基本不产生污水，是一种很有前途的工艺，有代表性的半干法净化处理工艺流程如图 4 -7 所示。干法净化处理工艺的污染物净化效率相对于湿法和半干法而言较低，但是其工艺简单，投资和运行费用与湿法净化处理工艺相比要低得多，操作水平要求也低，不存在后续污水的处理问题，有代表性的干法净化处理工艺流程如图 4 -8 所示。

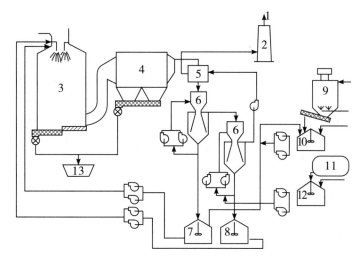

1——烟气；2——烟囱；3——干燥器；4——静电除尘器或布袋除尘器；5——热交换器；6——文丘里洗涤器；7——中和箱；8——污泥箱；9——石灰贮存仓；10——石灰熟化仓；11——NaOH贮存仓；12——搅拌池；13——固态灰渣

图4-6 垃圾焚烧烟气湿法净化处理工艺流程图

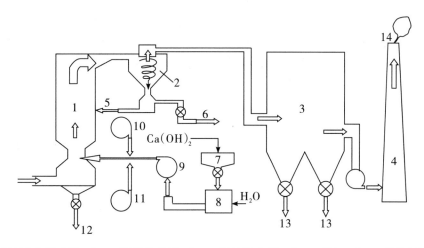

1——半干法净化反应塔；2——旋风分离器；3——高效除尘器；4——烟囱；5——吸收剂循环使用；6——固态废弃物；7——石灰仓；8——石灰熟化仓；9——石灰浆液泵；10——压缩空气风机；11——稀释水泵；12——反应塔底固态废弃物；13——除尘器底部飞灰；14——烟气净化后排入大气

图4-7 垃圾焚烧烟气半干法净化处理工艺流程图

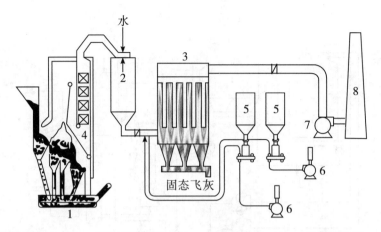

1——垃圾焚烧炉；2——蒸发型降温塔；3——布袋除尘器；4——空气预热器；
5——石灰贮存仓；6——鼓风机；7——引风机；8——烟囱

图4-8 垃圾焚烧烟气干法净化处理工艺流程图

4.10.2 电子束法烟气净化工艺系统

图4-9为电子束法烟气净化工艺系统示意图。电子加速器拟采用高效节能绝缘芯变压器型电子加速器，美国 High Voltage Engineering 公司以及美国 Wasik 公司能生产满足辐照应用要求的高性能低能耗高功率电子辐照电子加速器，该类型电子加速器的电子束能量为 0.3MeV 至 3MeV，最大束流功率 100kW。近几年来该公司已向我国有关单位出口了多台不同能量的绝缘铁芯变压器产品。上海应用物理研究所、中国高能物理所、中国原子能科学研究院等都开展了相关领域的研究。华中科技大学加速器课题组在樊明武院士的领导下也开展了该领域的研究工作，目前已完成了该项目物理设计和部件加工，工程已经进入组装调试阶段，在 2016 年已实现高效节能绝缘芯变压器型电子辐照加速器产业化。

若焚烧垃圾按每小时生产 $1\,000m^3$ 烟气计算，施加 30 万伏电压的电子加速器生产电子束（束流 40mA），带宽 45cm，可去除 90% 二噁英，达到国家允许标准（$0.5ngTEQ/m^3$）。

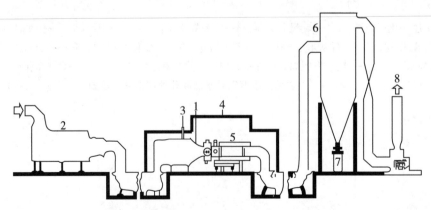

1——气体进口；2——消石灰和活性炭喷射器；3——氨添加和空气混合器；4——X 射线防护；
5——电子加速器；6——布袋除尘器；7——飞灰；8——烟囱

图4-9 电子束法烟气净化工艺系统图

图 4-9 的相关说明如下：

①若采用电子束法烟气净化技术装置处理的烟气量为 1 000m³/h，烟气引自供热锅炉。

②电子束法烟气净化装置由消石灰喷射器、活性炭喷射器、搅拌器、布袋除尘器、注氨装置、电子加速器、辐照室、检测装置及辅助系统组成。

③电子加速器的功率为 12kW，电压为 300kV，束流强度为 0~40mA。

④辐照器体积：$120 \times 45 \times 30 \text{cm}^3$。

⑤消石灰喷射器。消石灰粉末与垃圾焚烧烟气充分混合，石灰与烟气中酸性气体（SO_2、HCl、HF）发生化学反应而被吸收。对二噁英、重金属（如 Hg）起凝聚作用，以固态形式去除。

⑥布袋除尘器。焚烧炉内产生的二噁英主要以固态形式附着在飞灰表面。研究表明，布袋除尘器去除二噁英效果较好。为了提高布袋除尘器去除效率，可以降低排烟气温度，使气相中的二噁英冷凝附着于烟气中飞灰颗粒上，再用布袋除尘器捕捉飞灰，布袋除尘器收集的飞灰中附着二噁英，研究表明，飞灰中的二噁英含量比烟气中二噁英含量高 10 倍以上，用电子束法处理飞灰中二噁英时，可以得到更好的效果。

⑦活性炭喷射器。在布袋除尘器前设置干活性炭注入，通过活性炭吸附，布袋除尘器下游浓度小于 0.007~0.011mg/m³（干燥），可以降低二噁英的排放量，而且在活性炭低温区（140℃~200℃）范围内能起催化剂的作用，具有烟气脱硝、减少 NO_x 排放量的作用。

⑧注入氨。在焚烧炉余热锅炉前喷氨，一方面氨与氯的结合能力强，可以减小前驱物合成的二噁英。另一方面飞灰中的重金属（如铜）是合成二噁英的催化剂，喷氨可以使金属失去催化作用，从而减少二噁英的生成。

⑨本装置可以同时用作降解二噁英、SO_2、NO_x、重金属等。当垃圾焚烧烟气排放平均浓度为 3ngTEQ/m³，辐照剂量为 10kGy 时，可以去除 90% 二噁英，达到国家以前规定的二噁英排放标准（0.5ngTEQ/m³）。若辐照剂量为 17kGy 时，可以达到美国的国家排放标准（0.14 ~ 0.21ngTEQ/m³），若辐照剂量为 27kGy 时，可以达到欧盟的标准（0.1ngTEQ/m³），也可以达到目前我国的国家标准（0.1ngTEQ/m³）。

4.10.3　电子束法对烟气中污染物的控制

1. 从烟气中去除二噁英类的电子束辐照法

垃圾焚烧产生的烟气在受到高剂量（10~14kGy）电子束辐照后，电子束让烟气中的空气和水生成活性氧等易反应的物质，进而破坏二噁英类的化学结构，导致二噁英类长链分子的主链氧化和断裂，即辐照裂解。所谓辐照裂解是指通过射线的辐照使长链分子的主链发生断裂，生成低分子量的聚合物的过程。由断裂作用引起的典型性质变化是溶解度增大、黏性减小。如果预先加入氨（NH_3），生成苯胺混合物气溶胶，则用电集尘器把它清除掉，从而去除二噁英类。电子束辐照技术是一种低温处理技术，处理后的烟气不含因降温过程重新合成的二噁英类，从而不会产生二次污染。

2. 从烟气中去除 SO_2、NO_x 的电子束辐照法

电子束烟气净化 SO_2、NO_x 的反应原理是垃圾焚烧发电厂排烟中的氧气和含有的水分经高能电子束辐照后产生活性粒子，如氧化性自由基 OH^-、O_2 等。大量的自由基与烟气

中 SO_2、NO_x 以及注入的 NH_3 进行反应。最后的产物是硫酸铵 $[(NH_4)_2SO_4]$ 和硝酸铵 (NH_4NO_3)。其主反应路径分别如图 4-10 和图 4-11 所示。

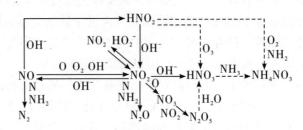

图 4-10 去除 SO_2 的反应路径

图 4-11 去除 NO_x 的反应路径

研究表明，电子束法烟气净化工艺中影响烟气脱硫率的主要因素是温度、含水量、注氨量；脱硫反应主要是热化学反应的作用。影响脱硝率的主要因素是辐照剂量；脱硝反应主要是辐射化学反应作用。

垃圾焚烧过程中，焚烧废气中含有 SO_2 和 NO_x（主要是 NO），对人体及生物有很大危害。SO_2（酸性气体）可以用碱液吸收法去除，但 NO_x 不活泼，至今尚无有效去除方法。电子束辐照法可用不大的剂量将 SO_2、NO_x 的辐照分解，所谓辐照分解是指物质分子在电离辐射作用下分解，生成新的物质的过程。在空气中含有 O_2 和水蒸气，辐照时它们可生成 O、O_3、OH 和 HO_2 等氧化能力很强的活性粒子。它们与 SO_2、NO_x 发生反应，最后生成硫酸和硝酸气溶胶，可附着在灰尘上被布袋除尘器捕集，达到脱硫、脱硝的目的。研究表明，用加速器能量为 0.5MeV，束流强度 0~50mA，辐照室内烟气流速 1~5m/s，辐照剂量为 4kGy，脱硫率达 91.1%，脱硝率达 50.5%。

3. 从烟气中去除重金属的电子束辐照法

控制重金属排放应首先从源头上做好控制，将垃圾分类收集，如废旧电池、旧日光灯管、旧印刷油墨、杀虫剂和过期药品等含有重金属的先回收分开处理。若垃圾分类收集有困难，则这些未分类垃圾在焚烧时，大部分重金属存在于灰渣中，但不包括部分重金属如汞。烟气中的大部分汞是以气态形式存在，主要以氧化物形成 $HgCl_2$，还有部分气态单质 Hg，它们经电子束辐照后，使重金属物质在电离作用下分解，生成新的物质。由于部分重金属的沸点远小于炉体温度，容易升华或蒸发在废气中，因此可以经 90m 高的烟囱排入大气中稀释扩散，但必须满足国家的要求。

4. 结果分析

与化学法等传统技术相比，电子束辐照降解二噁英技术具有下列优点：①可避免二次污染；②是一种冷处理方法，可避免在降温过程中二噁英的再次生成；③效率高；④安全环保，辐照室通过合理设计、施工和严格使用管理，作业时完全可以避免电子射线泄漏，加速器断电即切断辐射源，安全可靠。该技术最终的二噁英辐照降解率在90%以上，脱硫率达90%以上，脱硝率达50%以上。

现有技术难以有效解决垃圾臭味问题和去除有害物质，采用辐照技术，利用电子束与物质相互作用，使之电离或激发产生活化原子与活化分子，使物质发生一系列物理、化学、生物变化，导致物质降解并发生改性。对有机垃圾辐照能彻底杀灭有害微生物，破坏和分解臭味物质，使有机污染物得到有效降解，从根本上消除垃圾中产生的有害气体包括臭味的根源。利用辐照技术消除臭味是对垃圾无害减量化技术瓶颈的重大突破。

4.11 垃圾焚烧发电厂污水处理系统

1. 传统的污水处理工艺系统

垃圾焚烧发电厂中的污水主要来自垃圾渗沥水、洗车污水、垃圾卸料平台地面清洗水、灰渣处理产生的污水、锅炉排污水、淋洗和冷却烟气的污水等。生活垃圾焚烧发电厂污水按照所含有害物质的种类分为有机污水和无机污水。这两种污水采用不同的处理方法和处理流程。其工艺流程如图4-12所示。

由于垃圾焚烧发电厂污水的处理必然产生大量污泥，污水、污泥的组成极其复杂，利用现行的生物处理法、化学处理法等处理技术进行污水净化仍存在不少问题。目前国内外开发了污水、污泥辐照消毒灭菌技术，取得良好的效果。

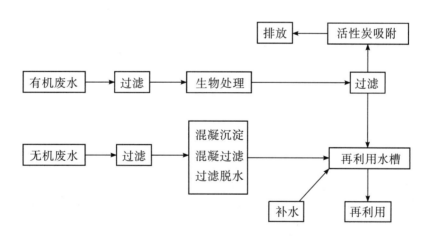

图4-12 污水处理工艺流程图

2. 电子束法污水净化工艺系统

污水经辐照处理，产生氧化、还原、分解、凝聚等化学反应和物理变化，使其减轻毒害或使毒物容易除去。

由于辐射能几乎都被水吸收，生成反应性强的活性物质，可用来分解微量的水中污染物或使其改性，如下式所示。

$$H_2O \longrightarrow e_{aq}^- + OH^- + H^+ + H_3O^+ + H_2O_2$$

氢原子H与水化电子e_{aq}^-是还原力强的物质。OH^-氧化力很强，过氧化氢也具有氧化力，污水中的有机物等被氧化，最后分解为二氧化碳和水等。

污泥含有大量生物体排出的废物，含碳、氮丰富，也含有磷、钾等无机养分，但同时有大量病原菌、寄生虫和病毒等，因而不宜直接用作农家肥料。因此用电离辐照处理污泥，可杀死病原菌、寄生虫及病毒，使之成为农田肥料。再则，污泥具有胶体性质，沉降和过滤不易，用电离辐照处理可在泥浆中产生大量离子和电子，大大加速了沉降、过滤。这就有效地提高了浓缩污泥的速度。

综上所述，污水、污泥辐照处理的特点是：①处理后的污水、污泥没有气味；②不发生二次污染；③消毒彻底、安全、可靠，设备腐蚀小；④污泥沉降率和脱水率高；⑤运行简单；⑥节约能源，其能耗比热消法低 50%，效果稳定。

3. 垃圾焚烧发电与污水处理相结合

如果垃圾焚烧发电厂与污水处理厂合建或两厂相邻，这种处理方式在工程建设上具有很多有利条件：

（1）一座 $4 \times 10^5 t/d$ 的城市污水处理厂的用电负荷约为 7 000kW·h，如果按电价 0.64 元/每千瓦时计算，政府每年需给污水厂提供约 3 000 万元补贴。而垃圾焚烧发电产生的电能可直接供给污水处理厂使用，多余部分上网，既可减少电网投资及输电线的损失，又节省了污水处理厂的电费。

（2）减少垃圾污水处理系统的投资。垃圾焚烧发电所需的循环冷却水和工业用水水源可取自污水处理厂的排放水。垃圾焚烧发电厂渗沥液和其他污水无须处理即可进入污水处理厂，与城市污水混合稀释处理达标后排放，减少了垃圾污水处理系统的投资。

（3）垃圾处理产生的余热可以供污水处理厂生产和生活使用，污水处理厂的锅炉房可以取消。

（4）污水处理产生的污泥，可以送到垃圾焚烧发电厂进行综合处理，变废为宝，污水处理厂的污泥消化处理设施可以取消，有利于污水处理的环境。

污水处理一般每天要求处理几千吨乃至几万吨。若按每日处理 1 000t 计，用 10^4 Gy 的辐照剂量就需要 $2.8kW \cdot h/t \times 10^3 t/d = 117kW$ 辐射能量，若采用电子加速器，1 台就能达到 100kW 级，完全可以达到要求的剂量值。污水处理装置工艺流程图如图 4-13 所示。

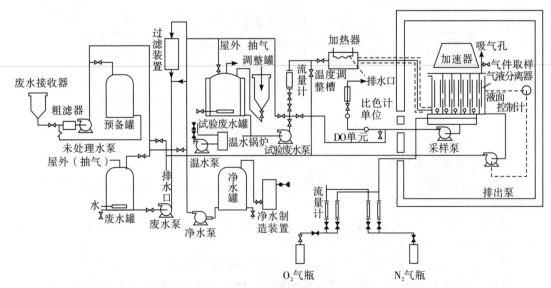

图 4-13　污水处理装置工艺流程图

4. 电子束法污泥净化工艺系统

污泥辐照处理装置工艺流程如图 4 – 14 所示。

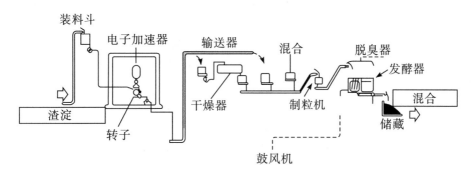

图 4 – 14　污泥辐照处理装置工艺流程图

若处理污泥 50 万吨/年，每天需处理污泥 1.37×10^3 t，若采用辐照剂量为 10kGy，则需辐射能量为 1.6×10^2 kW。如果采用能量 150kW 的电子加速器，就完全可以达到所需的剂量。

4.12　垃圾焚烧发电用的汽轮机系统

4.12.1　汽轮机造型

由于垃圾焚烧发电厂产汽量有限，通常燃烧 3t 生活垃圾所产生的热量相当于 1t 标准煤产生的热量。目前已建的垃圾焚烧发电厂每日处理垃圾 1 000t 左右，功率 6～12MW，设置 3～4 台焚烧炉，总汽量为 90～120t/h。正在建的垃圾焚烧发电厂每日垃圾处理量 2 000t（每年处理量 73 万吨），功率 25MW，设置 3 台焚烧炉，总汽量为 180t/h，这些过热蒸汽通过蒸汽母管送至 2 台并联的冷凝式汽轮发电机组成热力系统发电。因此，功率在 6～25MW、低压段抗水蚀能力强、变工况能力强的中压或次高压凝汽式汽轮机适合垃圾焚烧发电厂。

4.12.2　汽轮机系统配置与运行工况

以某垃圾焚烧发电厂的汽轮发电机组为例。该厂采用 3 台垃圾焚烧炉，共产生约 87.96t/h（每台炉额定产汽量 29.32 t/h）、参数为 4.0MPa/400℃ 的过热蒸汽。过热蒸汽通过集中母管制主汽系统分别送至两台设计功率为 8.709MW 的汽轮发电机组。每台机组相应的额定进汽量为 43.98 t/h，进汽参数为 3.85MPa/390℃，以此可作为汽轮机配置的参考。

每台汽轮机设两级非调整抽汽口。第一级抽汽引至一次空气加热器，用于加热焚烧炉一次空气，按焚烧炉空气加热器的要求，蒸汽压力大于 1.05MPa，因此设计的汽轮机额定工况下第一级抽汽压力为 1.394MPa，最大进汽量工况下该级抽汽压力为 2.088MPa，换热后产生的凝结水回收后被送回除氧器；第二级抽汽引至除氧器作给水加热除氧之用，除氧器的工作压力为 0.3MPa，要求该级蒸汽压力大于 0.35MPa，因此汽轮机额定工况下第二级抽汽压力为 0.489MPa，最大进汽量工况下该级抽汽压力为 0.732MPa。

机组的冷凝方式为水冷，采用机力通风冷却塔二次循环水冷却系统。冷凝下来的凝结水由凝结水泵经汽封加热器送入除氧器。除氧器出来的低压给水经给水泵升压后送入锅炉（给水参数：5.2MPa/130℃；给水流量：约 93.03t/h）。回热系统取消了常规机组中的高、低压加热器。三炉两机配置两台除氧器，除凝结水进入除氧器外，另外还有三路进水管接入除氧器。

(1) 化学补充水（20℃，约 0.87t/h），每台除氧器的化学补水量为 0.435t/h。

(2) 一级抽汽加热第一级一次空气加热器后的凝结水（110℃，共 8.55t/h），进每台除氧器的水量为 4.275t/h。

(3) 锅炉汽包蒸汽加热第二级一次空气加热器后的凝结水（102℃，共 4.2t/h），进每台除氧器的水量为 2.1t/h。

垃圾焚烧发电厂采用两炉一机运行方式，当任何一台汽轮机停机时，同时也必须停一台炉。考虑发电厂的具体特点，在额定工况为汽轮机设计点的前提下，通过预设过负荷阀的方式，保证一台汽轮机能够同时接纳两台焚烧炉所产生的全部蒸汽，与汽轮机配套的冷凝器也完全能够适应这种工况。此时背压有所提高，在循环水温度为 33℃ 的情况下，背压值为 0.010 7MPa，但此时低压缸排汽温度为 47.1℃，因而对汽轮机低压段也不会造成不利的影响。

在一台汽轮机停机检修，另一台汽轮机也突然因事故停机的情况下，两台焚烧炉大约将在 10 多分钟内从满负荷降至零负荷。在汽轮机发生事故停机的瞬时，母管压力迅速上升，两套汽轮机旁路蒸汽转换阀全开，绝大部分新蒸汽经由旁路系统送入发生事故停机的汽轮机的冷凝器内，这时冷凝器的热容量约为额定工况时的 2.5 倍，此时，进入冷凝器的蒸汽参数为 0.016 7MPa/58℃，凝汽器设计能承受这些超热负荷，汽轮机低压段也不会受到影响。与此同时，除氧器旁路蒸汽转换阀也被打开，少部分新蒸汽通过该旁路供给除氧器加热蒸汽，用以维持短时间内的汽水循环。

4.12.3　汽轮机系统的调控

由于垃圾焚烧发电厂自动化程度要求高，汽轮机调节系统与 DCS 系统有良好信号接口的 DEH 低压透平油电液调节系统。对影响汽轮机安全稳定运行的重要信号进行严格的检测，以确保汽轮机安全稳定运行。

由于垃圾焚烧发电厂以垃圾焚烧为主，垃圾焚烧锅炉往往不允许熄炉，因此除必须保证汽轮机的故障率低外，还必须保证汽轮机发生故障时能够尽快停机、检修。因而，该汽轮机设置了快冷装置。快冷装置主要是利用压缩空气来对汽轮机进行换冷，汽轮机冷曲线如图 4 - 15 所示。采用这种冷却方式，可使汽缸金属快速降到 150℃ 以下的检修温度。具体操作时，必须注意以下几点：

①送汽时应保证第一级后的气体温度低于该处金属温度 30℃ ~ 50℃，并始终保持有 50℃ 的过热度，以避免汽中带水，防止在通流部分发生水塞现象，以及推力瓦过负荷。

②平均温降速率 1.2 ~ 1.5℃/min，以保证应力在允许范围内。

③严格监视汽轮机汽缸上下半温差，使温差不高于 50℃，以防汽轮机因上下半温差过大而产生变形。

④严格监视汽轮机差胀是否在安全范围内，以防动静干涉。

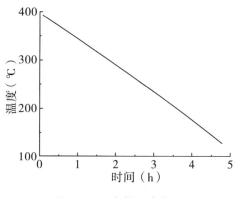

图4-15 汽轮机冷曲线

4.13 垃圾焚烧发电厂自动控制系统

4.13.1 概述

为了提高垃圾焚烧发电厂各个系统设备的自动化水平和全厂的管理水平,目前先进的垃圾焚烧发电厂均采用了计算机控制与管理系统,实现了垃圾自动供料、垃圾燃烧自动控制、垃圾自动称重、灰渣自动输送与称重、吊车自动运行、余热发电系统的自动运行等。

对于大中型垃圾焚烧发电厂,自动控制系统极为重要。自动控制系统的作用是保证工厂的安全、稳定、高效率运行,并减轻工作人员的劳动强度,使工厂性能得以最大限度地发挥。自控系统通过监视各设备的运行,将各操作集中化、自动化、最优化,在增加工厂运行可靠性并提高节能效果,确保安全性的同时,合理并迅速地收集、处理各种情报,提供最佳的运行管理信息。

大型垃圾焚烧发电厂多采用集散型计算机控制系统,由中央控制室主机进行系统集中监控管理,并通过专用计算机集成控制器,对称重、车辆、吊车、燃烧等子系统进行分散控制,控制分散全厂的不稳定性,从而提高整个系统的可靠性,同时也通过功能分散改善整个系统的可维护性和可扩展性。图4-16为垃圾焚烧发电厂自动控制系统的框架图。

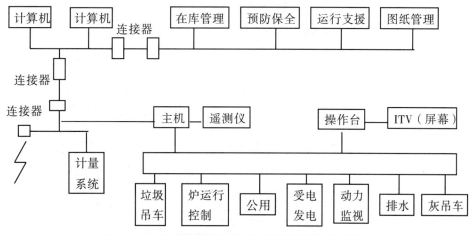

图4-16 垃圾焚烧发电厂自动控制系统的框架图

4.13.2　自动控制对象

1. 称重及车辆管制的自动控制

假设一台称重地衡一天（白天）最多可处理 300～400 台垃圾车，一个垃圾卸料门一天最多只可处理 150～250 台垃圾车，所以有效地诱导垃圾车、打印称重传票、诱导卸料门、开关卸料门极为重要。比如：决定诱导卸料门的流程中，首先判断该门是否已有车辆进入，确认垃圾吊车自控系统是否指示"禁止开门"等。

2. 吊车的自动运行

吊车的操作系统按自动化水平可分为手动、半自动、全自动。全自动操作系统将垃圾的移动、搅拌、向料斗投料等全部自动化，对单台或多台吊车进行全自动运行、半自动运行并自动进行称重记录。

全自动运行时，对垃圾的接收、垃圾移动区域的分配、垃圾高度等进行三维控制。通过测量吊车吊绳长度计算抓垃圾的位置高度的方法应用很广泛。超声波检测垃圾高度的方法也已有应用。在设计吊车全自动无人操作运行时，要特别留意异常时的安全对策以及火灾对策等。

3. 炉渣吊车的自动控制

炉渣吊车的自动控制将炉渣贮存坑内的炉渣移动，向运输车装入炉渣等动作全自动化，同时可进行半自动操作，并进行称重记录。炉渣吊车操作人员通过启动按钮来控制向运输车装入炉渣的操作。

4. 自动燃烧控制

垃圾自动燃烧控制的目的是根据时刻变化的投入炉内垃圾的性质，确保额定的焚烧量和蒸汽量，将垃圾焚烧炉渣的热灼减率控制在所定范围内，保证满足环保要求和垃圾焚烧运行的稳定性。各大焚烧炉生产厂家均开发了独特的垃圾焚烧自动控制系统。各系统均尽量发挥计算机的功能，所以与靠操作人员的经验和感觉进行的传统式操作相比，更能确保运行的协调性，运行管理的简易化、省力化，在保证稳定的焚烧量、蒸汽量、炉渣的热灼减率、排气标准等各方面都有极大的优点。图 4－17 为机械炉排焚烧炉燃烧控制装置的输入与输出关系图。

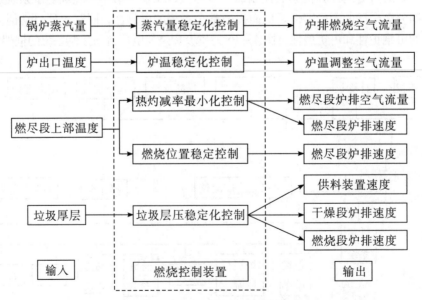

图 4－17　机械炉排焚烧炉燃烧控制装置的输入与输出关系图

机械炉排焚烧炉主要的操作对象有供料装置速度、炉排速度、燃烧空气流量和温度等。通过这些参数的调节而保证垃圾焚烧发电厂的稳定运行。

5．焚烧炉的自动启动和停炉

由于炉的启动和停炉有较多的不安定要素，所以比正常运行的自动控制更难，但是通过操作人员确认重要机器启动时的中间控制点（break point），序列或顺序（sequence）控制水平的提高，计算机硬件和软件能力的提高等，炉的启动和停炉的自动化开始得到应用。但是，由于回路数的增加，自动化软件程序变得复杂，导致试运行所需时间增加。

4.13.3　集散型自动控制系统的设计、组成及其功能

1．设计中应考虑的几个问题

（1）通过分散型计算机系统以及专用计算机系统的监视和控制，分散整个系统的不稳定因素，提高可靠性并改善维修管理性。

（2）将各个子系统内容分散化，特别重要的内容应考虑冗余配置，以提高工厂监视、操作和数据保存的可靠性，同时要重视系统的抗干扰性。

（3）为了让没有计算机控制专业知识的操作人员可以安全容易地对生产过程进行操作、监视，应提供尽可能友好的人机界面接口装置。

（4）为了不使辅机故障和操作人员的误操作而造成整个系统的停止、暴走等，硬件、软件应尽量有安全装置。

（5）以中央控制室的计算机控制台和 CRT 的集中控制、集中管理为设计原则。

（6）尽量使分散型自动控制系统的子系统相互协调。

（7）自动控制系统的软、硬件配置应保留足够的扩展空间，以满足因垃圾焚烧发电厂扩建或更改工艺及技术进步所带来的系统更新和扩展的需要。

2．集散型控制系统的组成及其功能

（1）上级计算机和控制操作台。将下级计算机或控制单元的数据汇集、加工，并对下级计算机进行监视和发出指示。上级和下级控制计算机及现场控制器之间的联系，通过网络通信交换数据。

①控制操作台（POC）。

a．表示运行管理数据。由回污（loop）、系统现状图（overview）、趋势图（trend graph）、流程图（process flow）、顺序表（sequence）等组成。

b．运行操作。切换运行状态（mode）、SV、MV、PID 设定，参数设定，ON/OFF 操作等。

c．综合运行监视。给下级计算机或控制单元发出各设备的自动起停指令，操作中间控制点，检出重大故障和发出停炉指令、检出停电和操作复电、表示异常的原因和对策等。

②数据管理计算机。

a．保存日报表、月报表、年报表的数据，记录和打印出历史趋势数据。

b．管理运行实绩。累积焚烧量、蒸汽量达成率、低位热值计算、垃圾贮存坑残量计算、主要设备的累积运行率、垃圾进场量、灰渣出场量。

c．制作运行计划。

d．在库管理。

（2）下级自动控制计算机系统。下级自动控制系统一方面负责向中央控制室的上级监控计算机传送数据，另一方面对现场 PLC 及 SLC 进行输入和输出控制并监视其运行工况。

①炉、锅炉用自动控制计算机。

②公用设备用自动控制计算机。

③受变电、发电用自动控制计算机。

④动力监视用自动控制计算机。

⑤污水处理用自动控制计算机。

（3）现场自动控制计算机系统。各现场操作计算机直接对现场设备进行控制，与现场 PLC 及 SLC 进行数据交换并监视运行。通过现场自动控制盘与中央控制室的上级计算机进行数据交换。

①称重、车辆管制自动控制装置。

②垃圾吊车自动控制装置。

③灰渣吊车自动控制装置。

4.14　垃圾焚烧余热发电系统

4.14.1　余热利用

垃圾在被焚烧、减重、减容的同时释放出热量，即焚烧余热，将焚烧余热转换为蒸汽、热水、热空气加以回收利用，以获得可观的经济效益。

垃圾焚烧炉中排出的高温烟气必须经过冷却处理后方可排放。降低烟气温度的办法一般是采用余热回收利用和喷水冷却。目前为了使垃圾焚烧时产生的热量能回收利用以达到垃圾处理能源化的目的，发达国家均采用安装余热锅炉进行余热发电或供热。

设置余热锅炉的垃圾焚烧高温烟气余热利用系统，其回收能量的方式一般有三种：利用余热锅炉所产生的蒸汽进行余热发电；产生蒸汽或热电联产；提供热水。其工艺流程图如图 4-18 所示。

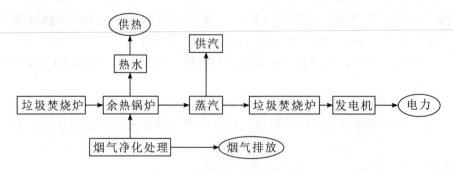

图 4-18　烟气余热回收利用工艺流程图

垃圾焚烧厂余热锅炉按余热锅炉和垃圾焚烧炉的设计结构和布置情况，一般可以分为烟道式余热锅炉和一体式余热锅炉。烟道式余热锅炉与通常意义上的余热锅炉基本相同，生活垃圾在焚烧炉炉膛和二次燃烧室中已燃烧完毕，进入余热锅炉的烟气只是进行热交换，降低烟气温度，产生蒸汽或热水。一体式余热锅炉则是余热锅炉与焚烧炉组合为一体，具有较大炉膛，锅炉的水冷壁往往构成生活垃圾焚烧炉的燃烧室。

4.14.2 余热发电

为了充分利用余热，将其转化为电能是最有效的途径之一，将热能转换为电能，不仅能远距离传输，而且提供量不受用户需求量的限制，从而对垃圾焚烧发电厂向大型化发展，提高设备利用率和降低相对吨垃圾投资额都有好处。

垃圾焚烧炉和余热锅炉多数为一个组合体。余热锅炉的第一烟道就是垃圾焚烧炉炉膛，而他们的组合体被称为余热锅炉。在余热锅炉中，主要燃料是生活垃圾，转换能量的中间介质为水。垃圾焚烧产生的热量被工质吸收，未饱和水吸收烟气热量成为具一定压力和温度的过热蒸汽，过热蒸汽驱动汽轮发电机组，热能被转换为电能。垃圾焚烧余热发电系统示意图如图 4-19 所示。

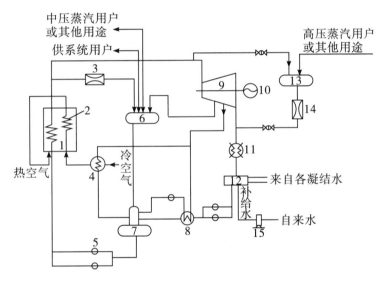

1——余热锅炉；2——烟气空气预热器；3——减温减压器；4——空气加热器；5——给水泵；6——中压集汽箱；7——除氧器；8——低压给水加热器；9——汽轮机；10——发电机；11——凝汽器；12——冷凝水箱；13——高压集汽箱；14——减温减压装置；15——化学水处理站

图 4-19 典型的垃圾焚烧余热发电系统示意图

由于垃圾焚烧余热发电厂的热效率较低，一般在 13% ~ 22.5%，甚至更低。如果采用余热发电和热电联供，可大大提高热利用率至 50% 左右，这是由于蒸汽发电过程中，汽轮机、发电机的效率占去较大的份额（62% ~ 67%），而直接供热就相当于把热量全部供给用户，所以热利用率高。

采用热电联供的方式有三种：发电 + 区域性供热；发电 + 工业和农业供热；发电和各种供热方式的组合（如发电 + 区域性供热 + 工业供热）。当新建垃圾焚烧发电厂时，不可能在规划时就做得很理想，一个可行的方式是将发电和各种供热方式组合，按需供热供电，使垃圾余热得到最大限度的利用，使垃圾焚烧发电厂获得最大的经济效益。需要指出的是：当前垃圾处理的主要目标就是追求生态效益，但不应该不适当地追求经济效益，政府对垃圾焚烧发电企业的考核，不应该对该企业的经济效益进行不适宜的考核。

由余热锅炉送出的蒸汽被至发电机组（汽轮机）及各用户供汽站，主要方式有纯冷凝式发电，抽汽冷凝式发电，背压式发电和抽汽背压式发电。以上四种发电形式和供热形式是目前一般燃煤电厂通常采用的模式，广泛被垃圾焚烧发电厂采用的是纯冷凝式发电，其系统示意图见图4-20。

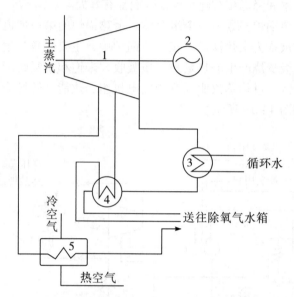

1——冷凝式汽轮机；2——发电机；3——冷凝
器；4——给水加热器；5——蒸汽空气加热器
图4-20 纯冷凝式发电系统示意图

在进行热电联供系统时，应尽可能让高温蒸汽的热通过换热设备，将热量传递给供热高温水，蒸汽凝结为水之后，可以重新作为锅炉用水，这样可以降低发电系统补给水量，也减少了水处理系统的设备投资。

4.14.3　垃圾焚烧发电厂热效率

垃圾焚烧发电厂热效率取决于余热锅炉热效率、发电机效率和电厂线路损失率、凝汽式汽轮机热效率。

1. 余热锅炉热效率

余热锅炉热效率与垃圾热值和成分，余热锅炉以外热源加热助燃空气和温度，余热锅炉选用的过量空气系数，余热锅炉排烟温度和灰、渣含碳量都有密切关系。迄今为止，国内的余热锅炉热效率仅为65%左右，而采用引进技术在建的较大规模的垃圾焚烧发电厂的锅炉效率为78%左右。随着国内垃圾热值的逐年提高以及国内制造、设计水平的提高，国产余热锅炉最终也能达到国际同等水平。

2. 发电机效率和电厂线路损失率

国产发电机效率一般为93%～97%，一般来说，小型发电机效率比大型发电机低。发电厂的电厂线路损失率为1%～2%，最大应不超过2%。

3. 凝汽式汽轮机热效率

国产中压和中低压凝汽式汽轮机热效率见表4-3。由表4-3可见，汽轮机热效率与汽轮机容量和进汽参数成正比关系。表4-3为目前燃煤电厂采用的凝汽式汽轮机数据。由于垃圾成分和焚烧特点，进汽主蒸汽温度和压力都受到来自于腐蚀方面的限制而不宜过高（主蒸汽温度不宜超过400℃和蒸汽压力不宜超过4.9～5.9MPa）。适应于垃圾焚烧的凝汽式汽轮机必须进行适应参数的改进和改型设计才能获得比较理想的热效率。

表4-3　国产中压和中低压凝汽式汽轮机热效率

参数	型号				
	N1.5-2.35	N3-2.35	N3-3.43	N6-3.43	N12-3.43
功率（MW）	1.5	3	3	6	12
进汽压力（MPa）	2.35	2.35	3.43	3.43	3.43
进汽温度（℃）	390	390	435	435	435
额度进汽量（t/h）	～8.4	～16	～14.5	28～30	54～58
汽轮机热效率（%）	～21	～25.8	～28	～28.3	～30.6

综上所述，目前我国建造的垃圾焚烧发电厂热效率范围如表4-4所示。

表4-4　我国垃圾焚烧发电厂热效率

电厂规模垃圾日处理量（t/d）	余热锅炉热效率（%）	汽轮机热效率（%）	发电机效率（%）	线损率（%）	发电厂热效率（%）
≤300	65～75	21～25.8	～96	～2	13～18
>300	70～78	28～30.6	～97	～2	18.5～22.5

由表4-4可见，提高垃圾焚烧发电厂热效率的主要途径是提高汽轮机进汽参数和扩大垃圾焚烧发电厂的规模。

4.15　垃圾焚烧发电与环境保护系统

垃圾焚烧处理具有减容量大、无害化彻底、占地面积小、残渣性能稳定，能最大限度地减少二次污染并能回收能量等优点。

垃圾焚烧处理对环境的危害日益引起人们的关注和重视，寻求一种科学的处理方法、不造成对环境的二次污染、变废为宝，是我们追求的目标。利用积累了多年的经验，建设垃圾焚烧发电厂是其中很好的办法之一。在建设垃圾焚烧发电厂及选择工艺设备时，一定要兼顾近期与长期的环保目标，做到与环境保护的高度统一。

垃圾焚烧发电的重点是垃圾处理而不是发电，垃圾处理是向减量化、资源化、无害化的方向发展。垃圾是放错位置的资源，实行垃圾分类收集，在垃圾的收集站、转运站和处理场实行多次分选回收利用，把垃圾中的可利用物分离出来，用作产业原料，循环利用，使垃圾变资源，垃圾变能源。

垃圾运到垃圾焚烧发电厂进行焚烧，使其体积减小、质量减轻、消除污染，达到减量化、资源化、无害化的目的。垃圾焚烧处理的优点是：①垃圾焚烧并利用热能，可以使其体积缩小 90%，质量减少 75%，燃烧产生的热能用于供热发电，燃烧效率可达 85%，热效率可达 50% 以上。②焚烧后的垃圾达到了无害化，在确保垃圾无害化基础上，可以无害填埋，避免产生二次污染。

垃圾焚烧存在的主要问题及解决的方法是：

（1）垃圾焚烧后排放的烟气达标问题。焚烧垃圾利用其能源，必须在保证无害化基础上实现烟气达标排放，以实现与环境保护相统一。世界各国在烟气处理、尾气排放上设置了严格的环保要求。具体措施是增加尾气处理，用布袋除尘器使其除尘效率达到 99% 以上；对尾气进行喷淋氧化钙吸附除去 SO_2、HF、HCl；用活性炭吸附清除二噁英等有害物质；炉内控制燃烧温度在 850℃ 以上，使烟气停留时间大于 2s，促使二噁英分解；炉内加大空气过剩量并适当提高排烟温度，控制二噁英低温合成，从而使二噁英达标排放。

电子束辐照法（EBA）是一种新型烟气净化技术，其基本原理是：烟气除尘后进入冷却塔，在塔中被喷雾水冷却到脱硫脱硝的反应温度（65℃~70℃），烟气进入反应器内受到高能电子束照射，烟气中的氮气、氧气和水蒸气等吸收能量后生成大量的离子、自由基和各种激发态的原子、分子等活性物质，它们将烟气中的 SO_2 和 NO_x 氧化成硫酸和硝酸，其后硫酸和硝酸再与氨发生反应，生成硫酸盐和硝酸盐的粉状粒子，最后由布袋除尘器将这些微粒收集下来。EBA 方法主要特点是：能高效脱硫（达 90% 以上的脱硫率）、脱硝（达 80% 以上的脱硝率），其副产品硫酸铵和硝酸铵均为常用化肥；全过程干法操作，不产生废水和废渣。使用电子束让烟气中的空气和水生成活性氧等易反应性物质，进而破坏二噁英的化学结构，清除二噁英效果良好。当电子束辐照剂量为 14kGy 时，烟气中的二噁英降解率达 90% 以上。

（2）垃圾焚烧处理必须与填埋相结合。通过改进燃烧和烟气处理技术，排入大气中的二噁英类物质的量达到最小，被吸附的二噁英类物质随颗粒一起进入飞灰系统，所以飞灰中二噁英的量比大气中二噁英的量多得多。采用高温熔融处理技术，将焚烧飞灰进行温度为 1 350℃~1 500℃ 的熔融处理，二噁英类物质被迅速分解和燃烧，二噁英的分解率达 99.7%，同时挥发性的重金属如汞在聚合反应中又会重新生成，使得飞灰中重金属含量超标。实验结果表明：当电子束能量为 1.8MeV、束流强度为 1.5mA、辐照总剂量为 30kGy 时，飞灰中二噁英降解率达 90%。垃圾焚烧处理缩容后剩余 10% 的垃圾只能填埋处理，但此时体积已经缩小并且消除污染，这就使填埋场寿命延长、成本下降。

（3）垃圾焚烧发电厂发展要与环境保护相统一。①垃圾焚烧发电厂与环境保护是统一的，垃圾焚烧发电厂实现了垃圾处理的减量化、资源化、无害化，是对环境的贡献。同时，垃圾焚烧发电厂对外供电、供热，减少了对环境的污染，使环境大大改善。②设备选择与环境保护相统一，若从设备与环境统一出发考虑，焚烧设备采用炉排式垃圾焚烧炉，用油助燃最合适，可以减少 SO_2 及灰渣排放。③尾气处理与环境保护相统一，从环保角度出发考虑，尾气处理是垃圾焚烧发电的基本点，是与环保要求相统一的，一定要采用工艺装置使尾气达标排放。同时，要考虑灰渣中重金属的无害化处理，只有综合考虑各种排放因素，才能达到与环境保护相统一。

参考文献

［1］张益，赵由才. 生活垃圾焚烧技术. 北京：化学工业出版社，2000.

［2］胡桂川，朱新才，周雄. 垃圾焚烧发电与二次污染控制技术. 重庆：重庆大学出版社，2012.

［3］张明，徐光. 电子束法烟气净化工艺主要因素分析. 环境技术，2003（6）.

［4］张春舜，沈沙亭，等.《垃圾焚烧发电厂二噁英电子束辐照技术研发及产业化》预研报告. 暨南大学、广东恒健投资控股有限公司专题研究报告，2013.

［5］王华. 二噁英零排放化城市生活垃圾焚烧技术. 北京：冶金工业出版社，2001.

［6］HIROTA K，HAKODA T，TAGUCHI M，et al. Application of electron beam for the reduction of PCDD／F emission from municipal solid waste incinerators. Environmental Science & Technology，2003（37）.

5 垃圾焚烧发电厂应用技术的设备

垃圾焚烧发电厂设备主要由垃圾接收设备、垃圾焚烧炉、垃圾焚烧发电设备、垃圾焚烧辅助设备、烟气净化设备、助燃空气设备、灰渣输运与处理设备等组成。这些设置是各自独立，又相互关联的统一体。

5.1 垃圾接收设备

生活垃圾焚烧厂处理系统指生活垃圾的接收和贮存。一般情况下，生活垃圾由垃圾运输车运入垃圾焚烧厂，先经过地衡称量并做记录，然后经垃圾卸料平台和卸料口倒入垃圾贮存坑。如果有大件，在倒入贮存坑前需要用大件垃圾粉碎机进行粗碎。生活垃圾贮存的目的是将原生垃圾在贮存坑中进行脱水，吊车抓斗在贮存坑中对垃圾进行搅拌使垃圾组分均匀并脱掉部分泥沙。垃圾贮存坑的容积设计成一般能贮存 3 ~ 5 天的垃圾焚烧量为宜。用垃圾贮存坑接收垃圾，用垃圾抓斗向垃圾焚烧炉投料方式，称贮存坑—吊车方式，这种方式适用于日处理超过 50t 以及垃圾水分较多的垃圾焚烧炉。吊车由垃圾抓斗、卷扬机、大车、小车、供电系统、操作装置及加料量称重装置等组成。

吊车容量的确定一般需考虑从抓斗抓起垃圾至投入料斗，然后再回到原来位置所需的时间。操作方式一般按照在 1h 内，20min 进料、20min 混合搅拌、20min 休息。故吊车的垃圾供给能力按照以下公式计算：

$$P = G \cdot T$$

式中，P 为吊车的垃圾供给能力（t/h），G 为抓斗每抓的重量（t），T 为进行给料作业每次所需的时间（h）。

垃圾抓斗的抓斗容积，必须依据抓斗放下时，插入垃圾层的深度而定。为了保证垃圾焚烧炉的及时给料，一般 24h 连续运转的垃圾焚烧炉应设置备用吊车。垃圾称重系统是垃圾进入垃圾焚烧厂后遇到的第一个环节，其主要任务是记录垃圾和灰渣等进出厂情况。运送垃圾的车辆进入厂区后，驶上地衡称重。称重结果和车辆情况被记录好后，车辆驶下地衡，去垃圾卸料平台卸料。

地衡安装固定于水泥支座的金属构架上，水泥支座应高出地平面，以防止雨水及污水流到称重设备里。地衡上方要有牢固的顶棚，以防止受到降水的影响。

5.2 垃圾焚烧炉

垃圾焚烧炉由垃圾进料漏斗、推料器、焚烧炉排、焚烧炉体及助燃设备等构成。进料漏斗是将垃圾吊车抓斗投入的垃圾暂时储存，再连续送入焚烧炉内燃烧的设备。它具有连接滑道的喇叭状漏斗，另附有单向双瓣阀，以备停机或漏斗未盛满垃圾时，防止外部的空气进入炉内或炉内火焰蹿出炉外。此外，为防止架桥现象，可附设架桥解除装置。

进料漏斗及溜槽的形状必须根据垃圾的性质、垃圾焚烧炉的形状设计。一般来说，进料漏斗可分为双边喇叭型和单边喇叭型两种；溜槽则有垂直型及倾斜型两种。为防止溜槽下部因受热烧损或变形，通常设置水冷外壳或耐火衬里予以保护。

进料漏斗开口部分的尺寸需比吊车抓斗在全开时的最大尺寸大 0.5m 以上，以防止垃圾掉在漏斗外。喇叭型应与水面呈 45°以上的倾斜角；并具有 0.5m 以上的纵深，而进料漏斗的容量，应满足 30min 或 1h 左右的垃圾焚烧量。

垃圾焚烧炉主要有五种形式：机械炉排焚烧炉、循环流化床焚烧炉、旋转窑焚烧炉、熔融焚烧炉和二噁英类零排放化新型生活垃圾焚烧炉。

5.2.1　机械炉排焚烧炉

机械炉排焚烧炉具有较长的发展历史，常用的有：滚动炉排、往后运行炉排（下饲式马丁炉排）、西格斯炉排、W 型炉排等。机械炉排焚烧炉在国外用得较多，其焚烧机理是将原生垃圾送入炉膛的炉排上，垃圾随炉排往后移动，从炉膛来的强烈火焰辐射使垃圾干燥并在炉排前段有效着火，垃圾经炉排中后段在助燃空气的作用下充分燃尽，垃圾中的有害气体在炉膛高温烟气的作用下得到有效分解和燃烧。其燃烧工艺流程如下：

垃圾以垃圾车载入厂内，经地衡称量，进入倾斜平台，将垃圾倾入垃圾贮存坑，由吊车操纵员操纵抓斗，垃圾由滑槽进入炉内，从进料器送入炉膛的炉排上，由于炉排的机械运动，垃圾随炉排往后移动并翻搅，以提高燃烧效率。垃圾先被炉膛的辐射热干燥及气化，再被高温引燃，最后烧成灰烬，落入冷却设备，通过输送带经磁选回收废铁后，送入灰烬贮存坑，再送往填埋场。燃烧所用的空气分为一次空气及二次空气，一次空气以蒸汽预热，自炉床下贯穿垃圾层助燃；二次空气由炉体颈部送入，以充分氧化废气，并控制炉温不致过高，以避免炉体损坏及氮氧化物的产生。炉内温度一般控制在 850℃ 以上，以防未燃尽的气状有机物自烟囱逸出而造成臭味，因此，在垃圾低位发热值时，需喷油助燃。高温废气经锅炉冷却，用引风机抽入酸性气体，去除设备酸性气体，后进入布袋除尘器除尘，之后排入烟囱到大气中扩散。

图 5-1 是机械炉排焚烧炉焚烧发电系统流程图，图 5-2 是机械炉排焚烧炉焚烧发电系统结构示意图。

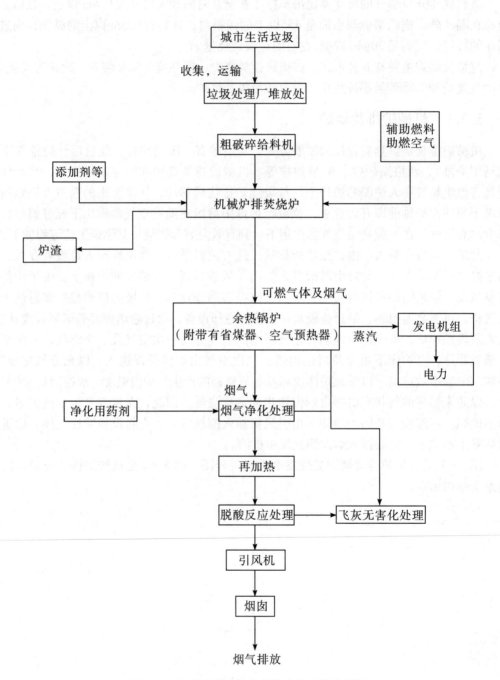

图 5－1　机械炉排焚烧炉焚烧发电系统流程图

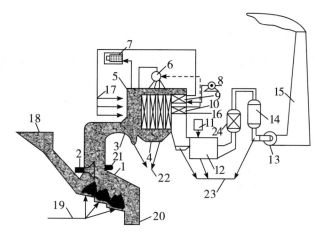

1——机械炉排焚烧炉；2——辅助燃料；3——二次燃烧室；4——余热锅炉；5——蒸汽过热器；6——锅炉汽包；7——发电机；8——风机；9——空气预热器；10——省煤器；11——净化药剂；12——烟气净化处理装置；13——引风机；14——肋肖反应塔；15——烟囱；16——锅炉给水；17——二次热风；18——给料机；19——助燃空气；20——炉渣出口；21——尿素水喷入器；22——部分回收有价金属部分无害化处理的飞灰；23——无害化处理的飞灰；24——烟气再加热器

图 5 - 2　机械炉排焚烧炉焚烧发电系统结构示意图

　　机械炉排焚烧炉的主要特点有：垃圾适应性较广，可用不同特性的垃圾燃料，运行、操作方便，具有较高的可靠性和稳定性，保持燃烧烟气的高温和在炉膛内停留时间，可减少有害气体排放，但燃烧效率较低，易存在机械故障。我国深圳垃圾发电厂用的日本三菱重工马丁式焚烧炉，珠海垃圾发电厂用的美国 Temporlla 炉本体设计技术，采用美国 Detroit Stoker 公司炉排，都属于这一类机械炉排焚烧炉（如图 5 - 3 所示）。

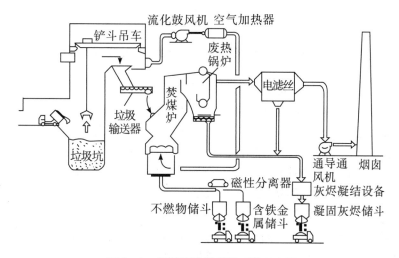

图 5 - 3　机械炉排焚烧炉系统示意图

5.2.2 循环流化床焚烧炉

循环流化床焚烧炉是最近几十年才发展起来的，垃圾燃料进入燃烧室与灼热的床料充分混合焚烧，其中大块（10~15mm 粒状）不可燃烧物由床底部连续排渣装置排出，经冷渣器后排出，未燃尽细小物质则从燃烧室上部进入旋风分离器，大部分被分离器收集经返料装置返回燃烧室继续燃烧，这样反复几次循环达到燃尽目的。由于流化床的流化特性，要求温度均匀地保持在850℃~900℃之间，使床内能保持稳定燃烧，垃圾及其臭气中的有害成分（如二噁英等）能在炉腔内得到裂解焚烧，而不产生新的有害物质。循环流化床焚烧炉垃圾焚烧系统流程如图5-4所示。

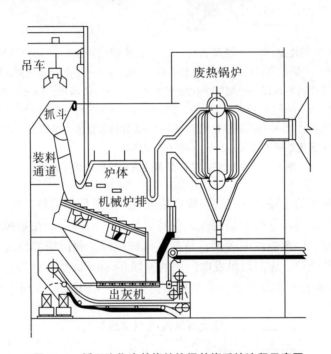

图5-4 循环流化床焚烧炉垃圾焚烧系统流程示意图

循环流化床焚烧炉采用一定粒度范围的石英砂或炉渣作为热载体，通过底部布风板鼓入一定压力的空气，将砂粒吹起、翻腾、浮动，被吹出炉腔的高温固体颗粒通过分离器和返料器被回送到炉腔，形成了炉内物料的平衡。流化床内气—固液体混合强烈，燃烧反应温度均匀，具有极好的着火条件，垃圾入炉后迅速和炽热的石英砂完全混合。垃圾受到充分加热、干燥，有利于垃圾完全燃烧。循环流化床焚烧炉的主要特点如下：

（1）燃烧效率高。燃料能达到充分燃烧，垃圾中的有机物可100%燃烧，特别适应高水分低热值的垃圾焚烧。灰渣无臭味，可直接填埋或用于生产地面砖。

（2）能够有效控制垃圾分解过程中有害气体的产生。由于垃圾焚烧温度可非常均匀地控制在850℃~900℃之间，其NO_x的生成量较少。当燃烧温度大于1 300℃时，NO_x才会大量生成。由于二噁英是在燃烧不稳定、炉腔燃烧温度不均匀、燃烧温度小于850℃及金属催化的条件下生成，因而循环流化床焚烧炉可有效抑制二噁英的生成。

（3）炉内加石灰石，可有效脱硫。在 Ca∶S 为 1∶2 时，脱硫效率大于85%，尾部喷水和石灰粉可有效脱除垃圾燃烧过程中产生的 HCl、HF、SO_2 等有害气体。

（4）焚烧产生的热能可用于生产蒸汽、供热和发电等。

（5）循环流化床焚烧炉无炉排等转动部件，设备故障少，容易维修，投资费用低。

5.2.3 旋转窑焚烧炉

1. 基本形式旋转窑焚烧炉

一般的旋转窑焚烧炉是一个略微倾斜而内衬耐火砖的钢制空心圆筒，窑体通常很大。大多数废物料是由燃烧过程中产生的气体及窑壁传输的热量加热的。固体废物可从前端送入窑中进行焚烧，以定速旋转来达到搅拌废物的目的。旋转时须保持适当倾斜度，以利于固体废物下滑。此外，废液和废气可以从前端、中端、后端同时配合助燃空气送入，甚至整桶装的废物（如污泥）也可送入旋转炉燃烧。旋转窑焚烧炉设计特别，垃圾抓斗每次 $5 \sim 8m^3$，用 2 个推杆把垃圾送入旋转窑。旋转窑内衬不是耐火砖，而是水管，绕旋转窑圆周分布，以此提高水温，炉膛温度可达 1 537℃。每根水管外焊耐磨软金属螺旋管，保护光（水）管不被垃圾磨损。基本形式旋转窑焚烧炉焚烧系统流程如图 5 - 5 所示。

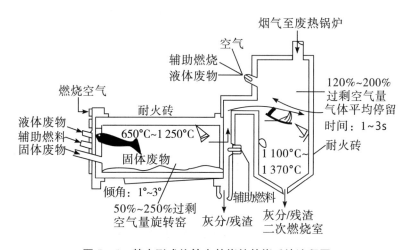

图 5 - 5 基本形式旋转窑焚烧炉焚烧系统流程图

2. 具有废物干燥区的旋转窑焚烧炉

具有废物干燥区的旋转窑焚烧炉可以用来处理夹带着任何液体和大体积的固体废物。在干燥区，水分和挥发性有机物被蒸发掉，然后，蒸发物绕过旋转窑进入二燃室。固体物进入旋转窑之前，在通过燃烧炉排时被点燃。液体和气体废物送入旋转窑或二燃室。二燃室能使挥发物中的有机物和由气体中悬浮颗粒所夹带的有机物完全燃烧。在设备中遗留下来的灰分主要为灰渣和其他不可燃烧的物质，如空罐和其他金属物质。然后，将这些灰分冷却后排出系统，具有废物干燥区的旋转窑焚烧炉焚烧系统流程如图 5 - 6 所示。

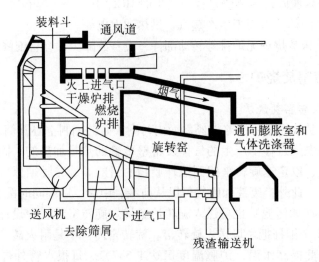

图5-6　具有废物干燥区的旋转窑焚烧炉焚烧系统流程图

3. 旋转窑式生活垃圾焚烧炉

常用的旋转窑式生活垃圾焚烧炉焚烧系统流程图，见图5-7。

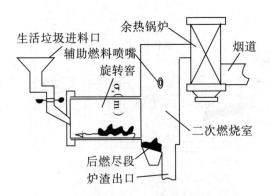

图5-7　旋转窑式生活垃圾焚烧炉焚烧系统流程图

5.2.4　熔融焚烧炉

熔融焚烧炉用高温熔融铁水作焚烧炉料，温度高达1 400℃，垃圾投入炉中便迅速熔化或气化。熔融焚烧炉热解有害气体或焚烧，使废气产量为传统焚烧炉的几分之一，浮渣从溢流渣口排出（液态排渣）成粒状，是二次污染极少的一种新型焚烧炉。旋转窑炉式气化熔融焚烧系统流程图和流化床炉式气化熔融焚烧系统流程图如图5-8、图5-9所示。据报道，日本正积极从美国及欧洲引进气化熔融炉技术。研究开发焚烧垃圾炉，正处于从普通流化床焚烧炉向熔融焚烧炉的转型阶段。

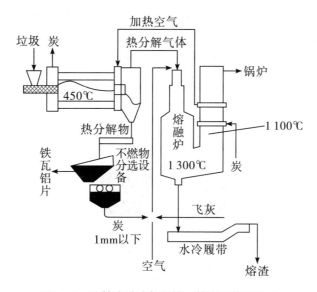

图 5 - 8 旋转窑炉式气化熔融焚烧系统流程图

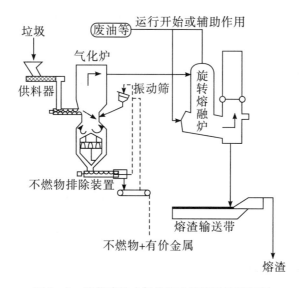

图 5 - 9 流化床炉式气化熔融焚烧系统流程图

流化床炉式气化熔融焚烧炉垃圾热值适用范围为 3 979 ~ 6 281kJ/kg，垃圾水分适用范围为 45% ~ 55%。

5.2.5 二噁英类零排放化新型生活垃圾焚烧炉

近年来为了扼制二噁英类毒性物的生成、减少其排放量、有效回收垃圾中的有价金属和综合利用炉渣，美国、德国、法国、日本等发达国家先后成功研制了不同类型的生活垃圾熔融气化焚烧炉。高炉式生活垃圾熔融气化焚烧炉如图 5 - 10 所示。生活垃圾、焦炭、石灰等物料从炉顶上加入，助燃空气从熔融炉下部鼓入，生活垃圾在熔融炉炉膛的上部进行干燥、中部进行气化、下部进行熔融燃烧。由于炉膛燃烧温度高，灰渣在高温下成熔融状态，烟气中的飞灰含量相对降低，二噁英类及其前体物在高温下被分解，因而总体产生的二噁英类极低，同时炉渣经高温熔融，燃尽率高，炉渣已消毒便于回收利用。此外，整个炉膛的气氛为还原状态，有价金属在炉膛内未被氧化，而是保持金属状态，随炉渣排出后易被选出并回收利用。

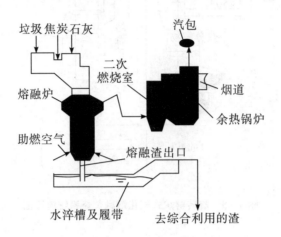

图 5 - 10　高炉式生活垃圾熔融气化焚烧炉

5.3　垃圾焚烧发电设备

垃圾焚烧厂余热锅炉是利用垃圾焚烧所释放出的热量（通常为具有一定温度和一定量的热载体——烟气），将工质（一般为净化到某一程度的水）加热达一定参数（温度和压力）的换热设备。

按余热锅炉和垃圾焚烧炉的设计结构和布置情况，垃圾焚烧厂的余热锅炉可分为烟道式余热锅炉和与垃圾焚烧炉组合为一体的、具有较高大炉膛的余热锅炉（以下简称"一体式余热锅炉"）。由于目前国内外垃圾焚烧设备的主要发展趋势为大型化、相对集中化以及对排放无害化要求日益严格，本节的重点阐述对象为一体式余热锅炉。

5.3.1　烟道式余热锅炉

垃圾焚烧厂的烟道式余热锅炉与大多数余热锅炉基本相同，通常具有以下特点和类别。

（1）炉本身设置了炉膛或二燃室，并由烟道引出热载体烟气，在烟气进入烟道式余热锅炉前，已实现了全部焚烧放热过程，全部烟气温度在850℃以上并在炉膛、二燃室或烟道内已停留（行程时间）2s以上的时间，进入余热锅炉仅进行热交换，降低烟温从而实现余热利用［见图5-11（a）］。

采用烟道传输烟气的垃圾焚烧设备一般容量较小，可以利用的余热也较少，多见于小型垃圾焚烧厂，烟气余热多用于加热焚烧炉助燃空气或将工质加热为一定压力的热水、饱和蒸汽或微过热蒸汽，回收余热主要用于生活、环境和小型工业生产，如取暖或制冷，食堂或浴室，花圃、蔬菜等大田暖棚以及中小工业用汽等。

（2）在烟道内布置了由直管或蛇形管组成的各个对流管束［见图5-11（b）］，主要热交换方式为对流和热传导。

（3）垃圾焚烧炉自成一体，含焚烧炉膛，但由于炉本身的设计结构特点，垃圾焚烧出口直接或通过烟道与余热锅炉相连〔见图5-11（c）〕。

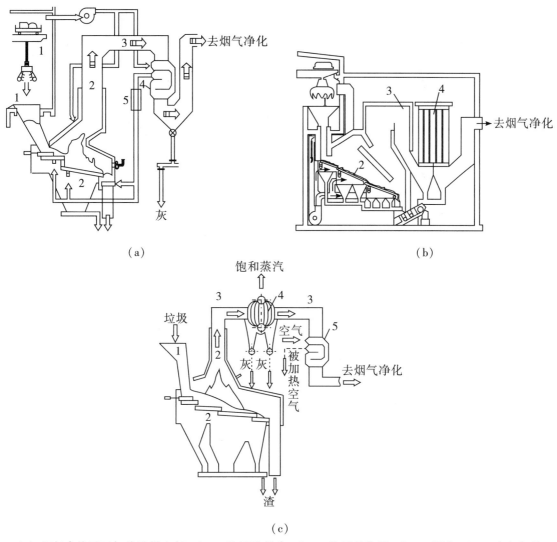

（a）

（b）

（c）

（a）烟气余热用于加热助燃空气：1——垃圾进料斗；2——垃圾焚烧炉；3——烟道；4——空气加热器；5——热交换器（水—气）

（b）烟气余热用于加热水：1——垃圾进料斗；2——垃圾焚烧炉；3——烟道；4——加热水的水—气热交换器

（c）烟气余热用于产生饱和蒸汽和加热助燃空气：1——垃圾进料斗；2——垃圾焚烧炉；3——烟道；4——对流受热面；5——空气预热器

图 5-11　典型的烟道式余热锅炉

这种情况多见于各种中小型容量、采用流化床或二燃室焚烧技术的换热设备，以及置于炉上方或置于炉后部的余热锅炉。这类余热锅炉自成一组合体，由锅筒、水冷壁组成第一烟道，由对流管束和蛇形管束组成多个换热群，有的还布置了加热助燃空气的换热器。这类余热锅炉主要热交换方式为对流和辐射的组合，以及对流和热传导。

在采用"CAO"缺氧气化技术和回转炉窑垃圾焚烧技术设备中，也同样以烟道形式将烟气引入上述独立的余热锅炉组合体进行热交换（见图5－12）。

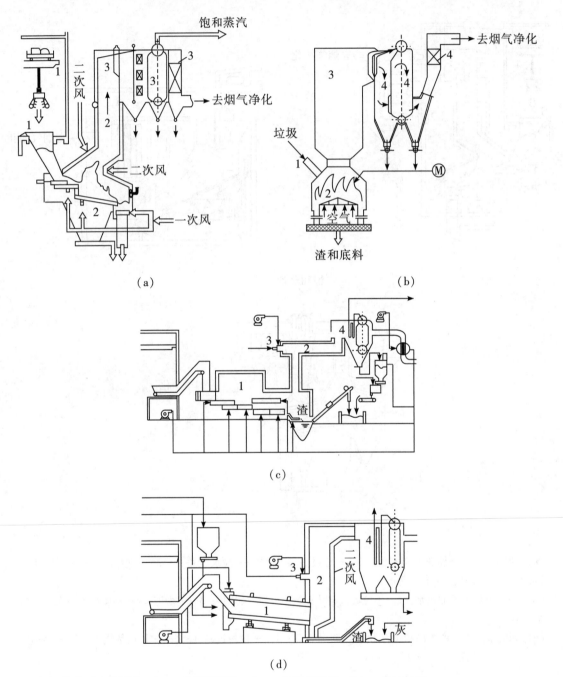

（a）炉排式余热锅炉：1——垃圾进料斗；2——垃圾焚烧炉；3——余热锅炉
（b）流化床余热锅炉：1——进料口；2——流化床；3——炉膛；4——余热锅炉
（c）采用缺氧气化与二燃室的余热锅炉：1——燃室；2——二燃室；3——燃烧器；4——余热锅炉
（d）回转窑余热锅炉：1——回转窑焚烧炉；2——二燃室；3——燃烧器；4——余热锅炉

图5－12　典型的烟道式余热锅炉（采用"CAO"缺氧气化技术）

5.3.2   一体式余热锅炉

随着人类环境保护意识的增长，对垃圾焚烧系统设备排放标准的全球严格化，同时也随着生活垃圾量的增多，采用大容量垃圾焚烧设备的各类优势也显示出来，如比较容易利用设备能力来控制燃烧、限制焚烧垃圾原始有害物质的排放量和比较经济地设置净化烟气的各种处理设备等。在这种情况下，垃圾焚烧炉和余热锅炉很自然地连接在一起。往往由余热锅炉的水冷壁构成垃圾焚烧炉燃烧炉室和炉膛的全部或部分外壁，甚至某些垃圾焚烧炉排还直接吊挂在余热锅炉的水冷壁上；有的设计采用水冷壁构筑成垃圾焚烧炉的前拱和后拱，并且在前后水冷壁的燃烧室段或炉膛段布设了多排二次风；余热锅炉的炉膛成为完成三次风强烈混搅、保持燃烧烟气 850℃ 以上、烟气行程大于 2s，以及喷射垃圾渗沥水、脱硫脱氮氧化物的工艺体现部分之一。这种垃圾焚烧炉和余热锅炉的组合体普遍被简称为一体式余热锅炉（详见图 5 - 13）。

1. 一体式余热锅炉的特点

从整体上看，一体式余热锅炉与通常工业、发电用炉排锅炉相似，但具有如下特点：

（1）有专门为垃圾焚烧而设计的炉排以及炉排配风、燃烧控制系统和进料斗、推料系统；

（2）有专门为垃圾焚烧而设计的燃烧室，包括对燃烧室炉墙的特殊设计；

（3）有与燃烧室密切配合的密闭式锅炉炉膛（该炉膛也可称为第一烟道），除必须确保在燃料（垃圾）热值较大范围波动下，全部烟气在 850℃ 以上、停留 2s 以上时间要求外，还可能有布设喷射垃圾渗沥水和清水、石灰以及氨水的要求；

（4）选用的过量空气系数不可太低，采用特殊的二次风设计，借助于二次风的作用使燃烧尽可能充分，满足炉膛出口处 CO 含量不超过 $40 \sim 60 mg/m^3$；

（5）采用多烟道或在烟道内布置蒸发受热面等热交换设备，使进入过热器前的烟气温度不超过某一规定值；

（6）当过热器采用碳钢或一般耐热合金钢制造时，任何布置情况下，过热器管壁金属温度应避开碱式硫酸盐和氯化铁对管壁金属的高温腐蚀活跃温度区；

（7）如果布设了烟气空气预热器，除了防止预热器被堵塞和出现共振外，还应使预热器管壁金属温度高于电化学腐蚀温度区；

（8）在任何情况下，一体式余热锅炉排烟温度应低于最低的二噁英重新合成温度区；

（9）多检测点和自动控制相结合，严格控制各有关工艺参数在许可的偏差范围内，并实现进料、送风、焚烧、配风、工艺各参数、烟气净化整体系统可靠、完善的自动控制。

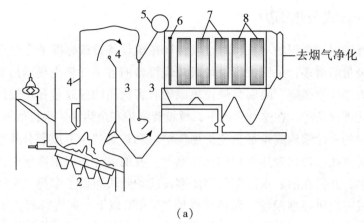

（a）

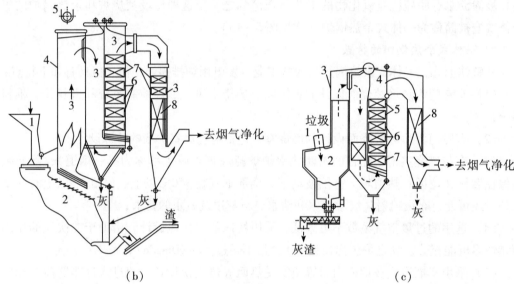

（b）   （c）

（a）一体式余热锅炉（机械炉排）：1——垃圾进料口；2——机械炉排焚烧炉；3——炉膛与烟道；
4——膜式壁；5——锅筒；6——蒸发受热面；7——过热器；8——省煤器

（b）一体式余热锅炉（机械炉排）：1——垃圾进料斗；2——机械炉排焚烧炉；3——炉膛与烟道；
4——膜式壁；5——锅筒；6——过热器；7——省煤器；8——空气预热器

（c）一体式余热锅炉（流化床）：1——垃圾进料口；2——流化床焚烧炉；3——膜式壁炉膛与烟道；
4——锅筒；5——省煤器；6——过热器；7——蒸发受热面；8——空气预热器

图 5 - 13　典型的一体式余热锅炉

2．一体式余热锅炉设计

（1）热力计算。与燃煤锅炉一样，一体式余热锅炉设计必须进行热力计算，并且在计算前应首先获得作为热力计算基础的、所焚烧垃圾的应用基低位热值、工业分析和元素分析资料。为获得上述资料必须对所焚烧的垃圾进行取样和分析试验。

由于生活垃圾成分的波动范围较大，设计计算除正确地选定一个计算点之外，还应按波动范围确定一个最低和一个最高热值计算点；此外，根据垃圾焚烧炉燃烧图的工况情况，必要时进行有关点校核计算。上述计算借助于计算机是很容易实现的。

关于热力计算的具体方法和标准，目前每个国家或公司都有各自的计算规定。在我国小型电厂炉排锅炉设计计算中，普遍采用的是苏联热力计算标准。在进行计算时，应切记不要混淆，凡采用某种方法进行计算时，应同时采用与此种方法属同一体系的相关标准和方法，并且必须考虑一体式余热锅炉的特殊情况，即受热面的沾污对传热的影响。

（2）炉膛。炉膛（也称为第一烟道）通常由密闭的膜式水冷壁组成，膜式壁的材料和结构与目前燃煤电厂锅炉所采用的膜式壁基本相同。所不同的是敷设在膜式壁上的绝热层厚度、面积、高度和材料、结构要适应焚烧垃圾的烟气具有腐蚀性的特征。炉膛和绝热层的高度取决于使全部烟气在 2s 以上的行程时，烟气温度能可靠维持在 850℃ 及以上，以尽可能使二噁英完全分解。

为防止当垃圾出现过低热值以及在点火刚开始投入垃圾时，由于燃烧工况出现不稳定，造成烟气温度低于上述要求的状况，垃圾焚烧炉膛或炉室部分有必要布置 1~2 个辅助燃烧器，按预先设定的监控程序及时启、停。炉膛上方可以布置一些喷嘴孔，在必要时向炉内喷射垃圾渗沥水、清水、石灰石和 NH_3，以便在需要使用的时候及时投运。

（3）烟道。烟气经炉膛后，进入锅炉烟道，烟道通常由多个垂直烟道或由一个或多个垂直烟道与水平烟道组合而成（见图 5-14）。多数情况下，烟道由膜式壁构成，但也有采用其他方式使烟道能可靠密封的。在烟道内可以布置一些随烟道温度梯度下降而不易被腐蚀的热交换面（如蒸发受热面等），但进入布置过热器的烟道前烟气温度无论是垂直还是水平都应降至 600℃ ~650℃。

在垂直烟道（也称为立式）中布置受热面和在水平烟道（也称为卧式）中布置受热面的区别在于：立式烟道的锅炉具有一定高度，但水平占地面积较小；立式烟道内受热面的吊挂和更换难度比卧式高；采用卧式烟道的锅炉在长度方向上占地大，一次性投资也较高；采用卧式烟道的垃圾焚烧锅炉，其烟道内布置的受热面可靠性和使用年限一般比在立式烟道内布置的受热面更高且更长。

（4）过热器和减温器。过热器是一组将饱和蒸汽加热到规定参数（压力和温度）过热蒸汽的热交换受热面群，通常由几组水平或垂直布置的蛇形管组来实现对流换热。减温器布置在蛇形管组之间，用于及时调整由于焚烧工况或其他因素造成的过热器换热量变动，以保证各段过热器出口蒸汽参数的波动在一个事先规定的许可值之内，减温介质通常采用锅炉给水。

由于生活垃圾中不可避免地有含氯、硫物质和碱金属的橡胶、塑料、厨余等，以及与腐蚀相关的重金属和低熔点混合物，对一体式余热锅炉过热器而言，它所存在处的烟气组成、烟气温度和波动对过热器的腐蚀远高于一般燃煤锅炉过热器。已有实验研究证实，采用碳钢材料的管壁温度达到和超过 310℃ 时，腐蚀就已经开始，而当管壁温度达到和超过 400℃ 时，高温腐蚀的速度将骤然加快。

一体式余热锅炉过热器除按一般燃煤锅炉设计外，还应注意以下几点：若无特殊的防腐手段，过热器所在处进口烟温应在 600℃ ~650℃；选择合适的主蒸汽参数，或采用抗高温腐蚀材料作为过热器高温段的管材；过热器管排采用顺列，并布置吹灰装置，及时清除沾在管壁外表面的飞灰；选择合适的烟气和工质流动速度，防止烟气侧磨损，并使工质尽快带走通过管壁传来的热量；为适应垃圾热值和焚烧容量的波动以及焚烧垃圾的沾污特性，过热器受热面应有足够大的富余量，而且有必要进行多工况校核计算，以确保过热器在工况变化时能满足参数要求。

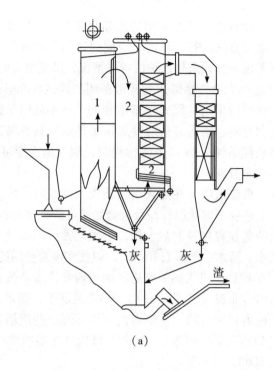

(a)

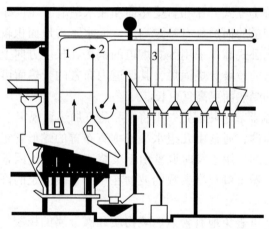

(b)

（a）垂直烟道一体式余热锅炉：1——炉膛；2——垂直烟道
（b）水平烟道和垂直烟道组合：1——炉膛；2——垂直烟道；3——水平烟道

图 5 - 14　一体式余热锅炉的烟道

　　一体式余热锅炉过热器的设计特点决定了与过热器相配合的减温器应具有以下性能，减温效果应较灵敏，跟得上垃圾成分和工况变化时的温度变化频率；减温器本身必须具备一定的减温幅度，以满足过热器的设计裕度。

　　为达到上述要求，通常一体式余热锅炉采用二级喷水减温器。减温器结构和热力计算与燃煤锅炉相同。

　　（5）其他受热面。在一体式余热锅炉尾部烟道中，除了过热器外，还可以按设计的不同要求布置蒸发受热面、省煤器或对流管束等，它们的设计特点、结构要求一般与燃煤锅炉没有太大的区别，其主要用途如下：

蒸发受热面常作为降低烟气温度的一种手段而布置在过热器前部，使进入过热器的烟温低于某一温度，防止过热器管壁形成黏性碱金属氧化物和氯化物，用于此目的的蒸发受热面也被称为保护性蒸发受热面。

由于一体式余热锅炉整体烟气温度水平较低，采用蒸发受热面也用于满足蒸发吸热量的份额。

省煤器和对流管束同燃煤锅炉一样，它们的采用情况取决于余热锅炉所选定的压力。当采用低压或次中压锅炉参数时，只要结构许可，采用对流管束往往比采用省煤器更为合适。

（6）烟气空气预热器。当焚烧高水分、低热值生活垃圾时，提高进入垃圾焚烧炉的助燃空气温度是有效措施之一。一体式余热锅炉尾部设置的空气预热器，用于进一步加热已由蒸汽空气预热器（暖风器）加热至一定温度的助燃空气（包括一次助燃空气和二次助燃空气），以改善入炉垃圾干燥和着火的条件。预热器的结构和设计与燃煤锅炉基本相同，但必须考虑到垃圾焚烧烟气中水分含量较大和带有腐蚀性的特点，进行适当的调整，并且金属管壁温度在任何工况下应高于155℃。

（7）排烟温度。为防止已被分解的二噁英重新合成，一体式余热锅炉排烟温度应低于250℃，而为了避免酸露点对受热面的低温腐蚀，排烟温度应在180℃～200℃。考虑到一体式余热锅炉负荷和垃圾热值波动，以及尾部烟气净化处理所要求的工艺温度，一般选择的排烟温度为190℃～240℃。

3．一体式余热锅炉热工测量

一体式余热锅炉热工测量和自动控制与一般燃煤水管锅炉基本相同，但由于垃圾本身给燃烧带来的特殊性，要求一体式余热锅炉布置的测点比一般锅炉多，并且还有一些燃煤锅炉所没有的特殊测量和自控检测要求。热工测量的项目主要包括以下几方面。

（1）炉膛进、出门烟气温度测量。必须可靠地获知由计算确定全部烟气在任何可能出现的负荷和工况下，垃圾焚烧炉出口和超过2s的行程出口处的温度。该测量点布置在垃圾焚烧炉和炉膛出口，测点应采用可靠耐热防腐材料作为保护套管，以保证对此点温度在线连续和可靠测量的要求。

（2）炉膛出口或相应部位 CO 测量和 O_2 测量。

（3）过热器进口烟温连续在线测量。

（4）各有关段受热面进出口烟气和工质温度在线测量。

（5）锅炉出口排烟温度和 O_2 在线监测。

（6）省煤器进口水温和烟气空气预热器进出口空气温度测量。

（7）必要情况下的受热面壁温测量。

4．一体式余热锅炉和烟道式余热锅炉效率

（1）热平衡系统界限。烟道式余热锅炉热平衡系统界限见图 5 - 15。一体式余热锅炉（含焚烧炉）热量平衡界限见图 5 - 16，一体式余热锅炉（含焚烧炉）热量平衡见图 5 - 17。

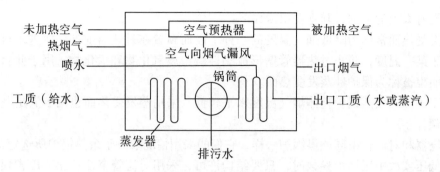

图 5-15　烟道式余热锅炉热平衡系统界限图

在图 5-15 中，系统输入热量为热烟气和一定温度的未加热空气带入热量以及过热器减温喷水与给水热量之差。输出热量为被加热空气以及出口蒸汽参数和排污水、疏水与给水热量之差。

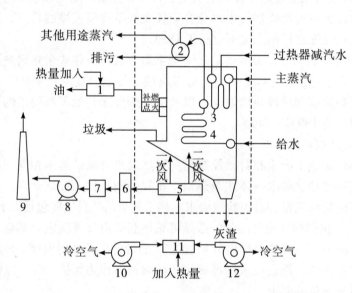

1——油加热器；2——锅筒；3——过热器；4——省煤器；5——烟气空气预热器；6——脱酸器；
7——除尘器；8——引风机；9——烟囱；10——一次风机；11——空气加热器；12——二次风机

图 5-16　一体式余热锅炉（含焚烧炉）热量平衡界限图

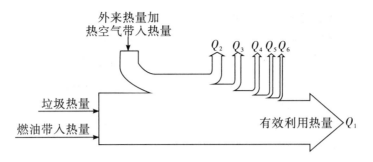

Q_1——有效利用热量，为主蒸汽、排污水、其他蒸汽热量以及过热器减温水热量之和与锅炉给水热量之差（kJ/kg）；

Q_2——排烟带走的热量（损失）（kJ/kg）；

Q_3——可燃气体未完全燃烧热量（损失）（kJ/kg）；

Q_4——固体未完全燃烧热量（损失）（kJ/kg）；

Q_5——一体式余热锅炉表面散热量（损失）（kJ/kg）；

Q_6——灰渣物理热量（损失）（kJ/kg）。

图 5 - 17　一体式余热锅炉（含焚烧炉）热量平衡图

（2）余热锅炉热效率无论是烟道式余热锅炉还是一体式余热锅炉（含焚烧炉），均可以用两种方法求热效率。

输入、输出热量法热效率（又称正平衡法）计算方法如下：

$$设备热效率 = \frac{输出热量}{输入热量} \times 100\%$$

热损失法热效率（又称反平衡法）计算方法如下：

$$设备热效率 = \left(1 - \frac{各项热损失之和}{输入热量}\right) \times 100\%$$

热效率计算必须统一确立系统界限，对于蒸汽压力为 3.82MPa 及以上的一体式余热锅炉，宜以反平衡法进行各有关项目的测量和热效率的计算。

5.3.3　一体式余热锅炉受热面的腐蚀及防治

由于城市生活垃圾的成分复杂，包含氯化物、碱金属、与腐蚀相关的重金属及低熔点混合物、泥沙、厨余等，此外还含有较多的水分，这些特殊的、不可避免的成分，在垃圾焚烧的局部或全部过程中，一旦腐蚀条件成熟，就会对一体式余热锅炉受热面的金属产生腐蚀，并且有时这种腐蚀还非常严重，稍不注意就会发展到惊人的地步。在一般燃煤锅炉中，通常存在三种腐蚀，即低温腐蚀、炉管高温腐蚀和过热器高温腐蚀。它们在一体式余热锅炉中同样存在。但由于垃圾成分和焚烧的特点，腐蚀将更容易产生并且腐蚀现象更严重。在一体式余热锅炉中，最常出现的是过热器高温腐蚀和尾部受热面的低温腐蚀。此外，当一体式余热锅炉工质压力参数提高至一定值以上，炉膛水冷壁有时也会出现高温腐蚀，只要金属氧化保护膜不被破坏，管壁就不会再腐蚀下去。

5.3.4　垃圾焚烧发电用的汽轮机

垃圾焚烧发电是一项涵盖多学科种类的综合技术。由于垃圾焚烧发电厂产汽量有限，因此，适用于垃圾焚烧发电厂的汽轮机均为凝汽式汽轮机。功率在 6 ~ 12MW、低压段抗水蚀能力强、变工况能力强的中压或次高压凝汽式汽轮机适用于垃圾焚烧发电厂。

垃圾焚烧发电是通过焚烧城市垃圾中蕴藏着的二次能源物质——可燃有机物作为蒸汽锅炉的能源，从而产生一定压力和温度的蒸汽，进而利用汽轮发电机组进行发电。由于垃圾中可燃有机物的热值远低于通常燃煤发电厂所用的燃料——煤（通常燃烧 3t 生活垃圾所产生的热量相当于 1t 标准煤所产生的热量），受工程造价及焚烧锅炉技术的限制，目前建成或正在筹建的垃圾发电厂锅炉所产生的蒸汽压力一般都在 4.0MPa 左右，蒸汽温度为 400℃，每台焚烧炉的产汽量约为 30t/h。一般日处理垃圾 1 000t 左右的垃圾焚烧厂设置 3 ~ 4 台焚烧炉，总汽量为 90 ~ 120t/h。

从我国汽轮机设计制造的现有情况看，中压汽轮机与次高压汽轮机本身没有本质的区别。汽轮机压力的变化对于汽轮机的影响仅限于主汽阀、前汽缸、主蒸汽管道等少数承压件，而现有汽轮机无论是中压汽轮机，还是次高压汽轮机，其主要承压件均能承受 4.0MPa 左右的蒸汽压力。进汽温度 400℃是影响汽轮机安全稳定运行的重要因素。由于汽轮机主进汽温度的降低，导致汽轮机低压段湿蒸汽区扩大，运行在湿蒸汽区的汽轮机叶片级数增多；另外，由于生活垃圾的来源千差万别，其中蕴藏的可燃有机物的热值变化显著，因而其锅炉的产汽量变化幅度也是相当大的，这样对汽轮机变工况能力的要求也大大提高了。

由此看来，功率在 6 ~ 12MW、低压段抗水蚀能力强、变工况能力强的中压或次高压凝汽式汽轮机适用于垃圾焚烧发电厂。

5.4 垃圾焚烧辅助设备

5.4.1 垃圾搬运起重机

垃圾搬运起重机是现代城市生活垃圾焚烧厂垃圾供料系统的核心设备，是一种抓斗桥式起重机，位于垃圾贮存坑的上方，主要承担垃圾的投料、搬运、搅拌、取物和称量工作。

投料：当焚烧炉进料口的垃圾不足时，起重机抓取垃圾坑中发酵好的垃圾运行至进料口上方，给垃圾焚烧炉的进料漏斗加料。

搬运：将靠近卸料门的垃圾运到贮存坑的其他地方，避免卸料门的拥堵，调节坑内垃圾数量，使之储存 3 ~ 5 天的垃圾焚烧量。

搅拌：由于国内的生活垃圾含水量较高，燃烧热值较低，垃圾在贮存坑内需停留一定的时间，通过自然压缩和部分发酵，降低含水量，提高热值。新旧垃圾的搅拌混合可缩短发酵时间，另外，由于生活垃圾的组成复杂，成分含量变化大，为避免进炉垃圾性质波动过大，也需要对坑内垃圾进行必要的搅拌与混合。

取物：将进入贮存坑中而又不宜进行焚烧处理的物体取出。如将大件垃圾取出，投入破碎机破碎后再投料，可避免投料口堵塞。

称量：为了统计垃圾的实际焚烧量，在垃圾投入焚烧炉进料口之前，对投入进料口的垃圾进行称重计量。

1. 垃圾搬运起重机分类

垃圾搬运起重机按抓具种类可分为机械抓斗式和液压抓斗式。其中机械抓斗式为四绳式结构，抓取力的大小取决于抓斗的自重和被抓取物料的密度。与液压抓斗式相比，四绳式抓斗的抓取容积小，抓取力小，抓满率较低。液压抓斗式又分为夹式（两瓣抓齿，也称蚌式）和爪式（多瓣抓齿，也称梅花式、荷花式）两种，其中爪式抓斗因其抓取容积大、抓取力大、抓满率高、液压缸位于外侧便于维护等优点得到广泛的应用，它的缺点是落到倾斜的料堆上时，容易旋转而使钢丝绳与电缆缠绕在一起，另外，它的成本昂贵，价格高。

目前，通用的分类方法是根据起重机的操作控制系统水平分为手动控制、半自动控制和全自动控制三种。

（1）手动控制。司机通过联动控制台操纵起重机完成移动、抓斗升降、抓取、投料等动作。

（2）半自动控制。起重机作业流程的部分动作由控制系统自动完成。常见的为手动抓取完成后，自动移向进料口。

（3）全自动控制。当进料口需要供料的信号传来时，起重机自动运行，从泊车位置启动移向抓取点、下降抓斗、抓取垃圾、提升抓斗、移向进料口、称重量、投料、返回泊车位置或重复动作。垃圾的搬运和搅拌也是自动完成。全自动垃圾搬运起重机还具有以下功能：

自动判断垃圾状态，如贮存坑各区域垃圾的进坑时间、发酵程度、混合程度及堆积量等；自动检测，当抓取量未达到要求时，自动重新抓取；当抓斗落在垃圾堆侧面而使抓斗倾斜时，自动检测并纠正；故障诊断并报警，自动检测制动器是否打开、过载、电机发热、火灾等并伺机报警；在半自动和全自动控制方式下，一般仍具有手动控制功能，且手动优先，即在任何时候只要操作人员操纵手动手柄，自动控制方式自动停止并转入手动状态。

2. 垃圾搬运起重机的基本参数

垃圾搬运起重机的基本参数有生产率、起重量、抓斗容积、工作级别、起升高度及跨度等，主要技术参数为日投料垃圾量，即名义生产率。根据国内垃圾焚烧厂的规模，配套起重机的名义生产率，单机为150～1 500t/d；起重量为3～12.5t；抓斗容积为1.6～10m³。计算生产率时，一般按照1/3～1/2的时间用于投料计算，具体如下所列：

名义生产率（t/d）：150、300、450、600、800、1 000、1 200、1 500；

起重量（t）：3、5、6.3、8、10、12.5；

抓斗容积（m³）：1.6、2、2.5、3.2（3）、4、5、6（6.3）、8、10；

工作级别：A6、A7。

起重机的实际生产率应计算投料、倒垛和搅拌的垃圾量，根据垃圾的预处理效果和焚烧工艺的不同，实际生产率为名义生产率的2～3倍。

根据焚烧厂的处理规模，每个贮存坑一般配备两台垃圾搬运起重机，一台运行，一台备用。日处理垃圾量达到800t以上的大型焚烧厂，需配备三台起重机，两台运行，一台备用。由于三台起重机的供电、作业及成本等原因，采用两台大规格起重量的起重机成为近年的发展趋势。

起重机的使用环境条件如下：

（1）起重机的电源为三相交流，频率50Hz，电压380V。电机和电器上允许电压波动的上限为额定电压的10%，下限（尖峰电流时）为额定电压的－15%。

（2）起重机安装地点的海拔高度不超过2 000m。

（3）环境温度－5℃～40℃，在24h内的平均温度不超过35℃。

3．常用的构造形式

在各种操作系统的控制水平下，垃圾搬运起重机的机械和结构部分是多种多样的。根据抓斗结构形式的区别，垃圾搬运起重机有液压抓斗式起重机和四绳抓斗桥式起重机两种结构。由于城市生活垃圾的容重较轻，为获取足够的抓取力，实际工程中更多地使用液压抓斗式起重机。

（1）操作方式。按采用司机室不同，操作方式分固定式司机室和移动式司机室两种。移动式司机室的安装位置分为起重机跨端和跨中，由于进入司机室需经过垃圾贮存坑，空气污染严重，再加上司机室内空气难以维持清洁状态，移动式司机室现已较少采用。固定式司机室的位置一般在投料口的对面、侧面，或垃圾池的侧面，或与中控室合并使用，因对面布置使司机观看投料口的视线最短，视野开阔，应用较多。与中央控制室合并使用，可减少运营人员数量。全自动控制的起重机可在中央控制室通过监视器远程监控运行。

（2）桥架。垃圾搬运起重机的工作繁忙，满载率高，其桥架多采用抗疲劳能力较强的全偏轨或半偏轨箱形主梁。

（3）起升机构。液压抓斗的起升机构有单卷筒和双卷筒两种。单卷筒配双绳双吊点液压抓斗，或将钢丝绕过抓斗上的两个滑轮固定到小车架上，形成四绳结构，此种结构虽降低了某些部件的规格而使成本降低，但抓斗上的动滑轮易造成钢丝绳脱槽而出现夹绳和拉断事故，抓斗也容易倾翻。双卷筒配四绳四吊点液压抓斗，虽成本较高，但对起升高度较大的垃圾具有较好的防摆作用，使之定位准确，提高起重机的生产率。

（4）抓斗。按驱动形式不同，垃圾抓斗分为四绳抓斗和液压抓斗，其中液压抓斗又有夹式和爪式的区别。夹式液压抓斗为两瓣结构，切取容积小，抓取力小，多用于规模小的垃圾场；爪式液压抓斗为多瓣结构，一般在五瓣以上，切取容积大，抓取力大，应用广泛。爪式液压抓斗可配备抓斗倾斜和开闭状态检测装置，应用在全自动垃圾搬运起重机中，也有采用机械操作的爪式抓斗。

（5）供电装置。起重机的大小车供电常采用角钢式、滑触线式、电缆式、拖链式四种。前两种为接触式供电，后两种为电缆式供电。由于垃圾起重机的工作环境恶劣，灰尘多，容易造成接触不良，引起火灾或掉电，垃圾焚烧厂多采用电缆式供电，拖链式供电是改进的电缆式供电。半自动或全自动控制的起重机，因动力、控制、信号等线路较多，多采用电缆式供电。液压抓斗的供电采用电缆卷筒，也可利用钢丝卷筒的部分长度缠绕电缆，与钢丝绳同步升降。

（6）称量装置。垃圾的称量计算常用两种方式，一种为电流式，一种为感应式。电流式称量是指直接读取电动机的电流值，自动换算成抓取的垃圾质量。为了消除电压波动引起的误差，改进的方法是读取电压和电流两个参数值来计量，但误差仍较大。感应式称量是指通过重量传感器直接测定载荷。在半自动化和全自动化控制方式中，称量系统不仅称量、统计垃圾量和打印报表，还通过载荷状态参与控制过程。

5.4.2 垃圾破碎机

1. 概述

大件垃圾破碎机是破碎大件生活垃圾如家具、家用电器、木头（最大直径500mm）、旧轮胎（最大直径1500mm）等的专用机械。它是生活垃圾焚烧厂的选择性设备。从理论上讲，只要垃圾的性质符合垃圾焚烧炉的工作许可范围，都可以进炉焚烧。实际上，可能会有一部分特殊的大件垃圾进入焚烧厂等待处理。

图5-18为大件垃圾破碎机的分类，应依据处理量、处理对象的材料、性质、尺寸和形状选择来使用。各种类型大件垃圾破碎机的结构、工作原理和适用范围将在下面作简单介绍。

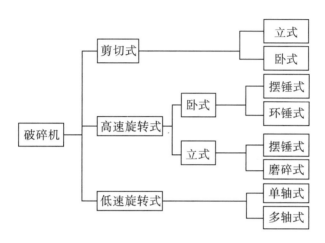

图5-18 大件垃圾破碎机的分类

选择大件垃圾破碎机时应该注意以下事项：

（1）处理量和处理对象的形状、尺寸。大件垃圾破碎机的大小要根据处理对象的形状、尺寸和单位时间处理量而定，即待破碎处理的大件物件的大小和数量。一般地，根据可能破碎对象的尺寸来确定大件垃圾破碎机的入口尺寸。因此，扩大破碎机入口尺寸，意味着增大破碎机的尺寸，也就增加了破碎机的处理能力。对于高速旋转破碎机来说，这种影响最明显。对于规模较小的垃圾焚烧厂，如果按照频率较低的大件物件来决定破碎机可接受的最大尺寸（即入口尺寸），那么破碎机的规模（尺寸）也会变得很大，很不经济。

（2）处理对象中的难处理物件。尽管目前已经有很多种破碎机在应用，根据其不同的破碎原理、结构以及适宜的处理对象，每种机型都有局限性，没有对付所有大件垃圾的"万能机"。换句话说，每种机型都有其难处理的困难物件。难处理物件既指超过破碎机入口尺寸的超大物件，更指由于其机械性能而难以被破碎的物件。比如，一些软但韧性很好的物件（塑料薄膜、弹簧床垫等），还有硬而且韧性强的垃圾（硬化塑料等）都属于难处理物件。对于这些难处理物件，应先考虑切断再破碎。

（3）破碎尺寸（破碎后的尺寸）。不同类型的破碎机其破碎尺寸不同。选择破碎机机型应充分考虑破碎目的，即为何种垃圾焚烧工艺服务。因为不同的焚烧工艺对进入炉膛垃圾的尺寸有不同的要求。因此，破碎尺寸也是选择破碎机机型的因素之一。

（4）破碎机的破碎特性。破碎机是利用剪切力（剪断力）、冲击力或摩擦力等来工作的，所以各机型的破碎机都拥有一种或多种破碎力，根据其构造和破碎原理的不同，各种破碎机机型也都有其适合的破碎对象、破碎特性。破碎机的破碎特性见表 5 - 1。

表 5 - 1　大件垃圾破碎机的破碎特性

分类		处理对象				备注
		可燃大件垃圾	不可燃大件垃圾	不可燃垃圾	塑料类垃圾	
剪切式	立式	A	B	X	X	对弹簧垫、含金属轮胎、金属块等较难处理
	卧式	A	B	X	X	
高速旋转式	卧式 摆锤式	A	A	A	B	对地毯、垫子、轮胎等软性物和塑料薄膜等较难处理
	卧式 环锤式	A	A	A	B	
	立式 摆锤式	A	A	A	B	
	立式 磨碎式	A	A	A	B	
低速旋转式	单轴式	A	B	B	A	适于处理软物质和延性物质
	多轴式	A	B	B	A	适于处理可燃性大件垃圾

注：①A 表示适合，B 表示部分适合，X 表示不适合；
②本表为一般结论，具体实施时应考虑处理对象和具体机型。

2. 破碎机的给料设备

大件垃圾破碎机的给料设备是为破碎机服务的，目的是为破碎机定量供应从供料斗或供料履带过来的需要破碎的垃圾。通过给料设备的垃圾应该是符合破碎机正常工作的破碎对象，特殊尺寸的大件垃圾（如大件家具等）要先进行必要的拆卸，减小尺寸，以便于给料设备的定量供料。应根据破碎机的机型和处理对象的尺寸、形状来选择使用给料设备，几种破碎机的给料设备见图 5 - 19。

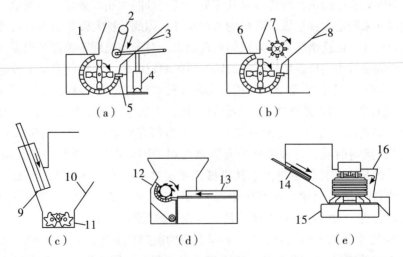

1、6——卧式旋转破碎机；2——给料器；3、8、10——料管；4——油缸；5——刀片；7——滚筒给料器；
9、13、14——推料器；11——双轴破碎机；12——单轴破碎机；15——立式旋转破碎机；16——外壳

图 5 - 19　破碎机的给料设备

3．剪切式破碎机

剪切式破碎机是利用可动刀与固定刀或可动刀与可动刀之间的剪切来进行破碎的，根据可动刀的运动方向可分为立式剪切机和卧式剪切机两大类（见图 5 – 20）。

剪切式破碎机的剪切刀容易受损，不适于处理弹簧垫（席梦思）、含金属（钢）轮胎、金属块、水泥块等，但可以处理一些软物质和其他延性物质。

剪切式破碎机的给料是间歇式的，所以当需要处理的大件物品较多时，应该考虑设置多台破碎机。剪切后的垃圾尺寸相对较大，而且一些形状为板形或棒形的垃圾容易原样排出，所以破碎尺寸不一。但对于适应性较强的炉排炉来说，还是完全适应的。

由于剪切机工作时冲击力较小、振动较轻，所以其基础相对较简单，对于偶尔混入的危险性垃圾，发生爆炸的可能性也较小。

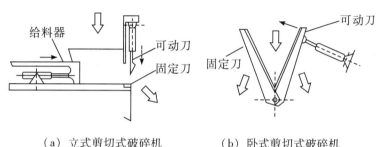

（a）立式剪切式破碎机　　　（b）卧式剪切式破碎机

图 5 – 20　剪切式破碎机

（1）立式剪切式破碎机。立式剪切式破碎机是利用固定刀与由液压驱动上下移动的可动刀之间的剪切来进行压缩并剪断垃圾的。其破碎尺寸可以通过调节给料机的移动距离来变化，但不宜过小。因此一般适合进行粗破碎，而不适于进行大量的破碎和破碎很长的物件。为使破碎效果更好，一般在剪断的地方设置垃圾定位（压紧）机构或压缩机构，也可以在给料的地方设置必要的前处理机构。

（2）卧式剪切式破碎机。卧式剪切式破碎机是利用多把固定刀与由液压驱动的可动刀之间的剪切来剪断垃圾的。由于刀的数量较多，可将垃圾一次剪为数段。卧式剪切式破碎机一般适于进行粗破碎。另外，由于剪切刀是倾斜的，所以有些垃圾可能会原样漏掉，因此给料时应注意。

4．高速旋转式破碎机

高速旋转式破碎机根据旋转轴的设置方向可分为卧式和立式两大类。

高速旋转式破碎机是在高速旋转的轴上安装锤（或锤形物），利用锤（或锤形物）与固定在外壳上的冲击板或固定刀，将进入的垃圾进行冲击或剪断来进行破碎的。

由于是用锤来冲击，所以适于处理硬且脆的物件（如较大的金属块、水泥块），而不适于处理软性物件、延性物件（如垫子、纤维制品、塑料等）。由于这种类型的破碎机型号大，并且可以连续给料，所以适用于较大规模的垃圾焚烧厂。

高速旋转式破碎机也有不利的一面，由于其高速旋转以及破碎时的冲击，可能使垃圾与锤之间产生火花，甚至会发生火灾或爆炸。另外，也会产生较多的振动、噪声和灰尘。

（1）卧式旋转式破碎机。

卧式旋转式破碎机分为摆锤式和环锤式两种（见图 5 – 21）。

卧式旋转式破碎机可以通过调节冲击板、固定刀、筛等装置的位置或间隔来调节破碎粒度，也可以通过移动外壳来进行机内维修等维修保养作业。

①摆锤式。在旋转轴安装2个或4个一组的摆动锤，当轴旋转时，锤向外张开并撞击垃圾。当锤撞击垃圾时，锤本身也向后回缩，以缓和其冲击力。外壳上安装切刀、栅刀等固定刀来增加剪断作用，以加强破碎效果。

②环锤式。环锤式基本结构类似于摆锤式，破碎作用也一样，只是用环锤代替摆锤。环锤安装在旋转轴的安装臂顶端的锤轴上，环锤可以绕锤轴转动。环锤内径与锤轴之间有一定的间隙，当环锤撞击到垃圾时，锤本身也回避，以缓和其冲击力。由于环锤可以转动，所以也可以放过垃圾，以缓解撞击力。

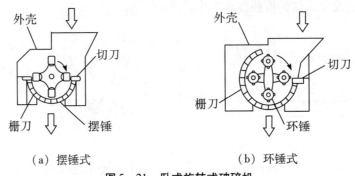

（a）摆锤式　　　　　　　（b）环锤式

图5-21　卧式旋转式破碎机

（2）立式旋转式破碎机。

立式旋转式破碎机分为摆锤式和磨碎式两种（见图5-22）。

立式旋转式破碎机由于是利用水平方向的冲击力，所以其振动比卧式小。

①摆锤式。在竖向布置的旋转轴的周围安装了几个摆锤，利用离心力使摆锤产生冲击、剪断而破碎垃圾。垃圾由上部进入破碎机，通过多段摆锤撞击逐渐下落，破碎后从下部排出，难以破碎的垃圾由上部的异常出口排出。

②磨碎式。磨碎式基本结构类似于摆锤式，只是用研磨器代替摆锤，研磨作用代替撞击力而进行垃圾破碎。垃圾由上部进入破碎机，首先通过顶部设置的破碎器后逐渐下落，被逐渐磨碎后到达底部通过清扫设备后被排出。

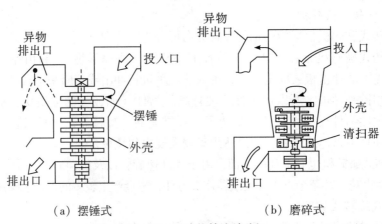

（a）摆锤式　　　　　　　（b）磨碎式

图5-22　立式旋转式破碎机

5. 低速旋转式破碎机

低速旋转式破碎机根据旋转轴的数量可分为单轴式和多轴式两种（见图5-23）。

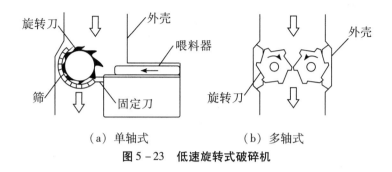

（a）单轴式　　　　　　（b）多轴式
图5-23　低速旋转式破碎机

低速旋转式破碎机主要是利用低速旋转的旋转刀与固定刀之间的剪切作用来破碎垃圾的，适于处理软性、柔性物件，但对于表面光滑不宜上刀的物件和较大的金属块、石块等很硬的物件，较难处理。此外，处理含玻璃、石头、砖瓦等较硬的垃圾时，刀的磨损比较严重。

低速旋转式破碎机相对于高速旋转式来讲，爆炸、起火的可能性要小，灰尘、噪声和振动等危害要轻。一般动力采用电动，也有采用液压作动力的。

（1）单轴式。在旋转轴外周安装带多棱刀的旋转刀，通过旋转刀与固定刀之间的剪切作用来破碎垃圾。其下部有筛，以保证破碎效果，有时为提高破碎效果而配备压送装置。单轴式多用于软物质、延性物质含量多的垃圾以及进一步破碎，但不适于处理量大的垃圾和性质过于复杂的垃圾。

（2）多轴式。在两个或两个以上相互平行的旋转轴上安装剪切刀，轴转动时剪切、破碎垃圾。当有坚硬垃圾进入并卡住时，一般会自动反转。可以通过改变各轴的转速来改变破碎效果。多轴式适于处理软物质、延性物质含量多的垃圾以及进一步破碎，也多用于粗大垃圾的破碎。

5.5　烟气净化设备

烟气净化设备是将烟气中所含有的有毒有害物质有效净化至规定浓度之下的设备，在此过程中应避免设备产生腐蚀或阻塞等不良现象。一般应用于垃圾焚烧厂的烟气净化设备分为除尘设备和酸性气体去除设备两大类。随着人们对环境质量要求的提高，大多数垃圾焚烧厂又在烟气净化工艺中增加了活性炭吸附重金属设备。

烟尘的去除设备，一般采用静电除尘器或布袋除尘器等。SO_2 可用碱性吸收法去除，但 NO_x 不活泼，至今尚无有效去除方法。

5.5.1　除尘器

为了符合颗粒物的排放标准，应用于垃圾焚烧处理设施的除尘器通常为旋风除尘器、布袋除尘器及静电除尘器三种。

1. 旋风除尘器

旋风除尘器是利用强制涡流所产生的离心力及重力沉降作用，将废气中的颗粒状污染物除去的设备。旋风除尘器的净化效率为65%～80%，对于10μm以上的粒状污染物有效，10μm 以下的则效果较差。旋风除尘器因烟气高速流动，能量损失较大，且极易产生腐蚀现象。大型垃圾焚烧厂可以选用旋风除尘器作为一次除尘器。

2. 布袋除尘器

布袋除尘器是使烟气通过滤袋，让粒状污染物附着于过滤层上，定时再以振动、气流反冲或脉冲式冲洗的方式，清除附着在滤袋上的粒状污染物。除尘效果与烟气流量、温度、含水量、含尘量及滤材等有关，其效率一般可达90%以上。布袋除尘器的优点是：净化效率高，受进气条件变化的影响不大；不受含尘气体的电阻系数的变化的影响；对 1μm 以下的细小尘粒去除效果佳，可降低处理后烟气的不透光率；若与半干式洗涤塔合并使用，则未反应完的 $Ca(OH)_2$ 粉末附着于滤袋上，当烟气经过时，因增加表面接触机会，可提高烟气中酸性气体的去除效率；对细微颗粒状的重金属及二噁英，去除效果较佳。缺点是：耐酸碱性差，烟气中含过高酸碱成分时，滤材可能在较高温度下毁损，必须使用特殊材质；耐热性差，烟气超过 250℃，滤材需考虑采用特殊材质；耐湿性差，处理亲水性较强的粉尘较困难，易形成阻塞；设备压力损失大；滤袋寿命有一定期限，备用袋可随时更换；滤袋如有破损，要找出破损的位置相当困难；保养上应注意捕集灰尘的振落装置，否则易造成故障及滤布破裂。由于垃圾焚烧厂排放的烟气为高温且带有水分及酸性的气体，以前均不采用布袋除尘器。近年来，随着滤袋材料性能上的改进，对温度、酸碱及磨损的抵抗力均大为改进。此外，布袋除尘器的除尘效果也因为滤布的编织方法不同而有所差别。布袋除尘器的滤袋清除附着其上的烟尘方法有三种：摇动式清除法、反冲洗式清除法、脉冲喷射式清除法。

3. 静电除尘器

静电除尘器是利用高压负极产生电晕作用，放出电子，使通过的烟气电离化，烟气的尘粒形成荷电，由除尘器的正极板吸附与中和。经过适当时间后，锤击极板，使附着于极板上的尘粒掉落于集尘漏斗内。静电除尘器的除尘效果与烟气流量、粉尘粒径分布、凝聚性、比电阻、电极板距、电压、电流等有关，一般可达90%以上。静电除尘器的优点是：对粒径在 1μm 以上的粒状污染物，可达到较好的去除效果；可以在较高温状态下操作；处理量大；耐酸碱性与耐湿性良好；操作及维护成本低。缺点是：除尘效果受进气条件变化影响较大；过高或过低比电阻的粉尘非常难去除，粒径分子 0.1~1μm 的粒状污染物因荷电困难，去除较难；需要技术层次较高的人员维护保养；影响效率的因素多，故不易排除故障；进口烟气温度必须大于150℃，以避免出现酸性腐蚀现象。

静电除尘器的运转费用较低，除尘效果良好，耐热性、耐酸碱性、耐湿性很好；适用于较高温、含水分高的垃圾产生的烟气。

5.5.2 酸性气体去除设备

1. SO_2 与 HCl 的去除设备

在垃圾焚烧处理设施中，一般采用洗涤塔来去除含量较多的 HCl 气体，同时也去除部分 SO_2。根据喷入洗涤塔药剂的形态（粉状、浆状、液体），可区分为干式洗涤塔、半干式洗涤塔与湿式洗涤塔三种。

（1）干式洗涤塔。将石灰 $Ca(OH)_2$ 或生石灰 CaO 粉末喷入洗涤塔中，与烟气中的 HCl 与 SO_2 反应生成 $CaCl_2$ 及 $CaSO_4$ 粉末，再将 $CaSO_4$ 与飞灰一并收集。干式洗涤塔设备简单，工程费用最少，但去除效率低（SO_2 仅 30%，HCl 仅 50%），所以可以应用于除尘设备中，将未反应的消石灰分离出来循环使用，以节省消石灰的消耗量，并可提高去除效率（SO_2 可达65%以上，HCl可达80%以上）。

（2）半干式洗涤塔。将消石灰加水混合成泥浆状，与喷嘴喷出来的压缩空气混合，向上或向下喷入洗涤塔中，烟气则与喷入的石灰浆成同向流或逆向流的方式充分混合。烟气中的HCl与 SO_2 与消石灰浆反应生成 $CaCl_2$ 及 $CaSO_4$，靠烟气本身的温度将其蒸干为粉末状，连同飞灰沉积通过洗涤塔底部漏斗而排出。半干式洗涤塔对酸性气体的去除效率与其后接的除尘设备有关。若接静电除尘器，HCl的去除效果可达90%以上，SO_2 可达70%以上；若接布袋除尘器，则HCl的去除效果可达95%以上，SO_2 可达80%以上。

半干式洗涤塔的优点是：使用消石灰作反应剂，来源普遍；消石灰腐蚀性小，设备无须防蚀处理且费用较低；烟气出口温度高于烟气露点温度时，经去除粉尘后，即可自烟囱排出，无须消耗蒸汽予以加热；反应后的最终产物无废水产生，无须废水处理；消石灰加水制成石灰浆，用水量较少。缺点是：消石灰为粉状物，储存与输送过程中较易飞扬，宜采用气送方式输送；$Ca(OH)_2$ 的反应效率较差，使用量较多，故HCl与 SO_2 的去除效率低，只有下游的除尘器若采用布袋除尘器，可以使石灰浆产生二次反应，提高石灰的反应效率及HCl与 SO_2 的去除率；反应后的产物呈粉状，含有 $CaCl_2$ 和 $CaCO_3$ 等无机盐类及未完全反应的 $Ca(OH)_2$ 药剂，并含有重金属，故当与飞灰由除尘器一并收集后，需加以妥善处理，如送往卫生填埋、安全填埋或固化处理，以免二次污染；洗涤塔内及管线可能形成 $Ca(OH)_2$ 结垢而阻塞，必须使用软管或人工清除。

（3）湿式洗涤塔。将碱性溶液经过适当设计的喷雾装置与烟气接触。其过程为先将烟气冷却至饱和温度（60℃ ~ 70℃），使烟气中的酸性气体凝结而直接溶解于喷入的溶液中，溶液中的碱性药剂遂与酸性气体产生中和作用；部分凝结成细微粒状漂浮的气体，也可借冲洗的机械作用而去除。碱性溶液亦可循环使用，并经由pH值控制药剂的补充及排放。本设备依据气体接触方式的不同，又可分为喷洒式、文丘里式、充填塔式。

2．NO_x 的去除设备

NO_x 的形成主要与炉内温度的控制及垃圾化学成分有关，故燃烧产生的 NO_x 可分为两大类：一类为因空气中氮的氧化而产生的热力 NO_x，通常需达到1 200℃以上高温；另一类为燃料中氮的氧化而产生的燃料 NO_x。焚烧城市生活垃圾时，由于炉内的高温区尚不足以达到形成热力 NO_x 的温度，故大部分 NO_x 的排放是由垃圾所含的氮成分形成的。由于烟气中的 NO_x 大多以NO形式存在，且不溶于水，无法用洗涤塔加以去除，所以必须采用其他去除方式。降低烟气中 NO_x 的方法有燃烧控制法、干式法、湿式法。

（1）燃烧控制法。燃烧控制法是通过调整垃圾焚烧炉内的垃圾燃烧条件，以降低 NO_x 产生量的方法，狭义上也称低氧燃烧法，但广义上的燃烧控制法则包括喷水法及烟气再循环法。以燃烧控制来降低 NO_x 的产量，主要是考虑在炉内发生自身脱硝作用，也就是燃烧垃圾产生的 NO_x，在炉内可被还原成 N_2。在此反应中，一般认为是由垃圾干燥区产生的 NH_3、CO和HCN等热分解气体作为还原物质者。要使这种反应能有效进行，除必须促进热分解气体的产生外，也必须维持热分解气体与 NO_x 接触，并使炉内处于低氧状况，以避免热分解气体发生急剧燃烧。

（2）干式法。干式法又分为高温无触媒还原法和触媒还原法两种。高温无触媒还原法是将氨等还原剂吹入炉内的高温区，将 NO_x 分解为 N_2 和 O_2 的方法。然而，若为了提高 NO_x 的去除率而增加药剂注入量，未反应的 NH_3 会残留在烟气中，与烟气中的HCl反应，产生氯化铵蒸气，导致从烟囱排出时，产生白烟，而且还会产生铵盐沉积在锅炉的省煤器上，因此 NO_x 的去除率最好约50%。触媒还原法是在烟气温度为250℃ ~ 350℃的区域设置触媒反应塔，以吹入烟气中的氨作为还原剂，让 NO_x 的还原反应在触媒的存在下得以有效进行。

（3）湿式法。去除 NO_x 的湿式法与去除 HCl、SO_2 的湿式法相类似，但因 NO 不易被水或碱性溶液吸收，故需要用臭氧（O_3）或次氯酸钠（NaClO）、高锰酸钾（$KMnO_4$）等氧化剂将 NO 氧化成 NO_2 后，再以碱性溶液中和、吸收。此法因氧化剂成本较高和吸收排出废水处理均较困难，一般较少采用。

5.6　电子束法烟气净化设备

1．烟气污染物净化的电子束辐照设备

电子束辐照法是一种高新型烟气污染物净化技术。其烟气净化技术装置如图 5 - 24 所示。

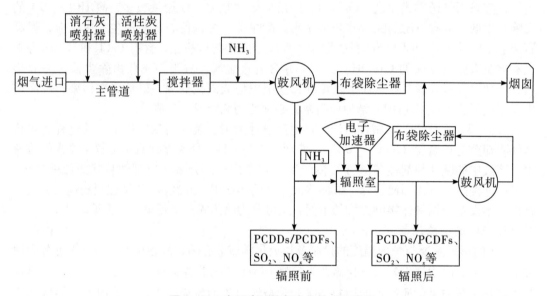

图 5 - 24　电子束法烟气净化技术示意图

由图 5 - 24 可见，电子束法烟气净化设备在烟气进口后，由消石灰喷射器、活性炭喷射器、搅拌器、注氨装置、鼓风机、布袋除尘器、电子加速器、辐照室、检测装置及辅助系统组成。

2．电子加速器辐照设备

不同类型的电子加速器装置虽然具有不同结构，但都有如下部件：①电子枪或离子源；②加速器主机，包括加速电场系统、控制磁场系统和真空系统；③束流应用装置，包括束流引出装置或靶装置、扫描装置、束下装置；④控制系统。

对应用型辐照加速器总的要求是操作简单、性能稳定、流强高、束流功率大、电能功率对束流功率的转化效率高等。电子辐照加速器是辐照产业的源头，辐照工业的成本除市场开发成本外，主要取决于电子加速器的制造成本、运行成本。

（1）地那米加速器。地那米（Dynamic）加速器是高频高压型电子辐照加速器，能量 3 ~ 4MeV，靠一台几百千赫的高频电源供电，电容器板是半圆筒形的，其中像发生器一样高的两块接近地电位，而其余的电位随电源发生器的距离而增加。在地那米加速器上的电压和发生器的额定电压相同。地那米加速器的效率约为 65%。

图 5 - 25 是地那米加速器的结构、供电和控制系统的示意图。地那米加速器是目前应用最广的工业电子加速器之一。研究这种加速器的美国辐射动力公司的参数范围是：电子能量为 0.4 ~ 5MeV，功率为 30 ~ 150kW。

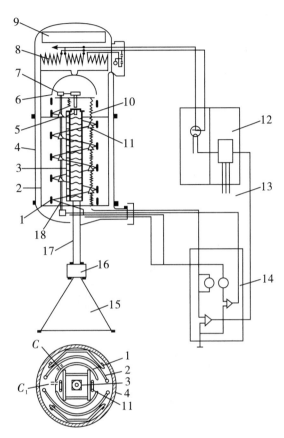

1——均压半环；2——高频电极；3——加速管；4——钢桶；5——电子枪；6——高压电极；7——电子枪加热的电源系统；8——高频变压器；9——冷却系统；10——分压器；11——整流元件；12——高频发生器；13——高频发生器的 440V 电源；14——控制台；15——带引出窗的漏斗形管；16——扫描扩束系统；17——电子束输运管道；18——电子枪加热调节杆

图 5 - 25 地那米加速器的结构、供电和控制系统示意图

（2）电子直线加速器。电子直线加速器包括波导，在其中用行波来激励高频场。波导几何尺寸的选择可以使波传播速度等于每一点的电子速度，如图 5 - 26 所示。能量从 2 ~ 3MeV 开始的电子速度几乎接近光速，因而波导结构变成连续的，加速场的波长约 10cm，在加速器出口的电子团的长度约 1cm。高压场是由几微秒长、重复频率约为 400Hz 的脉冲所激励。加速电场强度可以提高到 100 ~ 150kV/cm，这远远超过直接作用于加速器中的电压梯度。电子直线加速器的尺寸和造价大致和电子最终能量成正比。给波导馈电的高频发生器的效率不大于 30%。电子直线加速器的效率为 5% ~ 10%。

电子直线加速器具有一系列的优点：高而可调的剂量率，运行噪声小，轻便可靠。它是用途较广的实用型加速器。

电子直线加速器的结构与参数在很大程度上取决于所用的高频发生器，它的束流参数为 10MeV、15kW。

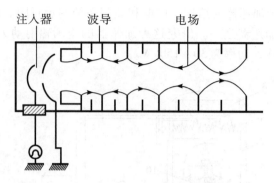

图 5 - 26 电子直线加速器示意图

（3）绝缘芯型电子加速器。国际上性能比较好的加速器多是近年来的产物，如性能好、受辐照工艺青睐的绝缘芯型电子加速器。绝缘芯型电子加速器如图 5 - 27 所示。

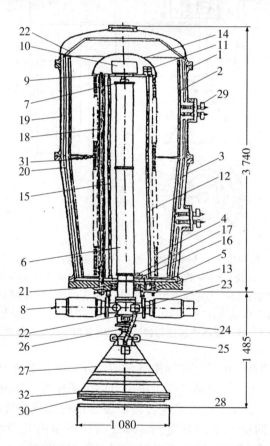

1——金属容器；2、3——初级转换线图；4——整流部分；5——磁场导向装置；6——加速管；7——注入器；8——真空室；9——电极；10——注入控制单元；11——开关；12——轴；13——驱动开关；14——高压电极；15——能量分配器；16——电流传感器；17——电压分压器；18——光导向装置；19、20、32——磁导向装置；21——磁透镜；22——气孔；23——虹吸阀门；24——电子管；25、26——LF 和 HF 偏转线圈；27——防护罩；28——提取窗；29——输出功率端；30——电子束引出窗；31——绝缘体

图 5 - 27 绝缘芯型电子加速器总截面示意图

绝缘芯型电子加速器由俄罗斯科学院西伯利亚分院核物理研究所（Budker Institute of Nuclear Physics of the Siberian Branch of the Russian Academy of Science）于 1971 年开始研发，20 世纪 80 年代后进行改进，开发了电子整流器（ELV 加速器）（见图 5-28），与普通绝缘芯型电子加速器相比，区别在于 ELV 中没有中央铁芯，倍压线路元件可置于次级绕组内，加速管装在高压发生器中。这样的结构避免了高压加速中难以解决的高压击穿的难题，稳定性得到很大改善。ELV 的特点是：能量范围为 0.3～2.5MeV，束流功率达 400kW，效率达 85%～92%，采用微机控制，在线监测。

ELV 加速器设计简单，运行可靠，操作简单，维护方便，能量和束流稳定在 ±2% 以内，深受市场欢迎。

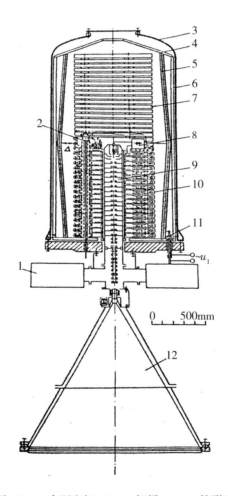

1——真空泵；2——高压电极；3——钢桶；4——锥形磁路；
5——初级绕组；6——圆筒磁路；7、10——整流部件；
8——控制单元；9——加速器；11——底部磁路；12——引出装置

图 5-28　电子整流器（ELV 加速器）的结构图

（4）梅花瓣型电子辐照加速器。梅花瓣型电子辐照加速器加速电子的能量可以达到 10MeV，能够应用于消毒灭菌、保鲜，结构如图 5-29 所示。

图 5 - 29　梅花瓣型电子辐照加速器

图 5 - 30 是比利时 IBA 公司生产的梅花瓣型电子辐照加速器工作原理图。梅花瓣型电子辐照加速器主体由高频谐振腔、真空室和围绕在腔体周围的一组二级铁组成，此外还有电子枪、束流光路、控制系统、束下装置、真空系统、水冷系统、辐射加工传输系统等。当高频功率馈送至腔体，将在腔体内外壁之间建立高频电场，电子枪发射的电子束将在高频电场的作用下加速，穿过腔体内杆，变化了的电场再次加速电子。穿过外壁的电子在二级铁磁场的作用下，返回腔体，重复上述加速过程，在这样的往返中，能量不断增加，直到引出。这一加速过程，与回旋加速器有类似之处，即用比较低的电压，使电子束得到比较高的能量。从原理上可以看出，这种加速的效率是比较高的，因为它采用了比较低的频率（300MHz 左右），是直线加速器的十分之一，它的功率可以做得很大，IBA 已达到40kW。

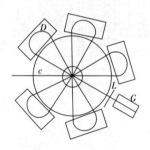

图 5 - 30　梅花瓣型电子辐照加速器工作原理图

梅花瓣型电子辐照加速器的特点是：能量高，可达 10MeV，束流功率大，高达400kW；效率高，电能对束流功率的转化效率达到 40%，而电子直线加速器仅为 6% 左右，功率也只有15～20kW。这种加速器很受市场欢迎。研发 5MeV、100kW 以上高压型高能大功率电子加速器，能满足辐照消毒灭菌的需求。

5.7　助燃空气设备

垃圾焚烧炉助燃空气（也可称为燃烧空气）的主要作用是：①提供垃圾干燥的风量和风温、为垃圾着火准备条件；②提供垃圾充分燃烧和燃尽的空气量：③促使炉膛内烟气的充分扰动，使炉膛出口 CO 的含量降至最低；④提供炉墙冷却风，以防炉渣在炉墙上结焦；⑤冷却炉排，避免炉排过热变形。

5.7.1　助燃空气系统的构成

助燃空气包括炉排下送入的一次助燃空气（又称一次风或一次燃烧空气）、二次燃烧室喷入的二次助燃空气（又称二次风或二次燃烧空气）、辅助燃油所需的空气以及炉墙密封冷却空气等。由于辅助燃油仅用于垃圾焚烧炉启动、停炉和进炉垃圾热值过低的情况，在垃圾焚烧炉的正常运行中并不需要增加空气消耗量，在设计送风机风量时可不予考虑。

助燃空气系统的设备包括向垃圾焚烧炉内提供空气的送风机（一次风机、二次风机以及炉墙密封风机）、对助燃空气进行预热的空气预热器（包括蒸汽空气预热器、烟气空气预热器）和空气系统中的各种管道、阀门等。

5.7.2　助燃空气送风设备

助燃空气送风设备中最主要的是送风机，其目的是将助燃空气送入垃圾焚烧炉内。另外，根据垃圾焚烧炉构造不同及空气利用的目的不同，可以分为冷却用送风机和主燃烧用送风机，冷却用送风机主要提供炉壁冷却、以防止灰渣熔融结垢所需的冷空气。主燃烧用送风机提供燃料燃烧所必需的空气，是燃料正常燃烧可靠的保证。

垃圾焚烧炉内送入的空气，可以分为从炉排底下进入的一次助燃空气和促使炉内可燃气体充分燃烧而送入燃烧室的二次助燃空气。一次、二次燃烧用空气可以由一台送风机送风，经过分流后成为一次、二次助燃空气（即分流方式，见图 5 - 31），也可以由两台送风机独立送风（即分离方式，见图 5 - 32）。

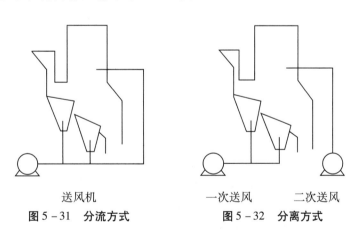

送风机
图 5 - 31　分流方式

一次送风　　二次送风
图 5 - 32　分离方式

5.8　灰渣输运与处理设备

在垃圾焚烧厂处理系统中，垃圾实现了稳定化、减量化、减容化，但是从质量比来看，仍有 10% ~20% 的灰渣（包括衣渣和飞灰）作为二次废弃物排放。这部分灰渣能否及时、有效地排放到灰渣贮存坑（或贮存斗）中，对于确保整个垃圾焚烧系统的正常运行有着至关重要的作用。

由于灰渣（特别是飞灰）中含有重金属、未燃物、盐分，其处理处置应不能对环境产生不良影响。目前，灰渣填埋场的建立越来越困难，灰渣的资源化、减量化、减容化应该得到重视。

垃圾焚烧处理过程中灰渣的主要来源有垃圾焚烧炉排下的炉渣和除尘器除去的飞灰，采用余热锅炉冷却烟气的垃圾焚烧炉还会产生锅炉底部的飞灰；采用喷水冷却烟气的垃圾焚烧炉还会产生冷却室积累的飞灰。

垃圾焚烧厂灰渣的产量，一般 1t 垃圾焚烧会产生 100～150kg 炉渣，除尘器飞灰约 10kg，锅炉室产生的飞灰量也约 10kg，各种灰渣中都含有重金属和未燃有机物成分，在灰渣处理中重金属和有机物污染需足够重视。灰渣与飞灰应分别收集、贮存输运，灰渣按一般固体废物处理，飞灰应按危险废物处理，因为飞灰中其重金属和二噁英含量较高。

5.8.1　灰渣输运设备

垃圾焚烧厂的灰渣输运流程与图 4-4 某垃圾焚烧厂炉渣输送工艺流程相似。

5.8.2　灰渣处理设备

贮存坑内的灰渣一般由运输车运往填埋场作最终处置。运输车通常采用密闭方式。灰渣要除去水分，以防止污水污染运输车。作为垃圾焚烧灰渣资源化的例子，经筛分后的垃圾焚烧灰渣经烧结处理后可用于筑路，磁分选可以回收铁分。

随着填埋场的设置愈来愈困难，灰渣的减量化也引起人们的广泛关注。熔融处理是将灰渣置于燃烧室中，利用燃料或电力加热到熔融温度（1 500℃），使灰渣中高含量无机物质变成熔渣。熔融处理的好处是：一方面可避免重金属溶出，另一方面也可减量至原来体积的 1/3～1/2，从而实现灰渣的稳定化与减量化。

灰渣熔融后的渣能否直接用于筑路也在研究之中。

5.8.3　飞灰输运设备

垃圾焚烧厂的飞灰输送工艺流程可参考图 4-5。

5.8.4　飞灰处理设备

由于飞灰中含有重金属，为避免填埋时重金属渗出，必须经过特殊的处理，一般可进行稳定化或固化处理。稳定化处理是用水、酸将飞灰中的重金属溶出，溶出的重金属用药剂（碱、硫化钠）或烟气中的 CO_2 进行不溶化处理。固化处理是将含大量重金属的除尘器飞灰进行防止溶出处理。固化处理的优点有：①大多数情况下，可以防止重金属的溶出；②可以实现减容化；③烧结、熔融固定处理时，稳定化程度高，可以作为土木工程材料实现资源化。该方法的缺点有：①由于加入结合剂，使飞灰的重量增加；②有一些成分不能被固定，采用时必须事先调查；③加热固化时，低沸点金属易挥发；④飞灰与高碱性溶液接触易产生氧气，使结合劣化。

固化的方法主要有：水泥固化、沥青固化、烧结固化和熔融固化等。

1. 水泥固化

在飞灰中加入飞灰质量 10%～20% 的水泥，利用水泥的强碱性（pH 值约为 12）将飞灰中所含的重金属化合成稳定的氢氧化物，故对防止重金属溶出很有效。此外，若为防止飞灰飞散而需制成定型物，也可利用"砖型成型机""盘型成型机"或"粒式压出成型机"等来进行。

2. 沥青固化

此法借助沥青的不透水性，将飞灰表面包覆固定，以防止有害物质溶出，其中并不涉及化学变化。在处理过程中，必须将飞灰的粒径大小及水分加以适当调整，同时尽量去除杂质，以便使沥青的包覆层能完全覆盖处理物。至于成型机的种类，则与水泥固化法中所述的装置相同。

3. 烧结固化

此法是将飞灰单独或混合玻璃质添加剂后，加以造粒，再以1 100℃左右的高温将其烧结固化，从而形成物化性质稳定且硬度大的物质。

4. 熔融固化

此法是将飞灰置于燃烧室中，利用燃料或电力加热到熔融温度（1 500℃），使飞灰中高含量无机物质变成熔渣。熔融固化的好处是：一方面可避免重金属溶出，另一方面也可减量至原来体积的 $1/3 \sim 1/2$，从而实现飞灰的稳定化与减量化。

参考文献

[1] 张益，赵由才. 生活垃圾焚烧技术. 北京：化学工业出版社，2000.

[2] 汪玉林. 垃圾发电技术及工程实例. 北京：化学工业出版社，2003.

[3] 王华. 二噁英零排放城市生活垃圾焚烧技术. 北京：冶金工业出版社，2001.

[4] E. A. 阿布拉勉. 工业电子加速及其在辐射加工中的应用. 赵渭江，译. 北京：原子能出版社，1996.

[5] 暨南大学垃圾焚烧发电厂二噁英电子束辐照技术研发及产业化预研研究组.《垃圾焚烧发电二噁英电子束辐照技术研发及产业化》预研报告（内部资料），2013.

6 垃圾焚烧发电厂建设管理和运行管理

6.1 垃圾焚烧发电厂建设管理

6.1.1 建设项目概况和工程分析

1. 项目名称、建设地点、规模和基本构成

（1）项目名称、承建单位、投资与运营主体、项目地理位置（附平面图）。

（2）建设规模为日均处理生活垃圾量、年处理垃圾量，发电总装机容量、年发售电量、发电量，厂用电率、上网电量，运营期（含建设期）。

（3）项目组成与工程内容，项目主要由生产工程和辅助工程组成，并依托垃圾运输公路，新建垃圾接收、贮存与输运系统，垃圾焚烧系统，垃圾热能利用系统，形成日均焚烧垃圾的规模。

2. 垃圾焚烧发电厂厂址选择

工程选址是垃圾焚烧发电厂设计和建设的基础，选址是否合适将影响垃圾焚烧发电厂的环境、运行管理、工程投资和运行费用等。选址的基本原则是：不影响自然生态环境和居民生活环境，不产生二次污染，投资小，运行费用低。总之，垃圾焚烧发电厂选址应全面考虑社会效益、环境效益和适度的经济效益。

3. 垃圾焚烧发电厂应有足够的用地面积

关于垃圾焚烧发电厂的用地面积，我国住建部《环境卫生设施设置标准》（CJJ27—2012）规定，其用地指标为 $90 \sim 120m^2/t$，可供工程选址和规划设计参考。

在具体工程设计中，选取垃圾焚烧发电厂的用地面积时，还将涉及可供征用的场地情况、余热综合利用设想、厂内建筑物、绿化布置和公共设施布局等诸多因素，应作综合分析并广泛征求有关部门的意见后才能最终确定。

4. 运营保障

垃圾焚烧发电厂建设的融资模式为 BOT（Build-Operate-Transfer）模式，即"建设—经营—移交"模式，是政府特许经营权制度与项目融资制度相结合的产物。BOT 的核心在于政府和企业的双赢，解决了政府的垃圾焚烧发电厂投资运营问题，企业也获得了合理的投资收益，代表着一个完整的项目融资的形式。这种模式的基本形式是：由项目所在地政府或所属机构为某特定项目的投资者提供一种"特许权协议"作为项目融资的基础，由投资公司作为项目的投资者和经营者为项目安排融资，承担风险，开放建设项目并在约定的有限时间内经营项目，向用户收取费用，以回收投资、偿还债务、赚取利润，最后根据协议将该项目的所有权和经营权无偿地移交给项目所在地相应的政府机构。

垃圾焚烧发电厂的 BOT 特许经营，是指政府授权主管部门通过一定的方式（招商或招标），将垃圾焚烧发电厂的建设权和一段时间的经营权以专营权的形式授予一个有资格的投资商（项目公司）；投资商（项目公司）负责垃圾焚烧发电厂的投资、融资、设计、

采购以及安装调试；项目建成后，垃圾焚烧发电厂按协议规定向政府提供垃圾处理服务，并利用焚烧余热发电，政府则按协议规定向垃圾焚烧发电厂提供垃圾和支付垃圾处理费，并保证垃圾焚烧发电厂剩余电力上网销售，投资者由此回收项目投资、经营和维护成本并获得合理的回报；在规定的特许经营期届满后，投资者将按照协议规定，把垃圾焚烧发电厂的所有权和经营权无偿移交给政府。需要指出，BOT 模式在实际操作中也存在一些问题，主要是由于政府将专营权移交予企业长达几十年，较难对项目设施运营实行有效监督。如运营过程中可能由于种种原因而减少碱液加入量或减少活性炭加入量，导致二噁英的二次合成量加大，造成更大的二次环境污染。因此，统一标准，加强监督，提高垃圾焚烧发电厂运营管理水平，势必成为 BOT 模式焚烧发电厂二噁英和其他污染物排放控制的关键所在。

5. 水源及用水量

厂区给水系统包括生活用水系统、生产用水系统、生产辅助用水系统（冲洗车辆、卫生、绿化等）和消防用水系统四大部分。例如，生产用水主要包括脱盐水处理用水、石灰制备系统用水、各设施轴承冷却用水、循环水补给水、灰渣处理用水等。要设计日平均用水量和小时平均供水量。

6. 排水

厂区排水按雨污分流原则进行布置设计。生产废水主要包括清洗废水、锅炉补给水和离子交换反冲洗水、锅炉排污废水、冷凝水（冷凝水不外排，作为锅炉补给水）。所有废水均通过处理达标后部分回用，剩余部分排入污水处理厂进一步处理。

7. 道路与运输

厂外道路利用垃圾焚烧发电厂工程改造建设，与该厂建设同步完成。生活垃圾从场外运入场内的运输方式采用垃圾压缩运输车、槽车运输。设计好每辆车载重的重量，按每日垃圾焚烧重量计算，给出每日需要的车次，生产用的辅助原材料和生产产出物由专用车辆运输。厂内运输道路要满足生产用垃圾、其他辅助原材料、生产的产出物（飞灰、炉渣等）运输的要求，满足消防的有关规范要求，厂内主要道路设计为双向若干车道并满足垃圾载车的承载负荷。应给出本项目垃圾运输路线示意图。

8. 垃圾的来源、组分、热值分析

这包括项目拟收集的各区域生活垃圾量；各部分垃圾产生量所占的比例；生活垃圾的飞灰及发热量；生活垃圾元素分析结果；预测各区垃圾热值。

9. 原辅材料及能源消耗量

（1）燃油。项目燃油主要用于焚烧炉停炉（闭炉）启动点火、垃圾热值较低或水分较高、维持炉内最低温度时，以破坏二噁英的产生。

（2）过热蒸汽。全厂垃圾焚烧炉所产生的过热蒸汽与常规火力发电厂一样，除部分自用外，其余过热蒸汽用于凝汽式汽轮发电机所组成的热力系统发电，所产生的电力除本厂自用外，其余全部接入附近的变电站。

（3）石灰粉，用于半干式中和塔中和酸性气体。

（4）活性炭，用于烟气净化系统。

10. 项目工艺技术方案

垃圾由专用车辆运送到厂区垃圾接收系统入口，经称量后首先进入垃圾堆储及前处理工艺流程。由于生活垃圾组成复杂、尺寸差别很大、各批（甚至各车）之间特性差异十分明显，为了稳定焚烧过程，需要用行车抓斗（吊车）不停地撒布和翻混，使垃圾均质化。贮存坑中经过均质化处理的垃圾，按负荷量的要求送入焚烧炉焚烧。焚烧炉燃烧空气由鼓风机从垃圾贮存坑上部抽引过来，以一、二次风的形式分级送入炉膛。在焚烧炉正常运行时，垃圾经干燥、引燃、燃烧、燃尽四个阶段，完成焚烧过程。燃料焚烧产生的热量通过锅炉受热面吸收，并经过热器后产生中温中压过热蒸汽（450℃，3.82MPa）供汽轮发电机组发电；焚烧烟气则通过烟气净化系统做净化处理，使烟气中的污染物含量全部降到国家和地方环保法规允许的数值以下后，经由90m高的烟囱排放到大气中去。

11．垃圾焚烧发电厂建设进度安排

根据国内外垃圾焚烧发电厂的建设经验，垃圾焚烧发电厂（余热利用，发电上网）在批准立项和完成征地后的建设工期约分三个阶段进行，具体建设进度可参考以下设想。

（1）第一阶段设想：

①完成初步设计和报批工作。

②完成施工图设计。

③厂址场地完成"三通一平"。

④完成土建工程招投标工作。

⑤完成机电设备招投标工作。

⑥厂区基础设施开始施工。

（2）第二阶段设想：

①主厂房土建部分施工。

②管理办公楼及其他附属建筑物施工。

③中标机电设备交货。

④配套机电设备采购。

⑤机电设备开始安装。

（3）第三阶段设想：

①主厂房土建部分完工。

②管理办公楼及其他附属建筑物完工。

③机电设备完成安装和调试。

④管理人员和生产人员实行岗位培训。

⑤总体载重联动试车和调试。

⑥垃圾焚烧发电厂全线联动试生产。

⑦工程竣工验收后交付使用单位。

6.1.2　项目污染物排放及其防治措施

1．废气排放及治理措施

（1）废气排放。

项目废气主要来自垃圾焚烧炉。设有1座90m高的烟囱。焚烧烟气中常见的空气污染物包括烟尘、酸性气体、氮氧化物、重金属及二噁英类等。若垃圾处理量为2 000t/d，则产生烟气量、排放浓度和降解率见表6-1。

表 6 - 1　垃圾处理产生的烟气量、排放浓度和降解率

污染物	烟气量 （m³/h）	排放浓度 （mg/m³）	排放量 （kg/h）	降解率 （%）	标准 （GB18485—2001）
烟尘	405 662	9.7	4.0	99.87	80
SO₂	405 662	100	40.6	82.2	260
HCl	405 662	40.9	16.6	96.7	75
NOₓ	405 662	240	97.4	52	400
Hg	405 662	0.1	0.04	90	0.2
Cd	405 662	0.1	0.04	97.5	0.1
Pb	405 662	0.2	0.08	98	1.6
二噁英类	405 662	0.1ngTEQ/m³	4.0×10⁴ngTEQ/h	97.6	0.5ngTEQ/m³

　　项目产生恶臭的地方主要有垃圾贮存坑、垃圾过磅处。垃圾贮存坑为封闭式钢筋混凝土结构，有若干个垃圾卸料门，坑内的上方空间设有强制抽气系统，并设有负压装置，以控制臭味的积聚。类比试产的某垃圾焚烧厂贮存坑前的臭气强度，在贮存坑的卸料门全部关闭时的臭气强度为 1 级，在贮存坑卸料门全部打开时为 5 级，垃圾过磅处为 4 级。

　　（2）废气治理措施。

　　①每台焚烧炉各设一条石灰泥浆配备系统（设计能力等于 2 条焚烧炉线的需求）将生产高质量活性石灰泥浆给喷雾器以达到最高效益和减少石灰消耗量。

　　②反应塔与旋转喷雾器中和烟气中的酸性气体和吸收部分重金属。

　　③活性炭吸附二噁英类。活性炭吸附烟气中二噁英的最佳温度为 30℃ ~60℃，因前段工艺烟气温度高于 100℃，这将影响活性炭吸附烟气中二噁英的效果。二噁英类的控制应把握焚烧过程中降解、焚烧后烟气脱除和抑制再合成的各个环节。在反应塔里，烟气与石灰浆和水分进行混合，充分雾化，旋转喷雾器以其高速旋转的雾化盘可以达到充分雾化，为中和反应创造最佳条件。

　　④活性炭吸附重金属。控制好重金属的排放应首先从源头做起，将垃圾分类收集，含有重金属的垃圾如电池、日光灯管、杀虫剂、印刷油墨等先回收分开处理。焚烧时大部分重金属残存在灰渣中，但部分重金属的沸点小于炉体温度，容易升华或蒸发至废气中排入大气。

　　工程通常采用喷入活性炭吸附去除重金属。以汞为例，烟气中的大部分汞是以气态形式存在的，主要为氯化物形式 HgCl₂，还有部分气态单质 Hg。将活性炭吹送入烟气管线上游，通过吸收反应除去。若中和塔上游的汞含量在 0.1 ~0.2mg/m³（干燥）之间，通过活性炭吸附，在布袋过滤器下游的浓度将小于 0.007 ~0.011mg/m³（干燥），去除效率约为 90%。

　　⑤烟气净化系统。烟气净化系统一般采用半干式中和塔和布袋过滤器串联的方式，烟气由锅炉尾部排出后进入烟气净化装置，有关测试结果显示，使用半干式中和塔和布袋过滤器对有机污染物的收集效果甚佳，在布袋过滤器入口的温度降至 160℃ 时，对二噁英类有机物的去除效率效果良好。布袋过滤器由耐高温、耐腐材料做成，成本高，寿命短，如果布袋破裂时不及时更换，将不能有效去除烟尘，进而导致焚烧炉尾气二噁英

和其他烟气污染物超标排放。

⑥引风机抽出净化了的烟气至烟囱及保持炉膛的负压状态。

（3）防臭措施。

为防止垃圾接收站产生的臭气外逸，造成环境污染，垃圾接收站应采取防臭措施。根据设计院提供的成熟设计经验，防臭措施通常有如下几点：

①垃圾坑内设置鼓风机抽负压（ −10mmHg）。

②在垃圾坑的每个接收门上设置风幕隔离，并设置除臭装置，该装置的除臭剂拟采用抑菌祛味剂和渗滤净。

③垃圾接收大站与外界设置风幕。

④垃圾接收站密闭设计。

⑤使用密闭性能良好的垃圾压缩车运输垃圾，以防止垃圾渗滤液在垃圾运输途中沿途滴漏。

⑥环卫部门安排环卫洒水车队每天对进厂道路沿线冲洗和消毒，污染严重的地段则洒水清洗。

2．废水排放及治理措施

项目外排的废水主要包括垃圾渗滤液、清洗废水、炉渣坑排水、锅炉排污水、实验室废水、冷却的排污水和生活污水，其中垃圾渗滤液则喷入炉内进行燃烧。剩余的炉渣坑排水和清洗废水则排入污水处理厂处理至《城市杂用水标准》（GB/T18920—2002）后，再与脱盐水的反洗水和实验室废水经中和处理池处理达标，生活污水隔油隔渣处理后，这些水一起送污水处理厂处理。

3．噪声治理措施

（1）厂区总体设计布置时，将主机尽可能布置在远离办公室的地方，以防噪声对工作环境的影响。

（2）在运行管理人员集中的控制室内，门窗处设置吸声装置（如密封门窗等），室内设置吸声吊顶，以减少噪声对运行人员的影响，使其工作环境达到允许的噪声标准。

（3）采用低噪声的设备，在鼓风机和引风机风道中加设消音器，以达到允许的噪声标准。

（4）汽轮机房采用隔音建筑。

（5）发电机房采取隔声结构，基础为防震结构，发电机组的废气排放采用二级消声器，机房进排放口安装消声器等。

（6）厂区加强绿化，以起到降低噪声的作用。

（7）防止垃圾运输沿线敏感点噪声的影响。如果在垃圾运输车进厂道路沿线两侧6m范围内建办公、生活居住场所，则会受垃圾运输车噪声的影响；如果在垃圾运输车进厂道路沿线两侧6～30m范围内建办公、生活居住场所，则夜间会受垃圾运输车噪声的影响。通过隔音、吸音、消音、防振措施，尽量降低设备噪声对周围环境的影响。

4．固体废物及其处理措施

项目产生的固体废物包括炉渣、飞灰和废水处理污泥，还有少量的废离子交换树脂、废机油等。

（1）炉渣。垃圾焚烧后炉底排出的残渣经除渣机出炉即以冷水冷却，然后输送到炉渣储存大厅，再外运填埋或综合利用。

（2）飞灰。飞灰是指由空气污染控制设备中所收集的细微颗粒，一般包括经布袋过滤器所收集的中和反应物（$CaCl_2$、$CaSO_4$）及某些未完全反应的碱剂 $Ca(OH)_2$。按《国家危险废物名录》，飞灰属危险废物，编号为 HW18，固化后交政府废弃物安全处置中心安全处置。

（3）废水处理污泥。废水处理过程中会产生大量的固体杂质、悬浮物质和胶体物质。污泥集中了废水中大部分污染物，它含有有毒物质，如病原微生物、寄生虫及重金属离子等，也含有可利用物质，如植物营养素、N、P、K、有机物等。若污泥不妥善处理，会造成二次污染。对它们的处理应足够重视。

5. 防止垃圾运输沿线环境污染的措施

为了减少垃圾运输对沿途的影响，建议采取以下措施：

（1）采用带有垃圾渗出水储槽的垃圾密封运输车装运，对在用车加强维修保养，并及时更新垃圾运输车辆，确保垃圾运输车的密封性能良好。

（2）定期清洗垃圾运输车，做好道路及其两侧的保洁工作。

（3）尽可能缩短垃圾运输车在敏感点附近滞留的时间，尽可能避免在进厂道路两旁新建办公、居住等敏感场所。

（4）每辆运输车都配备必要的通信工具，供应急联络用，当运输过程中发生事故，运输人员必须尽快通知有关管理部门进行妥善处理。

（5）加强对运输司机的素养教育和技术培训，避免交通事故的发生。

6.1.3 建设项目的环境预测评价

1. 大气环境影响预测评价

大气环境中的二噁英90%来源于城市和工业垃圾焚烧。含铅的汽油、煤、防腐处理过的木材、石油产品、各种废弃物特别是医疗废弃物在燃烧温度低于300℃时，很容易产生二噁英。氯乙烯等含氯塑料在焚烧过程中焚烧温度低于800℃，含氯垃圾不完全燃烧，也极易产生二噁英。排放在大气环境中的二噁英可以吸附在颗粒上，沉降在水体和土壤中，然后通过食物链的富集作用进入人体。食物是人体内二噁英的主要来源。

二噁英在垃圾焚烧过程中的生成机理相当复杂，已知的生成机理可能是前驱物异相催化反应、重新合成和高温生成机理等。如当温度在200℃～500℃时，在烟气中携带的氯化铜、氯化铁等催化剂的作用下，各种二噁英的前驱物就会发生反应生成二噁英。

国内外对排烟做出了严格限定：美国、日本、德国等对二噁英的排放限值为$0.1ngTEQ/m^3$；我国国家环保总局于2014年颁布的《生活垃圾焚烧污染控制标准》规定生活垃圾二噁英排放限值为$0.1ngTEQ/m^3$，2001年颁布的《危险废弃物焚烧污染控制标准》中规定危险废物焚烧的二噁英排放限值为$0.5ngTEQ/m^3$。

垃圾焚烧排烟中的主要成分有含氮化合物、二氧化碳及水蒸气等，其中含有微量有害气体——氧化氮NO_x（主要为NO）、二氧化硫（SO_2）、硫化氢（H_2S）。

由于这些氧的反应率低使NO的排除有相当大的困难，目前还没有从气体中清除NO的有效工业方法。焚烧炉大气污染物排放限值见表6-2。

表 6-2　焚烧炉大气污染物排放限值

项目	限值
烟尘	$80mg/m^3$
一氧化碳	$150mg/m^3$
氮氧化物	$400mg/m^3$
二氧化硫	$260mg/m^3$
氯化氢	$75mg/m^3$
硫化氢	$0.06mg/m^3$
汞	$0.2mg/m^3$
镉	$0.1mg/m^3$
铅	$1.6mg/m^3$
二噁英类	$0.1ngTEQ/m^3$

若考虑选用90m高的烟囱，即可降低污染物的排放浓度，使PM10的最大落地浓度叠加本底浓度值后能达到环境空气质量的二级标准的要求，既可减少对本项目附近居民的影响，又可减少资金的投入。本项目完成后，尽管焚烧过程中排放的污染物在某些不利于扩散的气象条件下会对周围环境产生某些影响，但如果预测结果表明项目各项指标贡献占二级标准的份额较小，在建设项目投入运行后采取有效措施加强大气污染治理，严格管理，减少大气污染物排放，那么完全可以实现安全生产。

2. 水环境影响预测评价

按照工程设计资料，项目所产生的垃圾渗滤液、渣坑废水以及冲洗废水等高浓度有机废水，一起排入污水处理站处理至城市杂用水标准后，连同化水车间中脱盐水装置的反冲洗排水和实验室废水经中和池处理达标后与过滤液的反洗水，以及生活污水，一同排入污水管线，归污水处理厂再深度处理至一级排放标准，最后才排入河中（Ⅳ类地面水质量要求）。因此，项目控制不向厂址附近水体排放垃圾渗滤液等高浓度废水、工艺废水和生活污水。

3. 环境噪声影响预测评价

由于项目厂房内噪声源较多，预测计算时，应根据厂区总平面布局（各主要噪声源与厂边界的距离），将噪声源较多的车间内噪声作为一个面源噪声源，厂房外的噪声如垃圾运输和卸料作为线源及点源，对每个声源进行噪声随距离衰减计算，再按多点源理论声压级的估算方法叠加。

4. 固体废物环境影响预测评价

若垃圾处理量为2 000t/d，则项目产生的固体废物包括炉渣、飞灰和废水处理污泥等的处理方式及产生量参见表6-3。

表6-3　固体废物的处理方式及产生量

废弃物名称	分类	处理方式	产生量（t/a）
金属	一般	出售给钢铁厂综合利用	7 253
炉渣		综合利用（铺路、水泥原料）或送至政府垃圾填埋场进行卫生填埋	145 209
飞灰	HW18	固化后定期送往政府废弃物安全处置中心安全处置	26 827
废离子交换树脂、废机油	HW8	送往政府废弃物安全处置中心安全处置	100
生活垃圾	一般	自行焚烧处理	55
合计			179 444

项目完成后产生的固体废物，只要采取适当的回收或综合利用方式，严格执行有关固体废物贮存、处置标准，危险废物需交当地废弃物安全处置中心处置，则不会对大气、水体、土壤造成二次污染。

5. 生态环境影响预测评价

（1）垃圾焚烧发电厂长期运行对周边土壤的影响。

利用 ISCST3 模型和混合库模型，计算由生活垃圾焚烧发电厂烟气排放引起的周边大气、土壤二噁英和其他烟气污染物的浓度分布，预测垃圾焚烧发电厂长期运行对周边土壤的影响。

ISCST3 模型理论基础为稳态高斯（Gauss）扩散方程，即假定污染物的扩散是一个在空间维度上遵循正态分布，在时间维度上维持定常，地面上相对源点位置（x，y，$z = 0$）的点浓度为

$$C(x, y, z) = \frac{Q}{\pi \bar{u} \sigma_y \sigma_z} \cdot \exp\left(-\frac{y^2}{2\sigma_y^2}\right) \cdot \exp\left(-\frac{h^2}{2\sigma_z^2}\right) \tag{6.1}$$

式中，C——下风向某点（x，y，z）处空气污染物浓度（mg/m³）；

　　　　Q——源强（污染物的排放速度）（mg/s）；

　　　　$\bar{u}$——有效排放高度的平均风速（m/s）；

　　　　σ_y，σ_z——分别为水平方向和垂直方向的扩散参数（m）；

　　　　h——有效排放高度（m）；

　　　　$h = h_s + \Delta h$

　　　　h_s——烟囱高度（m）；

　　　　Δh——烟羽抬升高度（m）。

从垃圾焚烧发电厂排放到大气中的二噁英通过气相干沉积、气相湿沉积、固相干沉积和固相湿沉积四种途径进入土壤中。为了研究土壤沉积库中二噁英输入和降解的整体长期效应，引入混合库模型：

$$C_{\text{soil}} = \frac{D(1 - e^{kt})}{KM} \tag{6.2}$$

式中，C_{soil}——土壤中二噁英浓度（pg/g）；

D——单位面积土壤二噁英年总沉降量［pg/（m²·a）］；

K——土壤二噁英1年降解率（1/a）；

t——二噁英沉降时间（a）；

M——单位面积土壤质量（g/m²）；

设$K = 0.027\ 72$（1/a）（即半衰期为25a）；

$t = 1a$，$M = 320\ 000g/m^2$（即土壤容重为1.6g/m²）。

为了研究垃圾焚烧发电厂长期运行对周边土壤二噁英浓度的影响，以运行时间（a）为横坐标，土壤二噁英毒性当量（pg/kg）为纵坐标，绘制出离焚烧厂不同距离处土壤二噁英浓度变化规律图，如图6-1所示。

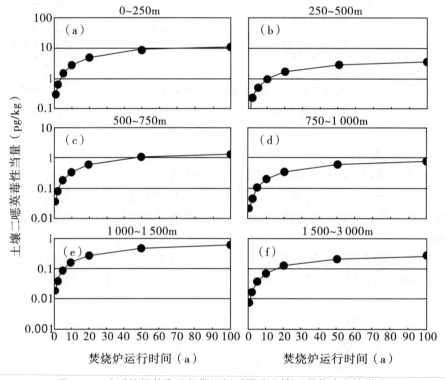

图6-1　生活垃圾焚烧厂长期运行对周边土壤二噁英浓度的影响

从图6-1可见，对于烟囱高度为90m，烟囱直径为3.2m，排烟口温度为125℃，排烟口速度为12m/s，烟气排放浓度为1ngTEQ/m³的焚烧发电厂，其周边土壤二噁英毒性当量的变化随着焚烧厂运行时间呈sigmoid函数增长，当运行100年时，土壤二噁英毒性当量趋于稳定。对于距离烟囱0～250、250～500、500～750、750～1 000、1 000～1 500和1 500～3 000m的土壤，焚烧厂运行100年后其平均毒性当量大致为11、3.6、1.3、0.77、0.62和0.27ngTEQ/m³。考虑到土壤采样的深度20cm，只有距离烟囱1km范围内的土壤在焚烧厂长期运行过程中其毒性当量会超过加拿大4ngTEQ/m³的标准，而且受影响最大区域（0～250m）土壤的毒性当量与德国农田标准（40ngTEQ/m³）相当，大大低于芬兰（500ngTEQ/kg）和荷兰（1 000ngTEQ/kg）的农田标准。可见，对于采用先进焚烧工艺和烟气净化设施的现代生活垃圾焚烧厂（烟气排放浓度＜1ngTEQ/m³），其长期运行对周边土壤，特别是远离垃圾焚烧厂区域（＞1km）的影响是比较有限的。

（2）土壤中重金属含量的评价。

土壤中的重金属主要有 Pb、Cd、Hg 等。重金属污染物中，最为严重的是 Hg，这主要是由于垃圾中有相当数量的含 Hg 电池以及 Hg 特别容易挥发。重金属的危害在于它不能被微生物分解且能在生物体内富集（生物累积效应）或形成其他毒性更强的化合物，它们通过食物链最终会对人体造成危害。重金属污染治理往往很复杂，耗时耗力却难以达到好的效果。

控制垃圾焚烧过程中重金属污染有两种方法：一是让重金属留在底灰中，然后将其固化或从底灰中回收；二是以湿式洗涤法或其他方法处理烟气（如活性炭干喷射法、喷雾干燥法等），减少重金属扩散而沉降在土壤中，土壤则可避免受重金属污染。

（3）对农业生产影响的评价。

项目建成投产后，外排废气污染物主要包括恶臭、粉尘、酸性气体、重金属污染物和二噁英类，如果对污染控制不当，有大量酸性气体排入大气中，就可能随着雨水降落而沉降到地面，称为酸雨。必须根据环境空气预测结果，按照环评提出的污染防治措施进行防护，项目建成后对农业生产的影响较少。

项目建成后将产生废水，经污水处理厂处理至一级排放标准，最后排入河流中，这将大大改善地区农田灌溉水的水质，从而对农业生产产生良性影响。

6.2　垃圾焚烧发电厂运行管理

6.2.1　垃圾焚烧发电厂机构设置和人员编制

1. 机构设置

垃圾焚烧发电厂的机构设置没有统一的模式，应根据垃圾焚烧发电厂的工程规模、设备配置和当地的具体情况参考研究确定，在编制规划和设计前期时，图 6-2 所示的框图可供参考。

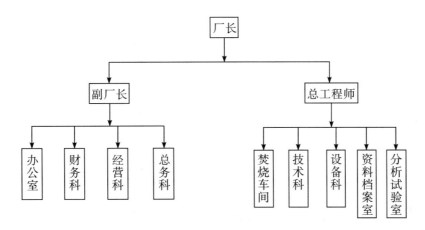

图 6-2　垃圾焚烧发电厂机构设置参考图

2．人员编制

（1）工作制度。按照国家有关规定，垃圾焚烧发电厂职工每周工作 5d，每天工作 8h，合计每周工作 40h。据此可计算焚烧车间最基本的轮班次数为：$\frac{7 \times 24}{40} = 4.2$，即焚烧车间内的每个基本岗位至少需要 4.2 人。为保证垃圾焚烧厂每年 365d，每天 24h 能全天候连续运行，在焚烧车间实行四班三运转的工作制度，并配备若干名机动人员，其他部门的职工原则上实行单班制。

（2）人员编制。垃圾焚烧厂的人员编制可参考表 6-4 和表 6-5，全厂人员编制共计 96 人，其中垃圾焚烧车间人员编制 61 人，其他岗位人员编制 35 人。

表 6-4　焚烧车间人员编制参考表

岗位名称	人员编制（人）				
	第1班	第2班	第3班	第4班	第5班
车间主任	1	1			2
吊车司机	2	2	1	1	6
中央控制室操作人员	2	2	2	2	8
发电机组值班人员	1	1	1	1	4
焚烧炉、锅炉操作人员	1	1	1	1	4
烟气净化系统值班人员	1	1	1	1	4
石灰浆配制人员	1	1	1	1	4
出灰渣操作人员	2	1	1	1	5
计量间值班人员	1	1			2
卸料平台管理人员	1	1			2
给排水系统管理人员	2	1	1	1	5
电工	1	1	1	1	4
维修工	2	1	1	1	5
机动人员	2	2	1	1	6
人员编制小计	20	17	12	12	61

表 6-5　垃圾焚烧厂其他岗位人员编制参考表

岗位名称	人员编制（人）	岗位名称	人员编制（人）
厂长	1	设备科	3
副厂长	1	资料档案室	2
总工程师	1	理化分析室	2
办公室	3	医务人员	1
财务科	3	汽车司机	4

（续上表）

岗位名称	人员编制（人）	岗位名称	人员编制（人）
经营科	2	保卫人员	4
总务科	3	辅助工	2
技术科	3	人员编制小计	35

6.2.2 现代管理理论在垃圾焚烧发电厂管理中的应用

现代科学管理体系应包括：任务、目标、指标体系，工作过程计算机化的管理体系，工作任务跟踪体系，安全、质量、成本监督体系，以及定期运营状况评价体系等。管理层主要包括部门经理、各处处长等中层管理人员，他们主要负责企业各项工作的具体实施，执行层（基层或个人）主要包括基层管理干部和执行人员，他们担负着最直接的生产责任，应具有的素质是：质疑的工作态度（也称"探索精神"，要求每位员工凡事都问为什么，不放过任何蛛丝马迹）、严谨的工作方式和相互交流的工作习惯。某大型发电公司的实践表明，这三者相加的结果就是对企业的一大贡献。

培养事业心强、业绩优秀、政治素质过硬的运营人员，确保企业安全运行，是高层管理者面临的现实问题。在严格要求的基础上，高层管理者还应采取激励措施、公平措施、目标措施和强化措施等。

1. 激励理论的应用

激励（motivate）从字面上看是激发和鼓励的意思。作为管理心理学的术语，是指激发人的动机，诱导人的行为，使其发挥内在潜力，为实现所追求的目标而努力的过程。也就是通常所说的调动和发挥人的积极性的过程。从文化管理的角度，激励是指，"为了特定目的而去影响人们的内在需要或动机，从而强化、引导或改变人们行为的持续反复的过程"。

20世纪50年代，美国心理学家大卫·麦克利兰（David McClelland）提出了工作激励理论。他认为，在人的生存需要基本得到满足的前提下，人的最主要的需要有三种，即成就需要、权力需要和合群需要。成就需要强烈的人往往具有高度的内在工作动机，事业心特别强，外在的激励对他们的作用相对较小，只要能为他们提供合适的工作环境，使他们充分发挥自己的能力，他们就会感到莫大的幸福。因此，这样的人对任何企业都非常重要，拥有这样的人越多，企业就越有可能兴旺发达。权力需要是指影响和控制别人的一种欲望或驱动力。在规模较大的国有企业中，管理者或领导人的权力欲望正是有效管理的必要条件之一。合群需要也称情谊需要，是指人们寻求他人的接纳和友谊的欲望。员工的合群需要会对生产效率产生间接的影响。如果在一个要求与人协作甚至密切配合的工作岗位上安排一位具有高度合群需要的人，那么他们的工作效率将会大大提高。在相对独立的工作岗位上安置一位合群需要较低的员工，可能比较合适。

2. 公平理论的应用

1963年，美国心理学家亚当斯（J. S. Adams）根据社会心理学中的认知失调理论提出的公平理论（equity theory），是侧重于研究利益分配尤其是工资报酬分配的合理性、公平性对员工生产积极性和工作态度影响的一种激励理论。他认为，员工的工作态度和生产积极性不仅受其所得的"绝对报酬"的影响，而且还受其所得的"相对报酬"的影响。我国经济学家厉以宁先生从宏观经济学的角度提出，公平或是指收入分配的公平，或是指收入与积累财产机会的公平。可见，根据厉以宁先生的观点，新时期下的公平是指在机会均等条件下的收入或财产分配的公平，即在机会均等的前提下，将按劳分配与按要素分配结合起来。

根据亚当斯和厉以宁的公平理论，员工面临不公平，尤其是"自己的所得与付出比值"过低引起不公平时，他们在心理上将会产生紧张、不安和不平衡，在行为或心理上将会采取一些措施以减少自己心理上的不公平感。如采取一定的行为，或干扰别人的工作，制造人际矛盾，减少付出，消极怠工或发牢骚，给领导施加压力要求增加报酬；要求调离工作，选择收入更高、条件更好的工作。但是关键员工的去留对高新技术企业具有举足轻重的影响。对关键人才在机会、待遇等方面给予关照是必要的。

该理论属于状态型激励理论，在某大型发电公司也得到了实践和应用。为稳定员工队伍，特别是运行和技术骨干，公司根据企业的效益实行企业员工1年平均薪酬和福利待遇优于本地区的平均水平的政策。同时，生产运行岗位的员工的薪酬高于其他岗位，其中对安全生产责任要求较高的主控室的值长的薪酬相当于中层管理人员。根据安全业绩，实行与安全生产直接相关的部门的安全奖高于其他部门等激励措施。在公司管理中贯彻"以人为本"的思想，时时处处给职工以人文关怀。为每位职工投保了覆盖人身意外保险、养老保险等众多险种的保险，建立长效激励机制，调动职工的工作积极性，解决职工的后顾之忧。

3. 需求层次理论的应用

马斯洛（H. Maslow）的需求层次理论（hierarchy of needs）是研究组织激励时应用最广泛的理论。马斯洛认为，人有一系列复杂的需要，按其优先次序可以排成梯式的层次，其中包括四点基本假设：已经满足的需求，不再是激励因素，人们总是在力图满足某种需求，一旦一种需求得到满足，就会有另一种需求取而代之；大多数人的需要结构很复杂，无论何时都有许多需求影响行为；一般来说，只有在较低层次的需求得到满足之后，较高层次的需求才会有足够的活力驱动行为；满足较高层次需求的途径多于满足较低层次需求的途径。

4. 目标理论的应用

所谓目标，是指未来预定达到的结果。对一个人来说，他并不只有一个目标，而是一个目标体系，有学习上的目标，也有工作上的目标等，人总是在这个目标体系中根据目标的价值及现实情况做出比较判断，最后做出选择。目标也是一种行为引导的重要方式，合适的目标能够诱发人的动机，引导人的行为方向，设置合适的目标会使人产生想达到该目标的成就需要，因而对人具有强烈的激励作用。

最早提出这一理论的是美国马里兰大学心理学教授洛克（E. A. Locke）。他通过大量的实验室研究和现场试验，发现大多数激励因素，如奖励、工作评价与反馈、期望、压力等都是通过目标来影响工作动机的。因此，重视并尽可能设置合适的目标是激发动机的重要过程。他指出，任何目标都可以从下面三个方面来分析：

（1）目标的具体性，即能精确观察和测量的程度。

（2）目标的难易性，即实现目标的难易程度。

（3）目标的可接受性，指人们接受和承诺目标或任务指标的程度。

某大型发电公司经过大量的管理实践发现，有目标的任务比没有目标的任务好；有具体目标的任务比空泛的、抽象性目标的任务好；难度较高但又能被执行者接受的目标比没有困难的目标好。换而言之，合适的目标，也就是具体的、难度较大而为员工接受的目标所具有的激励作用最大。因此，我们认为，遇到难度很高或复杂庞大的目标时，最好把它分解为若干个阶段性的目标，也就是子目标。通过子目标的逐一完成，最后达到总目标的完成。这是完成艰巨目标的有效方法。目标一定要是具体的，或称之为阶段性目标。阶段性目标不断实现的过程，就是让公司成员们不断地向共同愿景逼近的过程。它像前进道路中的一个个里程碑一样，引发成员们持续地努力和奉献，直到实现公司的共同愿景。

　　目标理论作为一种有效的激励理论，其意义还在于它告诉公司管理者，应该尽可能使公司各级人员都能经常看到公司目标和个人目标，并随目标实现的进程不断予以反馈。如果企业的员工不知道自己的任务，不知道自己具体的责任和职权，那么其积极性就无从谈起。作为有效的管理者至少应做到：

　　（1）让全体职工了解公司目标和个人的具体目标。

　　（2）尽可能为职工提供参与制定和实现目标的各种机会。

　　（3）经常不断地反馈目标进展的情况。

　　（4）根据大家实现目标的程度给予不同程度的肯定和奖励。

　　某大型发电公司全面转入生产运行后，就开始实行以机组性能指标、安全目标、生产目标等为内容的目标管理体系。这些目标在中层管理人员中反复讨论，又经职工代表大会讨论，公司吸纳了职工的意见、建议，对目标进行修订后，颁布实施。各部门每月、每个季度都会对照这几大目标，将落实情况进行内部反馈并向总经理报告，总经理适时做出完成这些目标的措施调整，以确保全年目标的全面实现。

　　落实生产安全就意味着承担责任，责任是安全的起点，它是目标产生的基础。某大型发电公司将公司安全生产管理目标分解到各处室，总经理与全体处室负责人签订了安全生产责任书，并根据《安全生产法》的规定，将安全责任制延伸到承包商，与公司主要承包商签订了安全生产责任书。应该指出，目标理论并不是灵丹妙药，它无法用来抵消由于管理不善引起的消极作用。例如，如果目标的设立不公平，任意设立目标或根本不考虑目标能否达成，那就会引起员工的强烈不满和挫折感。如果设置难度较高的目标时没有辅以适当的质量控制，那就很容易引起不顾质量而只顾提高产量的情况。如果不考虑实际可行性而一味要求马上完成某项任务，则会造成不顾长远利益，只求一时之利的不良后果。由此可见，良好的安全文化、管理者的素养与员工素质是正确运用目标理论与技术的基础。

　　5. 强化理论的应用

　　强化理论是由美国心理学家斯金纳（B. F. Skinner）提出的。他将其应用于行为强化，激励人和改造人的行为。和其他的激励理论不同，斯金纳的强化理论几乎不涉及主观判断等内部心理过程，而只讨论刺激和行为的关系。

　　强化理论认为，当行动的结果对他有利时，他就会趋向于重复这种行为；当行动的结果对他不利时，这种行为就会趋向于减弱或者消失。斯金纳认为，人类的行为可以用过去的经验来解释，人们会通过对过去的行为和行为结果的学习来影响将来的行为。因此，人们会凭借以往的经验来趋利避害，这种过程在心理学中称为"强化"，因此该理论被称为强化理论。

对个人的行为提供奖励,从而使这些行为得到进一步加强,这些行为一般都是管理者所期盼的、符合公司目标的行为。强化的刺激物不仅仅是金钱和物质。表扬、改善工作条件、提升、安排承担挑战性工作、给予学习提高的机会等都能给个人提供某种满足,因而都可能成为强化的刺激物。强化可以是连续的、固定的,如对每一次正确的行为都给予奖励,或每隔一段固定时间都给予奖励。这种方式虽然效果明显,但需要不断增强,否则,久而久之,强化的作用就会逐渐减弱,甚至消失。强化也可以是间断的、时间和数量都不确定的,目的是使每次强化都能有较大效果。显然,后一种强化具有更大的激励效果。

某大型发电公司把这一理论应用到了"安全无借口、人人做明星"的活动中。该发电公司在运行初期出现了不少人为问题,因此,公司除加强前面提及的安全目标考核管理外,还开展了"安全无借口、人人做明星"的活动。为使该活动能产生长期的效果,实现人员绩效和安全业绩的持续改进,公司对安全管理方式进行了较大的调整:将重大事故处理后的报告制度转换为事前处理、事故先兆(事故隐患)的状态报告制度,规定任何人均有责任和义务报告与安全有关的任何问题,包括公司的组织、管理问题。将经验反馈从事件处理过渡到安全隐患或事件先兆的处理,这本身是一个强化过程。需要指出的是,利用现代化管理理论,能不断改善员工的行为方式和行为结果。那么,如何改善和提高人的绩效呢?方法有三:一是提高员工的知识与技能,解决员工"能不能干"的问题;二是改变态度,创造组织氛围和执行制度,解决员工"愿不愿干"的问题;三是改变行为方式和习惯,使胜任员工变得更加优秀,解决员工"干得好不好"的问题。以期养成自动自发、追求卓越的行为习惯。

6.2.3 垃圾焚烧炉的操作管理

1. 垃圾焚烧炉的操作方法

不同的垃圾焚烧炉有不同的操作方法,具体操作时必须按使用说明书进行。参照某大型垃圾焚烧发电厂的运行实践,简要介绍垃圾焚烧炉启动前的准备、点火、运行及停炉的基本要求及操作方法。

(1)启动前的准备。

垃圾焚烧炉启动之前,必须对设备逐台进行检查,确认完好并达到正常启动的条件,同时对运行所需的物料、材料及能源进行充分的准备。启动前的准备工作主要包括以下内容:

①确认供配电设备的电源质量参数符合规定,并按电气操作规程对电气设备进行送电操作。

②确认自控系统设备正常。

③确认垃圾接收设备的机况良好,操作自如。

④确认焚烧炉内无残渣,炉壁完好,烟道及其他装置无积灰,室内不漏风;料斗水冷套和推灰装置加水至正常水位;确认液压装置的压力及动作;确认送料器、炉排、渣滚筒、吹灰装置的动作;确认磁选机、振动输送带的作业功能。

⑤确认点火助燃装置良好,石油气压力正常,燃油质量符合规定,燃油泵及供给系统正常。

⑥确认鼓风机、蒸汽预热器、烟气预热器、炉排密封机、抽风机以及各风道和风门挡板动作，并按规定打开或关闭。

（2）点火操作。

①启动下列设备：水泵、空压机、炉排液压装置、引风机、鼓风机、炉渣滚筒、炉排密封风机、燃油泵，调整气室风压使炉内负压。

②点火操作：启动助燃器风机，按下点火按钮，从视镜确认点火器有火焰燃烧，按下燃油电磁阀按钮喷入燃油，待火焰稳定后，按点火停止按钮，点火完成。

③点火后按升温曲线进行升温作业，同时监视水位，如水位过高，可开启底部排污阀调整水位；视升温情况启动静电除尘器，灰旋转阀，灰输送机，增湿机，除盐水设备，除氧泵，给水泵等。

④投入垃圾的操作：关闭燃烧器；关闭鼓、引风机风门；打开垃圾料斗挡板；投入垃圾；确认料斗内充满垃圾无空隙，密封良好；调整鼓、引风机挡板；重新启动燃烧器直至自然燃烧为止。

（3）停炉操作。

①对焚烧炉进行全面检查，将发现的缺陷进行记录，以备检修。

②缓慢均匀地减小负荷，送料器减速，炉排相应调整，减薄灰层厚度。

③把自动燃烧控制由蒸发控制转换为炉温控制，并按降温曲线开始降温。

④当炉温降至750℃时停止投入垃圾。

⑤二次风门关闭，一次风门渐闭，烟气预热器旁通门徐徐关闭。

⑥停止下列设备：炉排、渣滚筒、鼓风机、炉排风机、引风机。

⑦蒸汽空气预热器出阀门关闭，停止出灰装置、磁选机、振动传送带、炉排液压装置、润滑装置等燃烧设备。

⑧停炉后清除各灰斗内的积灰，并对锅炉外部及周围做一次全面清扫。

2．提高垃圾焚烧炉热效率的措施

（1）提高垃圾发热量。

垃圾是一种极为复杂的组合物，有可燃组分、难燃组分和不可燃组分，其中，影响发热量的主要是渣土等不可燃组分和垃圾的含水率。

①分类收集垃圾。经分类收集后把可燃垃圾送垃圾焚烧厂进行焚烧处理，不可燃垃圾送往填埋场处理，这是提高垃圾发热量最有效的方法；或采用预分选的方法，排除垃圾中的一些不可燃组分，也可达到提高垃圾发热量的目的。

②先发酵后焚烧。垃圾在燃烧过程中，含水量对稳定燃烧和余热利用的影响甚大，一方面水分汽化要吸收部分热量，使垃圾燃烧困难；另一方面水分在燃烧过程中变成水蒸气，增加烟气体积，使排烟带走的热量增加。因此，进炉的垃圾应尽量降低水分。为此，可将垃圾在垃圾池中分区堆放，经过3～5d后再进行焚烧，以降低垃圾水分，提高垃圾低位热值，从而提高垃圾发热量。

（2）减少焚烧炉的热损失。

垃圾焚烧炉的热损失包括：燃料未完全燃烧的损失、设备的散热损失、排烟损失、灰渣热损失以及排污热损失等，这些损失有些是不可避免或必要的损失，有些是可以减少或不应该的损失。减少热损失的主要措施是创造垃圾燃烧条件，使垃圾完全燃烧，尽量减少垃圾未完全燃烧的热损失，从而提高焚烧炉的热效率。

①按焚烧炉的经济负荷进料。根据实践，经济负荷一般为额度负荷的 90% ~ 100%。因此，垃圾焚烧炉应尽量接近额定负荷运行。

②调节适当的进风量。在保证垃圾完全燃烧的前提下，应尽量减少空气过剩系数，具体数值与垃圾热值、焚烧炉形式等有关，可从实际操作中合理规定。

③调节适当的料层。垃圾料层应均匀，厚度适当。可根据焚烧垃圾的性质，通过试验确定最佳料层厚度，使料层既不压火又不穿孔，在合适的过剩空气系数下能稳定燃烧。

④控制炉膛温度。在一般情况下，焚烧炉温度高，燃烧速度快，燃烧易充分，所以提高炉膛温度是促使垃圾完全燃烧的主要措施之一，也是进料调整管理的重要依据。但炉膛温度过高，会产生结渣，引起通风不良，出渣困难，一般炉膛出口温度控制在850℃左右为正常。

⑤控制焚烧稳定。焚烧炉燃烧正常，可减少过剩蒸汽的热损失。如果焚烧炉燃烧不稳定，蒸汽量急增急减，为了冷却多余的蒸汽，就要多耗蒸汽冷凝器的电力，使运行成本上升。

6.2.4　劳动安全和卫生基本措施

1. 劳动安全的基本措施

（1）垃圾焚烧厂主厂房应按一级耐火等级设计，其他厂房的耐火等级不低于二级。设计时应按国家规定在室内外设置消火栓系统，在厂区设置水喷淋系统、在厂房室内外和储油罐区设置专用灭火装置，并应在厂区设置火灾自动报警系统，在主要出入口设置手动报警按钮和警铃。

（2）垃圾焚烧厂中的受压容器应按《压力容器设计规定》设计和检验，高温设备和管道均需设置保温绝热层。

（3）所有正常不带电的电气设备的金属外壳均应采取接地或接零保护。照明配电箱应采用带漏电保护的自动开关，检修照明应采用 36V 安全电压。

（4）厂区内 15m 的建筑物和构筑物均应采取防雷击保护措施，突出屋面的排气管、排风管、铁栏杆等金属物均应与避雷针相连。高烟囱应独立设避雷装置。

（5）在主要通道处均应设置安全应急灯。

（6）各种机械设备裸露的传动部分或运动部分均应设置防护罩，不能设置防护罩的应设置防护栏杆，周围应保持有一定的操作活动空间，以免发生机械伤害事故。

（7）车间内的工作平台四周临空部分均应设有防护栏杆，爬梯和楼梯应设置扶手。库顶、房顶若有需检修的设备，四周加设栏杆、护手。

（8）在设备安装和检修时应有相应的保护设施，操作人员登高时应佩戴安全带和安全帽。登高作业时应有专人监护。

（9）垃圾池及渗沥水池内的电气设备、灯具须选用防爆设备；在垃圾池内，应设置甲烷浓度报警仪传感器。在油罐部应设置液位计，液位在中控室显示并报警，以防柴油溢出。

（10）对桥式起重机应配备安全防护装置（如极限位置限制器、缓冲器、夹轨钳和锁定装置等）。

（11）石灰进出时应采用密闭式运输，操作人员要有严密的个人防护用品。在石灰贮罐附近应设有防潮、防水和防火设施，且不得堆放易燃物，条件允许时最好使用石灰浆。

（12）操作人员在全部停电或部分停电的电气设备上工作时必须完成以下四步措施：停电，验电，装设接地线，悬挂标示牌和装设遮拦。

（13）禁止携带能产生火花的物品进入垃圾焚烧厂，动用明火要按有关规定事先申请，对起重机维修时也应防止产生火花。

（14）各级管理人员必须重视安全生产，认真贯彻安全生产责任制，实现全员、全面、全过程的安全管理。对垃圾焚烧厂各工种均应制定相应的《技术安全岗位规程》，并定期进行教育培训。

（15）对特种作业人员应加强管理，持证上岗。凡从事特种设备的安装和维修的人员，必须经劳动部门专门培训并取得特种设备安装和维修的人员操作证后才能上岗。

（16）对发生的事故或事故苗子要做详细记录，分析发生的原因，并研究采取改进的措施。

2. 劳动卫生的基本措施

（1）垃圾储存部分内外交界的门、焚烧部分处理设备等应尽可能密闭，以减少灰尘及臭气外逸。

（2）尽可能采用噪声小的设备，对于噪声较大的设备，采用减振消音措施，使噪声达到国家规定的标准。

（3）操作条件比较恶劣的工序，尽可能采用隔离操作。

（4）应加强厂房内的通风换气。

（5）在厂内应设置必要的更衣、淋浴、厕所等生活卫生设施。

（6）为了防止有毒有害气体、细菌和传染病对人体的危害，进入垃圾池区域内的人员应佩戴防毒面具。

（7）为了防止垃圾池内苍蝇、蚊子和微生物的滋生，应定时在垃圾池内喷洒消毒药水。

（8）在检修人员进入焚烧炉检修前，必须先对炉内强制输送新鲜空气，并测定炉内的含氧量，待含氧量大于19%后方可进入。检修人员在炉内检修时，必须佩戴防毒面具，同时在炉外应有人员进行监护。

（9）凡进入高噪声区域的人员，必须佩戴舒适性好的防噪声护耳器。

（10）在酸、碱贮罐区的操作人员，在操作过程中必须穿戴防护用品，并严格遵守安全操作规程。酸、碱贮罐的标牌应醒目。酸、碱贮罐区应设置洗眼器和紧急冲淋装置。

（11）对所有从事生产作业的人员，应定期进行体检，并建立健康档案卡。当生产人员的岗位发生变动后，也应进行跟踪检查，以便发现问题及时治疗，确保生产人员的身体健康。

（12）定期对车间内的有毒有害气体进行检测，若发生超标，应分析原因，并采取相应措施。

（13）高温季节应加强防暑降温的各项措施。

（14）定期对职工进行职业卫生的教育，加强防范措施。

6.2.5 国家目前推行的垃圾焚烧发电厂运行管理规范

《中华人民共和国环境保护法》规定，要加强对危险废物的污染控制，保护环境，保障人体健康。国家环保部还特别制定了一系列与垃圾焚烧有关的污染控制标准，规定了生活垃圾焚烧发电厂的选址原则、生活垃圾入厂要求、焚烧炉的基本技术性能指标、焚烧发电厂污染物的排放限值等。这些标准适用于生活垃圾焚烧设施的设计、环境影响评价、竣工验收以及运行过程中污染控制及监督管理,主要有:

《地表水环境质量标准》(GB3838—2002);

《环境空气质量标准》(GB3095—2012);

《恶臭污染物排放标准》(GB14554—93);

《污水综合排放标准》(GB8978—1996);

《工业企业厂界环境噪声排放标准》(GB12348—2008);

《危险废物鉴别标准——浸出毒性鉴别》(GB5085.1—2007);

《固体废物——浸出毒性浸出方法》(GB5086.1~5086.2—1997);

《固体废物——浸出毒性测定方法》(GB/T15555.1~15555.11—1995);

《固体污染源排气中颗粒物测定与气态污染物采样方法》(GB/T 16157—1996);

《锅炉烟尘测试方法》(GB5468—91);

《工业固体废物采样制样技术规范》(HJ/T20—1998)。

建设单位必须在垃圾焚烧发电厂建成投产的同时,保证安全与卫生保护措施同时投入使用,并制定相应的操作规程。

参考文献

[1] 张益,赵由才. 生活垃圾焚烧技术. 北京:化学工业出版社,2000.

[2] 徐梦侠. 城市生活垃圾焚烧厂二噁英排放的环境影响. 杭州:浙江大学,2009.

[3] 国家环境保护总局华南环境保护研究所. 广州市李坑生活垃圾焚烧发电二厂环境影响报告书. 2007.

[4] 张春舜,郑冬琴. 核安全文化调研报告. 暨南大学核科学与工程技术研究院,2011.

[5] LOEBER M,ESCHENROEDER A,ROBINSON R. Testing the USA EPA's ISCST-Version 3 model on dioxins:a comparison of predicted and observed air and soil concentration. Atmos. Environ. ,2000.

7 垃圾焚烧污染物产生与控制技术

固体废物完全燃烧反应只是一个理想的状态。由于垃圾的组成十分复杂，各组分在实际燃烧过程中归趋途径多种多样，燃烧过程会产生大量的污染物，如烟气中的颗粒污染物、重金属粉尘、酸性气体、二噁英类污染物及焚烧灰渣。这些污染物如果不加以控制和治理，将会对人体和环境造成直接或间接的危害，导致二次污染。

7.1 垃圾焚烧排放主要污染物的产生及控制标准

7.1.1 主要污染物的产生

垃圾焚烧产生的污染物主要包括：焚烧过程中烟气中排放的污染物、除尘器收集下来的飞灰和焚烧炉渣、焚烧过程中产生的噪声等其他一些污染物。

固体废物焚烧过程中排放的烟气中的污染物主要有：颗粒污染物，二氧化硫（SO_2）、三氧化硫（SO_3）、氮氧化物（NO_x）、氯化氢（HCl）、氟化氢（HF）等酸性气体，二噁英/呋喃（PCDDs/PCDFs），重金属及灰渣等。

（1）颗粒污染物。

焚烧尾气排放的颗粒物主要包括惰性无机物质（类似灰分）、无机盐以及可凝结的气体污染物等，其含量在 $450 \sim 22\,500\text{mg/m}^3$ 之间。颗粒物的粒径范围通常为 $1 \sim 100\mu\text{m}$，其中 $30\mu\text{m}$ 以下的占 $50\% \sim 60\%$，一般排放过程中都附带有重金属或其氧化物。

颗粒物的产生量与固体废物的性质和燃烧方法有关。一般来说，固体废物中灰分含量高，会导致产生的颗粒物数量增多。

（2）酸性气体。

当垃圾中含有 F、Cl 等卤族元素和含氮及含硫的物质时，燃烧后烟气中会产生 NO_x、SO_x、HF 和 HCl 等酸性气体。由于垃圾中含有较多的废塑料、厨余（含大量的食盐）、纸、布成分，焚烧烟气中的酸性气体 HCl 产生量最大。焚烧炉废气中主要污染物浓度见表 7 – 1。

表 7 – 1 焚烧炉废气中主要污染物浓度参考值（标准状态，10% O_2 干基）

名称	城市垃圾		工业废物		化学废物	
	范围	平均值	范围	平均值	范围	平均值
颗粒污染物（mg/m³）	2 ~ 10	6	10	10	0.1 ~ 15	5
HF（μL/L）	5 ~ 15	10	50	275	0 ~ 3 000	250
HCl（mg/L）	350 ~ 1 100	550	1 800 ~ 6 000	4 000	60 ~ 24 000	1 200
SO₂（mg/L）	70 ~ 350	150	520 ~ 1 800	1 100	0 ~ 7 000	1 700

（3）二噁英。

垃圾焚烧排放烟气中二噁英的产生主要有两个来源：一是垃圾本身含有二噁英类物质，因为其本身的热稳定性高，导致其在焚烧过程中不能分解而释放；二是固体废物在燃烧过程中产生二噁英，由于废物的不完全燃烧以及飞灰表面的不均匀催化反应形成的多种有机前驱物，如多氯联苯和二苯醚等，再经过重排、自由基缩合、脱氯等其他反应生成二噁英。

研究也表明，垃圾组分中纺织品形成的二噁英比例最大，其次是塑料和纸张。

（4）重金属。

焚烧烟气中的重金属来源于焚烧过程中垃圾所含重金属及其化合物的挥发，主要有Hg、Pb、Cr、Cd、As、Ni、Mn等。这些重金属在高温条件下，由固态变成气态，还能进一步发生复杂的化学反应，最终生成重金属氧化物、重金属氯化物等，重金属主要吸附在颗粒污染物上以及存在于焚烧灰渣中。

（5）灰渣。

固体废物经焚烧处理后仍有10%~20%的灰渣以固体的形式存在，焚烧过程中产生的灰渣主要是指炉渣和飞灰，一般为无机物质。焚烧设施产生的灰渣主要是金属的氧化物、碳酸盐、硫酸盐以及硅酸盐。炉渣、飞灰的产生和特性见表7-2。

表7-2 炉渣、飞灰的产生和特性

项目	产生机理和性状	产生量（干重）	重金属浓度	溶出特性
炉渣	Cd、Hg等低沸点金属都称为粉尘，其他金属、碱性成分也有一部分气化，冷却凝结为炉渣，炉渣由不可燃物、可燃物灰分和未燃物组成	混合收集时湿垃圾量的10%~15%，不可燃物分类收集时湿垃圾量的5%~10%	除尘器飞灰浓度的1/100~1/2	分类收集或燃烧不充分时，Pb、Cr^{6+}可能会溶出，成为COD、BOD
除尘器飞灰	除尘器飞灰以Na盐、K盐、磷酸盐和重金属为多	湿垃圾质量的0.5%~1%	Pb、Zn：0.3%~3%；Cd：20~40mg/kg；Cr：200~500mg/kg；Hg：110mg/kg	Pb、Zn、Cd挥发性重金属含量高，pH值高时，Pb溶出；中性时，Cd溶出
锅炉飞灰	锅炉飞灰的粒径比较大，主要是沙土，锅炉室内利用重力或惯性力可以去除	与除尘器飞灰量相当	介于炉渣与除尘器飞灰之间	

（6）其他污染物。

在垃圾焚烧的过程中，除了会产生颗粒物、重金属、二噁英和焚烧灰渣等主要污染物之外，还会产生一些如恶臭、噪音等次要的污染，它们会刺激人的嗅觉、听觉器官或者引起人的厌恶和不愉快，也可能损害人体健康。在固体废物焚烧发电过程中，余热锅炉蒸汽排放管、高压蒸汽吹管、汽轮发电机、风机、泵和废物运输车辆都会产生一定程度的噪声。另外，焚烧厂内的吊车、垃圾粉碎机、烟气净化器和振动筛等作为次要噪声源，产生的噪声也不容忽视。

7.1.2　焚烧污染物的控制标准

我国《生活垃圾焚烧污染控制标准》首次颁布于 2000 年，在 2001 年第一次修订（GB18485 - 2001），该标准规定了生活垃圾焚烧厂的选址原则、焚烧基本技术性能指标和焚烧厂污染物排放限值等。随着社会经济的发展和焚烧技术设备的更新，该标准在 2014 年又进行了二次修订。在 2014 版标准中，充分借鉴国际先进经验，使标准更加适应生活垃圾焚烧污染控制的特性和规律，在满足环境质量改善的前提下促进焚烧技术的发展。这一标准的颁布、实施，有利于防治垃圾焚烧过程中产生的二次污染，规范垃圾焚烧设施的建设和运行，进一步提高了生活垃圾焚烧技术的水平和环保水平。修订前后具体内容的对比见表 7 - 3。

表 7 - 3　不同标准中污染物排放限值对比

类别		GB 18485—2001	GB 18485—2014
排放控制要求	颗粒物（mg/m³）	80（测定均值）	20（日均值）
	HCl（mg/m³）	75（小时均值）	50（日均值）
	SO₂（mg/m³）	260（日均值）	80（日均值）
	NOₓ（mg/m³）	400（小时均值）	250（日均值）
	汞（mg/m³）	0.2（测定均值）	0.05（测定均值）
	镉 + 铊（mg/m³）	0.1（测定均值）	0.1（测定均值）
	铅及其他（mg/m³）	1.6（测定均值）	1.0（测定均值）
	二噁英类（ngTEQ/m³）	1.0（测定均值）	0.1（测定均值）
检测要求		NOₓ、HCl、颗粒物和 SOₓ 未要求进行连续监测；监测频次没有要求	NOₓ、HCl、颗粒物和 SOₓ 采用连续监测；监测数据的超标率也进行了详细的要求；其他大气污染物包括重金属类项目每季度监测一次，二噁英每年监测一次

对于危险废物的焚烧，我国规定执行 1999 年 12 月发布的《危险废物焚烧污染控制标准》（GWKB2—1999），其中规定了焚烧炉大气污染物、重金属等污染物的排放限值。这个标准从 2000 年 3 月开始实施，从实施之日起，二噁英类污染物排放限值在北京、上海和广州执行，2003 年 1 月起在全国执行。

与一些发达国家相比，监测要求部分与国外标准一致，例如 CO、HCl、NO$_x$、SO$_2$ 和颗粒物等必须采取连续监测，重金属和二噁英的监测频次与日本等国家规定的一致。污染物排放限值目前的水平与发达国家接近，与欧盟基本一致，如二噁英的排放限值为 0.1ngTEQ/m³，这与欧盟是相同的，而美国关于二噁英的排放限值则为 0.2ngTEQ/m³。个别指标相比发达国家更加严格，如酸性气体 HCl 的排放限值。我国修订后的标准与国外标准的对比见表 7 – 4。

表 7 – 4　修订后的标准与国外标准的比较

	污染物	美国	欧盟	中国（GB18485—2014）
污染物排放限值	颗粒物（mg/m³）	20（日均值）	10（日均值）	20（日均值）
	HCl（mg/m³）	30（日均值）	10（日均值）	50（日均值）
	SO$_2$（mg/m³）	60（日均值）	50（日均值）	80（日均值）
	NO$_x$（mg/m³）	215（日均值）	200（日均值）	250（日均值）
	汞（mg/m³）	0.03（测定均值）	0.05（测定均值）	0.1（测定均值）
	镉＋铊（mg/m³）	0.07（测定均值）	0.05（测定均值）	0.1（测定均值）
	铅及其他（mg/m³）	0.14（测定均值）	0.5（测定均值）	1.0（测定均值）
	二噁英类（ngTEQ/m³）	0.2（测定均值）	0.1（测定均值）	0.1（测定均值）
监测要求		NO$_x$、HCl、颗粒物和 SO$_x$ 采取连续监测，取 24h 内的小时平均值，重金属、二噁英类 1 年监测一次，测试均值	NO$_x$、HCl、颗粒物和 SO$_x$ 取半小时均值和日均值，重金属、二噁英和呋喃每年至少监测两次	NO$_x$、HCl、颗粒物和 SO$_x$ 采取连续监测，计算小时均值和日均值，重金属、二噁英类每年监测一次，测试均值

7.2　垃圾焚烧过程颗粒污染物的产生与控制技术

7.2.1　颗粒污染物的产生

生活垃圾在焚烧过程中，由于高温热分解、氧化作用，燃烧物质及其产物的体积和粒度减小，其中的不可燃物大部分以炉渣的形式排出，一小部分质小体轻的物质在气流携带及热泳力的作用下，与焚烧产生的高温气体一起在炉膛内上升，经过与锅炉的热交换后从锅炉出口排出，形成含有颗粒物即飞灰的烟气流。一般来说，固体废物中灰分含量高，燃烧不完全等都会导致烟气中的颗粒物数量增多。

焚烧尾气排放的颗粒物主要包括惰性无机物质（类似灰分）、无机盐以及可凝结的气体污染物等，其含量在 450～22 500mg/m³ 之间。颗粒物的粒径范围通常为 1～100μm，其中 30μm 以下的占 50%～60%，一般排放的过程中都附带有重金属或其氧化物。

7.2.2 颗粒污染物控制技术

应用于垃圾焚烧厂颗粒物控制的设备种类很多，有静电除尘器、布袋除尘器、离心沉降器、文丘里洗涤器等，不同的除尘设备性能和去除效果有很大的不同。例如，重力沉降器、旋风除尘器对粒径较小的颗粒物的去除效果很差，静电除尘器和布袋除尘器除尘效果则能达到99%以上，布袋除尘器对粒径1μm以下的颗粒物的除尘效果优于静电除尘器，特别是对烟尘、重金属、二噁英等有机物类污染物有较好的除尘效果。国外研究表明，静电除尘器可使颗粒物的浓度控制在45mg/m³以下。文丘里洗涤器虽然除尘效果好，但会产生大量的废水，使处理成本增大。

近年来，发电厂污染问题突出，人们对二噁英问题的重视提高。对人类健康危害较大的微细颗粒物，布袋除尘器相比其他技术的收集效率更高，适用于捕集细小、干燥、非纤维性粉尘。它的除尘效率一般在99%以上，除尘器出口气体含尘浓度在10mg/m³之内，对亚微米粒径的细尘有较高的分级效率。

《生活垃圾焚烧污染控制标准》（GB18485—2014）已明确规定，生活垃圾焚烧炉必须采用布袋除尘器 + 活性炭。布袋除尘器工作原理见图7 − 1，活性炭的投加量可根据烟气尾气中的不同要求而选用。

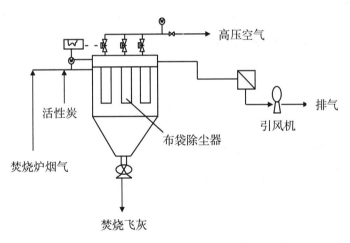

图7 − 1　布袋除尘器结构图

7.3 焚烧炉内酸性气体的生成与控制技术

垃圾焚烧过程生成的酸性气体主要有 HCl、SO_x、NO_x 等，这些酸性气体不仅污染环境，而且对焚烧设备及热回收系统也有很强的腐蚀性。我国已颁布的焚烧炉烟气控制标准中，对 HCl 和 SO_2 的排放浓度分别为 50 ~ 60mg/m³ 和 80 ~ 100mg/m³。因此，合理有效的烟气处理技术是保障垃圾焚烧发电厂推广实施的必要条件。下面就烟气中 HCl、SO_x、NO_x 三种主要的酸性气体的生成及控制技术进行讨论。

7.3.1 焚烧炉内 HCl 的生成

HCl 气体是垃圾焚烧烟气生成的主要酸性气体之一，一般浓度为 400 ~ 1 500mg/m³。我国城市生活垃圾焚烧烟气中 HCl 气体的原始浓度一般维持在 815 ~ 1 630mg/m³。西方国家垃圾焚烧烟气中 HCl 气体的浓度在 163 ~ 815mg/m³，而在我国《生活垃圾焚烧污染控制标准》（GB18485—2014）中 HCl 排放标准为 50 ~ 60mg/m³。

烟气中的 HCl 气体主要来源于焚烧垃圾中的有机氯化物和无机氯化物：

1. 有机氯化物

垃圾中含有聚氯乙烯（PVC）和聚偏二氯乙烯等物质，当垃圾燃烧分解这些有机氯化物时就会分解产生 HCl。特别是 PVC，当加热到 3 000℃ 以上时，PVC 就能完全分解生成 HCl，可通过以下反应来表示：

$$CH_2CHCl + \frac{5}{2}O_2 === 2CO_2 + HCl + H_2O$$

2. 无机氯化物

垃圾中一般还含有 NaCl 和 CaCl₂等无机氯化物，它们与烟气中的 SO₂ 在有水分的条件下反应，生成 HCl 和硫酸盐，反应式如下：

$$2NaCl + SO_2 + \frac{1}{2}O_2 + H_2O === Na_2SO_4 + 2HCl$$

当垃圾中氯的含量较高时，可能会产生游离的氯气。当焚烧过程的过剩空气系数很大时，HCl 气体可以被氧化生成游离的氯气。同盐酸盐（如 NaCl、CaCl₂等）相比，由于 PVC 在燃烧过程中能够提供充足的氢，将产生更多的 HCl 气体。垃圾中的盐酸盐在 O₂、H₂O 和 SO₂的存在下通过下列一系列反应生成 HCl 和 Cl₂：

$$MCl_x + \frac{x}{2}SO_2 + \frac{x}{2}H_2O + \frac{x}{4}O_2 \longrightarrow \frac{x}{2}M_{\frac{2}{x}}SO_4 + xHCl$$

$$MCl_x + \frac{x}{2}SO_2 + \frac{x}{2}O_2 \longrightarrow \frac{x}{2}M_{\frac{2}{x}}SO_4 + \frac{x}{2}Cl_2$$

$$MCl_x + \frac{x}{2}SO_2 + \frac{x}{2}H_2O \longrightarrow \frac{x}{2}M_{\frac{2}{x}}SO_3 + xHCl$$

$$MCl_x + \frac{x}{2}H_2O \longrightarrow \frac{x}{2}M_{\frac{2}{x}}O + xHCl$$

$$MCl_x + xH_2O \longrightarrow M(OH)_x + xHCl$$

$$MCl_x + \frac{x}{4}O_2 \longrightarrow \frac{x}{2}M_{\frac{2}{x}}O + \frac{x}{2}Cl_2$$

$$MCl_x + \frac{x}{2}SiO_2 + \frac{x}{2}H_2O \longrightarrow \frac{x}{2}M_{\frac{2}{x}}SiO_3 + xHCl$$

其中 M 代表 Na、K、Ca；当 M 为 Na、K 时，x = 1；当 M 为 Ca 时，x = 2。

Wey 等人研究了垃圾焚烧中 HCl 气体的产量与温度的关系，研究结果表明，不管对于含氯无机盐还是对于含氯有机物（如 PVC）而言，温度的进一步升高均不利于 HCl 气体的生成。垃圾焚烧过程中 HCl 气体生成速率常数与温度的关系见表 7 - 5。

表 7 – 5 垃圾焚烧过程中 HCl 气体生成速率常数与温度的关系

成分	反应温度（℃）					
	300	500	700	800	900	1 000
NaCl	3×10^{10}	4×10^5	6×10^2	5×10	7	1
KCl	7×10^{10}	9×10^5	1×10^3	1×10^2	2×10	5
$MgCl_2$	2×10^{17}	4×10^{10}	5×10^6	2×10^5	1×10^4	6×10^3
$CaCl_2$	5×10^{16}	1×10^{10}	1×10^6	5×10^4	4×10^3	6×10^2

（衣静等，2012 年）

7.3.2 焚烧炉内 SO_x 的生成

SO_x 通常是由垃圾中含硫化物焚烧氧化时产生的。另外，一些垃圾焚烧炉需要燃煤作辅助燃料以稳定燃烧，也造成较多的 SO_x 产生。燃烧过程中生成的 SO_x 不仅会引起酸雨现象，而且还会对人体健康产生危害，控制 SO_x 的发生源显得十分重要。

生活垃圾在燃烧的初期阶段，燃料中的硫化物迅速分解挥发并生成了反应活性很高的中间产物，中间产物又进一步被氧化转变成 SO_2。其中，S—H 键的硫化物要比 C—S 键的硫化物挥发性高，而与碳、氢、硫结合的硫化物要比 C—S 键或 S—H 键先挥发出来，但是硫化亚铁和由多环结合的噻吩硫即使在高温下也很稳定，挥发很慢。

7.3.3 焚烧炉内 NO_x 的生成

垃圾焚烧烟气中的 NO_x 以 NO 为主，含量高于 95%，主要来源于空气中氮气的热力型 NO_x 及燃料中氮化物的燃料 NO_x。其中氮元素形成的燃料 NO_x 占 70% ~ 80%，是由挥发成分中的氮和固定碳中的氮两种途径转化形成。燃料中 NO_x 的生成量与火焰温度、过量空气系数呈正相关，火焰温度越高，过量空气系数越大，燃料 NO_x 生成量越大。

在燃烧过程中，NO_x 的生成包括热力型、快速型和燃料型三种机理。

1. 热力型 NO_x

热力型 NO_x 是空气中的氮在高温下被氧化而产生的，在这一过程中 NO 的生成是一个不分支的连锁反应。其生成机理可用泽尔多维奇（Zeldovich）不分支连锁反应来表示，如下：

$$O_2 \Longequal 2O \qquad\qquad ①$$
$$O + N_2 \Longequal NO + N \qquad\qquad ②$$
$$N + O_2 \Longequal NO + O \qquad\qquad ③$$
总反应：$$N_2 + O_2 \Longequal 2NO \qquad\qquad ④$$
$$2NO + O_2 \Longequal 2NO_2 \qquad\qquad ⑤$$

其中②和③反应式是产生热力型 NO 的主要反应，②反应产生大部分的热力型 NO，同时由于其高活化能，因此，②反应决定了整个链式反应的反应速率。

之所以称其为热力型 NO_x，是因为在此过程中温度对这种 NO 的生成量具有决定性的影响。热力型 NO 的生成过程是一个吸热反应，温度对 O 原子浓度起着关键作用，因此温度对其生成起着主导作用，当温度超过 8 000℃就会有热力型 NO 生成。通常在大于 1 800K时才会有大量热力型 NO 出现，同时也受反应时间和氧浓度影响。

2. 快速型 NO_x

与热力型 NO_x 生成机理不同，快速型 NO_x 是在燃料过浓区，在火焰面上生成的大量的 NO_x，其机理可以用费尼莫尔机理进行解释，如图 7-2 所示。

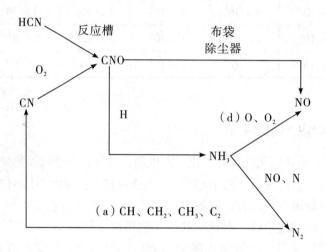

图 7-2 快速型 NO_x 的费尼莫尔机理

在燃烧时燃料挥发物中的碳氧化合物高温热分解生成的 CH 自由基，这些自由基撞击燃料空气中的氮分子而生成 CN、HCN，然后 HCN 等再被氧化成 NO_x。有研究认为大约90%的快速型 NO_x 来自中间产物 HCN 的转化。快速型 NO_x 的主要反应方程式如下：

$$CH + N_2 \Longrightarrow HCN + N$$
$$CH_2 + N_2 \Longrightarrow HCN + NH$$
$$HCN + O \Longrightarrow NO + \cdots$$

另有一小部分快速型 NO 来自如下反应：

$$C + N_2 \Longrightarrow CN + N$$
$$N + OH \Longrightarrow NO + H$$

快速型 NO 的反应过程十分复杂，于是有学者采用了一种简化的计算公式来预测快速型 NO 的生成量：

$$\frac{d [NO]_P}{dt} = fT^\beta K_{pr} [O_2]^a [N_2] [fuel]^b \exp(-E_a/RT)$$

其中，f 是一个修正系数：$f = 4.75 + C1n - C2q + C3q^2 - C4q^3$，$n$ = 燃料中的碳原子个数，$C1$，$C2$，$C3$，$C4 = 8.19 \times 10^{-2}$，23.2，32，12.2。

3. 燃料型 NO_x

前面所讲的热力型 NO_x 和快速型 NO_x 中的氮都是来源于空气中的氮，而燃料型 NO_x 中的氮则是来源于燃料中的氮，与空气中的氮相比，其结合键能量较小，在燃烧时很容易分解出来。燃料型 NO_x 是燃料中含氮有机化合物热解产生 N、CN、HCN 和 NH_3 等中间产物集团，然后再氧化生成的。

对燃料型 NO_x 的生成机理，费尼莫尔提出的模型认为：对于预混火焰，燃料 N 转向 NO 是由如下两个相互竞争的过程所决定的：

$$\text{燃料：} N \to I \to \begin{cases} I + R \xrightarrow{K} NO + \cdots \\ I + NO \xrightarrow{K_2} N_2 + \cdots \end{cases}$$

其中 I 主要是 N、CN、HCN 和 NH_i 等化合物，R 主要是 O、OH、O_2 等含氧化合物。

燃料型 NO_x 的生成量和过量空气系数呈正相关，其转化率随过量空气系数的增加而增加。当过量空气系数小于 1 时，其转化率会显著降低；而为 7 时，则接近于零。

7.3.4 HCl、SO_x 的控制技术

HCl 和 SO_x 是焚烧烟气中两种主要的酸性气体，针对这两种气体的去除成熟有效的方法是烟气脱硫技术（Flue Gas Desulfurization，FGD），这是一种低温（低于 250℃）烟气净化技术，包括湿法、干法和半干法三种工艺。在去除 HCl 和 SO_x 的同时，还可以将 HF 等少量的酸性气体脱除。

1. 干式洗烟法

干法脱酸工艺是指在除尘器前的烟道或者反应塔中通过专门的喷头喷入消石灰等碱性药剂粉末，让药剂微粒表面与烟气中的 HCl、SO_2、HF 等酸性气体充分接触，发生酸碱中和反应生成 NaCl、$CaCl_2$、$NaSO_3$、$CaSO_3$ 等中性颗粒物，这些颗粒物再被后面的除尘设备捕集下来，从而达到去除目的，工艺流程如图 7-3 所示。

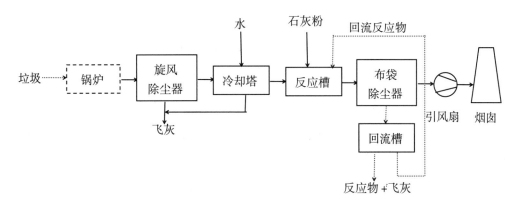

图 7-3 排烟脱硫干式处理流程图

Jannelli 等人在 54t/d 的 RDF 焚烧模拟实验中，使用 $Ca(OH)_2$ 作为吸收剂，达到了 99% 的 HCl 去除率，排放浓度稍高于欧盟标准；郭一鑫采用干法烟气净化系统进行烟气处理，HCl 的去除率大于 97%。国内学者研究发现，CaO 和 $Ca(OH)_2$ 作为吸收剂可以有效去除焚烧烟气中的 HCl 气体，但由于干法的脱酸效率较低，需要消耗大量的吸收剂，这为后续灰渣处理带来较大压力。

传统干法脱酸工艺虽然可以达到较高的 HCl 气体净化效率，但吸收剂投入量大，产生大量危险废物（飞灰），通常需要经过固化稳定化处理后进行安全填埋处理，浪费土地资源。而且，为了减少填埋场重金属的浸出，必须对飞灰进行水洗以去除其中大部分的 Cl^-，从而大幅增加了垃圾焚烧的运行成本。

2. 半干式洗烟法

半干法脱酸工艺与干法脱酸工艺的不同之处是喷入的药剂为乳泥状的碱性药剂，采用的药剂多为石灰系物质，如颗粒状生石灰或粉状的消石灰 $Ca(OH)_2$。使用时将生石灰或消石灰粉加水调成乳剂，利用雾化压缩空气喷嘴将石灰浆雾化后，在洗涤塔的喉部喷入。石灰浆喷入的位置在洗涤塔的喉部，此处烟气流速较高，能与石灰浆雾滴充分混合、接触反应，并且一起向上流动（上进气，反之则为下进气），工艺流程见图 7 - 4。

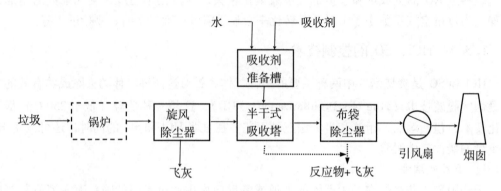

图 7 - 4　排烟脱硫半干式处理流程图

半干法对酸性气体的去除率在 90% 左右。但当后续再接布袋除尘器时，在布袋表面又提供了药剂的二次反应机会，使系统整体对酸性气体 HCl、SO_2 的去除率可提高至 98% 以上。化学反应式为：

$$CaO + H_2O \longrightarrow Ca(OH)_2$$

$$Ca(OH)_2 + SO_2 \longrightarrow CaSO_3 + H_2O$$

$$Ca(OH)_2 + 2HCl \longrightarrow CaCl_2 + 2H_2O$$

$$或\ SO_2 + CaO + \frac{1}{2}H_2O \longrightarrow CaSO_3 \cdot \frac{1}{2}H_2O$$

半干式洗烟法的优点是反应效率高、反应时间短，石灰浆利用率高。还可以把反应产物（$CaSO_3$、$CaCl_2$）中的水分蒸发，成为干燥的颗粒物排出。

3. 湿式洗烟法

湿式洗烟法处理流程见图 7 - 5。经过静电除尘或布袋除尘后的烟气进入湿式洗烟塔的上端，与喷入的足量碱性溶液对流，在塔内填料空隙及表面不断地接触并反应，使烟气中的酸性气体被吸收并去除，湿法对 HCl 去除效率达到 98%，对 SO_x 去除效率为 90% 以上。

常用的碱性药剂有苛性钠 $NaOH$ 溶液或石灰 $Ca(OH)_2$ 溶液，将烟气中的酸性气体转化为溶于水的盐类，如果以石灰溶液洗烟，反应式如下：

$$2SO_2 + 2CaCO_3 + 4H_2O + O_2 \longrightarrow 2CaSO_4 \cdot 2H_2O + 2CO_2$$

湿式洗烟法由于会产生大量废水，以及烟气湿度太大导致尾气净化系统腐蚀严重，因而现在已很少直接应用于酸性气体净化，一般作为干法和半干法净化工艺之后的尾气深度净化措施。

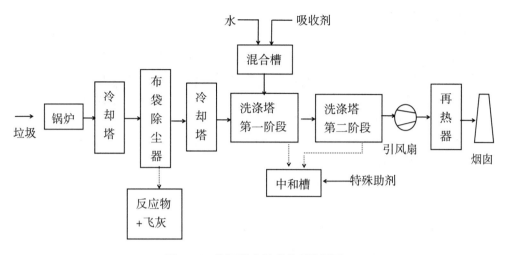

图 7 - 5　排烟脱硫湿式处理流程图

7.3.5　NO$_x$的控制技术

美国燃料工程公司曾由实验测得，在 20% 的过剩空气量时，燃料氮转变成 NO 的比例小于 20%。垃圾焚烧厂中 NO$_x$ 形成的反应方程式如下：

$$O + N_2 \longrightarrow NO + N$$

$$N + O_2 \longrightarrow NO + O$$

NO$_x$ 不易发生化学反应的惰性和难溶于水的性质，决定了 NO$_x$ 的控制技术是最困难且费用最高的技术，并且无法借用洗烟塔加以去除，必须借助其他方法加以去除。

NO$_x$ 控制技术主要有燃烧前脱硝技术、燃烧中脱硝技术和烟气脱硝技术三种方法。燃烧前脱硝主要是把燃料转化成低氮燃料，达到降低 NO$_x$ 生成的目的，该技术至今还不是很成熟，目前应用较多的是燃烧中脱硝技术和烟气脱硝技术。

1. 燃烧中脱硝技术

燃烧中脱硝技术是通过调整焚烧炉内垃圾焚烧的条件来降低 NO$_x$ 产生量的方法。在这一过程中需要促进热分解气体的产生，维持热分解气体与 NO$_x$ 的充分接触。为防止热分解气体发生急剧燃烧，还需严格控制炉内处于低氧状态。因为在这一过程中是以炉内干燥区产生的 NH$_3$、CO 及 H$_2$O 等热分解物质为此反应中的还原物质，利用自身脱硝技术，将燃烧垃圾产生的 NO$_x$ 还原为氮气（N$_2$）。

基于 NO$_x$ 的形成受温度的影响极大这一规律，可以通过改进燃烧方式避开使 NO$_x$ 大量生成的温度区间，从而实现 NO$_x$ 的减排。秘子昂等于 2013 年研究了通过控制燃烧减少 NO$_x$ 排放浓度的实验，通过实验发现，当炉腔温度超过 750℃后，NO$_x$ 浓度下降较为明显，但当炉腔温度达到 800℃后，NO$_x$ 浓度下降趋势又开始趋于缓慢，而当温度超过 880℃后，NO$_x$ 浓度又呈上升趋势。然而从理论上说，当温度超过 800℃后，NO$_x$ 浓度应继续下降，这说明了高温下反而令锅炉内燃烧不均衡，导致 NO$_x$ 浓度上升。因此建议将炉腔温度控制在 800℃ ~880℃。在这一过程中主要有以下几种技术：低过量空气燃烧、空气分级燃烧、燃料分级燃烧、烟气再循环、高温空气燃烧等。而任何一种燃烧中脱硝技术中都必须考虑到降低火焰温度、在火焰温度最高区形成一富燃料区和缩短在富燃料区的停留时间这三项中的至少一项。

2. 烟气脱硝技术

因焚烧厂燃烧原料是生活垃圾，生活垃圾具有组分不确定性等特点。所以为保证垃圾焚烧厂的NO_x排放浓度达标，需要在烟道的具体位置加设烟气脱硝装备。燃烧后脱硝技术是通过还原或吸附来降低烟气中NO_x的方法，主要技术有选择性非催化还原法（SNCR）和选择性催化还原法（SCR）。

①选择性非催化还原法：是在炉内燃烧区后部将氨或尿素注入高温（900℃～1 000℃，取决于操作需要）废气中，将NO_x还原为分子态的N_2和H_2O，还原反应为：

$$4NO + 4NH_3 + O_2 \Longrightarrow 4N_2 + 6H_2O$$

$$6NO_2 + 8NH_3 \Longrightarrow 7N_2 + 12H_2O$$

此反应的限制条件是还原反应温度，一般来说，注氨时反应温度约为810℃；注尿素时为890℃，最理想的反应温度为865℃，采用该方法对NO_x的去除率在60%以下。为保证用最小的氨水消耗量取得最大的去除效率，应做到：喷射点应根据烟气温度的变化而变化；化学反应剂均匀分布；喷入的反应剂的量与氮氧化物量相匹配。

采用SNCR技术由于不需要催化作用，其投资和运行成本比NCR低，还可避免催化剂的堵塞和毒化作用，实际应用很多。

②选择性催化还原法：在相对低温（250℃～450℃）下，借助于选择性催化剂催化作用，使废气中的氮氧化物与注入的氨气在催化剂表面被还原为氮气和水。SCR装置通常置于除尘及除酸气体设备之后，以防止烟气中的重金属和亚硫酸盐影响催化剂的活性。催化剂多为 Pt/Al_2O_3、V_2O_5/TiO_2、$V_2O_5/WO_3/TiO_2$、Fe_2O_3/TiO_2、CrO_3/Al_2O_3 和 CuO/TiO_2等，氨为还原剂。

SCR的脱氮能力取决于活性成分的量和反应温度。经过除酸及除尘后出来的废气温度多在200℃以下，因此在使用SCR前，需将废气温度加热到350℃左右。由于催化剂的存在，氮氧化物无须高温即可进行有效还原反应，反应式如下：

$$4NO + 4NH_3 + O_2 \longrightarrow 4N_2 + 6H_2O$$

$$NO + NO_2 + 2NH_3 \longrightarrow 2N_2 + 3H_2O$$

SCR技术有很好的效果和适应性，可达到NO_x的排放 ≤ 70mg/m³ 的效果。另外经过特殊处置的SCR装置还提供了消除 PCDDs/PCDFs（二噁英/呋喃）的可能。工艺处理流程见图7-6。

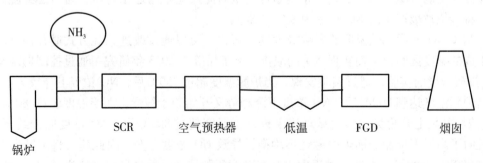

（a）高悬浮微粒状态脱硝流程图

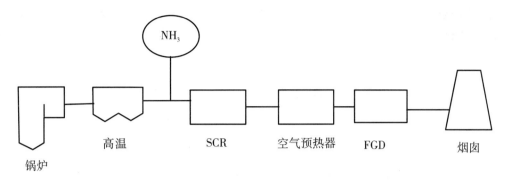

（b）低悬浮微粒状态脱硝流程图

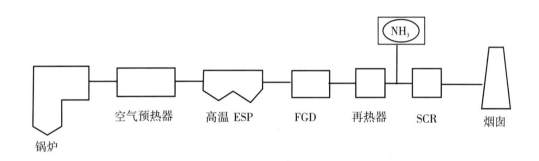

（c）低悬浮微粒状态脱硝流程图

图 7-6　尾端 SCR 脱硝系统流程图

7.4　焚烧废气中重金属的控制技术

我国居民生活垃圾仍然未经分类处理。垃圾中含有的重金属包括防腐剂、杀虫剂、印刷油墨、温度计、颜料、金属板、废旧电池及各种工业废弃物和医疗废弃物，这些有毒有害的重金属随垃圾焚烧而进入环境中。垃圾焚烧厂排放的废气中所含重金属量的多少与废弃物组成性质、重金属存在形式、焚烧炉操作及废气污染控制方式有密切关系。

7.4.1　焚烧过程中重金属的分布及形态

垃圾焚烧产生的重金属主要分布在焚烧炉的炉渣、飞灰、烟气及炉壁积灰中。不同金属由于自身的性质不同且受到垃圾中其他成分的影响，经焚烧后各种重金属的分布及形态存在差异。

一般认为镉、铬、锌、砷属于高沸点、低挥发性物质，主要分布于飞灰。铜主要是以固相形态存在于焚烧过程且多分布在炉渣。汞属于低沸点、高挥发性物质，大多数存在于烟气中，焚烧炉温度在 650℃ 以下仍有 90% 的汞存于烟气中。铅主要分布于飞灰和炉渣。祝建中等观察后发现，随着水分在垃圾比重中的增大，飞灰中的重金属含量逐渐减少，而炉渣中的重金属含量却呈上升趋势。但镉与汞不受垃圾中水分的影响，镉在达到饱和温度时完全冷凝到飞灰中，而汞则以气态排出烟囱。

由于焚烧炉内温度较高且伴随存在着 Cl_2、SO_2、O_2 等气体成分，重金属可能以挥发态化合物形态蒸发，通常认为垃圾焚烧过程中不同温度下产生的重金属通常以硫化态、氯化态、氧化态以及元素态形式存在。表7-6列出了垃圾焚烧过程中常见重金属在不同温度下的存在形态。

表7-6　常见重金属在不同温度下的存在形态

重金属	焚烧炉中不同温度下主要形态
汞（Hg）	$HgCl_2(g)$（600℃），$Hg(g)$（700℃~1 000℃），$HgO(g)$（>1 000℃）
铅（Pb）	$PbCl_2(g)$（200℃~400℃），$PbO(g)$、$PbCl(g)$（800℃~1 000℃），$Pb(g)$（>1 000℃）
镉（Cd）	$CdCl_2(g)$（300℃~400℃），$CdO(g)$（600℃~1 000℃），$Cd(g)$（>1 000℃）
镍（Ni）	$NiCl(s)$（<250℃），$NiO(g)$（250℃~600℃），$NiCl_2(g)$、$NiCl(g)$（>600℃）
锌（Zn）	$ZnCl_2(s)$（250℃），$ZnO(s)$、$ZnCl_2(g)$（300℃~700℃），$Zn(g)$（>800℃）
砷（As）	$As_2O_5(s)$（<500℃），$As_4O_6(s、g)$、$AsCl_3(g)$（500℃~1 000℃），AsO（>1 000℃）

7.4.2　焚烧烟气中重金属污染物的控制技术

按照在垃圾焚烧不同阶段对重金属的控制，可分为焚烧前控制、焚烧中控制和焚烧后控制，在不同阶段依据垃圾和重金属的理化特性再结合其他因素对重金属进行控制和治理，几种重金属去除方法比较见表7-7。

表7-7　几种重金属去除方法比较

重金属去除方法	焚烧炉中不同温度下主要形态	活性炭吸附法	化学药剂法	湿式洗气塔
优势	1. 组合工艺对重金属去除效果好 2. 温度越低，去除效果越好	可以吸附气态形式的重金属	布袋除尘器喷入反应药剂，可有效去除汞等	1. 部分重金属化合物为水溶性物质，可有效去除重金属 2. 粉尘本身对重金属有去除作用
劣势	1. 单独使用效果不好 2. 温度降至露点以下，会腐蚀滤袋、阻塞滤袋 3. 汞的去除效果不好	一般只用于干法处理流程中		

1. 焚烧中控制

目前，焚烧中控制主要有两大方向，一是通过控制合理的燃烧条件，设置最优焚烧参数，使得重金属尽可能分布于底渣和飞灰中。二是采用酸洗或吸附剂去除烟气和飞灰中的重金属。通常去除重金属污染的方式和原理有：

（1）喷射吸附剂，如活性炭、高岭土等，吸附剂与重金属结合形成较大颗粒被除尘设备捕集。对于挥发性较强的重金属汞，目前多采用喷射活性炭吸附剂，其对除汞有着很高的效率，一般可达90%，对其他处于挥发态的重金属也有良好的去除效果。对于高沸点、低挥发性的重金属，如镉、锌、铅等，一般采用高岭土和硅石等络合剂使其转化为氧化物或络合物而被除去。工业上一般采用活性炭和布袋除尘结合的方式高效去除重金属。

目前，大多数研究集中在吸附剂对重金属的捕获研究。Chen 等人研究比较了氧化铝、高岭土、矾土对铅、镉、铜、铬的吸附情况，在相同温度下得出三种吸附剂对四种金属的吸附效果为铅 > 铜 > 铬 > 镉，并且得出无机氯能加强吸附性能，而有机氯则减弱吸附性能的结论。

降温使重金属与焚烧残余物一起冷凝成颗粒状物质，经过后续的除尘设备捕集去除。

（2）使用催化剂改变重金属的形态和价态，使饱和温度低的重金属形成氧化物或络合物，而被除尘设备捕集，并且重金属价态的改变能在一定程度上降低某些重金属的毒性。

（3）对焚烧产生的尾气进行过滤洗涤，可除去水溶性较强的重金属物质。

2. 焚烧后控制

焚烧后控制主要是对焚烧后的飞灰进行处理，使其无害化达到填埋标准或建筑用标准。主要处理技术包括水泥固化法、高温熔融法、化学稳定法等。

（1）高温熔融法：在高温 1 200℃ ~ 1 400℃下，飞灰中的有机物燃烧、气化，得到的产物的密度和机械强度都得到加强，使得重金属进一步稳定化。飞灰经熔融处理后，二噁英等有机物被高温分解破坏，较低沸点的重金属以熔融飞灰的形式被捕集下来，其他的重金属则被封存在玻璃化的残余物中而不致溶出。Zhao 等在缺氧条件下采用新型的坩埚等离子处理城市生活垃圾焚烧飞灰，得到的玻璃化固体与原飞灰相比，体积小于原体积的 2/3，质量少了约 36%。玻璃熔渣的毒性浸出实验符合标准，玻璃熔渣能作为建筑材料。

（2）化学稳定法：化学稳定法是使用化学试剂把重金属变成不溶于水的络合物或无机矿物质，把飞灰中的有毒物质转变成低毒性、低迁移性物质。近年来，随着对固化体重金属稳定性和浸出率要求的提高，采用化学稳定剂对飞灰中重金属进行处理成为研究的热点，也取得了较大的成果。Quina 等研究了使用 $NaHS \cdot nH_2O$、H_3PO_4、Na_2CO_3 等作为化学试剂对飞灰进行固化处理，这几种添加剂能改善几种有毒金属的稳定性。相关浸出实验表明经化学试剂稳定之后，垃圾飞灰的有毒有害性大大降低。

7.5　二噁英和呋喃（PCDDs/PCDFs）的控制技术

生活垃圾焚烧法处理垃圾在我国正得到广泛的推广应用，但焚烧带来的二噁英严重威胁着人类的健康，世界各国都在采取积极措施加以控制。城市生活垃圾焚烧时产生的二噁英占已知二噁英生成源的90％，是环境中二噁英的主要来源，发展垃圾焚烧处理技术就不能回避二噁英的问题。垃圾焚烧过程中二噁英的处理和控制已成为人们关注的焦点和研究的热点。

7.5.1　二噁英简介及来源

二噁英通常是指多氯代二苯并一对一二噁英（PCDDs）和多氯代二苯并呋喃（PC-DFs）两类化合物的总称，而不是特指某种有机物。根据苯环上氯原子的个数以及取代位置的不同，两类化合物共有210种同系物和异构体，包括75种PCDDs和135种PCDFs。多卤联苯（PCBs、PBBs）、卤代二苯醚（PCDEs、PBDEs）、氯代萘（PCNs）以及溴代的二噁英（PBDDs、PBDFs）等化合物与二噁英的化学结构、化学性质及毒理学性质极其相似，因而被统称为二噁英类化合物（Dioxin-like compounds）。二噁英类化合物的分子结构式见图7-7：

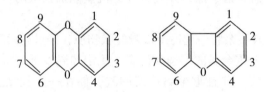

图7-7　二噁英类化合物分子结构示意图

如果2、3、7、8位置上与Cl结合，则称为2，3，7，8-TCDD，是现有合成化合物中最毒的物质，其毒性比氰化物还要大1 000倍。PCDDs/PCDFs浓度的表示方式有"总量"及"毒性当量"（Toxic Equivalent Quantity，TEQ）两种。在分析含PCDDs/PCDFs的物质时，若将前述135种衍生物的浓度分别求出再加总即为"总量浓度"（以 ng/m³、ng/kg 或 ng/L 表示）。

若先将具有毒性的各种衍生物按其个别的毒性当量系数（Toxic Equivalent Factor，TEF）转换后再加总则为"毒性当量浓度"。其中毒性当量系数的确定主要以毒性最强的2，3，7，8-TCDD为基准（系数为1.0），其他衍生物按其相对的毒性强度以小数表示（以 ng/m³、ng/kg 或 ng/L 表示），见表7-8。

表7-8　不同有机氯化物的国际毒性当量系数

同类化合物	TCDD	异构物	TCDF	异构物
2，3，7，8-四氯化	1.0	1	0.10	1
2，3，7，8-五-（1，2，3，7，8）	0.50	1	0.05	1
2，3，7，8-五氯-（2，3，4，7，8）			0.50	1
2，3，7，8-六氯化	0.10	3	0.10	4
2，3，7，8-七氯化	0.01	1	0.01	2
八氯化	0.001	1	0.001	1

7.5.2 垃圾焚烧过程中二噁英及呋喃的生成机制

垃圾焚烧过程中产生的 PCDDs/PCDFs，主要来自垃圾成分、炉内形成和炉外低温异相催化再合成三个方面，下面将分别进行说明。

1. 垃圾成分

城市生活垃圾，其组成本来就很复杂，里面包含较多的杀虫剂、防腐剂和塑料等，这些产品的生产制作难免会产生二噁英类化合物，并随之进入垃圾体。有研究数据表明，每公斤的家庭垃圾中，PCDDs/PCDFs 的含量在 11 ~ 255ng（TEQ）。塑胶类的含有量最高，达 370ng（TEQ），工业废弃物包含的二噁英更为复杂。因此，垃圾被焚烧处理前就含有少量的二噁英，特别是包含较多的化学化工品的固体废弃物在焚烧时就可能产生更多的二噁英类化合物，因为这些垃圾为二噁英的产生提供了更多的"原料"。不同种类和不同成分的垃圾将会导致不同种类二噁英的产生，并且产生量也会有较大差别。

2. 垃圾焚烧过程中二噁英的形成条件和形成机理

根据反应条件和反应场所的不同，垃圾焚烧过程中产生的二噁英一般来源于两方面——炉内形成和炉外低温异相催化再合成。

（1）炉内形成：垃圾中包含大量的 C、H、O、Cl 等元素，在焚烧过程中产生不充分燃烧有机物 PIC（Products of Incomplete Combustion），垃圾所含的有机氯和部分无机氯将以 HCl 的形式释放，在氧气存在条件下，部分 HCl 转化为 Cl_2，作为氯源又可以氯化 PC-DFs。燃烧过程中，不完全燃烧产物的氧化反应和氯化反应是竞争反应，当氯化反应更易发生时，PCDFs 生成氯代的 PCDFs，然后通过聚合反应生成 PCDDs/PCDFs。通常认为不完全燃烧反应生成的脂肪族或烯烃、炔烃类化合物通过氯化生成氯苯，进一步转化为多氯联苯，在燃烧区内，反应生成 PCDFs，其中少量 PCDFs 还能通过反应生成 PCDDs。

（2）炉外低温异相催化再合成：在固体颗粒表面发生低温异相催化反应主要存在两种形式：第一，固体飞灰中的残留碳经气化，解构和重组后与 H、O、Cl 等其他原子结合生成二噁英及其前驱物，这个过程就是从头合成（de novo synthesis）反应。第二，焚烧过程中产生的二噁英前驱物沉降或被吸附到固体颗粒表面，在金属及其化合物（如 $CuCl_2$、$FeCl_2$）的催化作用下，与氯源反应生成二噁英类化合物。

3. PCDDs/PCDFs 的形成机理

垃圾焚烧过程中 PCDDs/PCDFs 的形成机理被认为主要有以下两种：

（1）从头合成：从头合成反应最先由 Stieglitz 和 Vogg 提出，指在低温区域（250℃ ~ 450℃）时，焚烧产生的 HCl 部分转化为 Cl_2 后，与不同形态的碳（炭黑、活性炭）及其他化合物在催化剂（如铜、铁等过渡金属或其氧化物）催化下，通过基元反应生成二噁英，或者由化学结构不相同的有机物反应生成二噁英。反应主要发生在垃圾焚烧尾部低温区，反应包括氧化反应和缩合反应。从头合成反应受到许多因素的影响和制约，反应生成的二噁英的量及各种异构体的种类和比例与反应的温度、飞灰中碳含量及形态、催化剂的种类以及含氧量等密切相关，其中金属催化剂被认为是反应发生必不可少的条件。

（2）前驱体合成：垃圾体本身含有的或不完全燃烧生成的芳香型前驱物（氯酚、氯苯或多氯联苯等）吸附于固体表面，当温度处于 250℃ ~ 500℃ 区间时，这些前驱物在金属氯化合物（$CuCl_2$ 及 $FeCl_2$）催化作用下，经过氧化、缩合等反应而生成 PCDDs/PCDFs。

垃圾焚烧产生的飞灰中存在大量的金属及其化合物，在金属催化剂（如 $SnCl_4$、$CuSO_4$ 等）的存在下，氯酚、多氯联苯醚等可在较短的时间内，通过重氮化反应生成 PC-DDs。另外，聚氯乙烯（PVC）等化合物经反应生成芳香环有机化合物，焚烧过程中产生的氯气可作为氯源，促成 PVC 和其他芳香烃化合物转化为 PCDFs。

7.5.3　焚烧过程中二噁英和呋喃的控制技术

从源头上抑制二噁英的形成是控制垃圾焚烧二噁英排放的根本所在，尤其是在垃圾燃烧过程和燃烧烟气冷却过程。控制焚烧厂所生成的二噁英物质，可以从控制二噁英的来源、破坏二噁英的形成途径以及避免低温再合成等方面入手。

1. 控制来源

有效地实施垃圾分类，能够较大程度地避免含铁、镍、铜较多的物质及含氯较高的物质随垃圾进入焚烧炉，减少了二噁英生成的催化剂和氯来源。垃圾入炉前将垃圾粉碎，减少垃圾体积，增大垃圾与氧气的接触面积，可以使燃烧更加充分，从而减少不充分燃烧的有机物，合成二噁英的"原料"也会随之减少。

2. 燃烧参数的控制

燃烧过程中的各种主要参数如温度、湍流度、烟气停留时间等对二噁英的排放影响很大。美国 EPA 提出良好的燃烧条件 GCP（Good Combustion Practice）是控制二噁英排放的措施之一。《生活垃圾焚烧污染控制标准》（GB18485—2014）进一步明确了生活垃圾焚烧炉技术性能指标应满足国际上通用的"3T + 1E"原则，即炉膛（二次燃烧室）内任意点温度不低于 850℃；停留时间不少于 2s，保持充分的气固湍动程度；以及过量的空气量，使烟气中 O_2 的浓度处于 6% ~ 11%。垃圾在炉膛的充分燃烧，有效分解了垃圾中原来存在的二噁英，避免了未完全燃烧产生的有机碳和 CO，为二噁英的再合成提供了碳源。同时利用先进的软件及计算机控制技术，对燃烧条件实行在线自动监测和调控，能够使燃烧参数得到保证，充分实现"3T + 1E"技术。

3. 焚烧炉结构的优化

焚烧炉根据结构可分为炉排式、流化床式、回转窑式。根据燃烧方式可分为两段燃烧式、涡流式和弯曲式。优化焚烧炉结构遵循的原则通常被称为"3T"原则：燃烧温度保持在 850℃以上；二次布风时燃烧区形成充分湍流；在高温区停留时间大于 2s。一般而言，结构上满足三条原则，燃烧就会完全，相应地会从焚烧区减少不完全燃烧生成的二噁英前驱物和二噁英。中国已运行的垃圾焚烧厂主要采用的炉膛结构为循环流化床和炉排炉。陈彤等的研究表明，炉排炉飞灰中二噁英含量要高于流化床焚烧炉。北京中科通用能源环保有限责任公司监测嘉兴、东莞两个项目在循环流化床稳定运行时，烟气中各项污染物指标均能达到国家标准，并且烟气中二噁英类的监测值甚至优于欧盟标准。而日本等国家已采用气化熔融焚烧技术，在焚烧温度高于 1 300℃的条件下，不仅能使二噁英及其前驱物分解，还能熔融固化绝大部分飞灰，很大程度上减少二噁英低温再合成反应的发生。因此，随着对二噁英控制要求越来越高，二噁英"零排放化"的气化熔融焚烧技术将有更广阔的应用前景。对于炉膛高度的设计，诸冠华在总结运行项目经验的基础上，认为把余热锅炉炉膛高度在原设计基础增加 5 米以上，则烟气在 850℃以上的维持时间将由原设计 2.5s 提高到 3s 以上，能确保垃圾中的二噁英在具备一定的二次风扰动的焚烧过程中得到有效分解。

4. 炉内抑制剂的投加

在垃圾焚烧炉内，目前能对二噁英的产生具有抑制作用的药剂主要有三类，包括硫及含硫化合物、氮化物和碱性化合物。

硫及含硫化合物：包括单质硫和 Na_2S、$Na_2S_2O_3$、SO_2 等含硫化合物。硫对二噁英的抑制主要通过三种途径来实现：①当 SO_2 存在时，Cl_2 的形成会减少，从而减少对芳香结构的氯化，二噁英的产生也减少；②SO_2 能使催化剂 Cu 中毒，抑制由 HCl 生成 Cl_2 的过程；③SO_2 可以磺化酚类前驱物，使二噁英的前驱物减少，从而抑制二噁英的生成。

添加剂的投加不仅能降低二噁英的排放量，而且能降低 $PCDD_s$：$PCDF_s$ 的值，在大规模的商业焚烧炉中，含硫烟煤与生活垃圾混烧可使二噁英的排放大大减少。

氮化物：含氮化合物（氨、硫酸、铵尿素等）无机和有机形态的氮能够抑制二噁英的生成。氮化物对二噁英的抑制作用，是选择性非催化脱硝反应（SNCR）的衍生功能，氮能同时控制 NO_x 和 HCl，使参与反应的氯源减少，从而抑制二噁英的生成。

碱性化合物：常用的碱性吸附剂包括 CaO、$CaCO_3$、$CaSO_4$、$MgCO_3$ 等。它们常用来控制燃烧烟气酸性气体排放，改变飞灰表面的酸度，同时抑制炉内二噁英的排放。Gullett 等人通过研究发现，在高于 800℃时喷入 $Ca(OH)_2$，可以大大降低烟气中二噁英的含量；在 280℃以上时喷入 $Ca(OH)_2$，通过吸附烟气中大量 HCl 使氯源减少，从而使烟气中二噁英的生成减少。

以上三类化合物对二噁英都有较大程度的抑制作用，然而在这三类抑制剂中，Samaraset al 的研究表明，含硫化合物降解二噁英的能力大于 98%，明显高于降解能力为 28% 的含氮化合物。故目前大多数研究都集中于含硫化合物对二噁英的抑制。

7.5.4 焚烧过程烟气中二噁英的控制技术

处理烟气并使尾气中的二噁英达到排放标准，可以从以下几方面着手：

1. 活性炭吸附

活性炭有较大的比表面积和良好的吸附性能，不仅可应用于吸附固态和气态的二噁英，还能吸附常规污染物。主要方法是将雾状活性炭喷入烟气中或高炉焦炭吸附二噁英，采用活性炭吸附和布袋除尘器组合的方式已经被证实为最有效的烟气中二噁英排放的控制技术，当运行参数优化时，二噁英的脱除效果达 97%~98%，可使烟气排放降至 $0.1ngTEQ/m^3$。目前国际上（包括中国）常用的去除烟气中二噁英的技术是活性炭喷射加布袋除尘器，这种技术可以比较方便地运用于实际工程，也可较容易地实现烟气中二噁英的浓度低于 $0.1ngTEQ/m^3$ 的排放标准。虽然这种方式能较大程度地去除二噁英，但它并未分解破坏二噁英，因此还需要对吸附后的物质进一步处理。

2. 高效布袋除尘

布袋除尘是国家规定的垃圾焚烧发电厂必须使用的除尘方式。用活性炭或焦炭吸附二噁英后的物质再经布袋除尘器进一步吸附和分离，通过定时对布袋除尘器清理，能使得烟气中的二噁英去除率达到 99%。宋薇等报道韩国某垃圾焚烧厂通过两次布袋除尘和活性炭吸附相结合的方式，使得烟气中二噁英的排放浓度低于 $0.05ngTEQ/m^3$。美国戈尔公司报道其开发了一种全新脱除二噁英的专利技术——Remedial 催化过滤系统，该系统集"表面过滤"与"催化过滤"两种技术于一体，首先利用表面高精度的 E-PTFE 微孔薄膜，最大限度除去烟气中的亚微粉尘，确保内置二噁英去除催化剂的活性。其次，烟气经布袋内置中特殊的重金属复合催化在 180℃ ~ 260℃ 将二噁英催化氧化成 CO_2、H_2O 和 HCl 而除掉。该系统能确保粉尘排放稳定在 $10mg/m^3$ 以下及二噁英稳定达标排放。

3. 催化还原

20 世纪 80 年代末，研究者发现用于燃煤发电厂脱除 NO_x 的 SCR 装置也可以用来脱除垃圾焚烧厂中的二噁英，但通常安装在洗涤塔和布袋除尘器之后。SCR 催化剂多由 Ti、V 和 W 的氧化物组成，该催化剂能在 300℃ ~ 400℃ 的温度条件下，把二噁英氧化成 CO_2、H_2O 和 HCl。而布袋后的烟气温度通常低于 150℃，在此温度下二噁英难以被催化降解，所以存在对烟气进行再次加热的问题。近年来，不断有研究者开发出新的低温催化技术，Weber 等人利用经过特殊处理过的 $V_2O_5/WO_3 - TiO_2$ 催化过滤剂研究在管式炉温下二噁英的去除率大于 99%。2008 年 Yang 等人在 SCR 装置中分别研究了 $V_2O_5 - WO_3$ 和 $V_2O_5 - TiO_2$ 催化剂对 PCDDs/PCDFs 分解的影响，表明当温度为 280℃，$V_2O_5 - WO_3$ 催化剂对 PCDDs/PCDDs 的脱除率为 84%，而 $V_2O_5 - TiO_2$ 脱除率达 91%。

4. 紫外光催化降解法

二噁英的紫外光催化降解法是指二噁英分子在光照下吸收紫外线的光能后形成激发态，当激发态的能量大于化学键能时，导致化学键断裂，继而发生分子结构的重排或错位从而被去除。催化剂和光敏剂等可加速这一过程。N 型半导体二氧化钛、臭氧被广泛用作光解反应的催化剂。UV/O_3 对气态中的二噁英降解去除最为有效，主要是产生的羟基自由基和二噁英发生亲电加成的结果。陈彤（2006）分别研究了紫外光（UV）和紫外光与臭氧协同（UV/O_3）对管式炉中模拟烟气二噁英照射的影响。结果表明，紫外光与臭氧协同比直接用紫外光氧化技术对气态中的二噁英降解更有效。紫外光降解技术凭借其清洁、高效、无毒、低成本等优势，在二噁英去除领域有着巨大的潜力，但该方法还停留在实验阶段，未达到实际运行的程度。

5. 低温等离子体技术

低温等离子体技术是一个集物理学、化学、生物学和环境科学于一体的交叉综合性技术，该技术的显著特点是对污染物兼具物理效应、化学效应和生物效应，且有能耗低、效率高、无二次污染等明显优点。低温等离子体放电离解气体可产生一些能把二噁英类物质氧化进而去除掉的活性基（OH、O、N、HO_2、O_3 等）。根据产生活性基方式的不同，低温等离子体技术可分为电子束照射技术、脉冲电晕放电技术、介质阻挡放电技术等。日本原子能研究所采用电子束照射烟气技术对 PCDDs/PCDFs 的分解与消除开展了研究，取得了显著的效果。Hirota 等人利用电子束低温等离子体技术使 $1\,000m^3/h$ 的实际垃圾焚烧厂烟气中二噁英降解率达 90%。电子束在降解二噁英的同时，也能够脱硫脱硝及降解烟气中 VOCs 等有机气体。

等离子体烟气处理技术是一项正在发展中的新兴技术，由于存在等离子体发生器寿命短及相应的技术成本高等缺点，它离大规模应用尚有一段距离。

7.5.5 飞灰中二噁英控制技术

1. 低温热处理

在温度相对较低的情况下，飞灰中的金属及化合物能催化二噁英发生加氢/脱氯反应和分解反应，该原理由 Hagenmaier 等人于 1987 年发现，并由此开发了"Hagenmaier 工艺"。Ishida 等将"Hagenmaier 工艺"运用于日本一家垃圾焚烧厂，在 350℃、氮气氛围下处理飞灰二噁英 1 小时，飞灰中二噁英去除率超过 99%。

2. 高温熔融

焚烧过程中二噁英主要被吸附或再合成于飞灰上，因此，飞灰中二噁英的浓度最高，必须作为有毒有害物质送至安全填埋场进行无害化处理。温度升高到能使飞灰中二噁英分解破坏时，就可以达到去除飞灰中二噁英的目的。李海滨等通过研究表明，采用熔化炉在 1 200℃ ~ 1 400℃下将飞灰熔融处理，能有效减少二噁英的排放。

3. 碱分解法

化学分解法（BCD 法）是美国环保署（EPA）开发的针对难降解物的脱氯技术。该法基于土壤和碱、碳酸氢钠混合。反应过程中 NaOH 等作为催化剂，重油作为高沸点氢的供应体，最终转化为无毒的脱氯化合物，使土壤得到净化。该方法的优点有：①处理条件容易达到；②产生的气体和水较少；③二噁英类化合物的处理效率高。

4. 生物降解法

二噁英的生物降解主要通过厌氧菌还原脱氯、好氧降解和白腐真菌降解等。Nam 等人通过驯化和筛选能够食用二噁英的菌种并与飞灰混合，在 30℃下试验 21 天，飞灰中二噁英的总量和毒性当量去除率分别达到 63.4% 和 66.8%。

5. 其他方式

超临界水与热液降解、光降解、等离子体法等也被应用于二噁英的降解，虽然它们在研究过程中对二噁英的降解去除率较高，但由于其存在某些方面的缺点还未得到推广，目前在垃圾焚烧厂使用较少。

7.6　焚烧灰渣的控制及利用技术

灰渣是密度非常高的块状或者颗粒状的物质，具有玻璃化作用，其强度高，因此常用作建筑材料、筑路基材等。灰渣包括焚烧炉中产生的炉渣和烟气处理过程中产生的飞灰，由于含有多种不同的重金属以及毒性物质，处理过程必须按照法规标准进行，避免产生二次污染。飞灰需按照危险废物处理方法进行固化稳定处理，然后安全填埋。

7.6.1　灰渣的组成与特性

垃圾焚烧处理过程中可以产生占垃圾总量 15% ~ 25% 的灰渣，灰渣总量由垃圾组分中有机物成分灰分量之和加上无机成分确定，其中飞灰又占灰渣总量的 10% ~ 20%，垃圾总量的 3% ~ 5%。炉渣是指从炉床直接排出的残渣，包括从炉条间落下的细渣（grate shifting）、床尾端排出的底灰（bottom ash）、尾气中掉落于集灰斗或黏附于锅炉管上，再被吹落的锅炉灰（boiler ash）等；飞灰主要由除尘设备收集，重金属含量特别高，需要按照危险废物进行处理，其产量与垃圾种类、焚烧炉型、焚烧条件等有关。

生活垃圾焚烧后产生的飞灰的量与组分等与垃圾性质、种类和燃烧条件都有直接的关系。传统的垃圾焚烧方式，炉渣的产生量占被焚烧湿生活垃圾总量的 10% ~ 15%，余热锅炉与除尘器处产生的飞灰占 2%。传统的机械焚烧炉产生的灰渣中，二噁英类和重金属类的有害物质含量都较高（见表 7 - 9 和表 7 - 10），如果不采取合理有效的处理方式，势必会对人类健康和生态环境造成极大危害。

表7-9　烟气飞灰量估算示例

参量	组分						
	纸类	橡胶	竹木	织物	厨余	果皮	无机组分
总垃圾焚烧量 B （t/h）	41.66						
垃圾组分 F （%）	6.50	11.21	1.47	2.17	59.66	11.99	7.00
各垃圾组分的灰分 A （%）	13.97	10.42	4.86	4.67	19.59	10.08	100
各组分灰渣量 $G_i = B \cdot F \cdot A$ （t/h）	0.29	0.49	0.03	0.04	4.87	0.50	2.92
灰渣总量 （mg/h）	9.19 （t/h）×1 000 000 000 = 9 190 000 000						
烟气量 Qy （m³/h）	93 000×2 = 186 000						
单位飞灰 $d = 0.2 \times 0.97 G/Qy$ （mg/m³）	（0.15 ~ 0.2）×0.97×9 190 000 000/186 000 = 7 189 ~ 9 585						

表7-10　城市生活垃圾焚烧时炉渣、飞灰的产生机理和特性

项目	产生机理和性状	产生量（干重）	重金属浓度	溶出特性
炉渣	Cd、Hg等低沸点金属都称为粉尘，其他金属、碱性成分也有一部分气化，冷却凝结为炉渣。炉渣由不可燃物、可燃物灰分和未燃物组成	混合收集时湿垃圾量的10% ~ 15%，不可燃物分类收集时湿垃圾量的5% ~ 10%	除尘器飞灰浓度的1/100 ~ 1/2	分类收集或燃烧不充分时，Pb、Cr⁶⁺可能会溶出，成为COD、BOD
除尘器飞灰	除尘器飞灰以 Na 盐、K 盐、磷酸盐和重金属为多	湿垃圾质量的0.5% ~ 1%	Pb、Zn：0.3% ~3%；Cd：20 ~40mg/kg；Cr：200 ~500mg/kg；Hg：110mg/kg	Pb、Zn、Cd 挥发性重金属含量更高，pH 值高时，Pb 溶出；中性时，Cd 溶出
锅炉飞灰	锅炉飞灰的粒径比较大，主要是沙土，锅炉室内用重力或惯性力可以去除	与除尘器飞灰量相当	介于炉渣与除尘器飞灰之间	

7.6.2　灰渣的处理

1. 灰渣处理相关标准

按照《生活垃圾焚烧污染控制标准》（GB18485—2014）规定：焚烧炉渣与除尘设备收集的焚烧飞灰应分别收集、贮存和运输。焚烧炉渣按一般固体废物处理，焚烧飞灰应

按危险废物处理。其他尾气净化装置排放的固体废物按GB5085.3危险废物鉴别标准判断是否属于危险废物，如属于危险废物，则按危险废物处理。按照《生活垃圾填埋场污染控制标准》（GB16889—2008）规定：生活垃圾焚烧飞灰和医疗废物焚烧残渣（包括飞灰和底渣）经处理后满足条件的，可以进入生活垃圾填埋场填埋处置。典型焚烧灰渣常用的处理处置技术见图7-8。

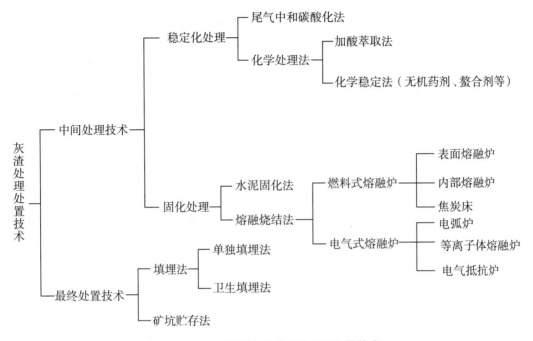

图7-8 典型焚烧灰渣常用的处理处置技术

2. 飞灰中污染物的控制

垃圾焚烧飞灰与垃圾中的元素的含量有定性关系，但是不一定有定量的关系（见表7-11），其影响因素主要有：垃圾中的灰分、第一和第二次空气量、燃烧速率、炉内温度、操作、炉排搅拌作用、燃烧室设计、吸附剂和除酸剂的投加量等。飞灰稳定化处理技术见图7-9。

表7-11 常用燃料产飞灰量比较

燃料类型	生活垃圾	煤炭	低硫重油	液化石油气
飞灰量（mg/m³）（标准状态）	1 000~5 000	100~25 000	50~100	0~10

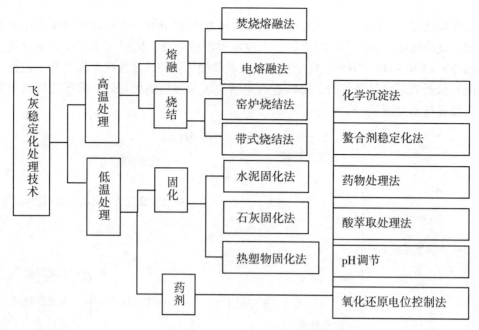

图 7-9 飞灰稳定化处理技术
［熔融包括：干燥脱水、多晶转变（500℃）、熔融相变（1 130℃）］

7.6.3 灰渣资源化再利用

随着城市垃圾焚烧技术的推广和发展，焚烧灰渣已成为近年来发展迅速的热点研究，发达国家都有针对焚烧灰渣处理及再利用的技术政策。

普通炉渣一般先回收玻璃、铁等无机物，再用作建筑材料，飞灰则可用作水泥添加剂、土壤改良剂和烧砖辅助材料。目前较为安全的垃圾焚烧灰渣处理办法比较多，发达国家推崇的灰渣处理技术为熔融固化处理技术。熔融固化处理技术可使灰渣减量1/2，有利于回收有价金属和分解有害物质，而且可以使熔渣再生利用，实现资源化，如图7-10所示。

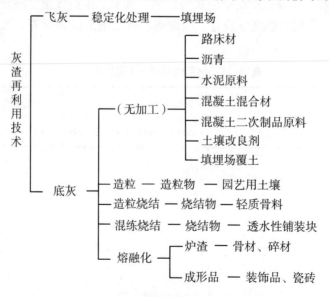

图 7-10 典型焚烧灰渣再利用技术

7.7　噪声污染和控制

7.7.1　垃圾焚烧发电厂噪声源分析

1. 主要噪声源

在垃圾焚烧及烟气净化处理过程中，余热锅炉蒸汽排空管、高压蒸汽吹管、汽轮发电机组、风机（送风机和引风机）、空压机、水泵、管路系统和垃圾运输车辆都是噪声的主要来源。吊车、大件垃圾破碎机、给水处理设备、烟气净化器和振动筛等为次要噪声源。

垃圾焚烧厂产生的噪声大多为空气动力性噪声，其次是机械振动噪声和电磁性噪声，而且大多数是稳定的噪声源，也有一部分噪声源伴随垃圾负荷而间歇性产生（见表7-12）。其中，庞大的循环水冷却塔因其具有噪声辐射，且较靠近厂界的特征，而成为焚烧发电厂噪声超标最主要的原因。

表 7-12　垃圾焚烧发电厂噪声产生机理

类别	主要产生源
空气动力性噪声（冲击和涡流）	叶轮高速旋转、高压气体和蒸汽、叶片周期性运动或蒸汽在管道中流动等
机械振动噪声（转子不平衡）	电机、风机、皮带机、泵类机电设备
电磁性噪声（电磁场相互作用，周期性发出尖叫声）	变压器、发电机、电动机

2. 噪声控制原则

（1）选用符合国家标准的设备，从声源上最大限度减少噪声。

（2）合理规划布局，对于几种高噪声设备利用建筑物减噪。

（3）通风、通气、通水管道布置合理，减少振动噪声。

（4）声源上难以控制的噪声采用吸声、隔声和隔振等措施，对高噪声污染源重点控制。

（5）尽量减少交通噪声，控制车速，少鸣甚至不鸣喇叭，尤其在经过人口聚集区时。

7.7.2　垃圾焚烧发电厂防噪设计

1. 选址

垃圾焚烧发电厂在选址的时候，除了要满足基本选址要求外，还要尽量远离人口密集区、当地主导风向的下风向、居民区，从而降低噪声的影响。

2. 平面布局

垃圾焚烧处理的主体系统应该集中一体化，缩小噪声污染的范围，利于集中治理。生产辅助区位于生产区下风向，最大限度远离厂前区布置。生产辅助区设置在厂前区，且与焚烧车间保持距离，噪声随传播距离缩短而衰减。原则上对于声级范围超过100dB（A）的风机房，防护距离要设置100m以上，对于声级相对较小的汽轮机房［95~103dB（A）］

和高压厂房 [95～102dB（A）]，防护距离分别设置为48m和42m。但是在焚烧车间与辅助生产车间之间建设了绿化带、车库、油库等屏障建筑的情况下，实际的防护距离可以根据具体情况适当减少。在垃圾焚烧发电厂建设施工过程中以及将最后处理完成的废渣运往填埋场的运输途中都会产生交通噪声，因此需要合理规划运输路线，使车辆远离辅助生产的相关建筑，尽量在少人区行驶。

3. 绿化设计

绿化设计主要是指铺设噪声防护绿地，一般呈带状，位于生产区与辅助区之间，带宽范围6～20m。防护绿地又可以分厂前绿地、生产绿地和缓冲绿地。厂前绿地位于厂前区，首先考虑防噪心理效应，其次考虑车辆运输噪声，一般种植草皮、乔木、灌木和常绿树，四季常青。生产绿地种植在厂房四周，用来分隔空间，从而减弱噪声。缓冲绿地是避免噪声由厂区传到厂外而建设的绿地，分布于生产区和灰渣堆放区四周，或者在焚烧厂预留场地上。

4. 竖向防噪设计车间内部布置

主要利用焚烧厂自然地形的优势，如自然坡度、山丘和土堤等天然屏障作用实现隔声的效果。声压级越高的噪声源越是选择建设在地势低的地段，例如焚烧车间应该布置在地势低的地段。利于防噪的地形应满足如下条件：地面坡度为1%～3%时，地域宽度大于300m；地面坡度为3%～10%时，地域宽度大于100m；地面坡度为10%～20%时，地域宽度大于30m。

5. 车间内部布置

焚烧车间是主要噪声源，焚烧厂主要的处理系统全部集中于此。适当地把各类噪声源分隔开，可以有效防止噪声的叠加作用。根据系统设备与管道的连接情况，把垃圾接收系统和焚烧系统分隔开。把给水排水系统、汽轮发电系统和烟气处理系统分开单独布置，焚烧系统和余热系统集中布置。在噪声源产生的车间悬挂吸声设备和铺设具有吸声功能的材料。

7.7.3 垃圾焚烧发电厂主要噪声源的降噪控制

1. 锅炉安全阀排汽系统噪声控制

垃圾焚烧厂锅炉安全阀排汽系统指在锅炉发生故障、启动和停机的过程中让蒸汽以极短时间排空的保护系统。它可以间歇性地产生高频的空气动力学噪声，瞬时声级达到150dB（A）。防噪措施包括：①在排汽口上安装消声器，常用的消声器种类有节流降压小孔喷注复合消声器、扩容减压与引射掺冷消声器和扩散锥阻抗复合式消声器等三种；②将锅炉蒸汽排空口背向低噪声区布置，利用指向性传播特点减弱噪声。

2. 风机噪声控制

锅炉引风送风机噪声是垃圾焚烧厂的主要噪声。由于风机的种类和型号不同，其噪声的强度和频率也有所不同，一般为85～120dB（A）。风机辐射噪声的部位如下：①进气口和出气口辐射的空气动力噪声，一般送风机主要辐射部位在进气口，引风机主要辐射部位在出气口；②机壳及电动机、轴承等辐射的机械性噪声；③基础振动辐射固体声。风机噪声是以空气动力噪声为主的宽频噪声，空气动力噪声一般比其他部位辐射的噪声高出10～20dB（A）。

风机的主要降噪措施有三种：①在风机进出口安装消声器，垃圾焚烧厂鼓风机应使用阻性或阻抗复合性消声器；②加装隔声罩，隔声罩由辅声、吸声和阻尼材料构成，主要降低机壳和电机的辐射噪声；③减振，风机振动产生低频噪声，可在风机与基础之间安装减振器，并在风机进出口和管道之间加一段柔性接管。

3. 汽轮发电机组噪声控制

汽轮发电机组辐射的噪声有五个重要部分：①高温、高压蒸汽通过汽轮机调节阀时泄漏产生的气体动力学噪声；②主辅机产生的机械噪声；③发电机产生的电磁噪声；④发电机转子旋转时产生的涡流和空气脉动噪声；⑤箱壁振动所辐射的二次空气声。它们发出噪声的频谱范围较宽，声强较高，合成噪声为100dB（A）以上。

具体降噪措施如下：①选用低噪声的发电机组；②在进排气管道上装设阻性消声器；③机组四周安装隔声箱体（罩）；④机座下安装隔振支承，用于控制结构声；⑤发电间采用吸声和隔声设计，在房间顶部屋架吊设吸声体，并在墙体表面敷设吸声材料。

4. 空压机噪声控制

空压机噪声为90~100dB（A），以低频噪声为主。主要噪声是进、排气口辐射的空气动力学噪声，以及机械运动部件产生的机械性噪声和驱动机噪声。其中主要辐射部位是进气口，高过其他部位5~10dB（A）。空压机的降噪措施主要包括：①进气口装消声器，应选用抗性消声器；②机组加装隔声罩，最好做成可拆卸式以便于检修和安装，并设置进排气消声器散热；③避开管道与共振管长度一致，并在管道中加设孔板进行管道防振降噪；④在贮气罐内适当位置悬挂吸声锥体，打破驻波降低噪声。

5. 水泵噪声控制

水泵噪声主要是泵体和电机产生的以中频为主的机械和电磁噪声。噪声随水泵扬程和叶轮转速的增高而增高。主要控制措施是安装隔声罩，并在泵体与基础之间设置减振器。

6. 管路系统噪声控制

垃圾焚烧厂的管路系统较为复杂，阀门和管道很多，形成了线噪声源。一般情况下，阀门噪声居主要地位。阀门噪声主要有三种：①低、高频机械噪声；②以中、高频为主的流体动力学噪声；③气穴噪声（当阀门开度较小时尤其突出）。管道噪声包括风机和泵的传播声，以及湍流冲刷管壁的振动噪声。

管路系统的噪声控制措施有：①选用低噪声阀门，比如多级降压阀、分散流通阀、迷宫流道型阀门以及组合型阀门；②在阀门后设置节流孔板，可使管路噪声降低10~15dB（A）；③在阀门后设置消声器；④合理设计和布置管线，设计管道时尽量选用较大管径以降低流速，减少管道拐弯、交叉和变径，弯头的曲率半径至少5倍于管径，管线支承架设要牢固，靠近振源的管线处设置波纹膨胀节或其他软接头，隔绝固体声传播，在管线穿过墙体时最好采用弹性连接；⑤在管道外壁敷设阻尼隔声层，提高隔声能力，可与保温措施结合起来，形成防止噪声辐射的隔声保温层。

7. 车辆噪声控制

车辆噪声包括排气噪声、发动机噪声、轮胎噪声和喇叭噪声。音频以低、中频为主。除了选用低噪声的垃圾运输车辆外，主要靠车辆的低速平稳行驶和少鸣喇叭等措施降噪。

8. 其他次要噪声控制

焚烧车间大件垃圾破碎机、给水处理设备、空气预热器、烟气冷却装置、净化器、振动筛等设备也能产生约80~90dB（A）的噪声。主要通过选用低噪声设备和房间的辅声和爆声措施降噪。

参考文献

[1] 柴晓利，等. 固体废物焚烧技术. 北京：化学工业出版社，2005.

[2] 何品晶. 固体废物处理与资源化技术. 北京：高等教育出版社，2011.

[3] 赵由才，等. 固体废物处理与资源化. 北京：化学工业出版社，2012.

[4] 方德明，陈冰冰. 大气污染控制技术及设备. 北京：化学工业出版社，2005.

[5] 潘光，李恒庆，由希华，等. 烟气脱硝技术及在我国的应用. 中国环境科学学会学术年会论文集，2010.

[6] 胡桂川，朱新才，周雄. 垃圾焚烧发电与二次污染控制技术. 重庆：重庆大学出版社，2011.

[7] 杨志军. 二噁英类化合物色谱检测技术. 郑州：郑州大学出版社，2007.

[8] 顾中华，等. 浅谈生活垃圾焚烧过程中二噁英排放控制措施. 中国环境科学学会学术年会论文集，2012.

[9] 王华. 二噁英零排放化城市生活垃圾焚烧技术. 北京：冶金工业出版社，2001.

[10] 李崇，任国玉，高庆先，等. 固体废物焚烧处置及其清洁发展机制. 环境科学研究，2011（7）.

[11] 李汝雄，龚良发. 有关二噁英的若干问题. 现代化工，2000（5）.

[12] 周宏仓，仲兆平，金保升. 城市固体废物焚烧过程中二噁英的生成和控制. 能源研究与利用，2002（4）.

[13] 秘子昂. 生活垃圾焚烧处理烟气中 NO_x 脱除技术. 广东化工，2013（17）.

[14] 蹇瑞欢，滕清，卜亚明，等. "半干法 + 干法"烟气脱酸组合工艺应用于生活垃圾焚烧工程案例分析. 环境工程，2010（S1）.

[15] 段建中，范玉明. 湿式石灰石法脱硫效率与吸收剂浆液 pH 值关系的试验研究. 热力发电，2009（6）.

[16] 李欣颖，申美兰. 烟气脱硫技术进展. 有色矿冶，2005（5）.

[17] 李云燕，丁卫建. 山东省二氧化硫污染控制区二氧化硫污染现状、成因及控制战略. 环境科学动态，1998（4）.

[18] 林晓芬，张军，尹艳山，等. 烟气脱硫脱氮技术综述. 能源环境保护，2014（1）.

[19] 黄军左，顾立军，刘宝生，等. 脱除工业烟道气中 SO_x 和 NO_x 的技术. 现代化工，2001（12）.

[20] 衣静，刘阳生. 垃圾焚烧烟气中氯化氢产生机理及其脱除技术研究进展. 环境工程，2012（5）.

[21] 贺毅. 生活垃圾焚烧二噁英的形成及控制. 能源与节能，2014（4）.

[22] 陈宋璇，黎小保. 生活垃圾焚烧发电中二噁英控制技术研究进展. 环境科学与管理，2012（5）.

[23] 黄强. 垃圾焚烧发电中二噁英的形成、检测及防治. 工程设计与研究，2012（1）.

[24] 马文鹏，张秦铭，张会强，等. 我国环境二噁英监测现状分析. 安徽农业科学，2014（1）.

[25] 诸冠华，蔡银科. 垃圾焚烧中二噁英的减排措施：应对欧盟标准. 中国科技博览，2011（1）.

[26] 张刚. 城市固体废物焚烧过程二噁英与重金属排放特征及控制技术研究. 广州：华南理工大学，2013.

[27] 孙敬龙. 城市生活垃圾焚烧过程二噁英合成机理及拟制方法实验研究. 天津：天津大学，2011.

[28] 陈彤. 城市生活垃圾焚烧过程中二噁英的形成机理及控制技术研究. 杭州：浙江大学，2006.

[29] JINGMIN H, CHANGQING X, JINGLAN H, et al. Life cycle assessment of sewage sludge co-incineration in a coal-based power station. Waste management，2011（33）.

［30］SUN Z. Techno-economic analysis on hybrid electrostatic-bag filter in the large-scale power plant boiler. Electric power technologies economics, 2011 (23).

［31］VALERIO F. Environmental impacts of post-consumer material managements: recycling, biological treatments, incineration. Waste management, 2010 (30).

［32］CUTELLOV, NICOSIAG, ROMEOM, et al. On the convergence of immune algorithms. Proceedings of the 2007 IEEE symposium on foundations of computational intelligence (FOCI 2007), 2007.

［33］GE H, MAO Z Y. Immune algorithm. Proceedings of the 4th world congress on intelligent control and automation, 2002.

［34］BAI H, BISWAS P, TIM C. Keener SO_2 removal by NH_3 gas injection: effects of temperature and moisture content. Ind. Eng. chem. rse, 1994, 33 (5).

［35］LEE C C, HUFFMAN G L. Research on the thermal destruction of wastes. Journal of hazardous materials, 1996, 49 (2/3).

［36］MATSUDA H, OZAWA S, NARUSE K, et al. Kinetics of HCl emission from inorganic chlorides in simulated municipal wastes incineration conditions. Chemical engineering science, 2005 (60).

［37］GRIECO E, POGGIO A. Simulation of the influence of flue gas cleaning system on the energetic efficiency of a waste-to-energy plant. Applied energy, 2009, 86 (9).

［38］AHO M. Reduction of chlorine deposition in FB boilers with aluminium containing additives. Fuel, 2001, 80 (13).

［39］SHEMWELL B, LEVENDIS Y A, SIMONS G A. Laboratory study on the high-temperature capture of HCl gas by dry-injection of calcium-based sorbents. Chemosphere, 2001.

［40］STANMORE B R. The formation of dioxins in combustion systems. Combust and flame, 2004, 136 (3).

［41］SHAUB W, TSANG W. Dioxin formation in incinerators. Environmental science & technology, 1983, 17 (12).

［42］HUANG H, BUCKENS A. On the mechanisms of dioxin formation in combustion processes. Chemosphere, 1995, 31 (9).

［43］TUPPURAINEN K, HALONEN I, RUOKOJARVI P, et al. Formation of PCDDs and PCDFs in municipal waste incineration and its inhibition mechanisms: a review. Chemosphere, 1998, 36 (7).

8 垃圾焚烧发电厂排放污染物去除的电子束辐照法

8.1 引言

8.1.1 国内外发展现状和发展趋势

随着世界各国现代工业化的发展，工业、生活垃圾越来越多，对垃圾焚烧处理已成为目前各国处理废弃物最主要和最有效的措施之一，但垃圾焚烧过程中不可避免地会产生大量污染物。自 1977 年 Olive 等人从荷兰阿姆斯特丹市废弃物焚烧排放的飞灰和烟气中检出了二噁英后，二噁英的危害已经引起世界各国广泛关注和研究。鉴于二噁英的极大毒性，国内外对其排放做出了严格的限定：美国、日本、德国等对二噁英的烟气排放限值为 $0.1ngTEQ/m^3$，韩国为 $0.5ngTEQ/m^3$，中国为 $0.1ng\ TEQ/m^3$。

在国外，用电子束处理排烟污染一体化的脱除技术，称为"加氨电子束辐照法"（Electron Beam with Ammonia，EBA）。相关研究始于 1972 年，到 1978 年已完成了规模 $3\ 000m^3/h$ 的矿石烧结炉排烟净化实验，研究了排出的烟气经电子束照射后 NO_x 的生成机理，以及排烟气中所含 CO、CO_2 等的清除效果。20 世纪 80 年代以来，通过向电厂锅炉烟气实施电子束照射，除去烟气中的 SO_2、NO_x 和挥发性有机物（VOCs），并能回收氮肥（硫酸铵、硝酸铵混合物）的烟气净化技术已成熟。90 年代中期，在德国召开的烟气辐射处理的国际会议上，来自 17 个国家的专家提出了 SO_2、NO_x 在烟气中的清除方法和限制标准，提出除掉 SO_2、NO_x 的电子束辐照技术是具有竞争力的技术。

我国对二噁英的监测研究起步较晚。1996 年中科院武汉水生所建立起我国第一个水生生物二噁英类物质检测和研究实验室。近年来中国科学院、疾病与控制、商检等系统开始筹建二噁英分析实验室，进行一些科研项目或从事商检、疾控等领域的工作，但对工业企业污染源的监督性监测以及环境中二噁英类的调查研究开展较少。国家环保部于 2001—2002 年颁布了《危险废弃物焚烧污染控制标准》（GB18484—2001）和《生活垃圾焚烧污染控制标准》，规定了生活垃圾和危险废物焚烧的二噁英排放限值，迈出了控制二噁英污染法制化的第一步。国家环境分析测试中心随之建立了配套实验室，开展焚烧设施的二噁英监测和研究，取得了大批基础数据和研究成果。目前，国家生态环境部正在该实验室的基础上升级改造，简称"国家生态环境部二噁英实验室"，并拟在全国建立若干个环境二噁英监测中心。

此外，清华大学核研究院辐射仪器研究室建立了电子束法烟气净化装置，其处理的烟气量为 $4\ 000 \sim 10\ 000m^3/h$，烟气引自两台供热锅炉，辐照空气电子来源为一台核加速器，最高加速电压 0.5MeV。

近年来，中国社科院有关研究所和清华大学等高校的学者对国内生活垃圾焚烧炉产生的飞灰中二噁英浓度进行了检测，结果表明，飞灰中二噁英含量为 0.34 ～

4.46ngTEQ/g，并假定焚烧炉每年运行330d，生活垃圾焚烧的烟气率为5 500m³/t，飞灰产率为3%，烟气中二噁英含量为1.0ngTEQ/m³，飞灰中二噁英含量为2.0ngTEQ/kg，则可估算出目前我国生活垃圾焚烧烟气向大气排放二噁英总量约为54.45ngTEQ/a，而通过飞灰排放的二噁英总量约为594.0ngTEQ/a。

2010年2月，应广州市政府邀请，32位来自全国各地的"垃圾处理"专家齐聚广州，参加"广州生活垃圾处理专家咨询会"。会议围绕以下三个中心议题进行讨论：①如何推进垃圾分类回收处理。②广州市应采取何种方式处理生活垃圾；③如何加强对垃圾处理的环保监督。绝大多数的专家意见是："广州市以垃圾焚烧为主、填埋为辅。"同时指出：现有垃圾焚烧技术也有风险，解决垃圾焚烧中的二噁英问题，是环保重大核心问题。广州市政府极为重视专家们的意见，提出要拿出科学、权威的数据，从处理技术、市场运作、公民接受等角度做出实施方案。据统计，目前广州市每天产生的生活垃圾为17 800t，垃圾处理能力是1 040t/d，即将投产的有两个垃圾焚烧发电厂，处理能力为2 000t/d。未来三年将新建6座垃圾焚烧发电厂，每天焚烧垃圾将升到2.1万吨。广州市政府明确指出：垃圾焚烧项目实行主体以投融资为主、财政支持与引导为辅。鼓励社会资金通过独资、合资、合作，以股份制、BOT、公私合营等形式投资垃圾处理产业。

8.1.2 电子束辐照技术的原理与特点

1. 电子束辐射能量的传输机理

电子束辐射能量传输机理如图8-1所示：

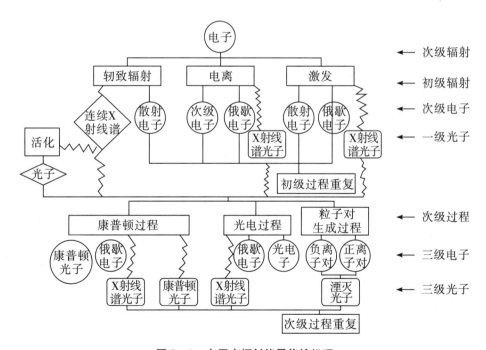

图8-1 电子束辐射能量传输机理

由图8-1可知，电子束与物质的主要作用机制有两种：一是电子的电场和介质原子壳层电子作用，引起介质原子和分子的激发和电离。电离产生的电子有较长的平均自由程，并在行程尾部再次引起电离，这种电子束称为"俄歇电子"（Auger electron）。二是电子通过介质中原子核附近时，由于库仑力很强，使电子偏离原来的方向，产生很大的径向加速度，电子将以电磁辐射的形式发射能量，这种过程称为"韧致辐射"（Bremsstrahlung radiation）。韧致辐射光子具有连续能谱，称为"X 射线谱光子"。由此可见，散射、激发和电离是电子与介质相互作用的主要形式，而碰撞电离损失和韧致辐射损失是电子损失能量的主要部分，其他的作用形式占的份额很小。

2. 电子束辐照法的主要特点

（1）能高效去除烟气、飞灰中的二噁英（90% 以上）；能高效脱硫、脱硝（90% 以上脱硫率，80% 以上脱硝率）；设备操作可控性强，电子束由电子加速器产生，它的生产和关闭是通过加速器的电源开关控制，电离辐射能量的大小也是通过加速器的加速电压来调节，系统操控比较方便。电子束能量在一定范围内连续可调，线量平坦，束下装置大都采用传送装置，产品吸收剂量均匀。

（2）装置安全，控制可靠。电子加速器较钴源装置体积小、自动化程度高，能够连续快速加工，可实现辐照加工在线生产。

（3）副产品为硫酸铵和硝酸铵，两者均为常用化肥。

（4）全过程干法操作，不产生废水和废渣。

（5）电子束辐照法虽然一次性投资比常规法高些，但它的操作运行费用和维修费用较低，可省去二次净化或填埋方法的费用。电子加速器的照射费很大程度上取决于加速器容量和运行效率，随着加速器大容量化，辐照费将大幅降低。根据日本的研究成果，相对常规法，采用电子束辐照法平均每年可节省费用33% ~ 50%。

需要指出的是，电子束辐照法是利用电子加速器产生的加速电子对烟气或飞灰进行轰击，导致二噁英分子的主键氧化或断裂，即辐照分解，从而除去烟气或飞灰中的二噁英类物质。当电子加速器关掉电源后，产生的辐射会立即停止，因此是一项安全的处理技术。

8.1.3　电子加速器辐照器简述

电子加速器是用人工方法使电子在高真空中受电场力作用加速、获得高能量的装置。不同类型的电子加速器装置虽然具有不同结构和组成，但都具有如下部件：①电子枪；②加速器主机，包括加速电场系统、控制磁场系统和真空系统；③束流应用装置，包括束流引出装置、扫描装置、束下装置；④控制系统，加速器辐照器装置不仅结构紧凑、容易操作、维修简便，而且可在任何需要时开机、停机，无废源处理，无放射性污染。

电子加速器的电子束流动率可以在大范围内平滑调节，束流平均流强为数十到数百毫安，束流方向性强，性能好，利用率为70% 以上。正因为如此，电子加速器辐照器在国民经济的诸多领域得到广泛应用。

1. 电子加速器辐照器设计中需要考虑的几个问题

（1）电子束的射程。

电子在烟气和飞灰中的射程见表 8 - 1。

表 8 - 1 　电子在烟气和飞灰中的射程

电子的最大能量（MeV）	烟气中射程（mm）	飞灰中射程（mm）
1.5	494	5.2
2.0	710	7.4
3.0	1 100	11.6

（2）辐照样品的适宜厚度。

电子加速器加速电子穿透样品的过程中传递给样品的能量随深度而变化。为使不同深度的样品都能比较均匀地吸收能量，通常把 2/3 射程作为辐射的适宜厚度。

（3）能量利用率。

由于电子束的穿透能力较弱，而且方向集中，其能量利用率为 50% 以上。

（4）温控问题。

由于电子束辐照是一种冷处理方法，没有温度控制的需要。

（5）气体排放问题。

烟气受电子束辐照后，将产生某些对人体有害的气体，如臭氧（O_3）、氮的氧化物（NO_x）、二氧化硫（SO_2）等有害物质，通过通风系统将有害气体由高烟囱（约 90m）排放稀释，达到国家允许标准。SO_2 可用碱液吸收法除去，但 NO_x 不活泼，至今尚无有效常规去除方法。用辐照法可用不大的剂量将 SO_2 和 NO_x 同时除去。烟气中含有 O_2 和水蒸气，辐照法生成 O、O_3、OH 和 HO_2 等氧化能力很强的活性粒子。他们与 SO_2 和 NO_x 以及注入的 NH_3 发生反应，最后生成硫酸铵和硝酸铵气溶胶，可附着在尘埃上被过滤器捕集达到脱硫、脱硝的目的。

脱硫主反应路径是：

$$SO_2 + 2NH_3 + H_2O \longrightarrow (NH_4)_2SO_3$$
$$(NH_4)_2SO_3 + O \longrightarrow (NH_4)_2SO_4$$

脱硝主反应路径是：

$$NO \rightarrow NO_2 \rightarrow HNO_3 \rightarrow NH_4NO_3$$

2. 电子束辐照技术

根据被辐射样品的形状、大小、传输方法、产量大小、加工辐照剂量等条件，来考虑电子加速器的规格、台数、配置方案、辐照窗与被辐照样品的距离、样品传输方式。电子加速器都装有扫描装置，把聚集电子束横向扫开，这样不仅扩大了照射面积，也改善了横向照射的均匀性。离窗距离增大，剂量率大大减小。垂直于扫描方向的剂量均匀性可以用样品匀速通过的方法来改进。为了改善深度剂量均匀性，可以采用两面辐照，也可采用样品旋转辐照方式。

据不完全统计，美国、俄罗斯、法国、日本为对垃圾焚烧发电的烟气进行净化处理，生产了各种类型的应用于烟气净化的电子加速器。如美国弗吉尼亚加速器公司（VAC）生产的 VAC - 1.25MW；俄罗斯科学院新西利亚分院的 ELV - 12（0.6 ~ 1.0MeV，400kW）和 Torch（0.5 ~ 0.8MeV，500kW）；法国 V.V.Rad 生产的 0.8MeV（320kW）；日本日新公司生产的 Missin 0.8MeV（320kW）等。

8.1.4 电子加速器产生电子束的辐照剂量

按照电子束辐照传输机理，在 5MeV 以内的电子束与物质相互作用主要有两种：

（1）电离作用。

电子在运动中把自己的能量传递给物质的电子，使其电离（或激发），最后停止在物质中，电离作用损失能量。电子能量在 1～12MeV 范围内的射程可按如下半经验公式计算：

$$R = 0.565 \left(\frac{125}{Z+122} \right) E - 0.423 \left(\frac{175}{Z+162} \right) \tag{8.1}$$

式中，R——电子在介质中的射程（g/cm^2）；

式中，E——电子最大能量（MeV）；

Z——介质原子序数。

也可以用近似公式来计算：

$$R \approx E/2 \quad (\text{g/cm}^2) \tag{8.2}$$

式中，E——电子最大能量（MeV）。

如果介质飞灰厚度小于电子最大射程，用电子束辐照飞灰就能满足要求了。

电子点状源，在距离 r（g/cm^2）处，其吸收剂量率 $\dot{D}$（mGy/h）可表示为：

$$\dot{D} = \frac{KA}{(Br)^2} \left\{ C \left[1 - \frac{Br}{C} e^{\left(1 - \frac{Br}{C} \right)} \right] + Br e^{(1-Br)} \right\} \tag{8.3}$$

式中，A——电子源活度（Bq）；

K、B、C——常数，它的数值取决于电子能量核吸收介质的有效原子序数。

当 $E = 3$MeV 时，对水或组织介质，$K = 1.7 \times 10^{-3}$，$B = 4.65$，$C = 1$。对空气介质，$K = 1.76$，$B = 3.95$，$C = 0.66$。

电子加速器功率为 1kW 的电子束相当于 2.5×10^{15}Bq 的 ^{60}Coγ 辐照源的活度，因而可按 ^{60}Coγ 辐射源产生的剂量计算方法进行计算。

（2）辐射作用。

电子通过物质时，受原子核作用，运动方向和速度发生变化，产生加速度，发出 X 射线，即韧致辐射。当一个电子在物质中完全被阻挡时，发出韧致辐射能量 E_x（MeV/电子）可表示为：

$$E_x = 1.23 \times 10^{-4} (\bar{Z} + 3) E^2 \tag{8.4}$$

式中，E——电子的最大能量（MeV）；

$\bar{Z}$——阻挡物质有效原子序数，韧致辐射是连续谱（见表 8-2）。

表8-2　轫致辐射

轫致辐射 X 光子能量间隔（$h\nu/E$）	轫致辐射总强度中占百分比（%）
0.0～0.1	43.5
0.1～0.2	25.8
0.2～0.3	15.2
0.3～0.4	8.3
0.4～0.5	4.3
0.5～0.6	2.0
	$\Sigma = 99.1$

由此可见，当一个电子被阻挡时，发出 X 光的能量 80% 以上小于 0.3E。

对 $E = 3\text{MeV}$，水或组织：$R = \dfrac{3}{2} = 1.5\text{cm}$。

$$E_x = 1.23 \times 10^{-4}\ (\bar{Z}+3)\ E^2 = 1.23 \times 10^{-4}\ (7.43+3)\ 3^2 = 1.16 \times 10^{-2}\ (\text{MeV/电子})$$

每个电子有 $1.16 \times 10^{-2}\text{MeV}$ 能量以轫致辐射形式消耗了，其余大部分消耗于电离损失。

8.2　垃圾焚烧烟气污染物电子束辐照法

8.2.1　从烟气中去除二噁英类电子束辐照法基本原理

烟气中的二噁英受到电子束辐照后，二噁英吸收电子束能量形成激发态分子，当激发态分子能量大于化学键能时，会导致化学键的断裂，发生分子结构的重排或错位，生成非二噁英分子，从而去除二噁英，同时可能产生自由基（free radical），这些自由基都是高活性物质，能迅速与二噁英反应，从而达到降解二噁英的目的，其裂解和氧化降解效应如下：

裂解效应：

（两个苯环）

氧化降解效应：

$$H_2O \xrightarrow{\text{电离辐射}} e_{aq}^-(2.7) + H^+(0.55) + OH^-(2.7) + H_2(0.45) + H_2O_2(0.7) + H_3O^+(2.7)$$

式中括号内的数字表示辐射化学产额（G），即反应体系中平均每吸收 100eV 辐射能量时，给定粒子种类（分子、离子、自由基等）的改变数。OH^-自由基是强氧化性粒子，H^+、e_{aq}^-是还原性粒子，污染物的去除可以是氧化作用也可以说是还原作用，这些自由基 OH^-、H^+、e_{aq}^-都是高活性物质，能迅速与水中的有机物反应，从而达到降解烟气、飞灰中二噁英的目的。电子束辐照技术是一种低温处理技术，处理后的烟气不含因降温过程重新合成的二噁英类，从而不会产生二次污染。

1. 烟气中电子束辐照二噁英的辐照裂解

所谓辐照裂解，指的是通过射线的辐照使长链分子的主键发生断裂。用电子束辐照烟气、飞灰形成激发态分子，当激发态分子能量大于化学键能时，会导致化学键的断裂，生成其他物质；同时可能产生自由基中间体致使二噁英的化学键断裂，发生分子结构的重排或错位而被除去。

垃圾中的塑料废物的处理也是一个麻烦的问题，但是采用辐照裂解可以使其变废为宝，如聚四氟乙烯的下脚料经过辐照裂解处理之后，就可以变成具有很好润滑性能的高级固体润滑剂。可见辐照裂解技术有很大用途。

现在的问题是，用电子束辐照二噁英能否发生辐照裂解？

我们知道，快速电子束射入后与原子中的电子和原子核发生相互排斥和吸引的库仑作用。电子束流的大部分能量消耗在和轨道电子的相互作用，在原子的激发和电离上。快速电子在核附近通过时会发生弹性或非弹性散射，并在后一种情况下放出光子。被物质吸收的能量主要部分最终转化为热，由此形成被辐照样品的加热。当快速电子束与轨道电子相互作用时，每形成一对粒子所消耗的平均能量实际上与入射电子能量无关，对很多物质而言皆为 30eV 左右（对空气为 34eV），简单分子的电离势约为 10eV。初始电子的大部分能量消耗在激发上。电子加速器产生的电子束的能量比电离作用大，即比破坏一个化学键所需的能量高出几万倍。当初级电子通过物质时，将能量转交给大量分子，引起激发和电离。由于键断裂而形成的带电的和不带电的分子碎片具有很高化学活性，与其他分子发生反应，生成新活性粒子，即自由基和次级粒子，继续参加反应，由此而使物质分子结构改变，形成具有新特性的物质。由于键断裂作用，生成低分子量的聚合物，其典型性能发生变化，溶解度增加，黏性减少，容易去除。由此可见，利用电离辐照方法能有效地进行辐照裂解。

由于键断裂而形成带电和不带电分子碎片具有很高的化学活性，使得在低温下，进行辐射化学反应，使键氧化或断裂成为可能。

2. 从烟气中电子束辐照二噁英的辐照分解

所谓辐照分解，是指物质分子或原子在电离作用下分解，生成新的物质的过程。

对二噁英类，在 850℃以上，二噁英化合物完全分解，在 250℃～400℃时，残碳和氯根通过残存的卤代苯类在飞灰表面催化又合成二噁英化合物，这就是产生二次污染。

为了避免产生二次污染，可采用从烟气中去除二噁英的电子束辐照法。

用电子束辐照烟气，是指电离或激发产生活化原子、活化分子、过剩电子和自由基。以上这些粒子具有较高能量或化学活性，它们在很短时间内（如微秒或更短），通过各种途径丢失过剩能量或引起化学反应，最终成为稳定产物。由于这些粒子活性高，存在时间短，常称为"活性粒子"。

（1）自由基作用。

自由基就是含有不成对电子（又称"孤电子"，多数为 1 个，也有 2 个、3 个的情形）的原子或化学基团。水分子是极性分子，在电离辐射作用下，容易发生电离，而水分子阳离子很不稳定，很快会发生解离产生 OH 自由基，记作 $OH^{\cdot}$。电离产生的自由电子容易被水分子结合而产生水分子的阴离子，它也是不稳定可解离产生 H 的自由基 $H^{\cdot}$。上述过程可用以下的化学反应式来表示：

$$HO \xrightarrow{\text{辐射能}} H_2O^+ + e^-$$

$$OH^{\cdot} + H^+ \longleftarrow\!\!\!\!| \ H_2^+O \longrightarrow H_2O^- \longrightarrow OH^- + H^{\cdot}$$

可以用一个化学反应式来代表上面的反应过程：

$$2H_2O \xrightarrow{\text{辐射能}} H^+ + OH^- + H^{\cdot} + OH^{\cdot}$$

上式表明，每有 1 个水分子被辐照电离，就有等量水分子陪同发生改变。产生等数量的 H^+/OH^- 和 $H^{\cdot}/OH^{\cdot}$，宏观上仍呈电中性，但在微观上有着强亲和能力的自由基将会自行结合或与其他的邻近分子结合，而发生下面一些反应。例如：

$$OH^{\cdot} + OH^{\cdot} \longrightarrow H_2O_2$$

$$H^{\cdot} + H^{\cdot} \longrightarrow H_2$$

对于激发态的水分子也能产生 $H^{\cdot}$ 和 $OH^{\cdot}$，即

$H_2O \xrightarrow{\text{辐射能}} H_2O^* \longrightarrow H^{\cdot} + OH^{\cdot}$ 引发上述反应，反应产物中，除 H_2 是稳定而且无毒性外，过氧化氢（H_2O_2）是一种相对稳定的强氧化剂。H_2O_2 分子可以从产生的位置扩散到离射线作用点很远的地方，使本来没有受到电离辐射影响的分子被氧化。

如果水中溶有 O_2，就可能发生如下反应：

$$H^{\cdot} + O_2 \longrightarrow HO_2^{\cdot}$$

$$H^{\cdot} + HO_2^{\cdot} \longrightarrow H_2O_2$$

这样会增大强氧化剂 H_2O_2 的产额。这会加强辐照毒化效果，从而增强氧化效应。

水分子电离作用产生的自由电子可以和水分子作用称为水化电子，它比自由电子稳定很多。由于水化电子和具强氧化作用的 H_2O_2 分子等寿命较长，可以进行远距离的迁移，从而会扩大电离辐射作用的范围，造成对距离较远的分子的攻击，当然由于水的稀释作用而远离作用会弱一些。

（2）过剩电子。

介质分子被电离产生次级电子，有些次级电子获得能量不多，它们不能远离原先位置，生成后在很短时间内被母正离子的库仑引力拉回。另有一些次级电子获得能量较多，可冲出母正离子的库仑引力场成为自由电子。它们在介质中运动而逐渐失去能量，变成逊激发电子、溶剂化电子、陷落电子等。这些离开母正离子的电子称过剩电子。它们在辐射化学反应中起重要作用。

（3）辐射化学产额（G）。

研究电离辐射引起的化学变化，不仅要定性地知道哪些物质损失了，哪些物质生成了，还要定量地知道损失或生成的物质有多少。为此提出 G 值的概念。

所谓 G 值是指反应体系中平均每吸入 100eV 的辐射能量时，给定粒子种类（分子、离子、自由基等）的改变数。每形成一对离子所消耗的平均能量约 30eV，该能量与电离辐射的类型（电子、离子、光子等）关系很小。如空气中形成一对离子所消耗的平均能

量为34eV，空气电离过程的 $G = 100eV/34eV \approx 2.9$，纯水中从电离辐射吸收100eV后，平均可产生2.7个OH自由基，表示OH自由基的生成 G 值为2.7。水的辐射分解产物 G 值见表8-3。

表8-3　辐射化学产额（G）

产物	G 值（个/100eV）
$OH^{\cdot}$	2.7
e^{-} 水合	2.7
$H^{\cdot}$（H_3O^+）	2.7
$H^{\cdot}$	0.55
H_2	0.45
H_2O_2	0.7

当 $1 < G < 10$ 时，需要高激发能的储能过程，其中包括吸热反应。

当 $10 < G < 20$ 时，需要激发能不太高，并能形成短链反应，可能是放热反应。

当 $G > 20$ 时，主要是链式反应，引起物质分子结构发生多重变化。

8.2.2　垃圾焚烧烟气中二噁英电子束辐照处理的 Matlab-Simulink 方法

Simulink 是一个用来建模、仿真和分析动态系统的软件包。Matlab 具有友好的工作平台和编程环境、简单易学的编程语言、强大的科学计算和数据处理能力、模块化的设计和系统级的仿真功能等诸多的优点和特点。近几年来，在学术界和工业领域，Simulink 已经成为动态系统建模和仿真领域中应用最为广泛的软件之一。Simulink 可以很方便地创建和维护一个完整模块，评估不同算法和结构。由于 Simulink 是采用模块组合方式来建模，从而可以使得用户能够快速、准确地创建动态系统的计算仿真模型，特别是对复杂的不确定非线性系统更为方便。以下便是利用 Simulink 来模拟垃圾焚烧烟气中二噁英电子束的辐照处理。

电子束辐照反应室如图8-2所示。

参与反应的物质包括：

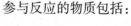

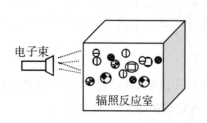

⊖ C_s（活性炭）

▯（CO）$_s$（一氧化碳混合体）

⊛ O_2

⊕ H_2O

⊗ DD（多氯二苯并呋喃，即二噁英）

● OH自由基（其产生速率与电子束辐照剂量和H_2O的浓度有一定关系）

图8-2　电子束辐照反应室示意图

主要发生的化学反应如下：

$$C_s + OH \longrightarrow C_s^{\cdot} + H_2O$$

$$C_s^{\cdot} + O_2 \longrightarrow (CO)_s^{\cdot} + O$$

$$C_s^{\cdot} + OH \longrightarrow (CO)_s^{\cdot} + H$$

$$(CO)_s^{\cdot} + (CO)_s^{\cdot} \longrightarrow DD + 产物$$

$$DD + OH \longrightarrow 产物$$

1. 反应动力学方程

（1）建模的依据是化学反应的动力学方程，部分动力学方程如下：

$$\frac{dC_{DD_{aq}}}{dt} = -K_{6.2} \cdot C_{DD_{aq}} \cdot C_{OH_{aq}} - K_{1.0} \cdot C_{DD_{aq}} \cdot C_{NO_{3aq}} + K_{1.1} \cdot C_{(CO)_s} - K_{4.6} \cdot C_{DD} \cdot C_{OH} \tag{8.5}$$

$$\frac{dC_{(CO)_s}}{dt} = K_5 \cdot C_{C_s} \cdot C_{O_2} + K_6 \cdot C_{C_s} \cdot C_O - K_3 \cdot C_{(CO)_s} \tag{8.6}$$

$$\frac{dC_{C_S}}{dt} = -K_7 \cdot C_{C_s} \cdot C_{OH} - K_5 \cdot C_{C_s} \cdot C_{O_2} - K_6 \cdot C_{(CO)_s} \cdot C_O \tag{8.7}$$

式中，C_x 为烟气中对应成分 x〔如 DD、O_2、$(CO)_s$ 等〕的体积百分比，K 为比率常数，具体数值由表 8-4 可得。

表 8-4 气相中二噁英生成与降解的动态方程

反应式	A	n	E/R, K
$C_s + OH \longrightarrow C_s^{\cdot} + H_2O$	1.6×10^8	1.42	730
$C_s^{\cdot} + O_2 \longrightarrow (CO)_s^{\cdot} + O$	2.1×10^{12}		3 760
$C_s^{\cdot} + OH \longrightarrow (CO)_s^{\cdot} + H$	2.2×10^{13}		2 280
$(CO)_s^{\cdot} + (CO)_s^{\cdot} \longrightarrow DD + 产物$	1.1×10^{23}	-2.92	8 000
$DD + OH \longrightarrow 产物$	4.6×10^{12}		

说明：$K = AT^n \exp(-E/RT)$，单位为 $cm^3 \cdot mol^{-1} \cdot s^{-1}$。

（2）Matlab-Simulink 模块图：

根据化学反应动力学方程建立 Simulink 仿真模型，实际中反应的进行会受到活性炭含量的制约，因此在本模型中，模型计算结果是以活性炭消耗 99% 作为仿真停止的标志。图 8-3 为所建仿真模型，左边的方框内为输入参数，右边的方框内为输出的参数，中间则是封装后的模拟系统。

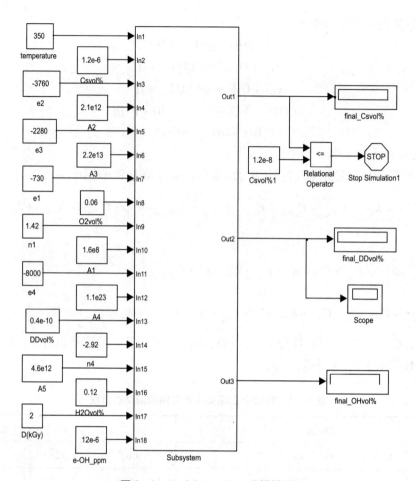

图 8 - 3　Matlab-Simulink 建模模型

（3）输入参数。

temperature：温度；

$C_s$vol%：活性炭体积分数；

O_2vol%：氧气体积分数；

DDvol%：二噁英浓度分数；

H_2Ovol%：水体积分数；

D：电子束辐照剂量（kGy）；

e-OH_ppm：OH 自由基百分比浓度。

（4）输出参数。

final_$C_s$vol%：反应终止的活性炭浓度；

final_DDvol%：反应终止的二噁英浓度。

2．计算结果和讨论

（1）温度对二噁英降解率的影响。

反应条件的控制：在电子束辐照剂量分别为 2kGy、6kGy、20kGy 下探究温度对二噁英降解率的影响，不改变其他可能影响反应过程的参数，设定初始活性炭体积分数为 1.2×10^{-6}%，O_2 体积分数为 0.06%，H_2O 体积分数为 0.12%，OH 自由基浓度为 1.2×10^{-6} ppm，初始

DD 体积分数为 $10^{-10}\%$。

图 8-4 为温度的影响曲线，从该图可知不同电子束辐照剂量下，二噁英的降解率都随着温度的增加逐渐减小，并且电子束的辐照剂量越小，其影响越显著。电子束辐照剂量为 2kGy 时，二噁英降解率为负值，此时又重新合成二噁英。这表明，过高的温度阻碍二噁英的降解，为了有效降解二噁英，反应室的温度要控制在相应的范围之内。

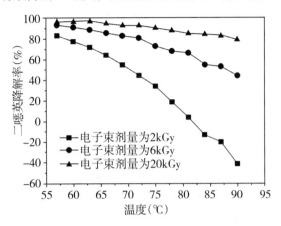

图 8-4 温度对二噁英降解率的影响

（2）活性炭 C_s 含量的影响。

反应条件的控制：研究温度分别为 57℃、77℃时不同活性炭 C_s 含量对电子束辐照降解二噁英效率的影响，不改变其他可能影响反应过程的参数，其对应的值设定如下：

电子束辐照剂量为 10kGy，O_2 体积分数为 0.06%，H_2O 体积分数为 0.12%，OH 自由基浓度为 1.2×10^{-6} ppm，初始 DD 体积分数为 $10^{-10}\%$。运行仿真并记录最终的二噁英降解率。

图 8-5 为反应过程中活性炭 C_s 体积分数对二噁英降解率的影响曲线。从图 8-5 可知，在一定温度下活性炭体积分数增加，二噁英降解率下降。

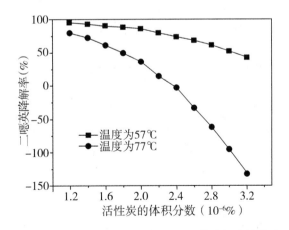

图 8-5 活性炭 C_s 体积分数对二噁英降解率的影响

（3）水的体积分数对二噁英降解率的影响。

反应条件的控制：研究温度分别为 57℃、77℃时 H_2O 体积分数对消除垃圾焚烧烟气中二噁英的影响，不改变其他可能影响反应过程的参数，其对应的值设定如下：

电子束剂量为 2kGy，初始活性炭体积分数为 $1.2 \times 10^{-6}\%$，O_2 体积分数为 0.06%，OH 自由基浓度为 1.2×10^{-6}ppm，初始 DD 体积分数为 $10^{-10}\%$。运行仿真并记录最终的二噁英降解率。

图 8-6 为反应过程中水体积分数对二噁英降解率的影响曲线。二噁英的降解率随反应室中水含量的增多而增大，说明此反应中水的参与促进了二噁英的分解，温度越高的环境下，为达到相同的降解率，需要消耗更多的水。反应需提供充足的水，以免因为缺水而造成二噁英含量增加。

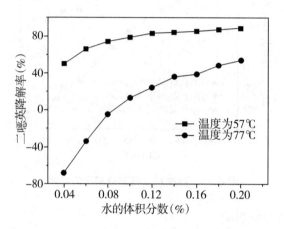

图 8-6 水体积分数对二噁英降解率的影响

（4）OH 自由基浓度对二噁英降解率的影响。

反应条件的控制：研究温度分别为 57℃、77℃时 OH 自由基浓度对垃圾焚烧烟气中二噁英降解率的影响，不改变其他可能影响反应过程的参数，其对应的值设定如下：

电子束剂量为 2kGy，初始活性炭体积分数为 $1.2 \times 10^{-6}\%$，O_2 体积分数为 0.06%，H_2O 体积分数为 0.12%，初始 DD 体积分数为 $10^{-10}\%$。运行仿真并记录最终的二噁英降解率。图 8-7 为 OH 自由基浓度对二噁英降解率的影响。

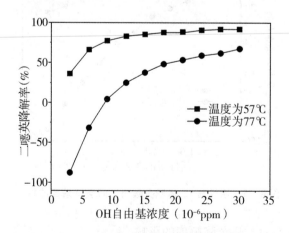

图 8-7 OH 自由基浓度对二噁英降解率的影响

（5）DD 初始值对二噁英降解率的影响。

反应条件的控制，各参数的设定如下：温度为57℃，电子束剂量为2kGy，初始活性炭体积分数为 $1.2 \times 10^{-6}\%$，O_2 体积分数为0.06%，H_2O 体积分数为0.12%，OH 自由基浓度为 1.2×10^{-6} ppm。运行仿真并记录最终的二噁英降解率。

图8-8为DD 初始值对垃圾焚烧烟气中二噁英降解率的影响曲线。表明辐照处理烟气中二噁英的方法，降解率随二噁英含量的增大而增大，对二噁英含量越高的烟气，电子束辐照的方法越有效，然而，一定含量的二噁英烟气随着反应过程的进行不断消耗，降解率变化很小。

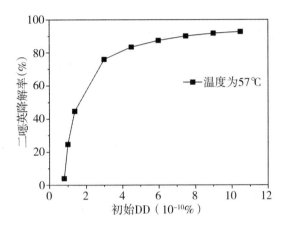

图8-8　DD 初始值对二噁英降解率的影响

（6）辐照剂量的影响。

反应条件的控制：研究温度分别为57℃、77℃时电子束剂量对垃圾焚烧烟气中二噁英降解率的影响，不改变其他可能影响反应过程的参数，其对应的值设定如下：

DD 初始值为 $10^{-10}\%$，初始活性炭体积分数为 $1.2 \times 10^{-6}\%$，O_2 体积分数为0.06%，H_2O 体积分数为0.12%，OH 自由基浓度为 1.2×10^{-6} ppm。运行仿真并记录最终的二噁英降解率。

图8-9为电子束辐照剂量对垃圾焚烧烟气中二噁英的降解率的影响曲线。电子束辐照剂量越高，二噁英降解率越大，温度越高，其影响越加显著。在辐照剂量较低时，其变化对二噁英降解率的影响很大，而当电子束强度达到一定值时，逐渐趋于平缓，因此，在平缓阶段，不适合采取增大辐照剂量的方法来提高二噁英的降解率。温度越低越早达到平缓阶段，而且二噁英的降解率更高。从图8-9可以看出，辐照剂量达14kGy 时为最佳。

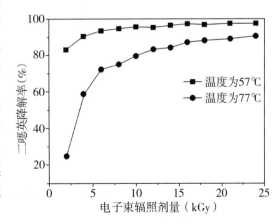

图8-9　电子束辐照剂量对二噁英降解率的影响

综上所述，采取电子束辐照法处理垃圾焚烧烟气中二噁英的最佳条件为温度小于 57℃，活性炭浓度尽量低（辐照前对活性炭进行处理），水的体积数为 0.2% 以上。电子束辐照剂量 14kGy，二噁英降解率为 90% 以上。

基于 Matlab 中的 Simulink 仿真模块，对电子束辐照处理垃圾焚烧烟气中的二噁英的过程进行仿真，建立反应动力学方程的仿真模型，并在此模型下计算辐照室中多种主要成分的含量对二噁英处理降解率的影响，得出处理垃圾焚烧烟气中二噁英的最佳辐照条件。以上结果与莫斯科大学机械研究所的 G. Ya. Gerasimov 研究结果和日本原子能研究所材料发展部 Koichi Hirota 研究结果基本一致。由此可见，垃圾焚烧烟气中二噁英电子束辐照处理的 Matlab-Simulink 方法是可靠的，计算结果是可信的。

8.2.3 电子束辐照烟气的辐照实验

图 8-10 为电子束辐照烟气净化装置示意图。电子加速器拟采用高效节能绝缘变压器型电子加速器，美国 High Voltage Engineering Corp. 以及美国 Wasik 公司生产出了能满足辐照应用要求的高性能高功率的电子辐照电子加速器，该类型电子加速器电子束能量为 0.3 ~ 3MeV，最大束流功率 100kW。近几年来该公司已向我国有关单位出口了多台不同能量的绝缘铁芯变压器产品。上海应用物理研究所、中国高能物理研究所、中国原子能院等都开展了相关领域的研究。华中科技大学加速器课题在樊明武院士领导下也开展了该领域的研究工作，目前已完成了该项目前期物理设计和部件加工，工程已经进入组装调试阶段，预期在 2016 年实现高效节能绝缘芯变压器型电子辐照加速器初步产业化。

本书作者研究表明，焚烧垃圾按每小时生产 1 000m³ 烟气计算，施加 30 万伏电压的电子加速器生成电子束（束流 40mA），带宽 45cm，二噁英可去除 90%，可以达到国家允许标准 0.5TEQng/m³。建议电子加速器采取高效节能绝缘芯变压器型电子辐照加速器。

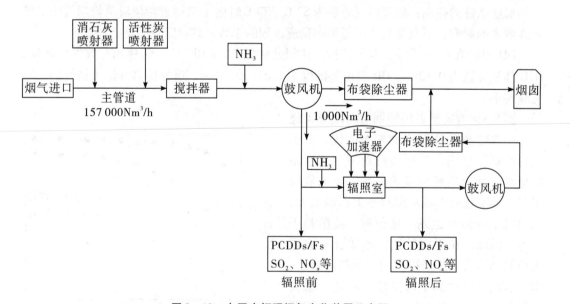

图 8-10　电子束辐照烟气净化装置示意图

对图 8-10 的说明：

①我们拟采用该装置处理的烟气量为 1 000m³/h。烟气引自供热锅炉。

②该装置由消石灰喷射器、活性炭喷射器、搅拌器、布袋除尘器、注氨装置、电子加速器、辐照室、检测装置及辅助系统组成。

③电子加速器功率为 12kW，电压为 300kV，束流强度为 0～40mA。

④辐照器体积：$120 \times 45 \times 30$（cm^3）。

⑤消石灰喷射器。消石灰粉末与垃圾焚烧烟气充分混合，石灰与烟气中酸性气体（SO_2、HCl、HF）发生化学反应而被吸收。对二噁英、重金属（如 Hg）起凝聚作用，以固态形式得以去除。

⑥布袋除尘器。焚烧炉内生成的二噁英主要以固态形式附着在飞灰表面。研究表明，布袋除尘器去除二噁英效果最好。为了提高布袋除尘器去除效率，可以降低排烟气温度，使气相中的二噁英冷凝附着于烟气中飞灰颗粒上，再用布袋除尘器捕捉飞灰。研究表明，飞灰中的二噁英含量比烟气中的二噁英含量高 10 倍以上，用电子束处理飞灰中的二噁英时，可得到更好的效果。

⑦活性炭喷射器。在布袋除尘器前设置干活性炭注入，通过活性炭吸附，布袋除尘器下游浓度小于 $0.007～0.011mg/m^3$（干燥）。可以降低二噁英的排放量，而且在活性炭低温区（140℃～200℃）范围内能起催化剂的作用，具有烟气脱硝、减小 NO_x 排放量的作用。

⑧注入氨。在焚烧炉余热锅炉前喷氨，一方面氨与氯的结合能力强，可以减小前驱物合成的二噁英；另一方面飞灰中的重金属（如 Cu）是合成二噁英的催化剂，喷氨可以使金属失去催化作用，从而减少二噁英的生成。

⑨电子束辐照烟气。以广东顺能垃圾焚烧发电厂为例，它每年处理垃圾量 25 万吨（即 685t/d），垃圾焚烧烟气产生率为 5 500m^3/t，固体垃圾烟气量为 157 000m^3/t。经计算，所需电子加速器的功率为 790kW，如果电子束能量为 0.3MeV，则束流强度为 2.6A。若采用 4 台电子加速器，每台电子加速器功率为 197.5kW。若取烟气中二噁英排放平均浓度为 3ngTEQ/m^3，经计算，电子束辐照剂量与二噁英降解率的关系表明，当辐照剂量为 27kGy 时，可以去除二噁英 96% 以上，从而可以满足目前国家规定的二噁英排放限值 0.1ngTEQ/m^3 的要求。

8.2.4 从烟气中去除 SO_2、NO_x 的电子束辐照法

垃圾焚烧过程中，燃烧废气中含有 SO_2 和 NO_x（主要是 NO），对人体及生物有很大危害。SO_2（酸性气体）可以用碱液吸收法去除，但 NO_x 不活泼，至今尚无有效去除方法。

用电子束辐照法可用不大的剂量将 SO_2、NO_x 辐照分解，空气中含有 O_2 和水蒸气，辐照时它们可生成 O、O_3、OH 和 HO_2 等氧化能力很强的活性离子。它们与 SO_2、NO_x 发生反应，最后硫生成酸和硝酸气溶胶，可附着在灰尘上被布袋除尘器捕集，达到脱硫、脱硝的目的，用 10kGy 的辐照剂量，能使 80% 的 NO_x 和 95% 的 SO_2 从烟气中除去。

8.2.5 从烟气中去除重金属的电子束辐照法

重金属的危害在于它不能被微生物分解且能在生物体内富集或形成其他毒性更强的化合物，通过食物链它们最终会对人体造成危害。另外，重金属污染治理很复杂，耗时

耗力却难以得到好的效果。

控制重金属排放应首先从源头上做好控制，将垃圾分类收集，如将废旧电池、旧日光灯管、旧印刷油墨、杀虫剂和过期药品等含有重金属的物质先回收分类处理。若垃圾分类收集有困难时，这些未分类垃圾焚烧时，大部分重金属存在于灰渣中，但部分重金属如汞，在烟气中是以气态形式存在的，主要形成 $HgCl_2$，还有部分气态单质 Hg，它们经电子束辐照后，使重金属物质在电离作用下分解，但必须保证排放浓度满足《生活垃圾焚烧污染控制标准》（GB18485—2001）：Hg：$0.2mg/m^3$，Ca：$0.1mg/m^3$，Pb：$1.6mg/m^3$。

8.3　垃圾焚烧飞灰中污染物电子束辐照法

8.3.1　电子束与飞灰中二噁英分子相互作用的机理

利用电子束处理对环境有巨大危害的二噁英，是正在被广泛研究的热门话题，电子束与二噁英类等其他物质的反应动力学研究，也涉及电子在二噁英固体中的输运，其中二噁英类对电子束具有足够的吸收剂量率是二噁英与其他物质进行充分的化学反应的前提。因此，对电子束处理二噁英进行有效控制，研究电子在二噁英固态中的输运现象有重要的意义。

蒙特卡罗（Monte Carlo）方法又称统计模拟方法（Method of Statistical Simulation）或随机抽样技术。用蒙特卡罗方法求解问题时，首先要确立一个随机模型，然后制造一系列的随机数用以模拟这个过程，最后做统计性处理得出结论。因此，研究电子与固体分子相互作用等问题，它是很有效的。蒙特卡罗方法的弱点是计算收敛速度慢，误差的概率性质，误差与抽样数的平方根成反比。因此计算量相对而言比较大。

1. 电子束与飞灰中二噁英分子相互作用的机理

电子束辐照去除飞灰中的二噁英的机理，与用电子束辐照去除烟气中的二噁英的机理是相似的。二噁英吸收电子束能量形成激发态分子，在激发态分子能量大于化学键能时，会导致化学键的断裂，生成基元物质。同时可能产生自由基（OH^-、H^+、e_{aq}^- 等）。这些自由基都是高活性物质，它能迅速与二噁英发生反应，从而达到降解飞灰中二噁英的目的。

通过电子在飞灰介质中二噁英输运过程的模拟，从而获得电子在飞灰介质中二噁英输运的反射率、穿透率、吸收剂量率、降解率。

2. 电子与固体靶核相互作用的物理机制

电子与固体靶核通过库仑力相互作用，其物理过程包括入射电子与固体靶核发生的弹性散射（卢瑟福散射）和电子与核外电子云发生的非弹性散射。卢瑟福散射的电子发生大角度偏转，入射电子不伴随能量损失，而在非弹性散射中，电子损失能量，而电离是其中的主要机制。

用蒙特卡罗方法研究电子束在飞灰中二噁英的输运现象，运用的基本公式如下：

（1）卢瑟福散射公式。

假设被周围的电子屏蔽，库仑场简单地按指数衰减，则对应的屏蔽型卢瑟福截面公式为：

$$\frac{\mathrm{d}\sigma}{\mathrm{d}\Omega} = \frac{Z(Z+1)e^4}{p^2v^2} \frac{1}{(1-\cos\theta+2\beta)^2} \tag{8.8}$$

这里 $\beta = 0.25 \times (1.12\lambda_0 h/p)^2$，$\lambda_0 = Z^{\frac{1}{3}}/0.885a_0$，电子动量 $p=mv$，$h=h/2\pi$，h 为普朗克常数，a_0 为波尔半径，θ 为散射角。对整个立体角积分 (8.8) 式可得总截面：

$$\sigma_T = \int_0^\pi \int_0^{2\pi} \mathrm{d}\Omega \left(\frac{\mathrm{d}\sigma}{\mathrm{d}\Omega}\right) = \frac{\pi}{\beta(1+\beta)} \frac{Z(Z+1)e^4}{p^2v^2} \tag{8.9}$$

（2）平均自由程。

由 (8.9) 式可知电子的平均自由程如下：

$$\lambda = \frac{\int_0^\infty \exp[(-pN_0\sigma_T/A)s]\mathrm{d}s}{\int_0^\infty \exp[(-pN_0\sigma_T/A)s]\mathrm{d}s} = 1.02\beta(1+\beta)AT^2/[Z(Z+1)\rho] \tag{8.10}$$

N_0 为阿伏伽德罗常数。

（3）能量损耗公式。

采用"连续慢化近似"，由贝思（Bethe）公式，可得单位长度能量损失：

$$\frac{\mathrm{d}T}{\mathrm{d}s} = -\frac{2\pi e^4}{T} NZ \cdot \ln\left(\frac{2T}{11.5Z}\right) \tag{8.11}$$

式中，T 为电子动能，e 为电子电荷，N 为每立方厘米靶原子数，Z 为原子序数。

引入原子质量和物质密度，能量损耗转换为以 keV/μm 为单位，上式转换为

$$\frac{\mathrm{d}T}{\mathrm{d}s} = -7.83\left(\frac{\rho Z}{AT}\right) \ln\left(\frac{174T}{Z}\right) \tag{8.12}$$

其中 ρ（g/cm^3）为靶原子密度，T（keV）为电子动能。

（4）几何关系。

考虑散射参考系和实验参考系中物理量之间的关系，可以找出散射角 θ，取向角 φ，碰撞前散射角 θ_n，取向角 φ_n，求得碰撞后散射角 θ_{n+1}，反向角 φ_{n+1}。如图 8-11 所示为厚度为 D 的平板，电子散射和能量损失的几何情况。

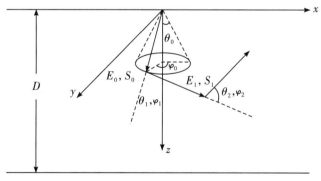

图 8-11　厚度为 D 的平板，电子散射和能量损失的几何情况

在固定于介质板的实验室坐标系中，相应的物理量能直接给出电子束在介质中的穿透、吸收和背散射数据。然而，在和运动电子联结在一起的散射坐标系中描述物理定律很简单。因此，我们将同时应用两个坐标系处理问题，并要首先找出两个坐标系中物理量间的关系。

我们用单位矢量 $\hat{v}_n$ 描述在给定的散射中电子运动方向，如图 8 – 12，我们用 θ_n 和 φ_n 描述 $\hat{v}_n$ 相对于实验坐标系 z 轴的位置。散射坐标系 x', y', z' 的 z' 轴固定在 $\hat{v}_n$ 上。电子沿着 $\hat{v}_n$ 方向运动，直到遇到由 θ 描述的散射。散射后，在实验坐标系的电子运动方向为 $\hat{v}_{n+1}$。

下面我们找出用 θ_n、φ_n、θ 和 φ（取向角）决定 θ_{n+1} 和 φ_{n+1} 的公式。

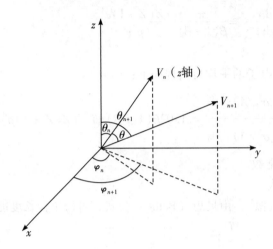

图 8 – 12　散射坐标系

从图 8 – 12 可得，

$$\hat{v}_n = \sin\theta_n\cos\varphi_n\hat{i} + \sin\theta_n\sin\varphi_n\hat{j} + \cos\theta_n\hat{k} \tag{8.13}$$

$\hat{i}$, $\hat{j}$, $\hat{k}$ 为 x, y, z 轴的单位矢量。

又 $\hat{v}_{n+1} = \sin\theta_{n+1}\cos\varphi_{n+1}\hat{i} + \sin\theta_{n+1}\sin\varphi_{n+1}\hat{j} + \cos\theta_{n+1}\hat{k}$ $\qquad$ (8.14)

在相对参考系，

$$\hat{v}_{n+1} = \sin\theta\cos\varphi\,\hat{i}' + \sin\theta\sin\varphi\,\hat{j}' + \cos\theta\,\hat{k}' \tag{8.15}$$

（8.15）式中的散射坐标系的单位矢量 $\hat{i}'$, $\hat{j}'$, $\hat{k}'$ 相应为：

$$\hat{k}' = \hat{v}_n \tag{8.16}$$

$$\hat{j}' = \hat{v}_n \times \hat{k}/\hat{v}_n\,|v_n \times \hat{k}| = \sin\theta_n\hat{i} - \cos\varphi_n\hat{j} \tag{8.17}$$

$$\hat{i}' = -\cos\varphi_n\cos\theta_n\hat{i} - \cos\theta_n\sin\varphi_n\hat{j} + \sin\theta_n\hat{k} \tag{8.18}$$

从（8.14）式得：

$$\hat{v}_{n+1} \cdot \hat{k} = (\sin\theta_{n+1}\cos\varphi_{n+1}\hat{i} + \sin\theta_{n+1}\sin\varphi_{n+1}\hat{j} + \cos\theta_{n+1}\hat{k}) \cdot \hat{k} = \cos\theta_{n+1} \tag{8.19}$$

从（8.15）式得：

$$\begin{aligned}\hat{v}_{n+1} \cdot \hat{k} &= (\sin\theta\cos\varphi\,\hat{i}' + \sin\theta\sin\varphi\,\hat{j}' + \cos\theta\,\hat{k}') \cdot \hat{k} \\ &= \sin\theta\cos\varphi\sin\theta_n + \cos\theta\cos\theta_n\end{aligned} \tag{8.20}$$

从（8.19）和（8.20）式得：

$$\cos\theta_{n+1} = \cos\theta\cos\theta_n + \sin\theta\cos\varphi\sin\theta_n \tag{8.21}$$

到此，我们已实现了用散射前的 θ_n，散射角 θ 和散射取向角 φ 决定散射角的 θ_{n+1}。

另一方面，从（8.13）（8.15）式得：

$$\hat{v}_{n+1} \cdot \hat{v}_n = (\sin\theta\cos\varphi\,\hat{i}' + \sin\theta\sin\varphi\,\hat{j}' + \cos\theta\,\hat{k}') \cdot \hat{k}' = \cos\theta \tag{8.22}$$

从（8.13）（8.14）式又可得：

$$\hat{v}_{n+1} \cdot \hat{v}_n = \begin{pmatrix} \sin\theta_{n+1}\cos\varphi_{n+1}\hat{i} + \sin\theta_{n+1}\sin\varphi_{n+1}\hat{j} \\ + \cos\theta_{n+1}\hat{k} \end{pmatrix} \cdot (\sin\theta_n\cos\varphi_n\hat{i} + \sin\theta_n\sin\varphi_n\hat{j} + \cos\theta_n\hat{k})$$

$$= \sin\theta_n\sin\theta_{n+1}\cos\ (\varphi_{n+1} - \varphi_n)\ + \cos\theta_n\cos\theta_{n+1} \tag{8.23}$$

并从（8.22）（8.23）式可得：

$$\cos\ (\varphi_{n+1} - \varphi_n)\ = \frac{\cos\theta - \cos\theta_n\cos\theta_{n+1}}{\sin\theta_n\sin\theta_{n+1}} \tag{8.24}$$

或写成：

$$\sin\ (\varphi_{n+1} - \varphi_n)\ = \sin\theta\sin\varphi / \sin\theta_{n+1} \tag{8.25}$$

$$\tan\ (\varphi_{n+1} - \varphi_n)\ = \frac{\sin\theta\sin\varphi\sin\theta_n}{\cos\theta - \cos\theta_n\cos\theta_{n+1}} \tag{8.26}$$

人们更多地使用（8.26）式，由碰撞前的 θ_n，散射角 θ，取向角 φ 以及散射后的 θ_n 决定散射后的取向角 φ_{n+1}。

8.3.2　蒙特卡罗方法模拟

1. 取样公式

跟踪单个电子，假设出现一散射事件 $\hat{v}_n$（θ_n，φ_n），给出 θ 和 φ，从前次的 θ_n，φ_n，θ 和 φ 可决定 θ_{n+1} 和 φ_{n+1}，从而决定 $\hat{v}_{n+1}$ 散射后的电子运动方向。电子经过靶物质，电离原子，并在一定路径上损失能量，直到遇到另一次散射。

从式（8.8）（8.9）式可得 θ 分布函数为：

$$p\ (\theta)\ = \frac{1}{\sigma_T} \int_0^\theta \int_0^{2\pi} d\Omega \left(\frac{d\sigma}{d\Omega}\right) = \frac{(1 - \beta)(1 - \cos\theta)}{1 + 2\beta - \cos\theta} \tag{8.27}$$

在 $[0，1]$ 区间选择随机数 R_θ，根据连续分布取样方法，$\cos\theta$ 的取样公式为：

$$\cos\theta = 1 - 2\beta R_\theta / (1 + \beta - R_\theta) \tag{8.28}$$

φ 在 $[0，2\pi]$ 间均匀取值，所以：

$$\varphi = 2\pi R_\varphi \tag{8.29}$$

电子束按指数衰减，经过自由路程 s 后的电子数

$$N\ (s)\ = N\ (0)\ e^{-\frac{s}{\lambda}} \tag{8.30}$$

λ 为（3）式中的平均自由程，由此得自由程对 s 的分布函数：

$$p\ (s)\ = 1 - e^{-\frac{s}{\lambda}} \tag{8.31}$$

选 $[0，1]$ 均匀分布的 R_s，s 的取样公式：

$$s = -\lambda \ln R_s \tag{8.32}$$

2. 计算步骤

用 R_n 表示在实验室坐标系中第 n 次散射时的电子位置，T_n 表示第 n 次散射的动能，用蒙特卡罗方法计算的步骤如下：

（1）给定 θ_n，φ_n。

（2）产生随机数 R_θ，R_φ，R_s。

（3）计算。

$$\cos\theta = 1 - 2\beta R_\theta / (1 + \beta - R_\theta)$$

$$\varphi = 2\pi R_\varphi$$

（4）计算。

$$\cos\theta_{n+1} = \cos\theta_n\cos\theta + \sin\theta_n\sin\theta\cos\varphi$$

$$\tan(\varphi_{n+1} - \varphi_n) = \frac{\sin\theta_n\sin\theta\sin\varphi}{\cos\theta - \cos\theta_{n+1}\cos\theta_n}$$

$$s_n = -\lambda\ln R_s = \frac{-1.02\beta(1+\beta)AT_n^2\ln R_s}{Z(Z+1)\rho} \tag{8.33}$$

（5）计算碰撞后的位移。

$$R_{n+1} = R_n + s_n(\sin\theta_{n+1}\cos\varphi_{n+1}\hat{i} + \sin\theta_{n+1}\sin\varphi_{n+1}\hat{j} + \cos\theta_{n+1}\hat{k}) \tag{8.34}$$

（6）计算碰撞后的动能。

$$T_{n+1} = T_n - \left|\frac{\mathrm{d}T}{\mathrm{d}s}\right|s_n \tag{8.35}$$

（7）把 θ_{n+1} 赋给 θ_n，φ_{n+1} 赋给 φ_n，作为下一次碰撞的初值。

（8）进行检验：

①电子是否穿透，如果是，则 $N_{穿透}$ 加1，并追踪另一个电子。

②电子是否已穿过介质边界而背反射，如果是，$N_{背反射}$ 加1并追踪另一个电子。

③电子的动能是否小于 0.5keV，如果是，$N_{吸收}$ 加1，并追踪另一个电子。

如果①到③都不符合，转到执行（2）。

（9）追踪了全部电子后计算。

$R = $［（入射电子总数 - 背射电子数）/入射电子总数］×100%，

$T = $［（入射电子总数 - 穿透电子数）/入射电子总数］×100%，

$A = $［（入射电子总数 - 吸收电子数）/入射电子总数］×100%，

$D = $［（入射电子总剂量 - 吸收电子剂量）/入射电子总剂量］×100%。

（10）通过数据处理，求得电子辐照剂量。

根据电子能量与吸收剂量的关系：

$$\dot{D} = \frac{D}{t} = \frac{E\cdot I}{M}\times 10^3 \tag{8.36}$$

式中，$\dot{D}$ 为样品吸收剂量率（Gy/s）；

D 为样品吸收总剂量（Gy/s）；

E 为电子束能量（MeV）；

I 为电子束流强度（μA）；

t 为辐照时间（s）；

M 为样品质量（g）。

从而求出吸收剂量率。

（11）二噁英降解率。

二噁英的降解率为 d（Decomposition efficiency），则

$$d(\%) = \frac{C_i - C_o}{C_i}\times 100\% = (1 - \frac{C_o}{C_i})\times 100\% = (1 - A)\times 100\% \tag{8.37}$$

C_i 为系统入口二噁英浓度；

C_o 为系统出口二噁英浓度；

A 为二噁英降解比。

3. 蒙特卡罗模拟结果

（1）电子束在飞灰中的输运。

①研究电子束强度对其在飞灰中的输运结果影响。

以电子束入射角为零度、入射厚度 $50\mu m$ 的飞灰为例，研究不同能量的电子束在飞灰中的输运结果，运行程序所得数据见表 8-5。

表 8-5 电子束剂量对其在飞灰中输运现象的影响数据

能量 （kGy）	0.922	1.2	1.543	2.057	2.4	2.52	2.64	2.742	2.914	3.085	3.257	4.285	5.142	5.999	6.856
A%	93.3	93.7	94.8	94.0	89.0	78.6	66.6	59.7	43.7	34.5	22.6	5.5	0	0.5	0
B%	6.7	6.3	5.7	6.0	6.2	6.8	7.5	6.4	6.9	6.9	5.8	4.0	3.0	2.0	1.0
T%	0	0	0	0	4.8	14.6	25.9	33.9	49.4	58.6	71.6	90.5	97.0	97.5	99.0

图 8-13 为表 8-5 数据所得折线。从折线上可以直观地得出，在电子束能量较低和较高的情况下，电子束零度入射 $50\mu m$ 的飞灰，其吸收率、反射率、透射率保持不变。能量较低时，几乎全部的电子束被飞灰吸收，反射率和透射率都很小；随着电子束能量强度的增大，吸收率快速减小，透射率快速增大，反射率基本保持不变；最后到能量较高时，大部分电子都能穿透飞灰，小部分被吸收或者反射。

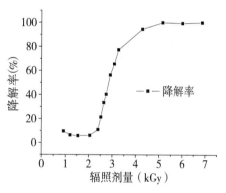

图 8-13 电子束能量对其在飞灰中输运现象的影响

将电子吸收率转换成二噁英的降解率，即图 8-14 的曲线，表示增加电子束辐照的剂量能提高二噁英的降解率。

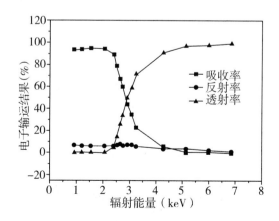

图 8-14 电子束剂量对与二噁英降解率的关系

②研究电子束入射角对其在飞灰中的输运结果影响。

以能量为 30keV 的电子束入射 50μm 的飞灰为例，研究该条件下的输运结果。调整程序的参数，运行程序并记录最后数据，其折线图见图 8 - 15。

图 8 - 15 表明，随着电子束入射角的增大，飞灰电子的吸收率变化很小，先增大再减小，在 80°左右时达到最大值。电子入射飞灰的透射率和反射率总体上随角度变化很大，小角度下基本保持不变，大于 30°后电子的反射率以较大的速度增加，电子的透射率则以较大速度减小。

③研究飞灰厚度对电子在飞灰中的输运结果影响。

以电子束能量为 30keV、入射角为零度为例，研究该条件下电子在飞灰中的输运结果。运行程序，记录数据于表 8 - 6。

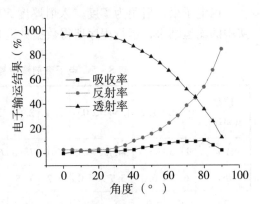

图 8 - 15　电子束入射角度对其在飞灰中输运的影响

表 8 - 6　飞灰厚度对电子在飞灰中输运现象的影响数据

厚度(μm)	20	40	60	80	100	120	130	140	160	170	180	200	230	250
A%	0	1.0	3.0	7.5	19.9	31.4	37.2	46.8	61.7	72.7	78.5	89.4	95.3	95.3
B%	2.0	1.0	2.7	5.3	4.9	6.5	6.3	5.36	5.3	6.0	5.3	6.1	6.2	4.7
4.7C%	98.0	98.0	94.3	87.2	75.2	62.2	56.6	48.0	32.3	22.0	15.4	44	0	0

图 8 - 16 为由表 8 - 6 数据所绘得的折线。该图表明：一定能量下，电子在飞灰中的反射率基本上不受厚度的影响，稳定在较低的水平；飞灰对入射电子的吸收率随着飞灰厚度的增大而减小，而电子束的透射率则与之相反，随厚度的增大而增大。由图 8 - 16 的形状也可以看出，飞灰厚度较小和较大时其变化对电子束的输运现象影响不大明显。

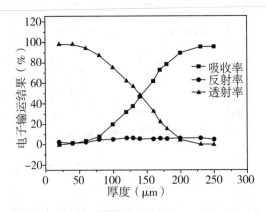

图 8 - 16　飞灰厚度对电子在飞灰中输运现象的影响

④电子束能量与电子的射程关系。

表8-7为电子束能量与电子的射程关系。

表8-7 电子束能量与电子的射程关系

电子束能量（MeV）	1.5	2.0	2.5	3.0
电子的射程（cm）	0.49	0.76	1.05	1.24

（2）结果分析。

电子束在飞灰中的输运现象，有以下规律：电子束强度和飞灰层的厚度不影响电子的反射率，电子的透射率随着电子束能量的增大而增大，随飞灰层厚度的增大而减小，反射率的变化则与透射率相反。电子束在空气层中的输运现象的规律：电子在空气层中的输运与电子束的能量和空气层的厚度无关，只取决于入射角度，电子的反射率随入射角度的增大而增大，吸收率则随之变小，透射率保持为0。

8.3.3 垃圾焚烧飞灰中二噁英电子束辐照降解的实验方法

1. 采样

二噁英采样和分析按照《生活垃圾焚烧污染控制标准》（GB18485—2001）。样品采集、保存、处理是保证样品中待测污染物具有可靠代表性的首要条件。样品采集应遵循的准则是采集的样品应具有代表性和随机性。样品代表性体现在采样时间、频度和合理布设采样点。随机性采样是对监测数据进行统计分析和推断的基础。

（1）最小采样数量。

最小采样数量由检测分析量与储存备用量两部分组成，储存备用量一般取检测分析量的1~3倍。

（2）采样点布设方式。

采样区分若干个单元，每个单元内按图8-17所示的方式布点，各点上飞灰均匀混合后，作为该单元飞灰的样本。

（a）对角线采样法

（b）梅花形采样法

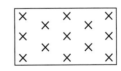
（c）棋盘形采样法

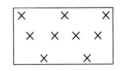
（d）蛇形采样法

图8-17 采样点布设方式

其中梅花形采样法适用于面积较小、飞灰均匀的区域。棋盘形采样法适用于面积中等、飞灰地势较平坦、飞灰不大均匀的区域。蛇形采样法适用于面积较大、飞灰地势分布不均匀的区域。对角线采样法选取几个等分点进行采样，是较粗糙的方法。

（3）飞灰样品采集分层法。

飞灰中的二噁英在不同深度处其浓度是有差异的，可在表层、中间层和底层分别取样，然后飞灰均匀混合后，作为样本。

（4）样品的记录应该准确无误，样品保存、运输时应防止其成分发生变化及交叉污染。

二噁英难溶于水，可溶解于某些有机溶剂中，如甲苯、乙烷、二氯甲烷等，但甲苯、乙烷不溶于水，而可溶解于乙醇、乙醚等有机溶剂中。因此，可在飞灰中加入适当的分散液，再加入某些有机溶剂（如甲苯、乙醇等），配成一定配比的水溶液，以利于水中产生的各种自由基（OH^-、H^+、e_{aq}^-）等与二噁英相互作用，从而降解二噁英。

2. 实验样品预处理

（1）二噁英单标样溶液稀释液。选取溶剂，溶解二噁英单标样，配成二噁英单标样溶液。再将上述溶液在水中按稀释度 0.001% 稀释成稀释液。

（2）飞灰，10g。

（3）飞灰甲苯分散液抽取液。在飞灰中用 250mL 甲苯索氏抽提 24h，浓缩至 10mL，取其中 5mL 作为试验样品。

3. 辐照实验

辐照参数选择如下：

选取电子束能量 $E_e = 1.24 \sim 2.64 MeV$；

电子束射程 $R_e = 0.49 \sim 1.24 cm$；

电子束流强度 $I = 0 \sim 30 mA$；

辐照距离 $h = 50 cm$；

辐照面积 $A = 1 \times 1.2 m^2$；

加速器运行速度 $v = 1.6 m/min$；

辐照样品长度 $s = 10 cm$；

辐照剂量率 $\dot{D} = 0.35 \sim 0.7 kGy/s$；

辐照总剂量 $D = 15，30，45，60，75 kGy$。

电子束辐照装置示意图如图 8 - 18 所示。

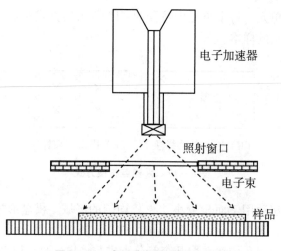

图 8 - 18　电子束辐照装置示意图

以广东顺能垃圾焚烧发电厂为例，该厂每年处理的垃圾量为 25 万吨，垃圾焚烧烟气产生率为 5 500m³/t，飞灰产生率为 3%，辐照总剂量为 14kGy，飞灰辐照总剂量为

30kGy，估算如下：

电子束辐照飞灰：25万吨/年（即685t/d），产生飞灰量21t/d（即860kg/h），辐照飞灰的功率为：

$$860kg/h \times 30kJ/kg \times 1h/3600s = 7.2kW = 3MeV \times 2.4mA$$

因此，采用电子加速器功率7.2kW，如果电子束能量为3MeV，则束流强度为2.4mA，辐照需加速器一台。

4. 电子束辐照剂量场的确定

根据电子束辐照飞灰的能量与剂量的关系式，计算结果见表8-8。

表8-8 电子束辐照飞灰的能量与剂量的关系

$\dot{D}$（Gy/s）	D（Gy）	辐照时间（min）	辐照循环次数
0.35	15	0.72	12
	30	1.44	24
	45	2.14	34
	60	2.88	48
	75	3.58	58
0.7	15	0.36	6
	30	0.72	12
	45	1.07	17
	60	1.44	24
	75	1.79	29

5. 检测

二噁英单标样溶液稀释液、飞灰＋水＋有机溶剂稀释液和飞灰样品均采用高分辨气相色谱结合高分辨磁式质谱联用仪（HRGC/HRMS）进行。但该系统非常昂贵，而且操作、维护非常复杂。飞灰样品经预处理后，利用色谱可以将所要分析的各组成有效地进行分离，再利用内标法在质谱上对各物质进行定性，而且综合色谱与质谱的谱图，可以得出各组分定性及定量的实验结果。再利用相似构性物质的模拟吸附实验，得出飞灰与烟气中PCDDs/PCDFs的分配比，从而得出烟气中二噁英的含量。

由于飞灰中二噁英含量一般在ng（10^{-9}g），甚至pg（10^{-12}g）量级，因此方法检测限必须达到pg量级或ppt（10^{-12}g）浓度以下。目前最好的HRGC/HRMS对2，3，7，8-T4CDD的绝对检测限可达20fg（1fg＝10^{-15}g），方法检测限也可以达到50fg以下。

目前的分析技术无法做到对二噁英的在线分析，所以采样及分析过程对数据的影响较大。因此，对实验数据的校正处理及误差分析是二噁英监测工作中非常关键的一步。目前对二噁英分析方法已经逐渐成熟，检测限从20世纪70年代的10^{-9}g发展到80年代的10^{-12}g，目前已达到10^{-15}g。

我们注意到，二噁英的检测观测值是不同精度的观测，于是需采用加权平均值的方法对其实验数据进行处理。

$$\text{加权平均值 } \bar{X} = \sum_{i=1}^{n} w_i x_i \Big/ \sum_{i=1}^{n} w_i \tag{8.38}$$

$$\text{加权平均值的标准差 } \sigma = \sqrt{\frac{\sum_{i=1}^{n} w_i (x_i - \bar{x})^2}{(n-1)\sum_{i=1}^{n} w_i}} \tag{8.39}$$

式中 w_i 表示权重因子。

我国国家环境保护总局发布的《生活垃圾焚烧污染控制标准》（GB18485—2001）规定废气污染物二噁英的排放浓度限值为 1.0TEQng/m^3。《危险废物焚烧污染控制标准》（GB18484—2001）规定危险废物焚烧炉大气污染物二噁英的排放浓度限值为 0.5TEQng/m^3。

我国国家标准中将二噁英类毒性当量（TEQ）定义为：

$$\text{TEQ} = \sum_{i=1}^{n} (\text{二噁英毒性同类物浓度} \times \text{TEF})$$

其中 TEF 称为二噁英毒性当量因子，是指二噁英类毒性同类物与2，3，7，8 – 四氯代二苯并一对一二噁英（TCDD）对 Ah 受体的亲和性能之比。

毒性当量（TEQ）的概念是：TCDD 在二噁英类中毒性最强，被用作参照物，所有其他二噁英均根据实验研究确定相当于 TCDD 的毒性。

我国国家标准中对烟气二噁英的排放限值为 $1.0 \sim 0.5\text{ngTEQ/m}^3$，迈出了控制二噁英污染法制化的第一步。而飞灰排放限值目前我国还没有制定出标准。据了解，国家分析测试中心已建立了配套实验室，开展垃圾焚烧二噁英控制检测与研究，取得了大批基础数据与研究成果，估计不久的将来，我国也会制定出飞灰排放限值。目前普遍认为：飞灰中二噁英经处理后，降解率为90%以上方可填埋处理。

世界卫生组织（WHO）提出在制定大气二噁英环境质量标准的同时还制定每人每日耐受摄入量（Tolerable Daily Intake，TDI），规定每人二噁英允许摄入量为 $1 \sim 10\text{pgTEQ/}(\text{kg} \cdot \text{d})$。（$1\text{pg} = 10^{-12}\text{g}$）

6. 实验结果和讨论

（1）经反复实验结果表明（见表 8 – 10 和图 8 – 19），采用电子束能量为 1.8MeV，流强为 1.5mA，剂量率为 0.35kGy/s，总剂量为 30kGy，二噁英辐照降解率如下：

焚烧飞灰二噁英异构体的分布见表 8 – 9。

表 8 – 9　焚烧飞灰二噁英异构体的分布

二噁英异构体名称	TEF	飞灰		
		不辐照	电子束辐照	
		实测浓度	实测浓度	毒性当量浓度
		ng/kg	ng/kg	ngTEQ/kg
2378 – TCDF	0.1	46.3	23	2
12378 – PeCDF	0.05	103.5	40	2

（续上表）

二噁英异构体名称	TEF	飞灰		
		不辐照	电子束辐照	
		实测浓度	实测浓度	毒性当量浓度
		ng/kg	ng/kg	ngTEQ/kg
23478 – PeCDF	0.5	215.6	115	57
123478 – HxCDF	0.1	224.7	126	13
123678 – HxCDF	0.1	207.6	117	12
234678 – HxCDF	0.1	283.6	151	15
123789 – HxCDF	0.1	91.7	52	5.2
1234678 – HpCDF	0.01	757.7	434	4
1234789 – HpCDF	0.01	113.4	70	0.7
OCDF	0.001	344.8	243	0.2
PCDFs 总量		2 388.9	1 370	112
2378 – TCDD	1	4.8	0	0
12378 – PeCDD	0.5	44.3	19	9
123478 – HxCDD	0.1	154.3	43	4
123678 – HxCDD	0.1	244.1	137	14
123789 – HxCDD	0.1	229.7	131	13
1234678 – HpCDD	0.01	1 824	1 163	12
OCDD	0.001	3 494.1	2 230	2.2
PCDDs 总量		5 995.3	3 723	54.2

二噁英辐照降解率见表 8 – 10 和图 8 – 19。

对飞灰：二噁英辐照降解率为 39%。

对飞灰甲苯分散液：二噁英辐照降解率达 90%。

其中毒性最大的 2，3，7，8 – TCDD 辐照降解率达 100%。

表 8 – 10　二噁英辐照降解率

二噁英	直接辐照飞灰降解率（%）	辐照飞灰提取液降解率（%）
2378 – TCDF	47	0.5
12378 – PeCDF	61	0.61
23478 – PeCDF	47	63.5
123478 – HxCDF	44	100

（续上表）

二噁英	直接辐照飞灰降解率（%）	辐照飞灰提取液降解率（%）
123678 – HxCDF	44	100
234678 – HxCDF	47	100
1234678 – HpCDF	43	100
1234678 – HpCDF	42	89.7
1234789 – HpCDF	38	100
OCDF	30	100
2378 – TCDD	100	100
12378 – PeCDD	57	71
123478 – HxCDD	72	73.3
123678 – HxCDD	44	19.9
123789 – HxCDD	43	100
1234678 – HpCDD	36	100
OCDD	36	14.3

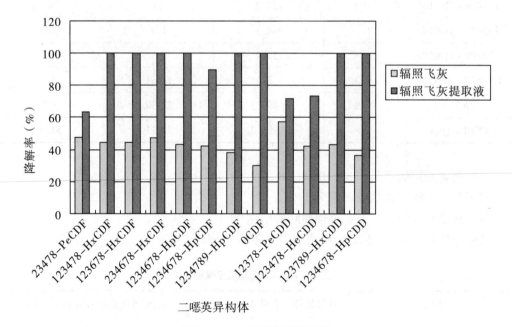

图 8 – 19　二噁英辐照降解率

（2）飞灰甲苯分散液的辐照剂量与降解程度的关系。

近年来由于二噁英被认为对生物体中的荷尔蒙起扰乱作用而引起公众的广泛关注，对其研究已成为当今环境研究的前沿问题。

图 8-20 和图 8-21 为用电子束辐照飞灰甲苯分散液中二噁英辐照分解效果曲线图。图中 c/c_0 表示经电子束辐照后的飞灰甲苯分散液中二噁英浓度 c 与处理前二噁英浓度 c_0 之比，以百分数表示。图 8-20 给出了飞灰甲苯分散液 PCDFs、PCDDs 和 PCDFs + PCDDs 在不同辐射剂量下的浓度比。由图 8-20 可见，随着辐照剂量增加，飞灰甲苯分散液中二噁英的浓度总体上呈下降趋势，其中 PCDFs 和 PCDFs + PCDDs 随辐照剂量增加而二噁英浓度下降较快。在相同辐照剂量情况下，PCDFs 的降解程度要高于 PCDDs 和 PCDFs + PCDDs。由图 8-21 可知，飞灰甲苯分散液 PCDFs 和 PCDFs + PCDDs 毒性当量浓度随着辐照剂量增加存在一些波动性，这些现象有待将来深入研究。

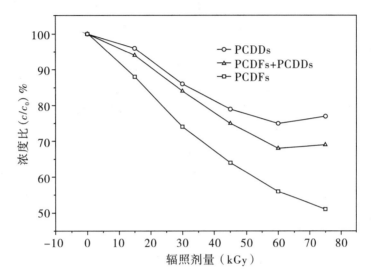

图 8-20 飞灰甲苯分散液中二噁英浓度比与辐照剂量的关系

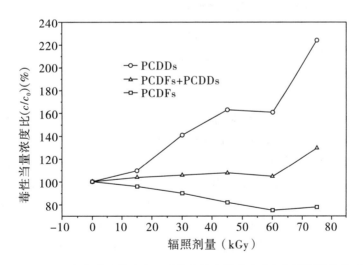

图 8-21 飞灰甲苯分散液中二噁英毒性当量浓度比与辐照剂量的关系

7. 数模计算与实验结果综合分析

二噁英产生理论的提出已经有很长时间，但其中具体反应细节还鲜为人知。这是因为二噁英的生成机理非常复杂，目前被普遍接受的垃圾焚烧过程中二噁英生成机理有三种：

（1）垃圾本身含有二噁英。垃圾焚烧炉入炉垃圾含有的二噁英，在焚烧过程中未被破坏，存在于焚烧后的烟气中。

（2）垃圾焚烧炉不能连续稳定运行时，在焚烧炉启动（升温）、关闭（熄火）过程中，焚烧炉从冷状态到烟气处理系统正常运行的升温过程耗时 2～4h（升温），而当焚烧炉关闭（熄火）时，当烟气量低于设定值 30% 以下，或温度低于 160℃ 时，烟气处理设备实际上处于空转状态，这一过程需 2～3h。从理论上说，烟气在 850℃ 停留时间为 2s，绝大多数二噁英均能在焚烧炉内彻底烧毁，而在焚烧炉启动（升温）、关闭（熄火）过程中焚烧炉不能稳定运行，由此会产生二噁英。

（3）固定飞灰表面发生异相催化反应合成二噁英，即飞灰中 C、O、H、Cl 等在飞灰表面催化合成二噁英。大气环境中的二噁英 90% 来自于城市和工业垃圾焚烧。

调查显示，垃圾焚烧从业人员血液中二噁英含量为正常人群水平的 40 倍左右。排到大气环境中的二噁英可以吸附在颗粒物上，沉降到水体和土壤中，然后通过食物链的富集作用进入人体。二噁英除了具有致癌毒性以外，还具有生殖毒性和遗传毒性，直接危害子孙后代的健康和生活，因此二噁英污染是关系到人类存亡的重大问题，必须严格加以控制。

数模计算与实验综合分析结果表明，采用电子束辐照法，选取电子束能量为 1.8MeV，束流强度为 1.5mA，辐照剂量率为 0.35kGy/s，辐照总剂量为 30kGy，飞灰中二噁英降解率达 90%。电子束辐照剂量为 14kGy，烟气中二噁英降解率为 90% 以上。从而可以满足我国环境保护局颁发的《生活垃圾焚烧污染控制标准》中规定生活垃圾焚烧烟气二噁英排放限值为 $0.5ngTEQ/m^3$ 的要求。

8.4   从污水、污泥中脱除污染物的电子束辐照处理技术

8.4.1   污水、污泥辐照处理技术在国内外现状

污水、污泥辐照处理的历史可以追溯到 20 世纪 70 年代初期，1973 年在德国的慕尼黑 Geiselbullach 建成第一个污水、污泥辐照装置，处理经厌氧消化的液体污泥（固体含量 5%）。^{60}Co 辐照源 γ 强度为 26PBq（约为 70 万居里），处理量为 $180m^3/d$（3kGy 以下），进行分批操作。在美国，污水、污泥辐照处理始于 1974 年，当时在新墨西哥建立了一个用 ^{137}Cs 源的污水、污泥辐照装置，源的活度为 10 万居里，处理量为 8t/d，剂量为 10kGy。1976 年在麻省波士顿附近一个废水处理厂建立了一个用电子加速器的电子束的污水、污泥辐照装置。电子束与 γ 辐射相比的优点为前者电离密度大，因而剂量率高，处理效率高，并且辐射防护也方便，当时使用的电子加速器为 750keV、50kW（相当于 129 PBq，约为 350 万居里），处理量为 380t/d（4kGy 以下）。基于上面的经验，1984 年美国佛罗里达州的迈阿密一个水处理厂又建了一个污泥处理厂，该厂采用 1.5MeV、75kW 电子加速器，电子束扫描宽度为 1.2m，液体污泥（2% 固体含量）厚度为 4mm，流速为 25t/h，剂量为 3.5～4kGy。

20 世纪 90 年代比较成功的例子之一是印度建在南部城市 Baroda 的污水、污泥消毒研究型辐照器，于 1990 年正式投入使用。1997 年波兰会议报告了他们的运行经验。该装置用 ^{60}Co 作为 γ 辐照源，源活度 18.5 PBq（50 万居里），处理的污泥为 4% 固体量的厌氧消化污泥，在 4kGy 下处理量为 $110m^3/d$，分批间歇操作。另一个例子为阿根廷建在

Tucuman市的^{60}Coγ辐照污水、污泥辐照装置，它可以处理有40万人的该市的污水、污泥，其建造的基本与德国的装置相同，源活度26 PBq（70万居里），处理含8%~10%固体量的厌氧消化污水、污泥，在3kGy下，最大处理量是180m³/d，该装置于1997年底建成。

日本污水、污泥辐照处理工作主要在日本原子能研究所所属的高崎辐射化学研究所进行，设计电子束辐照装置为Cockcroft－Walton型电子加速器，能量2MeV，束流30mA。含水量80%的污泥饼通过平板嘴撒在不锈钢传送带上，受到自上而下的电子辐照，喷照嘴为20cm，污泥厚度为1~10mm，供料量为300kg/h。该研究所在研究应用辐射消灭污水、污泥病原菌的同时，研究辐照提高污泥制成堆肥的速度。研究表明，辐射堆肥比常规堆肥可以有效缩短堆肥时间，堆肥化时间为3天，而常规堆肥化为10~12天，同时可大大节省发酵器，如处理容量为50t/d，辐照堆肥化只需要2Φ12m、高1.5m的发酵器，而常规堆肥化需要4个Φ16m的发酵器；当处理容量为200t/d时，辐照堆肥化的建筑面积为常规堆肥化的1/2。对于处理容量≥50t/d的厂，辐照堆肥化的成本略低于常规堆肥化，预计处理容量愈大，成本愈低。

国内目前污水、污泥辐照技术仅处于研发阶段，产业化技术开发尚属空白。南京大学和江苏省南京疾病预防控制中心对污水、污泥的辐射处理进行了一些研究。据查新报告，利用^{60}Coγ射线辐照研究提高剩余污泥（即浓缩污泥）的厌氧消化速率，利用^{60}Co辐照研究污水、污泥灭菌效果，利用^{60}Coγ射线辐照后污水、污泥农用的卫生化研究；考察了污水、污泥的辐照灭菌效果，辐照污泥施用后对土壤的微生物和虫卵的影响等，考察了^{60}Coγ射线对污水、污泥中有机污染物的降解性。目前国内只有个别单位利用辐照技术对污水、污泥的稳定性、脱臭效果、杀菌效果、脱水性能进行系统的、全面的研究和应用，而研究利用辐照污泥的堆肥技术的更少。

8.4.2　污水、污泥辐照处理的基本原理

1. 污水辐照处理的基本原理

污水经辐照处理，产生氧化、还原、分解、凝聚等化学反应和物理变化，使其减轻毒性或使毒性容易除去。

由于辐射能几乎都被水吸收，生成反应性强的活性物质，可用来分解或改性微量的水中污染物质。

$$H_2O \xrightarrow{\text{电离辐射}} e_{aq}^- + OH^- + H^+ + H_3O^+ + H_2O_2$$

由于氢原子与水化电子e_{aq}^-是还原力强的粒子，OH^-自由基氧化力很强，它们可以在物质中引起很多反应，从而杀灭物质中的细菌。

又如铬酸废水在射线作用下，Cr^{4+}还原成Cr^{3+}，在存在钾酸时，可生成$Cr(OH)_3$沉淀。辐射能使废水中的苯酚以链式反应分解。多氯联苯（PCB）是强致癌剂，是污染环境的主要有机氯化物之一。日本在研究碱性醇溶液时发现，PCB的辐射脱氧反应对高浓度的PCB效果很好，其产物是联苯和氯。合成洗涤剂是一种微生物无法分解的重要水污染物，它含有较多磷酸盐，有利于水中藻类和微生物的繁殖，而且表面污化剂集中在水面上，抑制氧溶于水中，使水中鱼类难以生存，辐射可使其失去发泡能力，大量分解。

2. 污泥辐照处理的基本原理

目前中国城市每天生活、工业排放的废水中含有80%的污泥，重量几乎占到城市产

生的垃圾总量的 20%，而且年增长率大于 10%。污泥含有大量生物体排出的废物，含碳、氮丰富，也含有磷、钾等无机养分，但同时有大量病原菌、寄生虫和病毒等，因而不宜直接用作农家肥料。而用电离辐射处理污泥，可杀死病原菌、寄生虫及病毒，使之成为农田肥料。再则，污泥具有胶体性质，沉降和过滤不易。用辐射处理，在泥浆中产生大量电子和离子，大大加速了沉降、过滤。这就有效地提高了浓缩污泥的速度。

8.4.3 污水、污泥电子束辐照处理的系统及装置

当前可供辐照处理污水、污泥的辐照源有电子加速器、^{60}Co、^{137}Cs。在选择装置时，主要考虑的是：可靠性、有效性、源的来源和经济性。

1. 电子加速器照射处理污水、污泥技术

污水处理一般每天要求处理几千吨乃至几万吨。现以每日处理 1 000 吨计，用 10^4Gy 的辐照剂量就需要 2.8kW·h/t × 10^3t/d = 117kW 辐射功率，如用 ^{60}Coγ 射线，就需要 7.9×10^6 居里的 γ 射线源，目前难以获得如此大的射线源。若采用电子加速器，1 台就能得到 100 千瓦级，完全可以达到要求的剂量值。这一装置的示范工程流程图如图 8 - 22 所示。

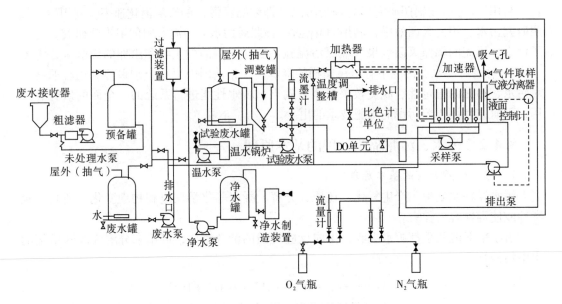

图 8 - 22　污水处理装置流程图

图 8 - 22 中反应器由五个气泡塔形双层管构成，一边从下端（或大气中）吸入并供给氧，一边在上端用电子加速器产生的电子射线进行照射。污水一边在各自的管内循环，一边依次从一个管内流入相邻的管内。电子射线的射程只能到达上端水面下的 7mm 左右，照射区的剂量非常高（约 10^3Gy/s）；在管中与氧同时上升的污水很快通过照射区，污染物质很快被消除。本法的优点是不残存有害物质。对低浓度的污水可用小剂量处理。

广东污泥总量约 50 万吨/年，每天需处理污泥 1.37×10^3t/d，若采用照射剂量为 10kGy，需要辐射功率为 1.6×10^2kW，如用 ^{60}Coγ 射线，就需要 1.08×10^7 居里的 γ 放射源，目前获得如此大的 γ 放射源是难以实现的。如果采用功率 150 千瓦级的电子加速器，

就可以得到放射性活度为 1.0×10^7 居里，完全可以达到所需的剂量值。

2. 电子束法辐照处理污水、污泥技术

（1）污泥辐照处理与堆肥工艺流程图（见图 8 - 23）。

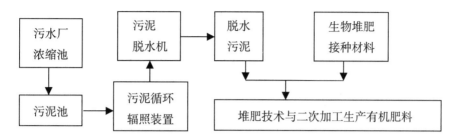

图 8 - 23　污泥辐照处理与堆肥工艺流程图

（2）污泥辐照成套设备（见图 8 - 24）。

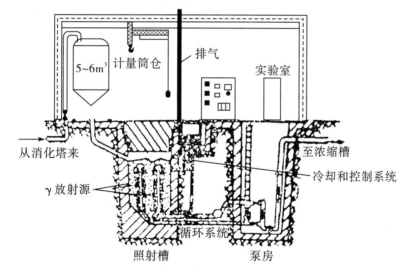

图 8 - 24　污泥辐照成套设备

（3）污泥辐照处理系统图（见图 8 - 25）。

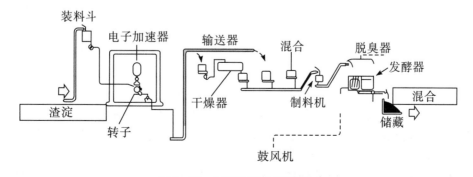

图 8 - 25　污泥辐照处理系统图

（4）污泥辐照处理的发酵器系统图（见图8-26）。

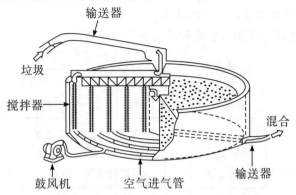

图8-26 污泥辐照处理的发酵器系统图

作为实例，从图8-24至图8-26可见，拟采用污水辐照装置的规模为100t/d，采用电子加速器，能量为3MeV，束流强度40mA，辐照剂量6~10kGy，辐照装置基本部分由气泡塔形双层管构成。污泥辐照装置的规模为20t/d，辐照剂量6~10kGy。辐照装置基本部分是转动的不锈钢螺旋管道，管径约50cm，污泥由管道连续输入螺旋式水道的中心部分，污泥在辐照室内上下地连续流动，从中心流向边缘排泥管。这样避免了分批操作的固定时间，大大增加辐照处理量，放射源利用率高，辐照均匀性好。

经辐照后的污泥至浓缩槽进入发酵器系统，发酵器高度约1.5m，直径约12m。

将污水厂的浓缩污泥过筛去渣，通过管道泵使污泥在辐照处理室预埋的管道中以一定的流量单向运动，控制污泥的辐照时间，达到预定的辐照剂量（6~10kGy）后，使污泥进入脱水器脱水。脱水后的污泥进行生物堆肥处理后，制备出满足农业需要的有机肥料。

在装置设计中，首先要考虑污水厂污泥理化性质与现状，以便对比研究辐照污泥的差异性。其次是明确设置的点，如广州华大生物科技有限公司设置的污泥池、污泥脱水机、堆肥三个点。研究这三个点的污泥理化性质变化是重点。在污泥池处，主要考察污泥无害化；在污泥脱水机处，主要考察污泥减量化；在堆肥处，主要考察污泥资源化与产品。

8.4.4 城市污水、污泥辐照处理技术的特点

城市污水的组成极其复杂，利用现行的活性污泥法、化学处理法和吸附等处理技术进行污水净化存在不少问题。如用活性污泥法，存在占地面积大，处理量不能大幅度变化的问题；在农药、洗涤剂、染料、水溶性聚合物及其他工业污水中，由于微生物作用，存在难以分解的物质。目前国内外开发了城市污水、污泥的辐照消毒灭菌技术，取得了良好的效果。

城市污水、污泥，包括医院污水、污泥，工业废水，生活废水。污泥含有大量致病细菌（一般情况下，污水所含细菌占总数30%，污泥占70%）、病毒、寄生虫、重金属，甚至存在一些强致癌物质，如多氯联苯、联苯芳烃等。污泥含有大量有害物质，并散发出臭气污染空气。

用电离辐射方法，当辐射剂量超过5kGy时，可使污泥强烈臭味降低至最小的程度。电离辐射除臭的原因，是辐射能破坏和分解一些产生臭味的物质，杀死各种细菌和藻类，

从而消除臭味的根源。

　　根据国内外专家研究结果，当辐照剂量在 1～7kGy 范围内，大肠菌群存活数与辐照剂量的关系是：

$$C = 1.34 \times 10^5 e^{-1.24D} \tag{8.40}$$

　　式中，C——样品中大肠菌群存活数；

　　　　　D——辐照剂量（kGy）。

　　我国农田浇灌水质标准 GB5084—92 要求，粪便大肠菌数小于 10^4 个/升，根据 (8.40) 式，可以算出污水达到农田浇灌水质标准所需辐照剂量约为 5.8kGy，污泥（沉淀池）D_{10} 为 1.86kGy。

　　辐照技术是使污水、污泥无害化处理的技术，污水经辐照处理，产生氧化、还原、分解、凝聚的光化学、物理变化，即材料改质，使其减轻毒害或是毒物容易去除。

　　城市污水、污泥是一种有价值的可利用资源，它含有丰富的氮、磷、钾等营养物质，经辐照处理可加工成有机肥料用于土壤改良，实现污水、污泥资源的利用。

　　综上所述，污水、污泥辐照处理的特点是：

　　①处理后的污水，污泥没有气味；

　　②不发生二次污染；

　　③消毒彻底、安全、可靠，设备腐蚀小；

　　④污泥沉降率和脱水率高；

　　⑤运行简单；

　　⑥节省能源，其能耗比热消法低 50%，效果稳定。

8.4.5　生活污水、污泥辐照处理的效果

　　生活污水、污泥中含有大量的致病细菌、病毒和寄生虫卵。一般情况下，污水所含细菌占总数的 30%，污泥为 70%。如果这些污水、污泥不做任何处理就用于农田浇灌，必然会污染环境、传播疾病。

　　据国内外相关研究，利用辐照消毒法效果很好。实际效果也表明，污泥经 3kGy 辐照后，病毒数可以减少近 10 倍，寄生虫卵可以全部被消灭。在 2kGy 时，就能破坏病毒胚胎，使其不再具有生育能力。

　　1. 辐照对污水、污泥中微生物的杀灭效果

　　多环芳烃（PAHs）、多氯联苯（PCBs）等难降解有机物都具有高毒性，由于其难以被生物降解，会在生物体内累积，而且以食物链的形式传递。在辐射剂量 1～7kGy 范围内，对细菌总数、大肠菌群存活数与辐照剂量进行研究，研究结果见图 8-27、表8-10、表8-11。结果表明，辐照消毒与有机物降解彻底，病原菌杀灭率达 100%。

　　PCBs 的辐照降解：污泥中含有多种氯苯类化合物，表 8-10 说明氯苯类化合物辐照降解的情况，在 5kGy 辐照下可使生活污泥中的 PCBs 降解 65% 以上，且随着辐照剂量的增加，降解率提高。

　　PAHs 的辐射降解：在污水处理过程中，PAHs 高度富集于污泥固体颗粒中，表 8-11结果表明，在 10kGy 辐照下可使生活污水的 PAHs 降解 75% 以上，这是由于辐照可将大分子量的 PAHs 降解为小分子的 PAHs，这有利于生物降解和挥发。

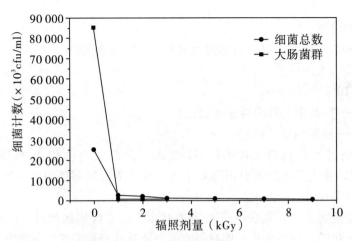

图 8-27　辐照对污泥的灭菌效果

表 8-10　PCBs 的辐射降解

辐照剂量（kGy）	∑PCBs（mg/kg）	降解率（%）
0	0.654	
5	0.228	65.2
8	0.164	75.0

表 8-11　PAHs 的辐射降解

辐照剂量（kGy）	∑PAHs（mg/kg）	降解率（%）
0	35.45	
4	12.23	65.5
6	9.93	72.0
10	8.69	75.5

2. 污泥辐照后臭味的变化

生活污泥臭味很浓，令人难以忍受。经 5～9kGy 辐照后，液态生活污泥臭气明显变淡，研究结果见图 8-28。

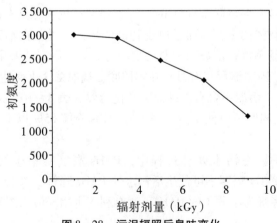

图 8-28　污泥辐照后臭味变化

由图 8 - 28 可知，当辐射剂量小于 3kGy 时，臭味无减轻；当剂量为 9kGy 时，臭味减少了一半；随着剂量的增加，臭味将进一步减轻。这是由于辐照能分解一些产生臭味的物质，杀死污泥中产生臭气的细菌和藻类，从而消除了产生臭味的根源。

8.5 垃圾堆肥处理的电子束辐照法

8.5.1 国内外垃圾堆肥处理技术应用情况

国外把垃圾堆肥作为生活垃圾处理的重要手段，它无害化程度较高，减量化效果较好，可以最大限度地实现生活垃圾处理资源化。垃圾堆肥可以看作可降解的有机物的再生利用，而垃圾的再生利用是垃圾减量和资源化的最佳途径，目前已得到广泛应用。以美国为例，由于禁止庭院垃圾填埋处置条例的实施，庭院垃圾堆肥处理发展得很快。2012 年美国庭院垃圾堆肥处理场达 7 500 座。

国外生活垃圾堆肥系统有许多种，按生物发酵方式可分为厌氧堆肥和好氧堆肥；按垃圾所处的状态可分为静态堆肥和动态堆肥；按发酵设备形式可分为封闭式堆肥和敞开式堆肥；按垃圾物流动形式可分为间歇式堆肥和连续式堆肥。国外大多数垃圾堆肥处理场主要是利用分类收集的厨余垃圾、庭院可腐有机物、污水处理污泥和粪便作为堆肥原料。

目前国内应用较多的垃圾堆肥方式主要有：

（1）自然通风静态堆肥。该法是在一块场地上，将物料堆高 2 ~ 3m，一般上部覆土，场地以混凝土硬化并铺设通风排水沟，腐熟垃圾用铲装机、滚筒筛、皮带机和磁选滚筒等生产堆肥产品。这种方式简单，成本较低，应用最广。目前较大型的该类堆肥厂有厦门前莆垃圾处理厂及天津简易高温堆肥场。

（2）强制通风静态堆肥。这种方式多为非露天堆场，一个发酵仓要求能容纳 10 ~ 20天的垃圾，室内堆高约 2m，设有翻堆和运输通道。目前四川广汉三丰实业公司堆肥厂等即采用这种方式。

（3）筒式发酵仓堆肥。垃圾从仓顶输入，发酵后腐熟料从仓底输出，用高压风机从仓底强制供风。这是一种间歇式动态好氧发酵工艺，典型的有常州市环境卫生综合厂等。

此外，天津市环境卫生工程研究所和建设部城市建设研究环卫所还分别研制了 FD - 1 型堆肥翻堆机和卧式发酵滚筒。

8.5.2 对垃圾堆肥处理的电子束辐照法的原理与特点

我国大多数垃圾堆肥处理场主要是利用分类收集的可腐有机物厨余垃圾作为堆肥原料，它包括居民家庭厨房、单位食堂、餐厅、饭店、菜市场等处生产的高含水率、易腐烂的一部分垃圾，同时包括各种瓜果皮、核等含水率高、易生物降解的垃圾。这些可腐有机垃圾占有机生活垃圾超过 50%。

当电子加速器产生的电子束辐照厨余垃圾物质中的分子吸收辐射能量时，激活成离子或自由基，故又称物质的离子化。离子化后引起化学键破裂，物质内部结构发生变化，其中最关键的遗传物质 DNA 会因化学键裂解而失去复制能力。在细菌细胞中，DNA 的任何微小变化都会损毁整个细胞体，影响其正常功能。所以，辐照处理是通过损害细胞内遗传物质而有效阻止其继续生存的生物过程，从而杀菌并抑制生物代谢。电子束的能量直接作用于细菌，令其死亡。电子束与物质间接作用也可以杀死细菌，当电子束与可腐有机物的水（含水量70%以上）相互作用时，产生被激发的水分子 H_2O^- 和水合电子 e_{aq}^-，H_2O 连续导致 H^+、OH^- 自由基，即

$$H_2O \xrightarrow{\text{电离辐射}} H_2O^- + e_{aq}^-$$

$$H_2O \longrightarrow H^+ + OH^-$$

由于 OH^- 自由基是强氧化性粒子，e_{aq}^- 是强还原性粒子，H 原子也具有还原性，它们可以在物质中引起很多反应。上述产生的羟基自由基反应可以将物质中的细菌杀灭。经电子束辐照后的可腐有机垃圾，变成卫生、无味的腐殖质，达到垃圾资源化的目的。

电子束辐照堆肥有以下几方面的特点：①设备操作可控性强。电子束由电子加速器产生，它的产生和消失是通过加速器的电源开关控制，电离辐射能量的大小也是通过加速器的加速电压来调节，系统操控比较方便。电子束能量在一定范围内连续可调，线量平坦，束下装置大都采用传送装置，产品吸收剂量均匀。②装置安全，控制可靠。电子加速器装置体积小，自动化程度高，能够连续快速加工，可实现对辐照产品的在线生产。辐照室通过合理设计、施工和严格使用管理，作业时完全可以避免电子射线泄露。加速器还配有臭氧触媒处理装置，实现装置对外臭氧的零排放。加速器断电即切断辐射源，安全可靠，无放射性废源的产生。③杀虫效果好。④辐照灭菌彻底有效。⑤电子束辐照技术无放射残留、无任何毒性和化学物残留。⑥辐照时无须拆除产品包装，无二次污染。

8.5.3 对垃圾堆肥处理的电子束辐照的剂量计算

对电子加速器的电子束辐照介质为 m 的吸收剂量 D_m（Gy），可用下列公式计算：

$$D_m = \frac{E_e \cdot I \cdot t}{M} \times 10^3 \tag{8.41}$$

式中，E_e——电子束能量（MeV）；

$\qquad I$——电子束流强度（uA）；

$\qquad t$——照射时间（s）；

$\qquad M$——被照射样品质量（g）。

辐照装置在一定时间内能够处理产品，称附着能力 Q（kg/h），可用下式表示：

$$Q = \frac{3\,600 p\varepsilon}{D_e} \tag{8.42}$$

$$\varepsilon = \frac{E_0}{E_s} \tag{8.43}$$

式中，p 为源的辐射功率（kW）；ε 为辐照效率（即辐照时的辐射能量利用率）；D_e 为总体平均剂量；E_0 为在一定时间内经辐照全部产品中吸收的产生辐射效应所需的能量，E_0 是指 D_e 与处理的产品质量的乘积；E_s 为辐射源发出的总能量。

反映辐照质量的指标之一是吸收剂量不均匀度 U，可用下式表示：

$$U = \frac{D_{max}}{D_{min}} \tag{8.44}$$

式中，D_{max} 为辐照全部产品中最大吸收剂量；D_{min} 为辐照全部产品中最小吸收剂量。

参考文献

［1］曾慕成，张雄文. 国外二噁英污染及其控制. 工业安全与环保，2002（9）.

［2］沈伯雄，姚强. 垃圾焚烧中二噁英的形成和控制. 电站系统工程，2002（5）.

［3］张记市，等. 垃圾焚烧二噁英污染物的控制技术. 环境保护，2003（1）.

［4］徐旭，等. 垃圾焚烧飞灰中二噁英紫外光解的研究. 中国计量学院学报，2006（3）.

［5］邓高峰，等. 垃圾焚烧中 PCDD/Fs 的检测. 环境保护，2000（6）.

［6］邵亦慧. 日本开发出电子束分解二噁英技术. 上海环境科学，2002（4）.

［7］胡洪坡，等. 通信系统仿真中的蒙特卡洛方法应用研究. 数字通信世界，2010（5）.

［8］SUEO MACHI. New challenges with nuclear techniques, presentation at the RAC 30 Scientific Forum, March 25, 2002.

［9］HIROTA K, HAKODA T, TAGUCHI M, et al. Application of electron beam for the reduction of PCDD/F emission from municipal solid waste incinerators. Environmental Science & Technology, 2003（37）.

［10］KOICHI HIROTA, T HAKODA, et al. Dechlorination of chlorobenzeme in air with electron beam. Radiation Physics and Vhemistry, 2000, 57.

［11］G YA GERASIMOV. Simulation of the behavior of dioxins under the conditions of electron-beam gas cleaning of sulfur and nitrogen oxiaes. High energy chemistry, 2003, 37（3）.

［12］G YA GERASIMOV. Degradation of dioxins in electron-beam gas cleaning of sulfar and nitrogen Oxides. High energy chemistry, 2001, 35（6）.

［13］International Acomic Energy Agency. Report of the consultants meeting on removal of volatile organic compounds from exhaust cases by electron beam treatment. Austria：Vienna, 2001.

9 垃圾焚烧发电厂环境影响评价

9.1 环境影响评价程序

环境影响评价程序包括：环境影响评价工作程序（见图9-1）和环境影响评价报告书（表）编制流程。

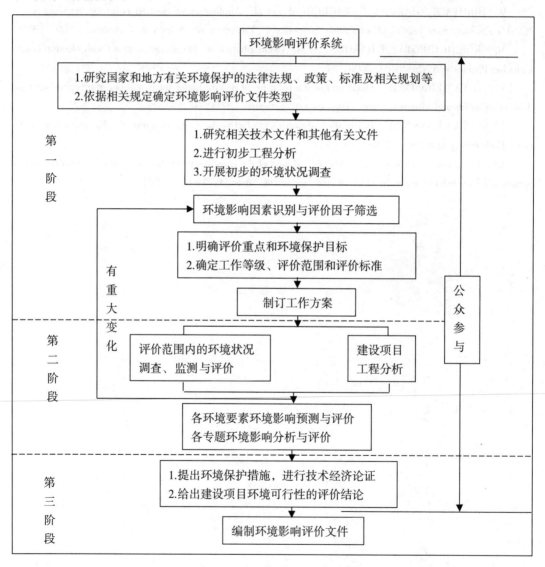

图9-1 环境影响评价工作程序图

环境影响评价工作程序依赖于建设单位提供的有关立项、土地、规划和科研等资料，同时在编写前还需实地考察，确定敏感点，然后重点分析，指明环境影响点，然后提出解决方案。《建设项目环境保护分类管理名录》（中华人民共和国环境保护部〔2017〕第44号令）第二条规定："建设单位应当按照本名录的规定，分别组织编制建设项目环境影响报告书、环境影响报告表或者填报环境影响登记表。"

环境影响评价一般分为三个阶段，即调研和制订工作方案阶段、分析论证和预测评价阶段、环境影响评价书（表）编制阶段，具体流程如图9-1所示。

环境影响评价报告书（表）的编制流程见图9-2。

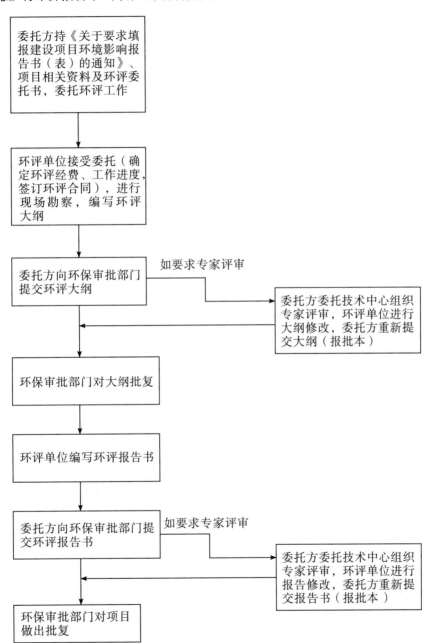

图9-2　环境影响评价报告书（表）的编制流程图

9.2　大气环境影响评价

9.2.1　基本概念及定义

1. 环境空气保护目标

指按 GB3095—2012 规定划分为一类区的自然保护区、风景名胜区和其他需要特殊保护的地区，二类区中的居住区、文化区和农村地区中人群较集中的区域。

2. 大气污染物分类

大气污染源排放的污染物按存在形态分为颗粒物污染物和气态污染物。

按生成机理分为一次污染物和二次污染物。其中由人类或自然活动直接产生，由污染源直接排入环境的污染物称为一次污染物；排入环境中的一次污染物在物理、化学因素的作用下发生变化，或与环境中的其他物质发生反应所生成的新污染物称为二次污染物。

3. 基本污染物

指 GB3095—2012 中所规定的基本项目污染物，包括二氧化硫（SO_2）、二氧化氮（NO_2）、可吸入颗粒物（PM10）、细颗粒物（PM2.5）、一氧化碳（CO）和臭氧（O_3）。

4. 其他污染物

指除基本污染物以外的其他项目污染物。

5. 非正常排放

指生产过程中开停车（工、炉）、设备检修、工艺设备运转异常等非正常工况下的污染物排放，以及污染物排放控制措施达不到应有效率等情况下的排放。

6. 空气质量模型

指采用数值方法模拟大气中污染物的物理扩散和化学反应的数学模型，包括高斯扩散模型和区域光化学网格模型。

高斯扩散模型：也叫高斯烟团或烟流模型，简称高斯模型。采用非网格、简化的输送扩散算法，没有复杂化学机理，一般用于模拟一次污染物的输送与扩散，或通过简单的化学反应机理模拟二次污染物。

区域光化学网格模型：简称网格模型。采用包含复杂大气物理（平流、扩散、边界层、云、降水、干沉降等）和大气化学（气、液、气溶胶、非均相）算法以及网格化的输送化学转化模型，一般用于模拟城市和区域的大气污染物输送与化学转化。

7. 推荐模型

指生态环境主管部门按照一定的工作程序遴选，并以推荐名录形式公开发布的环境模型。列入推荐名录的环境模型简称推荐模型。当推荐模型适用性不能满足需要时，可采用替代模型。替代模型一般需经模型领域专家评审推荐，并经生态环境主管部门同意后方可使用。

8. 短期浓度

指某污染物的评价时段不超过24h 的平均质量浓度，包括1h 平均质量浓度、8h 平均质量浓度以及24h 平均质量浓度（也称为日平均质量浓度）。

9．长期浓度

指某污染物的评价时段不少于 1 个月的平均质量浓度，包括月平均质量浓度、季平均质量浓度和年平均质量浓度。

9.2.2　评价任务、评价等级、评价范围和评价工作程序

1．评价任务

通过调查、预测等手段，对项目在建设施工期及建成后运营期所排放的大气污染物对环境空气质量影响的程度、范围和频率进行分析、预测和评估，为项目的厂址选择、排污口设置、大气污染防治措施的制定以及其他有关的工程设计、项目实施环境监测等提供科学依据或指导性意见。

2．评价等级

选择项目污染源正常排放的主要污染物及排放参数，采用推荐模型中的估算模型分别计算项目污染源的最大环境影响，然后按评价工作分级判据进行分级。同一项目有多个（两个以上，含两个）污染源排放同一种污染物时，则按各污染源分别确定其评价等级，并取评价级别最高者作为项目的评价等级。

根据项目污染源初步调查结果，分别计算项目排放主要污染物的最大地面空气质量浓度占标率 P_i（第 i 个污染物，简称"最大浓度占标率"），及第 i 个污染物的地面空气质量浓度达到标准值的 10% 时所对应的最远影响距离 $D10\%$。其中 P_i 定义见（9.1）式。

$$P_i = \frac{C_i}{C_{0i}} \times 100\% \tag{9.1}$$

式中：

P_i——第 i 个污染物的最大地面空气质量浓度占标率（%）；

C_i——采用估算模型计算出的第 i 个污染物的最大地面空气质量浓度（$\mu g/m^3$）；

C_{0i}——第 i 个污染物的环境空气质量浓度标准（$\mu g/m^3$）。一般选用 GB3095—2012 中 1h 平均质量浓度的二级浓度限值，如项目位于一类环境空气功能区，应选择相应的一级浓度限值；对该标准中未包含的污染物，使用确定的各评价因子 1h 平均质量浓度限值。对仅有 8h 平均质量浓度限值、日平均质量浓度限值或年平均质量浓度限值的，可分别按 2 倍、3 倍、6 倍折算为 1h 平均质量浓度限值。

编制环境影响报告书的项目在采用估算模型计算评价等级时，应输入地形参数。

评价等级按表 9 - 1 的分级判据进行划分。最大地面空气质量浓度占标率 P_i 按（9.1）式计算，如污染物数 i 大于 1，取 P 值中最大者 P_{max}。确定评价等级同时应说明估算模型计算参数和判定依据，填写估算模型参数表（见表 9 - 2）。

表 9 - 1　评价等级判据表

评价等级	评价等级判据
一级评价	$P_{max} \geqslant 10\%$
二级评价	$1\% \leqslant P_{max} < 10\%$
三级评价	$P_{max} < 1\%$

表 9 − 2   估算模型参数表

	参数	取值
城市/农村选项	城市/农村	
	人口数（城市选项时）	
最高环境温度（℃）		
最低环境温度（℃）		
土地利用类型		
区域湿度条件		
是否考虑地形	考虑地形	□是 □否
	地形数据分辨率（m）	
	地形数据分辨率（m）	
是否考虑岸线熏烟	考虑岸线熏烟	□是 □否
	岸线距离（km）	
	岸线方向（°）	

3．评价范围

一级评价项目根据建设项目排放污染物的最远影响距离（D10%）确定大气环境影响评价范围，即以项目厂址为中心区域，自厂界外延 D10% 的矩形区域作为大气环境影响评价范围。当 D10% 超过 25km 时，确定评价范围为边长 50km 的矩形区域；当 D10% 小于 2.5km 时，评价范围边长取 5km。

二级评价项目大气环境影响评价范围边长取 5km。

三级评价项目无须设置大气环境影响评价范围。

4．评价工作程序

第一阶段：主要工作包括研究有关文件，项目污染源调查，环境空气保护目标调查，评价因子筛选与评价标准确定，区域气象与地表特征调查，收集区域地形参数，确定评价等级和评价范围等。

第二阶段：主要工作依据评价等级要求开展，包括与项目评价相关污染源调查与核实，选择适合的预测模型，环境质量现状调查或补充监测，收集建立模型所需气象、地表参数等基础数据，确定预测内容与预测方案，开展大气环境影响预测与评价工作等。

第三阶段：主要工作包括制订环境监测计划，明确大气环境影响评价结论与建议，完成环境影响评价文件的编写等。

9.2.3 大气污染源调查与分析

1．调查内容

（1）一级评价项目。调查本项目不同排放方案有组织及无组织排放源，对于改建、扩建项目还应调查本项目现有污染源。本项目污染源调查包括正常排放和非正常排放，其中非正常排放调查内容包括非正常工况、频次、持续时间和排放量。

调查本项目所有拟被替代的污染源（如有），包括被替代污染源名称、位置、排放污染物及排放量、拟被替代时间等。

调查评价范围内与评价项目排放污染物有关的其他在建项目、已批复环境影响评价文件的拟建项目等污染源。

对于编制报告书的工业项目，分析调查受本项目物料及产品运输影响新增的交通运输移动源，包括运输方式、新增交通流量、排放污染物及排放量。

（2）二级评价项目，参照调查本项目现有及新增污染源和拟被替代的污染源。

（3）三级评价项目，只调查本项目新增污染源和拟被替代的污染源。

（4）对于采用网格模型预测二次污染物的，需结合空气质量模型及评价要求，开展区域现状污染源排放清单调查。

（5）污染源调查内容按点源、面源、体源、线源、火炬源、烟塔合一排放源、机场源等不同污染源排放形式，分别给出污染源参数。

（6）对于网格污染源，按照清单要求给出污染源参数，并说明数据来源。当污染源排放为周期性变化时，还需给出周期性变化排放系数。

2．调查与分析方法

（1）新建项目的污染源调查。依据 HJ2.1、HJ130、HJ942、行业排污许可证申请与核发技术规范及各污染源源强核算技术指南，并结合工程分析从严确定污染物排放量。

（2）评价范围内在建和拟建项目的污染源调查。可使用已批准的环境影响评价文件中的资料；改建、扩建项目现状工程的污染源和评价范围内拟被替代的污染源调查，可根据数据的可获得性，依次优先使用项目监督性监测数据、在线监测数据、年度排污许可执行报告、自主验收报告、排污许可证数据、环评数据或补充污染源监测数据等。污染源监测数据应采用满负荷工况下的监测数据或者换算至满负荷工况下的排放数据。

（3）网格模型模拟所需的区域现状污染源排放清单调查按国家发布的清单编制相关技术规范执行。污染源排放清单数据应采用近 3 年内国家或地方生态环境主管部门发布的包含人为源和天然源在内所有区域污染源清单数据。在国家或地方生态环境主管部门未发布污染源清单之前，可参照污染源清单编制指南自行建立区域污染源清单，并对污染源清单准确性进行验证分析。

9.2.4　环境空气质量现状分析与评价

1．环境空气质量现状调查原则

项目所在区域达标判定，优先采用国家或地方生态环境主管部门公开发布的评价基准年环境质量公告或环境质量报告中的数据或结论。

采用评价范围内国家或地方环境空气质量监测网中评价基准年连续 1 年的监测数据，或采用生态环境主管部门公开发布的环境空气质量现状数据。

评价范围内没有环境空气质量监测网数据或公开发布的环境空气质量现状数据的，可选择符合 HJ664 规定，并且与评价范围地理位置邻近，地形、气候条件相近的环境空气质量城市点或区域点监测数据。

对于位于环境空气质量一类区的环境空气保护目标或网格点，各污染物环境质量现状浓度可取符合 HJ664 规定，并且与评价范围地理位置邻近，地形、气候条件相近的环境空气质量区域点或背景点监测数据。

对于其他污染物环境质量评价,优先采用评价范围内国家或地方环境空气质量监测网中评价基准年连续 1 年的监测数据。

评价范围内没有环境空气质量监测网数据或公开发布的环境空气质量现状数据的,可收集评价范围内近 3 年与项目排放的其他污染物有关的历史监测资料。

在没有以上相关监测数据或监测数据不能满足城市环境空气质量达标情况评价指标的评价要求时,应按要求进行补充监测。

2. 现有监测资料的分析

在城市环境空气质量达标情况评价中,SO_2、NO_2、PM10、PM2.5、CO 和 O_3 六项污染物全部达标即为城市环境空气质量达标。

根据国家或地方生态环境主管部门公开发布的城市环境空气质量达标情况,判断项目所在区域是否属于达标区。如项目评价范围涉及多个行政区(县级或以上),需分别评价各行政区的达标情况,若存在不达标行政区,则判定项目所在评价区域为不达标区。

国家或地方生态环境主管部门未发布城市环境空气质量达标情况的,可按照 HJ663 中各评价项目的年评价指标进行判定。年评价指标中的年均浓度和相应百分位数 24h 平均或 8h 平均质量浓度满足 GB3095—2012 中浓度限值要求的即为达标。

长期监测数据的现状评价内容,按 HJ663 中的统计方法对各污染物的年评价指标进行环境质量现状评价。对于超标的污染物,计算其超标倍数和超标率。

环境空气质量现状评价内容包括评价因子的浓度、标准及达标判定结果等,见表 9 - 3 和表 9 - 4。

表 9 - 3　区域空气质量现状评价表

污染物	年评价指标	现状浓度 ($\mu g/m^3$)	标准值 ($\mu g/m^3$)	占标率/%	达标情况
	年平均质量浓度				
	百分位数 24h 平均 或 8h 平均质量浓度				

表 9 - 4　基本污染物环境质量现状

点位名称	监测点坐标（m）		污染物	年评价指标	评价标准 ($\mu g/m^3$)	现状浓度 ($\mu g/m^3$)	最大浓度占标率（%）	超标频率（%）	达标情况
	X	Y							

补充监测数据的现状评价内容,分别对各监测点位不同污染物的短期浓度进行环境质量现状评价。对于超标的污染物,计算其超标倍数和超标率。补充监测点位基本信息及环境质量现状(监测结果),见表 9 - 5 和表 9 - 6。

表 9-5　其他污染物补充监测点位基本信息

监测点名称	监测点坐标（m）		监测因子	监测时段	相对厂址方位	相对厂界距离（m）
	X	Y				

表 9-6　其他污染物环境质量现状（监测结果）

监测点位	监测点坐标（m）		污染物	平均时间	评价标准（μg/m³）	监测浓度范围（μg/m³）	最大浓度占标率（%）	超标率（%）	达标情况
	X	Y							

对采用多个长期监测点位数据进行现状评价的，取各污染物相同时刻各监测点位的浓度平均值，作为评价范围内环境空气保护目标及网格点环境质量现状浓度，计算方法见（9.2）式。

$$C_{\text{现状}(x,y,t)} = \frac{1}{n} \sum_{j=1}^{n} C_{\text{现状}(j,t)} \tag{9.2}$$

式中：

$C_{\text{现状}(x,y,t)}$——环境空气保护目标及网格点（x，y）在 t 时刻环境质量现状浓度（μg/m³）；

$C_{\text{现状}(j,t)}$——第 j 个监测点位在 t 时刻环境质量现状浓度（包括短期浓度和长期浓度）（μg/m³）；

n——长期监测点位数。

对采用补充监测数据进行现状评价的，取各污染物不同评价时段监测浓度的最大值，作为评价范围内环境空气保护目标及网格点环境质量现状浓度。对于有多个监测点位数据的，先计算相同时刻各监测点位平均值，再取各监测时段平均值中的最大值。计算方法见（9.3）式。

$$C_{\text{现状}(x,y,t)} = \text{Max} \left[\frac{1}{n} \sum_{j=1}^{n} C_{\text{监测}(j,t)} \right] \tag{9.3}$$

式中：

$C_{\text{现状}(x,y)}$——环境空气保护目标及网格点（x，y）环境质量现状浓度（μg/m³）；

$C_{\text{监测}(j,t)}$——第 j 个监测点位在 t 时刻环境质量现状浓度（包括 1h 平均、8h 平均或 24h 平均质量浓度）（μg/m³）；

n——现状补充监测点位数。

3. 环境空气质量现状监测

（1）监测布点设置。应根据项目的规模和性质，结合地形、污染源及环境空气保护目标的布局，综合考虑监测点设置数量。

（2）监测采样。环境空气监测中的采样点、采样环境、采样高度及采样频率的要求，按相关环境监测技术规范执行。

（3）监测结果统计分析。以列表的方式给出各监测点大气污染物的不同取值时间的质量浓度变化范围，计算并列表给出各取值时间的最大质量浓度值占相应标准质量浓度限值的百分比和超标率，并评价达标情况。

4. 气象观测资料调查

（1）地面气象观测资料调查。

①观测资料的时次：根据所调查地面气象观测站的类别，并遵循"先基准站，次基本站，后一般站"的原则，收集每日实际逐次观测资料。

②观测资料的常规调查项目：时间（年、月、日、时）、风向（以角度或按16个方位表示）、风速、干球温度、低云量、总云量。

③根据不同评价等级预测精度要求及预测因子特征，可选择调查的观测资料包括：湿球温度、露点温度、相对湿度、降水量、降水类型、海平面气压、观测站地面气压、云底高度、水平能见度等。

（2）常规高空气象探测资料调查。

①观测资料的时次：根据所调查常规高空气象探测站的实际探测时次确定，一般应至少每日调查1次（北京时间8点）距地面1 500m高度以下的高空气象探测资料。

②观测资料的常规调查项目：时间（年、月、日、时）、探空数据层数、每层的气压、高度、气温、风速、风向（以角度或按16个方位表示）。

9.2.5　大气环境影响预测与评价

1. 预测内容与步骤

（1）达标区的评价项目。

项目正常排放条件下，预测环境空气保护目标和网格点主要污染物的短期浓度和长期浓度贡献值，评价其最大浓度占标率。

项目正常排放条件下，预测评价叠加环境空气质量现状浓度后，环境空气保护目标和网格点主要污染物的保证率日平均质量浓度和年平均质量浓度的达标情况；对于项目排放的主要污染物仅有短期浓度限值的，评价其短期浓度叠加后的达标情况。如果是改建、扩建项目，还应同步减去"以新带老"污染源的环境影响。如果有区域削减项目，应同步减去削减源的环境影响。如果评价范围内还有其他排放同类污染物的在建、拟建项目，还应叠加在建、拟建项目的环境影响。

项目非正常排放条件下，预测评价环境空气保护目标和网格点主要污染物的1h最大浓度贡献值及占标率。

（2）不达标区的评价项目。

项目正常排放条件下，预测环境空气保护目标和网格点主要污染物的短期浓度和长期浓度贡献值，评价其最大浓度占标率。

项目正常排放条件下，预测评价叠加大气环境质量限期达标规划（简称"达标规划"）的目标浓度后，环境空气保护目标和网格点主要污染物保证率日平均质量浓度和年平均质量浓度的达标情况；对于项目排放的主要污染物仅有短期浓度限值的，评价其短期浓度叠加后的达标情况。如果是改建、扩建项目，还应同步减去"以新带老"污染源的环境影响。如果有区域达标规划之外的削减项目，应同步减去削减源的环境影响。如果评价范围内有无法获得达标规划目标浓度场或区域污染源清单的评价项目，需评价区域环境质量的整体变化情况。

项目非正常排放条件下，预测环境空气保护目标和网格点主要污染物的 1h 最大浓度贡献值，评价其最大浓度占标率。

2. 预测范围

预测范围应覆盖评价范围，并覆盖各污染物短期浓度贡献值占标率大于 10% 的区域。

对于经判定需预测二次污染物的项目，预测范围应覆盖 PM2.5 年平均质量浓度贡献值占标率大于 1% 的区域。

对于评价范围内包含环境空气功能区一类区的，预测范围应覆盖项目对一类区最大环境影响。

预测范围一般以项目厂址为中心，东西向为 x 坐标轴，南北向为 y 坐标轴。

3. 计算点

（1）计算点可分三类：环境空气敏感区、预测范围内的网格点以及区域最大地面浓度点。

（2）应选择所有的环境空气敏感区中的环境空气保护目标作为计算点。

（3）预测网格点的设置应具有足够的分辨率以尽可能精确预测污染源对评价范围的最大影响，预测网格可以根据具体情况采用直角坐标网格或极坐标网格，并应覆盖整个评价范围。

（4）区域最大地面浓度点的预测网格设置，应依据计算出的网格点质量浓度分布而定，在高浓度分布区，计算点间距应不大于 50m。

（5）对于邻近污染源的高层住宅楼，应适当考虑不同代表高度上的预测受体。

4. 预测方法

（1）预测模型。

采用推荐模型预测建设项目或规划项目对预测范围不同时段的大气环境影响。

当建设项目或规划项目 SO_2、NO_x 及 VOCs 年排放量达到表 9-7 规定的量时，可按表中推荐的方法预测二次污染物。

表 9-7 二次污染预测方法

污染物排放量（t/a）		预测因子	二次污染物预测方法
建设项目	$SO_2 + NO_x \geqslant 500$	PM2.5	AERMOD/ADMS（系数法）或 CALPUFF（模型模拟法）
规划项目	$500 \leqslant SO_2 + NO_x < 2\,000$	PM2.5	AERMOD/ADMS（系数法）或 CALPUFF（模型模拟法）
	$SO_2 + NO_x \geqslant 2\,000$	PM2.5	网格模型（模型模拟法）
	$NO_x + VOCs \geqslant 2\,000$	O_3	网格模型（模型模拟法）

（2）预测周期。

选取评价基准年作为预测周期，预测时段取连续 1 年。

选用网格模型模拟二次污染物的环境影响时，预测时段应至少选取评价基准年的 1、4、7、10 月。

（3）预测模型推荐及选取的其他规定。

当项目评价基准年内存在风速≤0.5m/s的持续时间超过72h或近20年统计的全年静风（风速≤0.2m/s）频率超过35%时，应采用CALPUFF模型进行进一步模拟。

当建设项目处于大型水体（海或湖）岸边3km范围内时，应首先采用估算模型判定是否会发生熏烟现象。如果存在岸边熏烟现象，并且估算的最大1h平均质量浓度超过环境质量标准，应采用CALPUFF模型进行进一步模拟。

采用推荐模型时，应按照相关要求提供污染源、气象、地形、地表参数等基础数据。推荐模型如表9-8所示。

表9-8 推荐模型适用情况表

模型名称	实用性	适用污染源	适用排放方式	推荐预测范围	适用污染物	输出结果	其他特性
AER-SCREEN	用于评价等级及评价范围判定	点源(含火炬源)、面源（矩形或圆形）、体源	连续源	局地尺度（≤50km）	一次污染物和二次PM2.5（系数法）	短期浓度最大值及对应距离	可以模拟熏烟和建筑物下洗
AER-MOD	用于进一步预测	点源（含火炬源）、面源、线源、体源	连续源、间断源			短期和长期平均质量浓度及分布	可以模拟建筑物下洗、干湿沉降
ADMS		点源、面源、线源、体源、网格源					可以模拟建筑物下洗、干湿沉降，包含街道窄谷模型
AUSTAL 2000		烟塔合一源					可以模拟建筑物下洗
EDMS/AEDT		机场源					可以模拟建筑物下洗、干湿沉降
CAL-PUFF		点源、面源、线源、体源		城市尺度（50km到几百千米）	一次污染物和二次PM2.5		可以用于特殊风场，包括长期静、小风和岸边熏烟
光化学网格模型（CMAQ或类似模型）		网源	连续源、间断源	区域尺度（几百千米）	一次污染物和二次PM2.5、O₃		网格化模型，可以模拟复杂化学反应及气象条件对污染物浓度的影响等

5．大气环境影响预测分析与评价

（1）基本信息底图。包含项目所在区域相关地理信息的底图，至少应包括评价范围内的环境功能区划、环境空气保护目标、项目位置、监测点位，以及图例、比例尺、基准年风频玫瑰图等要素。

（2）项目基本信息图。在基本信息底图上标示项目边界、总平面布置、大气排放口位置等信息。

（3）达标评价结果表。列表给出各环境空气保护目标及网格最大浓度点主要污染物现状浓度、贡献浓度、叠加现状浓度后保证率日平均质量浓度和年平均质量浓度、占标率、是否达标等评价结果。

（4）网格浓度分布图。包括叠加现状浓度后主要污染物保证率日平均质量浓度分布图和年平均质量浓度分布图。网格浓度分布图的图例间距一般按相应标准值的 5% ~ 100% 进行设置。如果某种污染物环境空气质量超标，还需在评价报告及浓度分布图上标示超标范围与超标面积，以及与环境空气保护目标的相对位置关系等。

（5）大气环境防护区域图。采用进一步预测模型模拟评价基准年内，本项目所有污染源（改建、扩建项目应包括全厂现有污染源）对厂界外主要污染物的短期贡献浓度分布。厂界外预测网格分辨率不应超过 50 m；在底图上标注从厂界起所有超过环境质量短期浓度标准值的网格区域，以自厂界起至超标区域的最远垂直距离作为大气环境防护距离。大气环境防护距离所包括的范围，作为项目的大气环境防护区域。大气环境防护区域应包含自厂界起连续的超标范围。

（6）污染治理设施、预防措施及方案比选结果表。列表对比不同污染控制措施及排放方案对环境的影响，评价不同方案的优劣。

（7）污染物排放量核算表。包括有组织及无组织排放量、大气污染物年排放量、非正常排放量等。

（8）一级评价应包括前七点的内容。二级评价一般应包括（1）（2）及（7）的内容。

6．大气环境影响评价结论

达标区域的建设项目环境影响评价，当同时满足以下条件时，则认为环境影响可以接受。

①新增污染源正常排放下污染物短期浓度贡献值的最大浓度占标率≤100%。

②新增污染源正常排放下污染物年均浓度贡献值的最大浓度占标率≤30%（其中一类区≤10%）。

③项目环境影响符合环境功能区划。叠加现状浓度、区域削减污染源以及在建、拟建项目的环境影响后，主要污染物的保证率日平均质量浓度和年平均质量浓度均符合环境质量标准；对于项目排放的主要污染物仅有短期浓度限值的，叠加后的短期浓度符合环境质量标准。

不达标区域的建设项目环境影响评价，当同时满足以下条件时，则认为环境影响可以接受。

①达标规划未包含的新增污染源建设项目，需另有替代源的削减方案。

②新增污染源正常排放下污染物短期浓度贡献值的最大浓度占标率≤100%。

③新增污染源正常排放下污染物年均浓度贡献值的最大浓度占标率≤30%（其中一

类区≤10%）。

④项目环境影响符合环境功能区划或满足区域环境质量改善目标。现状浓度超标的污染物评价，叠加达标年目标浓度、区域削减污染源以及在建、拟建项目的环境影响后，污染物的保证率日平均质量浓度和年平均质量浓度均符合环境质量标准或满足达标规划确定的区域环境质量改善目标，或按计算的预测范围内年平均质量浓度变化率 $k \leqslant -20\%$；对于现状达标的污染物评价，叠加后污染物浓度符合环境质量标准；对于项目排放的主要污染物仅有短期浓度限值的，叠加后的短期浓度符合环境质量标准。

区域规划的环境影响评价，当主要污染物的保证率日平均质量浓度和年平均质量浓度均符合环境质量标准，对于主要污染物仅有短期浓度限值的，叠加后的短期浓度符合环境质量标准时，则认为区域规划环境影响可以接受。

大气污染治理设施与预防措施必须保证污染源排放以及控制措施均符合排放标准的有关规定，满足经济、技术可行性。

从项目选址选线、污染源的排放强度与排放方式、污染控制措施技术与经济可行性等方面，结合区域环境质量现状及区域削减方案、项目正常排放及非正常排放下大气环境影响预测结果，综合评价治理设施、预防措施及排放方案的优劣，并对存在的问题（如果有）提出解决方案。经对解决方案进行进一步预测和评价比选后，给出大气污染控制措施可行性建议及最终的推荐方案。

根据大气环境防护距离计算结果，并结合厂区平面布置图，确定项目大气环境防护区域。若大气环境防护区域内存在长期居住的人群，应给出相应优化调整项目选址、布局或搬迁的建议。

项目大气环境防护区域之外，大气环境影响评价结论应符合相关内容规定的要求。

环境影响评价结论是环境影响可接受的，根据环境影响评价审批内容和排污许可证申请与核发所需表格要求，明确给出污染物排放量核算结果表。

明确评价项目完成后污染物排放总量控制指标能否满足环境管理要求，并明确总量控制指标的来源和替代源的削减方案。

大气环境影响评价完成后，应对大气环境影响评价主要内容与结论进行自查。

9.3 水环境影响评价

9.3.1 基本概念及定义

1. 水体和水资源

水体是海洋、河流、湖泊（水库、池塘）和地下水的总称，是由水本身及其中存在的悬浮物、溶解物、水生生物和底泥等组成的完整的生态系统。

在水环境污染研究中，区分水和水体的概念很重要。很多污染物质在水中的迁移转化是与整个水体密切联系在一起的，仅仅从"水"着眼往往会得出错误的结论，对污染预防与治理产生误导。例如，污染物从水中移向底泥，仅从水着眼似乎未受到污染，但从整个水环境看，这种转移可能使该水体中的底泥成为次生污染源。

水是人类赖以生存的最基本的物质基础，是人类维持生命和发展经济不可缺少的自然资源，也是世界上普遍的物质之一。地球上总储水量估计有 14.1 亿立方千米，其中只有 2% 是淡水，而这部分淡水中有 87.0% 是人类难以利用的两极冰盖、高山冰川和永冻地带的冰雪。人类真正能够利用的是江河湖泊以及地下水的一部分，约占地球总水量的 0.26%。

水资源通常是指供人们经常可用的水量，即大陆上由大气降水补给的各种地表、地下淡水体的储存量和动态水量。地表水包括河流、湖泊、冰川等，其动态水量为河流径流量，所以地表水资源是由地表水体的储存量和河流径流量组成。地下水的动态水量为降水渗入和地表水渗入补给的水量，即由地下水的储存量和地下水的补给量组成。水资源的可利用量仅为河流、湖泊等地表、地下水的一部分。

2. 水体污染源和污染物

水体污染源按人类活动内容可分为工业污染源、交通运输污染源、农业污染源及生活污染源。各污染源排出的废水、废渣、垃圾及废气均可通过各种途径成为水体污染物质的来源。

（1）工业废水。工业废水是水体污染最主要的污染源。它的排放具有如下特点：排放量大，污染范围广，排放方式复杂；污染物种类繁多，浓度波动幅度大；污染物质具有毒性、刺激性、腐蚀性，pH 变化幅度大，悬浮物和富营养物多；污染物排放后迁移变化规律差异大；恢复比较困难。

（2）城市生活废水。城市生活废水是仅次于工业废水的第二水体污染源，以有机污染为主，它的特点是：含氮、磷、硫高，容易引起水体富营养化；含纤维素、淀粉、糖类、脂肪、蛋白质、尿素等，在厌氧性细菌作用下易产生恶臭；含有多种微生物，如细菌、病原菌，易使人染上各种各样的疾病；合成洗涤剂含量高时，对人体有一定的危害。

（3）交通运输污染源。铁路、公路、航空、航海等交通运输部门，除了直接排放各种作业废水（如货车、货舱的清洗废水）外，还有船舶的油类泄漏，汽车尾气中的铅通过大气降水而进入水体等污染途径。

（4）农业排水。农业排水造成的水体污染主要是施肥、灭虫后残剩的化肥和农药，使水质恶化和富营养化。农业排水具有面广、分散、难收集、难治理的特点。

凡使水体的水质、生物质、底泥质量恶化的各种物质均称为水体污染物。水体污染物主要有以下几种：

（1）固体污染物。固体物质在水中有三种存在形态：溶解态、胶体态和悬浮态。

（2）耗氧有机污染物。耗氧有机污染物是指动植物残体、生活废水和工业废水中所含的糖类、蛋白质、脂肪和本质素等有机化合物，它们通过生物化学作用消耗水中的溶解氧。因水中缺氧引起厌气性分解，这种分解的产物具有强烈的毒性和恶臭，并会使水色变黑，属于水质腐败的现象，严重污染水环境和大气环境。

（3）有毒污染物。废水中能引起生物毒性反应的物质称为有毒污染物，可分为以下几类：

①无机毒物。无机毒物包括金属和非金属两类。金属毒物主要为重金属（汞、铬、镉、镍、锌、铜、锰、钛钒等）及轻金属铍。重要的非金属毒物有砷、硒、氰化物、氟化物、硫化物、亚硝酸盐等。重金属不能为生物所降解，其毒性以离子态存在时最为严重，故常称为重金属离子毒物。它能被生物体富集于体内，有时还可被转化为毒性更大的物质（如无机汞被转化为烷基汞），是危害特别大的一类污染物。

②有机毒物。有机毒物品种繁多，且随着现代科技的发展而迅速增加。典型的有机

毒物有有机农药、多氯联苯、稠环芳香烃、芳香胺类、杂环化合物、酚类、腈类等。许多有机毒物有三致效应（致畸、致突变、致癌）和蓄积作用。

③放射性物质。放射性物质分为两类：第一类是天然放射性物质，称放射性本底；第二类为人工放射性物质，又叫放射性污染物质。

④营养性污染物。营养性污染物指可以引起水体富营养化的物质，主要由氮和磷构成。此外，可生化降解的有机物、维生素类物质、热污染等也能触发或促进富营养化过程。

⑤生物污染物。生物污染物指废水中的致病微生物及其他有害的物体，主要包括病毒、病菌、寄生虫卵等各种致病体。此外，废水中若生长有铁菌、硫菌、藻类、水草及贝类动物，会堵塞管道、腐蚀金属及恶化水质，也属于生物污染物。

⑥油脂类污染物。随着石油事业的发展，油脂类物质对水体的污染越来越严重，已成为水体污染的重要类型之一。特别在河口、近海水域，油的污染更为严重。目前通过各种途径排入海洋的石油数量每年为几百万吨至上千万吨。

3. 水体自净

进入水体的污染物，通过物理、化学和生物等方面的作用，使污染物的浓度逐渐降低，经过一段时间后，水体将恢复到受污染前的状态，这一现象就称为"水体的自净作用"。

水体的自净能力是有限的。影响水体自净能力的因素有很多，主要有水体的地形和水文条件、水中微生物的种类和数量、水温和水中溶解氧恢复（复氧）状况、污染物的性质和浓度。

水体自净的机制可分为以下三种：

（1）物理过程。水体自净的物理过程是指污染物由于稀释、扩散、沉淀和混合等作用而使污染物在水中的浓度降低的过程。其中稀释作用是一项重要的物理净化过程。废水排入水体后，逐渐与水相混合，于是污染物质的浓度逐步降低，这就是稀释作用。此作用只有在废水随同水流经过一段距离后才能完成。

（2）化学和物理化学过程。水体自净的化学和物理化学过程是指污染物由于氧化、还原、分解、化合、凝聚、中和等反应而引起的水体中污染物浓度降低的过程。

（3）生物化学过程。有机污染物进入水体后，在水中微生物的氧化分解作用下分解为无机物而使污染物浓度降低的过程称为生物化学过程。生化自净过程需要消耗氧。所消耗的氧若得不到及时补充，生化自净过程就要停止，水体水质就会恶化。因此，生化自净过程实际上包括氧的消耗和氧的补充（复氧）两方面的作用。氧的消耗过程主要取决于排入水体的有机污染物的数量、氮氧的数量和废水中无机还原物（SO_3^{2-}）的数量。复氧过程为：大气中氧向水体扩散，使水中溶解氧增加；水生植物在阳光照射下进行光合作用释放出氧气。

9.3.2　评价任务、评价等级、评价范围和评价工作程序

1. 评价任务

在调查和分析评价范围地表水环境质量现状与水环境保护目标的基础上，预测和评价建设项目对地表水环境质量、水环境功能区、水功能区或水环境保护目标及水环境控制单元的影响范围与影响程度，提出相应的环境保护措施、环境管理要求与监测计划，明确给出地表水环境影响是否可接受的结论。

2．评价等级

地表水环境影响评价应按本标准规定的评价等级开展相应的评价工作。建设项目评价等级分为三级。建设项目地表水环境影响评价等级按照影响类型、排放方式、排放量或影响情况、受纳水体环境质量现状、水环境保护目标等综合确定。

水污染影响型建设项目主要根据废水排放方式和排放量划分评价等级，见表9-9。

表9-9　水污染影响型建设项目评价等级判定表

评价等级	判定依据	
	排放方式	废水排放量 Q（m³/d）；水污染物当量数 W（量纲一）
一级	直接排放	$Q \geqslant 20\ 000$ 或 $W \geqslant 600\ 000$
二级	直接排放	其他
三级A	直接排放	$Q < 200$ 且 $W < 6\ 000$
三级B	间接排放	

注1：水污染物当量数等于该污染物的年排放量除以该污染物的污染当量值，计算排放污染物的污染物当量数，应区分第一类水污染物和其他类水污染物，统计第一类污染物当量数总和，然后与其他类污染物按照污染物当量数从大到小排序，取最大当量数作为建设项目评价等级确定的依据。

注2：废水排放量按行业排放标准中规定的废水种类统计，没有相关行业排放标准要求的通过工程分析合理确定，应统计含热量大的冷却水的排放量，可不统计间接冷却水、循环水及其他含污染物极少的清净下水的排放量。

注3：厂区存在堆积物（露天堆放的原料、燃料、废渣等以及垃圾堆放场）、降尘污染的，应将初期雨污水纳入废水排放量，相应的主要污染物纳入水污染当量计算。

注4：建设项目直接排放第一类污染物的，其评价等级为一级；建设项目直接排放的污染物为受纳水体超标因子的，评价等级不低于二级。

注5：直接排放受纳水体，影响范围涉及饮用水水源保护区、饮用水取水口、重点保护与珍稀水生生物的栖息地、重要水生生物的自然产卵场等保护目标时，评价等级不低于二级。

注6：建设项目向河流、湖库排放温排水引起受纳水体水温变化超过水环境质量标准要求，且评价范围有水温敏感目标时，评价等级为一级。

注7：建设项目利用海水作为调节温度介质，排水量≥5 000 000m³/d，评价等级为一级；排水量<5 000 000m³/d，评价等级为二级。

注8：仅涉及清净下水排放的，如其排放水质满足受纳水体水环境质量标准要求的，评价等级为三级A。

注9：依托现有排放口，且对外环境未新增排放污染物的直接排放建设项目，评价等级参照间接排放，定为三级B。

注10：建设项目生产工艺中有废水产生，但作为回水利用，不排放到外环境的，按三级B评价。

直接排放建设项目评价等级分为一级、二级和三级A，根据废水排放量、水污染物污染当量数确定。

间接排放建设项目评价等级为三级B。

水文要素影响型建设项目评价等级划分主要根据水温、径流与受影响地表水域等三类水文要素的影响程度进行判定，见表9-10。

表 9 - 10　水文要素影响型建设项目评价等级判定表

评价等级	水温	径流		受影响地表水域		
	年径流量与总库容之比 a	兴利库容占年径流量百分比 b（％）	取水量占多年平均径流量百分比 γ（％）	工程垂直投影面积及外扩范围 A_1（km^2）；工程扰动水底面积 A_2（km^2）；过水断面宽度占用比例或占用水域面积比例 R（％）		工程垂直投影面积及外扩范围 A_1（km^2）；工程扰动水底面积 A_2（km^2）
				河流	湖库	入海河口，近海海域
一级	$a \leqslant 10$；或稳定分层	$b \geqslant 20$；或完全年调节与多年调节	$\gamma \leqslant 10$	$A_1 \geqslant 0.3$；或 $A_2 \geqslant 1.5$；或 $R \geqslant 10$	$A_1 \geqslant 0.3$；或 $A_2 \geqslant 1.5$；或 $R \geqslant 20$	$A_1 \geqslant 0.5$；或 $A_2 \geqslant 3$
二级	$20 > a > 10$；或不稳定分层	$20 > b > 2$；或季调节与不完全年调节	$30 > \gamma > 10$	$0.3 > A_1 > 0.05$；或 $1.5 > A_2 > 0.2$；或 $10 > R > 5$	$0.3 > A_1 > 0.05$；或 $1.5 > A_2 > 0.2$；或 $20 > R > 5$	$0.5 > A_1 > 0.15$；或 $3 > A_2 > 0.5$
三级	$a \geqslant 20$；或混合型	$b \leqslant 2$；或无调节	$\gamma \leqslant 10$	$A_1 \leqslant 0.05$；或 $A_2 \leqslant 0.2$；或 $R \leqslant 5$	$A_1 \leqslant 0.05$；或 $A_2 \leqslant 0.2$；或 $R \leqslant 5$	$A_1 \leqslant 0.15$；或 $A_2 \leqslant 0.5$

注1：影响范围涉及饮用水水源保护区、重点保护与珍稀水生生物的栖息地、重要水生生物的自然产卵场、自然保护区等保护目标，评价等级应不低于二级。

注2：跨流域调水、引水式电站、可能受到大型河流咸潮河段咸潮影响的建设项目，评价等级不低于二级。

注3：造成入海河口（湾口）宽度束窄（束窄尺度达到原宽度的5%以上），评价等级应不低于二级。

注4：对不透水的单方向建筑尺度较长的水工建筑物（如防波堤、导流堤等），其与潮流或水流主流向切线垂直方向投影长度大于2km时，评价等级应不低于二级。

注5：允许在一类海域建设的项目，评价等级为一级。

注6：同时存在多个水文要素影响的建设项目，分别判定各水文要素影响评价等级，并取其中最高等级作为水文要素影响型建设项目评价等级。

　　复合影响型建设项目的评价工作，应按类别分别确定评价等级并开展评价工作。

　　3. 评价范围

　　建设项目地表水环境影响评价范围指建设项目整体实施后可能对地表水环境造成的影响范围。水污染影响型建设项目评价范围，根据评价等级、工程特点、影响方式及程度、地表水环境质量管理要求等确定。

　　（1）一级、二级及三级 A，其评价范围应符合以下要求：

　　①应根据主要污染物迁移转化状况，至少需覆盖建设项目污染影响所及水域。

　　②受纳水体为河流时，应满足覆盖对照断面、控制断面与消减断面等关心断面的要求。

受纳水体为湖泊、水库时，一级评价的范围不宜小于以入湖（库）排放口为中心、半径为5km的扇形区域；二级评价的范围不宜小于以入湖（库）排放口为中心、半径为3km的扇形区域；三级A评价的范围不宜小于以入湖（库）排放口为中心、半径为1km的扇形区域。

③受纳水体为入海河口和近岸海域时，评价范围按照GB/T19485执行。

④影响范围涉及水环境保护目标的，评价范围至少应扩大到水环境保护目标内受到影响的水域。

⑤同一建设项目有两个及两个以上废水排放口，或排入不同地表水体时，按各排放口及所排入地表水体分别确定评价范围；有叠加影响的，叠加影响水域应作为重点评价范围。

（2）三级B的评价范围应符合以下要求：

①应满足其依托污水处理设施环境可行性分析的要求。

②涉及地表水环境风险的，应覆盖环境风险影响范围所及的水环境保护目标水域。

（3）水文要素影响型建设项目评价范围，应根据评价等级、水文要素影响类别、影响及恢复程度确定，评价范围应符合以下要求：

①水温要素影响评价范围为建设项目形成水温分层水域，以及下游未恢复到天然（或建设项目建设前）水温的水域。

②径流要素影响评价范围为水体天然性状发生变化的水域，以及下游增减水影响水域。

③地表水域影响评价范围为相对建设项目建设前日均或潮均流速及水深，或高（累积频率5%）低（累积频率90%）水位（潮位）变化幅度超过5%的水域。

④建设项目影响范围涉及水环境保护目标的，评价范围至少应扩大到水环境保护目标内受影响的水域。

⑤存在多类水文要素影响的建设项目，应分别确定各水文要素影响评价范围，取各水文要素评价范围的外包线作为水文要素的评价范围。

（4）评价范围应以平面图的方式表示，并明确起止位置等控制点坐标。

4．评价工作程序

地表水环境影响评价的工作程序一般分为三个阶段。

第一阶段，研究有关文件，进行工程方案和环境影响的初步分析，开展区域环境状况的初步调查，明确水环境功能区或水功能区管理要求，识别主要环境影响，确定评价类别。根据不同评价类别，进一步筛选评价因子，确定评价等级与评价范围，明确评价标准、评价重点和水环境保护目标。

第二阶段，根据评价类别、评价等级及评价范围等，开展与地表水环境影响评价相关的污染源、水环境质量现状、水文水资源与水环境保护目标调查和评价，必要时开展补充监测；选择适合的预测模型，开展地表水环境影响预测评价，分析与评价建设项目对地表水环境质量、水文要素及水环境保护目标的影响范围与程度，在此基础上核算建设项目的污染源排放量、生态流量等。

第三阶段，根据建设项目地表水环境影响预测与评价的结果，制定地表水环境保护措施，开展地表水环境保护措施的有效性评价，编制地表水环境监测计划，给出建设项目污染物排放清单和地表水环境影响评价的结论，完成环境影响评价文件的编写。

9.3.3 水环境质量现状调查与分析

1. 地表水环境质量调查原则

遵循问题导向与管理目标导向统筹、流域（区域）与评价水域兼顾、水质水量协调、常规监测数据利用与补充监测互补、水环境现状与变化分析结合的原则。

应满足建立污染源与受纳水体水质响应关系的需求，符合地表水环境影响预测的要求。

工业园区规划环评的地表水环境现状调查与评价可依据《环境影响评价技术导则·地表水环境》执行，流域规划环评参照执行，其他规划环评根据规划特性与地表水环境评价要求，参考执行或选择相应的技术规范。

应根据不同评价等级对应的评价时期要求开展水环境质量现状调查。

应优先采用国务院生态环境主管部门统一发布的水环境状况信息。

当现有资料不能满足要求时，应按照不同等级对应的评价时期要求开展现状监测。

水污染影响型建设项目一级、二级评价时，应调查受纳水体近3年的水环境质量数据，分析其变化趋势。

2. 调查内容

地表水环境现状调查内容包括建设项目及区域水污染源调查、受纳或受影响水体水环境质量现状调查、区域水资源与开发利用状况、水文情势与相关水文特征值调查，以及水环境保护目标、水环境功能区或水功能区、近岸海域环境功能区及其相关的水环境质量管理要求等调查。涉及涉水工程的，还应调查涉水工程运行规则和调度情况。

区域水污染源调查，应详细调查与建设项目排放污染物同类的，或有关联的已建项目、在建项目、拟建项目（已批复环境影响评价文件，下同）等污染源。

①一级评价，以收集利用排污许可证登记数据、环评及环保验收数据及既有实测数据为主，并辅以现场调查及现场监测。

②二级评价，主要收集利用排污许可证登记数据、环评及环保验收数据及既有实测数据，必要时补充现场监测。

③水污染影响型三级A评价与水文要素影响型三级评价，主要收集利用与建设项目排放口的空间位置和所排污染物的性质关系密切的污染源资料，可不进行现场调查及现场监测。

④水污染影响型三级B评价，可不开展区域污染源调查，主要调查依托污水处理设施的日处理能力、处理工艺、设计进水水质、处理后的废水稳定达标排放情况，同时应调查依托污水处理设施执行的排放标准是否涵盖建设项目排放的有毒有害的特征水污染物。

3. 调查方法

调查方法主要采用资料收集、现场监测、无人机或卫星遥感遥测等方法。

4. 调查范围

地表水环境的现状调查范围应覆盖评价范围，应以平面图方式表示，并明确起止断面的位置及涉及范围。

对于水污染影响型建设项目，除覆盖评价范围外，受纳水体为河流时，在不受回水影响的河段，排放口上游调查范围宜不小于500m，受回水影响河段的上游调查范围原则上与下游调查的河段长度相等；受纳水体为湖库时，以排放口为圆心，调查半径在评价范围基础上外延20%～50%。

对于水文要素影响型建设项目，受影响水体为河流、湖库时，除覆盖评价范围外，一级、二级评价时，还应包括库区及支流回水影响区、坝下至下一个梯级或河口、受水区、退水影响区。

对于水污染影响型建设项目，建设项目排放污染物中包括氮、磷或有毒污染物且受纳水体为湖泊、水库时，一级评价的调查范围应包括整个湖泊、水库，二级、三级 A 评价时，调查范围应包括排放口所在水环境功能区、水功能区或湖（库）湾区。

受纳或受影响水体为入海河口及近岸海域时，调查范围依据 GB/T19485 要求执行。

9.3.4　水环境影响预测与评价

1. 预测条件的确定

（1）预测范围：预测范围应覆盖评价范围，并根据受影响地表水体水文要素与水质特点合理拓展。

（2）预测点确定：应将常规监测点、补充监测点、水环境保护目标、水质水量突变处及控制断面等作为预测重点；当需要预测排放口所在水域形成的混合区范围时，应适当加密预测点位。

（3）预测时期：水环境影响预测的时期应满足不同评价等级的评价时期要求（表9-11）。水污染影响型建设项目，水体自净能力最不利以及水质状况相对较差的不利时期、水环境现状补充监测时期应作为重点预测时期；水文要素影响型建设项目，以水质状况相对较差或对评价范围内水生生物影响最大的不利时期为重点预测时期。

表 9-11　评价时期确定表

受影响地表水体类型	评价等级		
	一级	二级	水污染影响型（三级 A）/水文要素影响型（三级）
河流、湖库	丰水期、平水期、枯水期；至少丰水期和枯水期	丰水期和枯水期；至少枯水期	至少枯水期
入海河口（感潮河段）	河流：丰水期、平水期和枯水期；河口：春季、夏季和秋季；至少丰水期和枯水期，春季和秋季	河流：丰水期和枯水期；河口春季、秋季 2 个季节；至少枯水期或 1 个季节	至少枯水期或 1 个季节
近岸海域	春季、夏季和秋季；至少春季、秋季 2 个季节	春季或秋季；至少 1 个季节	至少 1 次调查

注1：感潮河段、入海河口、近岸海域在丰、枯水期（或春夏秋冬四季）均应选择大潮期或小潮期中一个潮期开展评价（无特殊要求时，可不考虑一个潮期内高潮期、低潮期的差别）。选择原则为：依据调查监测海域的环境特征以影响范围较大或影响程度较重为目标，定性判别和选择大潮期或小潮期作为调查潮期。

注2：冰封期较长且作为生活饮用水与食品加工用水的水源或有渔业用水需求的水域，应将冰封期纳入评价时期。

注3：具有季节性排水特点的建设项目，根据建设项目排水期对应的水期或季节确定评价时期。

注4：水文要素影响型建设项目对评价范围内的水生生物生长、繁殖与洄游有明显影响的时期，需将对应的时期作为评价时期。

注5：复合影响型建设项目分别确定评价时期，按照覆盖所有评价时期的原则综合确定。

（4）预测阶段：根据建设项目特点分别选择建设期、生产运行期和服务期满后三个阶段进行预测。生产运行期应预测正常排放、非正常排放两种工况对水环境的影响，如建设项目具有充足的调节容量，可只预测正常排放对水环境的影响。

应对建设项目污染控制和减缓措施方案进行水环境影响模拟预测。

对受纳水体环境质量不达标区域，应考虑区（流）域环境质量改善目标要求情景下的模拟预测。

2. 预测方法的选择

地表水环境影响预测模型包括数学模型、物理模型。地表水环境影响预测宜选用数学模型。评价等级为一级且有特殊要求时选用物理模型，物理模型应遵循水工模型实验技术规程等要求。数学模型包括：面源污染负荷估算模型、水动力模型、水质（包括水温及富营养化）模型等，可根据地表水环境影响预测的需要选择。

（1）面源污染负荷估算模型。根据污染源类型分别选择适用的污染源负荷估算或模拟方法，预测污染源排放量与入河量。面源污染负荷预测可根据评价要求与数据条件，采用源强系数法、水文分析法以及面源模型法等，有条件的地方可以综合采用多种方法进行比对分析确定，各方法适用条件如下：

①源强系数法。当评价区域有可采用的源强产生、流失及入河系数等面源污染负荷估算参数时，可采用源强系数法。

②水文分析法。当评价区域具备一定数量的同步水质水量监测资料时，可基于基流分割确定暴雨径流污染物浓度、基流污染物浓度，采用通量法估算面源的负荷量。

③面源模型法。面源模型选择应结合污染特点、模型适用条件、基础资料等综合确定。

（2）水动力模型及水质模型。按照时间分为稳态模型与非稳态模型，按照空间分为零维、一维（包括纵向一维及垂向一维，纵向一维包括河网模型）、二维（包括平面二维及立面二维）以及三维模型，按照是否需要采用数值离散方法分为解析解模型与数值解模型。水动力模型及水质模型的选取根据建设项目的污染源特性、受纳水体类型、水力学特征、水环境特点及评价等级等要求，选取适宜的预测模型。各地表水体适用的数学模型选择要求如下：

①河流数学模型。河流数学模型选择要求见表9-12。在模拟河流顺直、水流均匀且排污稳定时可以采用解析解模型。

表9-12　河流数学模型适用条件

模型分类	模型空间分类						模型时间分类	
	零维模型	纵向一维模型	河网模型	平面二维	立面二维	三维模型	稳态	非稳态
适用条件	水域基本均匀混合	沿程横断面均匀混合	多条河道相互连通，使得水流运动和污染物交换相互影响的河网地区	垂向均匀混合	垂直分层特征明显	垂向及平面分布差异明显	水流恒定、排污稳定	水流不稳定或排污不稳定

②湖库数学模型。湖库数学模型选择要求见表9-13。在模拟湖库水域形态规则、水流均匀且排污稳定时可以采用解析解模型。

表9-13 湖库数学模型适用条件

模型分类	模型空间分类						模型时间分类	
	零维模型	纵向一维模型	平面二维	垂向一维	立面二维	三维模型	稳态	非稳态
适用条件	水流交换作用较充分、污染物质分布基本均匀	污染物在断面上均匀混合的河道型水库	浅水湖库,垂直分层不明显	深水湖库,水平分布差异不明显,存在垂向分层	深水湖库,横向分布差异不明显,存在垂直分层	垂向及平面分布差异明显	流场恒定、源强稳定	流场不恒定或源强稳定

③感潮河段、入海河口数学模型。污染物在断面上均匀混合的感潮河段、入海河口,可采用纵向一维非恒定数学模型,感潮河网区宜采用一维河网数学模型。浅水感潮河段和入海河口宜采用平面二维非恒定数学模型。如感潮河段、入海河口的下边界难以确定,宜采用一维、二维连接数学模型。

④近岸海域数学模型。近岸海域宜采用平面二维非恒定模型。如果评价海域的水流和水质分布在垂向上存在较大的差异（如排放口附近水域）,宜采用三维数学模型。

3. 水环境影响评价

（1）水污染控制和水环境影响减缓措施有效性评价应满足以下要求:

①污染控制措施及各类排放口排放浓度限值等应满足国家和地方相关排放标准及符合有关标准规定的排水协议关于水污染物排放的条款要求。

②水动力影响、生态流量、水温影响减缓措施应满足水环境保护目标的要求。

③涉及面源污染的,应满足国家和地方有关面源污染控制治理要求。

④受纳水体环境质量达标区的建设项目选择废水处理措施或多方案比选时,应满足行业污染防治可行技术指南要求,确保废水稳定达标排放且环境影响可以接受。

⑤受纳水体环境质量不达标区的建设项目选择废水处理措施或多方案比选时,应满足区（流）域水环境质量限期达标规划和替代源的削减方案要求、区（流）域环境质量改善目标要求及行业污染防治可行技术指南中最佳可行技术要求,确保废水污染物达到最低排放强度和排放浓度,环境影响可以接受。

（2）水环境影响评价应满足以下要求:

①排放口所在水域形成的混合区,应限制在达标控制（考核）断面以外水域,不得与已有排放口形成的混合区叠加,混合区外水域应满足水环境功能区或水功能区的水质目标要求。

②水环境功能区或水功能区、近岸海域环境功能区水质达标。说明建设项目对评价范围内的水环境功能区或水功能区、近岸海域环境功能区的水质影响特征,分析水环境功能区或水功能区、近岸海域环境功能区水质变化状况,在考虑叠加影响的情况下,评价建设项目建成以后各预测时期水环境功能区或水功能区、近岸海域环境功能区达标状

况。涉及富营养化问题的，还应评价水温、水文要素、营养盐等变化特征与趋势，分析判断富营养化演变趋势。

③满足水环境保护目标水域水环境质量要求。评价水环境保护目标水域各预测时期的水质（包括水温）变化特征、影响程度与达标状况。

④水环境控制单元或断面水质达标。说明建设项目污染排放或水文要素变化对所在控制单元各预测时期的水质影响特征，在考虑叠加影响的情况下，分析水环境控制单元或断面的水质变化状况，评价建设项目建成以后水环境控制单元或断面在各预测时期的水质达标状况。

⑤满足重点水污染物排放总量控制指标要求，重点行业建设项目，主要污染物排放满足等量或减量替代要求。

⑥满足区（流）域水环境质量改善目标要求。

⑦水文要素影响型建设项目同时应包括水文情势变化评价、主要水文特征值影响评价、生态流量符合性评价。

⑧对于新设或调整入河（湖库、近岸海域）排放口的建设项目，应包括排放口设置的环境合理性评价。

⑨满足"三线一单"（生态保护红线、水环境质量底线、资源利用上线和环境准入清单）管理要求。

依托污水处理设施的环境可行性评价，主要从污水处理设施的日处理能力、处理工艺、设计进水水质、处理后的废水稳定达标排放情况及排放标准是否涵盖建设项目排放的有毒有害的特征水污染物等方面开展评价，满足依托的环境可行性要求。

（3）判断影响重大性的方法。

①规划中有几个建设项目在一定时期（如 5 年）内兴建并且向同一地表水环境排污的情况可以采用自净利用指数法进行单项评价。

对位于地表水环境中 j 点的污染物 i 来说，其自净利用指数 $P_{i,j}$，自净能力允许利用率 λ 应根据当地水环境自净能力的大小、现在和将来的排污状况以及建设项目的重要性等因素决定，并应征得主管部门和有关单位同意。

$$P_{i,j} = \frac{\rho_{i,j} - \rho_{hi,j}}{\lambda \ (\rho_{si} - \rho_{hi,j})} \tag{9.4}$$

式中，$\rho_{i,j}$，$\rho_{hi,j}$，ρ_{si} 分别为 j 点污染物 i 的浓度，j 点上游的浓度和 i 的水质标准。

溶解氧的自净利用指数为：

$$P_{DO,j} = \frac{\rho_{DO_{hj}} - \rho_{DO_j}}{\lambda \ (\rho_{DO_{hj}} - \rho_{DO_s})} \tag{9.5}$$

式中，$\rho_{DO_{hj}}$，ρ_{DO_j}，ρ_{DO_s} 分别为 j 点上游和 j 点的溶解氧值，以及溶解氧的标准。

当 $P_{i,j} \leqslant 1$ 时说明污染物 i 在 j 点利用的自净能力没有超过允许的比例，否则说明超过允许利用的比例，这时的 $P_{i,j}$ 值即为超过允许利用的倍数，表明影响是重大的。

②当水环境现状已超标，可以采用指数单元法或综合评价指数值与现状值（基线值）求得的指数单元或综合指数值进行比较。根据比值大小，采用专家咨询法和征求公众与管理部门意见确定影响的重大性。

③对拟建项目选址、生产工艺和废水排放方案的评价。

项目选址、采用的生产工艺和废水排放方案对水环境影响有重要的作用，有时甚至是关键作用。当拟建项目有多个选址、生产工艺和废水排放方案，应分别给出各种方案的预测结果，再结合环境、经济、社会等多重因素，从水环境保护角度推荐优选方案。这些方案常可通过向专家咨询和利用数学规划方法探求优化方案。

④提出评价结论。

根据水污染控制和水环境影响减缓措施有效性评价、地表水环境影响评价的结果，明确给出地表水环境影响是否可接受的结论。

达标区的建设项目环境影响评价，依据要求，同时在满足水污染控制和水环境影响减缓措施有效性评价、水环境影响评价的情况下，才能认为地表水环境影响可以接受，否则认为地表水环境影响不可接受。

不达标区的建设项目环境影响评价，依据要求，在考虑区（流）域环境质量改善目标要求、削减替代源的基础上，同时满足水污染控制和水环境影响减缓措施有效性评价、水环境影响评价的情况下，才能认为地表水环境影响可以接受，否则认为地表水环境影响不可接受。

9.4　声环境影响评价

9.4.1　基本概念及定义

1. 环境噪声

环境噪声指在工业生产、建筑施工、交通运输和社会生活中所产生的干扰周围生活环境的声音（频率在 20～20 000 Hz 的可听声范围内）。

2. 固定声源

在声源发声时间内，声源位置不发生移动的声源。

3. 流动声源

在声源发声时间内，声源位置按一定轨迹移动的声源。

4. 点声源

以球面波形式辐射声波的声源，辐射声波的声压幅值与声波传播距离（$\sqrt{r}$）成反比。任何形状的声源，只要声波波长远远大于声源几何尺寸，即可视为点声源。在声环境影响评价中，声源中心到预测点之间的距离超过声源最大几何尺寸 2 倍时，可将该声源近似为点声源。

5. 线声源

以柱面波形式辐射声波的声源，辐射声波的声压幅值与声波传播距离的平方根（$\sqrt{r}$）成反比。

6. 面声源

以平面波形式辐射声波的声源，辐射声波的声压幅值不随传播距离改变（不考虑空气吸收）。

7. 敏感目标

敏感目标指医院、学校、机关、科研单位、住宅、自然保护区等对噪声敏感的建筑物或区域。

8. 贡献值

由建设项目自身声源在预测点产生的声级。

9. 背景值

不含建设项目自身声源影响的环境声级。

10. 预测值

预测点的贡献值和背景值按能量叠加方法计算得到的声级。

9.4.2 评价任务、评价等级、评价范围和工作程序

1. 评价任务

评价建设项目实施引起的声环境质量的变化和外界噪声对需要安静建设项目的影响程度；提出合理可行的防治措施，把噪声污染降低到允许水平；从声环境影响角度评价建设项目实施的可行性；为建设项目优化选址、选线、合理布局以及城市规划提供科学依据。

2. 评价等级

（1）依据。

声环境影响评价工作等级划分依据包括：

①建设项目所在区域的声环境功能区类别。

②建设项目建设前后所在区域的声环境质量变化程度。

③受建设项目影响人口的数量。

（2）评价等级划分。

①声环境影响评价工作等级一般分为三级，一级为详细评价，二级为一般性评价，三级为简要评价。

②评价范围内有适用于声环境质量标准（GB3096—2008）规定的 0 类声环境功能区域，以及对噪声有特别限制要求的保护区等敏感目标，或建设项目建设前后评价范围内敏感目标噪声级增高量达 5dB（A）以上［不含 5dB（A）］，或受影响人口数量显著增多时，按一级评价。

③建设项目所处的声环境功能区为 GB3096—2008 规定的 1 类、2 类地区，或建设项目建设前后评价范围内敏感目标噪声级增高量达 3~5dB（A）［含 5dB（A）］，或受噪声影响人口数量增加较多时，按二级评价。

④建设项目所处的声环境功能区为 GB3096—2008 规定的 3 类、4 类地区，或建设项目建设前后评价范围内敏感目标噪声级增高量在 3dB（A）以下［不含 3dB（A）］，且受影响人口数量变化不大时，按三级评价。

⑤在确定评价工作等级时，如建设项目符合两个以上级别的划分原则，按较高级别的评价等级评价。

3. 评价范围

（1）声环境影响评价范围依据评价工作等级确定。

（2）对于以固定声源为主的建设项目（如工厂、港口、施工工地、铁路站场等）。

①满足一级评价的要求，一般以建设项目边界向外 200m 为评价范围。

②二级、三级评价范围可根据建设项目所在区域和相邻区域的声环境功能区类别及敏感目标等实际情况适当缩小。

③如依据建设项目声源计算得到的贡献值到 200m 处，仍不能满足相应功能区标准值时，应将评价范围扩大到满足标准值的距离。

（3）城市道路、公路、铁路、城市轨道交通地上线路和水运线路等建设项目。

①满足一级评价的要求，一般以道路中心线外两侧 200m 以内为评价范围。

②二级、三级评价范围可根据建设项目所在区域和相邻区域的声环境功能区类别及敏感目标等实际情况适当缩小。

③如依据建设项目声源计算得到的贡献值到 200m 处，仍不能满足相应功能区标准值时，应将评价范围扩大到满足标准值的距离。

（4）机场周围飞机噪声评价范围应根据飞行量计算到 LWECPN 为 70dB 的区域。

①满足一级评价的要求，一般以主要航迹离跑道两端各 5～12km、侧向各 1～2km 的范围为评价范围。

②二级、三级评价范围可根据建设项目所处区域的声环境功能区类别及敏感目标等实际情况适当缩小。

4．工作程序（见图 9-3）

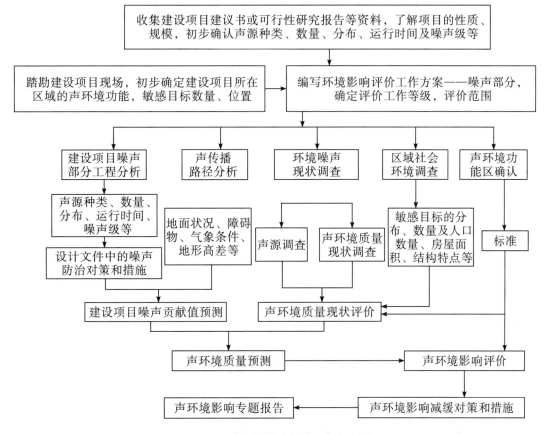

图 9-3　声环境影响评价工作程序图

9.4.3 声环境质量现状调查与分析

1. 主要调查内容

(1) 影响声波传播的环境要素。

调查建设项目所在区域的主要气象特征：年平均风速和主导风向、年平均气温、年平均相对湿度等。

收集评价范围内 1 : 2 000 ~ 1 : 50 000 的地理地形图，说明评价范围内声源和敏感目标之间的地貌特征、地形高差及影响声波传播的环境要素。

(2) 声环境功能区划。

调查评价范围内不同区域的声环境功能区划情况，调查各声环境功能区的声环境质量现状。

(3) 敏感目标。

调查评价范围内的敏感目标的名称、规模、人口的分布等情况，并以图、表相结合的方式说明敏感目标与建设项目的关系（如方位、距离、高差等）。

(4) 现状声源。

建设项目所在区域的声环境功能区的声环境质量现状超过相应标准要求或噪声值相对较高时，需对区域内的主要声源的名称、数量、位置、影响的噪声级等相关情况进行调查。

有厂界（或场界、边界）噪声的改、扩建项目，应说明现有建设项目厂界（或场界、边界）噪声的超标、达标情况及超标原因。

2. 调查方法

环境现状调查的基本方法是：①收集资料法；②现场调查法；③现场测量法。评价时，应根据评价工作等级的要求确定需采用的具体方法。

3. 现状监测

(1) 监测布点原则。

①布点应覆盖整个评价范围，包括厂界（或场界、边界）和敏感目标。当敏感目标高于（含）三层建筑时，还应选取有代表性的不同楼层设置测点。

②评价范围内没有明显的声源（如工业噪声、交通运输噪声、建设施工噪声、社会生活噪声等），且声级较低时，可选择有代表性的区域布设测点。

③评价范围内有明显的声源，并对敏感目标的声环境质量有影响，或建设项目为改、扩建工程，应根据声源种类采取不同的监测布点原则。

当声源为固定声源时，现状测点应重点布设在可能既受到现有声源影响，又受到建设项目声源影响的敏感目标处，以及有代表性的敏感目标处；为满足预测需要，也可在距离现有声源不同距离处设衰减测点。

当声源为流动声源，且呈现线声源特点时，现状测点位置选取应兼顾敏感目标的分布状况、工程特点及线声源噪声影响随距离衰减的特点，布设在具有代表性的敏感目标处。为满足预测需要，也可选取若干线声源的垂线，在垂线上距声源不同距离处布设监测点。其余敏感目标的现状声级可通过具有代表性的敏感目标实测噪声的验证并结合计算求得。

对于改、扩建机场工程，测点一般布设在主要敏感目标处，测点数量可根据机场飞行量及周围敏感目标情况确定，现有单条跑道、二条跑道或三条跑道的机场可分别布设3~9个、9~14个或12~18个飞机噪声测点，跑道增多可进一步增加测点。其余敏感目标的现状飞机噪声声级可通过测点飞机噪声声级的验证和计算求得。

（2）监测执行的标准：

声环境质量监测执行 GB3096；

机场周围飞机噪声测量执行 GB/T9661；

工业企业厂界环境噪声测量执行 GB12348；

社会生活环境噪声测量执行 GB22337；

建筑施工场界噪声测量执行 GB/T12524；

铁路边界噪声测量执行 GB12525；

城市轨道交通车站站台噪声测量执行 GB14227。

4．现状评价

（1）以图、表结合的方式给出评价范围内的声环境功能区及其划分情况，以及现有敏感目标的分布情况。

（2）分析评价范围内现有主要声源种类、数量及相应的噪声级、噪声特性等，明确主要声源分布，评价厂界（或场界、边界）超、达标情况。

（3）分别评价不同类别的声环境功能区内各敏感目标的超、达标情况，说明其受到现有主要声源的影响状况。

（4）给出不同类别的声环境功能区噪声超标范围内的人口数及分布情况。

9.4.4 声环境影响预测与评价

1．预测范围

应与评价范围相同。

2．预测点的确定原则

建设项目厂界（或场界、边界）和评价范围内的敏感目标应作为预测点。

3．预测需要的基础资料

（1）声源资料。

建设项目的声源资料主要包括：声源种类、数量、空间位置、噪声级、频率特性、发声持续时间和对敏感目标的作用时间段等。

（2）影响声波传播的各类参量。

影响声波传播的各类参量应通过资料收集和现场调查取得，各类参量如下：

①建设项目所处区域的年平均风速和主导风向、年平均气温、年平均相对湿度。

②声源和预测点间的地形、高差。

③声源和预测点间障碍物（如建筑物、围墙等；若声源位于室内，还包括门、窗等）的位置及长、宽、高等数据。

④声源和预测点间树林、灌木等的分布情况，地面覆盖情况（如草地、水面、水泥地面、土质地面等）。

4．声环境影响预测步骤

（1）建立坐标系，确定各声源坐标和预测点坐标，并根据声源性质以及预测点与声源之间的距离等情况，把声源简化成点声源，或线声源，或面声源。

（2）根据已获得的声源源强的数据和各声源到预测点的声波传播条件资料，计算出噪声从各声源传播到预测点的声衰减量，由此计算出各声源单独作用在预测点时产生的 A 声级（L_{Ai}）或有效感觉噪声级（L_{EPN}）。

（3）声级的计算。

①建设项目声源在预测点产生的等效声级贡献值（L_{eqg}）计算公式：

$$L_{eqg} = 10\lg\left(\frac{1}{T}\sum_i t_i 10^{0.1L_{Ai}}\right) \tag{9.6}$$

式中，L_{eqg}——建设项目声源在预测点的等效声级贡献值［dB（A）］；

L_{Ai}——i 声源在预测点产生的 A 声级［dB（A）］；

T——预测计算的时间段（s）；

t_i——i 声源在 T 时段内的运行时间（s）。

②预测点的预测等效声级（L_{eq}）计算公式：

$$L_{eq} = 10\lg\left(10^{0.1L_{eqg}} + 10^{0.1L_{eqb}}\right) \tag{9.7}$$

式中，L_{eqg}——建设项目声源在预测点的等效声级贡献值［dB（A）］；

L_{eqb}——预测点的背景值［dB（A）］。

③机场飞机噪声计权等效连续感觉噪声级（L_{WECPN}）计算公式：

$$L_{WECPN} = \overline{L_{EPN}} + 10\lg(N_1 + 3N_2 + 10N_3) - 39.4 \tag{9.8}$$

式中，N_1——7：00—19：00 对某个预测点声环境产生噪声影响的飞行架次；

N_2——19：00—22：00 对某个预测点声环境产生噪声影响的飞行架次；

N_3——22：00—7：00 对某个预测点声环境产生噪声影响的飞行架次；

$\overline{L_{EPN}}$——N 次飞行有效感觉噪声级能量平均值（$N = N_1 + N_2 + N_3$）（dB）。

$\overline{L_{EPN}}$ 的计算公式：$\overline{L_{EPN}} = 10\lg\left[\frac{1}{N_1 + N_2 + N_3}\sum_i\sum_j 10^{0.1L_{EPNij}}\right] \tag{9.9}$

式中，L_{EPNij} 为 j 航路第 i 架次飞机在预测点产生的有效感觉噪声级（dB）。

④按工作等级要求绘制等声级线图。等声级线的间隔应不大于 5dB（一般选 5dB）。对于 L_{eq} 等声级线最低值应与相应功能区夜间标准值一致，最高值可为 75dB；对于 L_{WECPN} 一般应有 70dB、75dB、80dB、85dB、90dB 的等声级线。

5. 声环境影响评价

（1）评价标准的确定。

应根据声源的类别和建设项目所处的声环境功能区等确定声环境影响评价标准，没有划分声环境功能区的区域由地方环境保护部门参照 GB 3096 和 GB/T 15190 的规定划定声环境功能区。

（2）评价的主要内容。

①评价方法和评价量。

根据噪声预测结果和环境噪声评价标准，评价建设项目在施工、运行期噪声的影响程度、影响范围，给出边界（厂界、场界）及敏感目标的达标分析。

进行边界噪声评价时，新建建设项目以工程噪声贡献值作为评价量；改扩建建设项目以工程噪声贡献值与受到现有工程影响的边界噪声值叠加后的预测值作为评价量。

进行敏感目标噪声环境影响评价时，以敏感目标所受的噪声贡献值与背景噪声值叠加后的预测值作为评价量。

②影响范围、影响程度分析。

给出评价范围内不同声级范围覆盖下的面积，主要建筑物类型、名称、数量及位置，影响的户数、人口数。

③噪声超标原因分析。

分析建设项目边界（厂界、场界）及敏感目标噪声超标的原因，明确引起超标的主要声源。对于通过城镇建成区和规划区的路段，还应分析建设项目与敏感目标间的距离是否符合城市规划部门提出的防噪声距离的要求。

④对策建议。

分析建设项目的选址（选线）、规划布局和设备选型等的合理性，评价噪声防治对策的适用性和防治效果，提出需要增加的噪声防治对策、噪声污染管理、噪声监测及跟踪评价等方面的建议，并进行技术、经济可行性论证。

9.5　土壤环境影响评价

9.5.1　基本概念及定义

土壤是维系人类生存的最基本、最重要、不可代替的三种环境因素之一。水、气、土共同构成了以环境为导向的环境影响评价体系。

1. 土壤环境

土壤环境指受自然或人为因素作用的，由矿物质、有机质、水、空气、生物有机体等组成的陆地表面疏松综合体，包括陆地表层能够生长植物的土壤层和污染物能够影响的松散层等。

2. 土壤环境生态影响

土壤环境生态影响指由于人为因素引起土壤环境特征变化导致其生态功能变化的过程或状态。

3. 土壤环境污染影响

土壤环境污染影响指人为因素导致某种物质进入土壤环境，引起土壤物理、化学、生物等方面特性的改变，导致土壤质量恶化的过程或状态。

4. 土壤环境敏感目标

土壤环境敏感目标指可能受人为活动影响的、与土壤环境相关的敏感区或对象。

9.5.2　评价任务、评价等级、评价范围和评价工作程序

1. 评价任务

（1）按照拟建项目污染影响和生态影响的相关要求，根据建设项目对土壤环境可能产生的影响，将土壤环境影响类型划分为生态影响型与污染影响型，土壤环境生态影响重点指土壤环境的盐化、酸化、碱化等。

（2）根据行业特征、工艺特点或规模大小等将建设项目类别分为Ⅰ类、Ⅱ类、Ⅲ类、Ⅳ类，其中Ⅳ类建设项目可不开展土壤环境影响评价；自身为敏感目标的建设项目，可根据需要仅对土壤环境现状进行调查。

（3）土壤环境影响评价应按《环境影响评价技术导则·土壤环境（试行）》划分的

评价等级开展工作，识别建设项目土壤环境影响类型、影响途径、影响源及影响因子，确定土壤环境影响评价工作等级；开展土壤环境现状调查，完成土壤环境现状监测与评价；预测与评价建设项目对环境可能造成的影响，提出相应的防控措施与对策。

（4）涉及两个或两个以上场地或地区的建设项目应分别开展评价工作。

（5）涉及土壤环境生态影响型与污染影响型两种影响类型的应分别开展评价工作。

2．评价等级

（1）等级划分。

土壤环境影响评价工作等级划分为一级、二级、三级。

（2）划分依据。

①生态影响型。

对拟建项目所在地土壤环境敏感程度分为敏感、较敏感、不敏感，判别依据见表9-14。同一建设项目涉及两个或两个以上场地或地区，应分别判断其敏感程度；产生两种或两种以上生态影响后果的，敏感程度按相对最高级别判定。

表9-14　生态影响型敏感程度分级表

敏感程度	判别依据		
	盐化	酸化	碱化
敏感	建设项目所在地干燥度①>2.5且常年地下水位平均埋深<1.5m的地势平坦区域；或土壤含盐量>4 g/kg的区域	pH≤4.5	pH≥9.0
较敏感	建设项目所在地干燥度>2.5且常年地下水位平均埋深≥1.5m的，或1.8<干燥度≤2.5且常年地下水位平均埋深<1.8m的地势平坦区域；建设项目所在地干燥度>2.5或常年地下水位平均埋深<1.5m的平原区；或2g/kg<土壤含盐量<4g/kg的区域	4.5<pH≤5.5	8.5≤pH<9.0
不敏感	其他	5.5<pH<8.5	
①指采用E601观测的多年平均水面蒸发量与降水量的比值，即蒸降比值			

根据土壤环境影响评价项目类别识别的土壤环境影响评价项目类别与建设项目所在地土壤敏感程度分级结果划分评价工作等级，详见表9-15。

表 9 – 15　生态影响型评价工作等级划分表

	Ⅰ类	Ⅱ类	Ⅲ类
敏感	一级	二级	三级
较敏感	二级	二级	三级
不敏感	二级	三级	—
注："—"表示可不开展土壤环境影响评价工作。			

②污染影响型。

将建设项目占地规模分为大型（≥50hm²）、中型（5~50hm²）、小型（≤5hm²），建设项目占地主要为永久占地。

建设项目所在地周边的土壤环境敏感程度分为敏感、较敏感、不敏感，判别依据见表 9 – 16。

表 9 – 16　污染影响型敏感程度分级表

敏感程度	判别依据
敏感	建设项目周边存在耕地、园地、牧草地、饮用水水源地或居民区、学校、医院、疗养院、养老院等土壤敏感目标的
较敏感	建设项目周边存在其他土壤环境敏感目标的
不敏感	其他情况

根据土壤环境影响评价项目类别、占地规模与敏感程度划分评价工作等级，详见表 9 – 17。

表 9 – 17　污染影响型评价工作等级划分表

	Ⅰ类			Ⅱ类			Ⅲ类		
	大	中	小	大	中	小	大	中	小
敏感	一级	一级	一级	二级	二级	二级	三级	三级	三级
较敏感	一级	一级	二级	二级	二级	三级	三级	三级	—
不敏感	一级	二级	二级	二级	三级	三级	三级	—	—
注："—"表示可不开展土壤环境影响评价工作。									

建设项目同时涉及土壤环境生态影响型与污染影响型时，应分别判定评价工作等级，并按相应等级分别开展评价工作。

当同一建设项目涉及两个或两个以上场地时，各场地应分别判定评价工作等级，并按相应等级分别开展评价工作。

线性工程重点针对主要站场位置（如输油站、泵站、阀室、加油站、维修场所等）参照污染影响型分段判定评价等级，并按相应等级分别开展评价工作。

3. 评价范围

（1）评价范围应包括建设项目可能影响的范围，能满足土壤环境影响预测和评价要求；改、扩建类建设项目的现状调查评价范围应兼顾现有工程可能影响的范围。

（2）建设项目（除线性工程外）土壤环境影响评价范围可根据建设项目影响类型、污染途径、气象条件、地形地貌、水文地质条件等确定说明，或参考表 9 - 18 确定。

表 9 - 18　评价范围

评价工作等级	影响类型	评价范围[①]	
		占地范围内[②]	占地范围外
一级	生态影响型	全部	5km 范围内
	污染影响型		1km 范围内
二级	生态影响型		2km 范围内
	污染影响型		0.2km 范围内
三级	生态影响型		1km 范围内
	污染影响型		0.05km 范围内
注：①涉及大气沉降途径影响的，可根据主导风向下风向的最大落地浓度点适当调整。②矿山类项目指开采区与各场地的占地；改扩建类的指现有工程与拟建工程的占地。			

（3）建设项目同时涉及土壤环境生态影响与污染影响时，应各自确定评价范围。

（4）危险品、化学品或石油等输送管线应以工程边界两侧向外延伸 0.2km 作为评价范围。

4. 评价工作程序

土壤环境影响评价工作划分为准备阶段、现状调查与评价阶段、预测分析与评价阶段和结论阶段。土壤环境影响评价工作程序见图 9 - 4。综合分析各阶段成果，提出土壤环境保护措施与对策，对土壤环境影响评价结论进行总结。

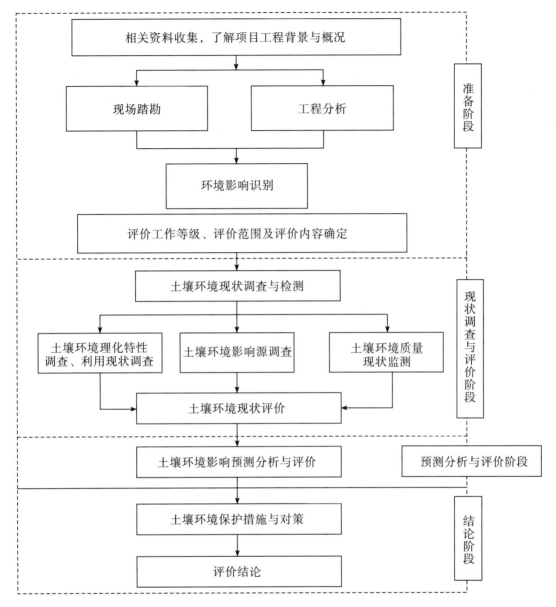

图 9-4　土壤环境影响评价工作程序图

9.5.3　土壤污染源调查与分析

1. 资料收集

根据建设项目特点、可能产生的环境影响和当地环境特征，有针对性地收集调查评价范围内的相关资料，主要包括以下内容：

（1）土地利用现状图、土地利用规划图、土壤类型分布图。

（2）气象资料、地形地貌特征资料、水文及水文地质资料等。

（3）土地利用历史情况。

（4）与建设项目土壤环境影响评价相关的其他资料。

2. 理化特性调查内容

（1）在充分收集资料的基础上，根据土壤环境影响类型、建设项目特征与评价需要，有针对性地选择土壤理化特性调查内容，主要包括土体构型、土壤结构、土壤质地、阳离子交换量、氧化还原电位、饱和导水率、土壤容重、孔隙度等；土壤环境生态影响型建设项目还应调查植被、地下水埋深、地下水溶解性总固体等，可参照表9-19填写。

表9-19　土壤理化特性调查表

点号				时间	
经度				纬度	
层次					
现场记录	颜色				
	结构				
	质地				
	沙砾含量				
	其他异物				
实验室测定	pH 值				
	阳离子交换量				
	氧化还原电位				
	饱和导水率（cm/s）				
	土壤容重（kg/m³）				
	孔隙度				

注1：根据已确定需要调查的理化特性并记录，土壤环境生态影响型建设项目还应调查植被、地下水埋深、地下水溶解性总固体等。

注2：点号为代表性监测点位。

（2）评价工作等级为一级的建设项目应参照表9-20填写土壤剖面调查表。

表9-20　土壤剖面调查表

点号	景观照片	土壤剖面照片	层次

注：应给出带标尺的土壤剖面照片及其景观照片，根据土壤分层情况描述土壤的理化特性。

3．影响源调查

（1）应调查与建设项目产生同种特征因子或造成相同土壤环境影响后果的影响源。

（2）改、扩建的污染影响型建设项目，其评价工作等级为一级、二级的，应对现有工程的土壤环境保护措施情况进行调查，并重点调查主要装置或设施附近的土壤污染现状。

9.5.4　土壤环境质量现状调查与分析

1．基本原则与要求

（1）土壤环境现状调查与评价工作应遵循资料收集与现场调查相结合、资料分析与现状监测相结合的原则。

（2）土壤环境现状调查与评价工作的深度应满足相应的工作级别要求，当现有资料不能满足要求时，应通过组织现场调查、监测等方法获取。

（3）建设项目同时涉及土壤环境生态影响型与污染影响型时，应分别按相应评价工作等级要求开展土壤环境现状调查，可根据建设项目特征适当调整、优化调查内容。

（4）工业园区内的建设项目，应重点在建设项目占地范围内开展现状调查工作，并兼顾其可能有的园区外围土壤环境敏感目标。

2．现状调查评价范围

一般与土壤环境影响评价范围一致。

3．现状监测

（1）基本要求。

建设项目土壤环境现状监测应根据建设项目的影响类型、影响途径，有针对性地开展监测工作，了解或掌握调查评价范围内土壤环境现状。

（2）布点原则。

①土壤环境现状监测点布设应根据建设项目土壤环境影响类型、评价工作等级、土地利用类型确定，采用均布性与代表性相结合的原则，充分反映建设项目调查评价范围内的土壤环境现状，可根据实际情况优化调整。

②调查评价范围内的每种土壤类型应至少设置 1 个表层样监测点，应尽量设置在未受人为污染或相对未受污染的区域。

③生态影响型建设项目应根据建设项目所在地的地形特征、地面径流方向设置表层样监测点。

④涉及入渗途径影响的，主要产污装置区应设置柱状样监测点，采样深度需至装置底部与土壤接触面以下，根据可能影响的深度适当调整。

⑤涉及大气沉降影响的，应在占地范围外主导风向的上、下风向各设置 1 个表层样监测点，可在最大落地浓度点增设表层样监测点。

⑥涉及地面漫流途径影响的，应结合地形地貌，在占地范围外的上、下游各设置 1 个表层样监测点。

⑦线性工程应重点在站场位置（如输油站、泵站、阀室、加油站及维修场所等）设置监测点，涉及危险品、化学品或石油等输送管线应根据评价范围内土壤环境敏感目标或厂区内的平面布局情况确定监测点布设位置。

⑧评价工作等级为一级、二级的改、扩建项目，应在现有工程厂界外可能产生影响

的土壤环境影响敏感目标设置监测点。

⑨涉及大气沉降影响的改、扩建项目，可在主导风向下风向适当增加监测点位，以反映降尘对土壤环境的影响。

⑩建设项目占地范围及其可能影响区域的土壤环境已存在污染风险的，应结合用地历史资料和现状调查情况，在可能受影响最重的区域布设监测点；取样深度根据其可能影响的情况确定。

⑪建设项目现状监测点设置应兼顾土壤环境影响跟踪监测计划。

（3）现状监测点数量要求。

①建设项目各评价工作等级的监测点数不少于表9-21要求的数量。

②生态影响型建设项目可优化调整占地范围内、外监测点数量，保持总数不变；占地范围超过5 000hm²的，每增加1 000hm²增加1个监测点。

③污染影响型建设项目占地范围超过100hm²的，每增加20hm²增加1个监测点。

表9-21　现状监测布点类型与数量

评价工作等级	影响类型	占地范围内	占地范围外
一级	生态影响型	5个表层样点	6个表层样点
	污染影响型	5个柱状样点，2个表层样点	4个表层样点
二级	生态影响型	3个表层样点	4个表层样点
	污染影响型	3个柱状样点，1个表层样点	2个表层样点
三级	生态影响型	1个表层样点	2个表层样点
	污染影响型	3个表层样点	—

注："—"表示无现状监测布点类型与数量的要求。表层应在0～0.2m取样，柱状样通常在0～0.5m，0.5～1.5m，1.5～3m分别取样，3m以下每3m取1个样，可根据基础埋深、土体结构型适当调整。

（4）现状监测取样方法。

表层样监测点及土壤剖面的土壤监测取样方法，一般参照土壤环境监测技术规范（HJ/T 166）执行，柱状样监测点和污染影响型改、扩建项目的土壤监测取样方法，还可参照场地环境技术导则（HJ25.1）、场地环境监测技术导则（HJ25.2）执行。

（5）现状监测因子。

土壤环境现状监测因子分为基本因子和建设项目的特征因子。

①基本因子为土壤环境质量—农用地土壤污染风险管控标准（GB15618）、土壤环境质量—建设用地土壤污染风险管控标准（GB36600）中规定的基本项目，分别根据调查评价范围内的土地利用类型选取。

②特征因子为建设项目产生的特有因子，根据建设项目土壤环境影响识别表确定；既是特征因子又是基本因子的，按特征因子对待。

③按布点原则②与布点原则⑩土壤环境现状监测因子中规定的点位须监测基本因子与特征因子；其他监测点位可仅监测特征因子。

（6）现状监测频次要求。

①基本因子：评价工作等级为一级的建设项目，应至少开展 1 次现状监测；评价工作等级为二级、三级的建设项目，若掌握近 3 年至少 1 次的监测数据，可不再进行现状监测；引用监测数据应满足布点原则与现状监测点数量要求相关要求，并说明数据有效性。

②特征因子：应至少开展 1 次现状监测。

4．现状评价

（1）评价因子。

现状评价的评价因子与现状监测的现状监测因子相同。

（2）评价标准。

①根据调查评价范围内的土地利用类型，分别选取 GB15618、GB36600 标准中的筛选值进行评价，土地利用类型无相应标准的可只给出现状监测值。

②评价因子在 GB15618、GB36600 等标准中未规定的，可参照行业、地方或国外相关标准进行评价，无可参照标准的可只给出现状监测值。

③土壤盐化、酸化、碱化等的分级标准参见土壤盐化、酸化、碱化分级标准。

（3）评价方法。

①土壤环境质量现状评价应采用标准指数法，并进行统计分析，给出样本数量、最大值、最小值、均值、标准差、检出率和超标率、最大超标倍数等。

②对照土壤盐化、酸化、碱化分级标准，给出各监测点位土壤盐化、酸化、碱化的级别，统计样本数量、最大值、最小值和均值，并评价均值对应的级别。

（4）评价结论。

①生态影响型建设项目应给出土壤盐化、酸化、碱化的现状。

②污染影响型建设项目应给出评价因子是否满足评价标准的①和②中相关标准要求的结论；当评价因子存在超标时，应分析超标原因。

9.5.5 土壤环境影响预测与评价

1．基本原则与要求

（1）根据影响识别结果与评价工作等级，结合当地土地利用规划确定影响预测的范围、时段、内容和方法。

（2）选择适宜的预测方法，预测评价建设项目各实施阶段不同环节与不同环境影响防控措施下的土壤环境影响，给出预测因子的影响范围与程度，明确建设项目对土壤环境的影响结果。

（3）应重点预测评价建设项目对占地范围外土壤环境敏感目标的累积影响，并根据土壤环境特征兼顾对占地范围内的影响预测。

（4）土壤环境影响分析可定性或半定量地说明建设项目对土壤环境产生的影响及趋势。

（5）建设项目导致土壤潜育化、沼泽化、潴育化和土地沙漠化等影响的，可根据土壤环境特征，结合建设项目特点，分析土壤环境可能受到影响的范围和程度。

2．预测评价范围

一般与土壤环境影响评价范围一致。

3．预测评价时段

根据建设项目土壤环境影响识别结果，确定重点预测时段。

4．情景设置

在影响识别的基础上，根据建设项目特征设定预测情景。

5．预测与评价因子

（1）污染影响型建设项目应根据环境影响识别出的特征因子选取关键预测因子。

（2）可能造成土壤盐化、酸化、碱化影响的建设项目，分别选取土壤盐分含量、pH值等作为预测因子。

6．预测评价标准

土壤盐化、酸化、碱化分级标准，见表9－22和表9－23，土壤盐化预测表见表9－24。

表9－22　土壤盐化分级标准

分级	土壤含盐量（SSC）/（g/kg）	
	滨海、半湿润和半干旱地区	干旱、半荒漠和荒漠地区
未盐化	$SSC < 1$	$SSC < 2$
轻度盐化	$1 \leqslant SSC < 2$	$2 \leqslant SSC < 3$
中度盐化	$2 \leqslant SSC < 4$	$3 \leqslant SSC < 5$
重度盐化	$4 \leqslant SSC < 6$	$5 \leqslant SSC < 10$
极重度盐化	$SSC \geqslant 6$	$SSC \geqslant 10$
注：根据区域自然比较状况适当调整。		

表9－23　土壤酸化、碱化分级标准

土壤 pH 值	土壤酸化、碱化强度
$pH < 3.5$	极重度酸化
$3.5 \leqslant pH < 4.0$	重度酸化
$4.0 \leqslant pH < 4.5$	中度酸化
$4.5 \leqslant pH < 5.5$	轻度酸化
$5.5 \leqslant pH < 8.5$	无酸化或碱化
$8.5 \leqslant pH < 9.0$	轻度碱化
$9.0 \leqslant pH < 9.5$	中度碱化
$9.5 \leqslant pH < 10.0$	重度碱化
$pH \geqslant 10.0$	极重度碱化
注：土壤酸化、碱化强度指受人为影响后呈现的土壤 pH 值，可根据区域自然背景状况适当调整。	

表 9 – 24   土壤盐化预测表

土壤盐化综合评分值（Sa）	Sa < 1	1≤Sa < 2	2≤Sa < 3	3≤Sa < 4.5	Sa≥4.5
土壤盐化综合评分预测结果	未盐化	轻度盐化	中度盐化	重度盐化	极重度盐化

7．预测与评价方法

土壤环境影响预测与评价方法应根据建设项目土壤环境影响类型与评价工作等级确定。可能引起土壤盐化、酸化、碱化等影响的建设项目，其评价工作等级为一级、二级的，预测方法可参见如下方法或进行类比分析。

（1）土壤环境影响预测方法。

方法一：

①适用范围。

本方法适用于某种物质可概化为以面源形式进入土壤的影响预测，包括大气沉降、地面漫流以及盐、酸、碱类等物质进入土壤环境引起的土壤盐化、酸化、碱化等。

②一般方法和步骤。

a．可通过工程分析计算土壤中某种物质的输入量；涉及大气沉降影响的，可参照相关技术方法给出。

b．土壤中某种物质的输出量主要包括淋溶或径流排出、土壤缓冲消耗等两部分；植物吸收量通常较小，不予考虑；涉及大气沉降影响的，可不考虑输出量。

c．分析比较输入量和输出量，计算土壤中某种物质的增量。

d．将土壤中某种物质的增量与土壤现状值进行叠加后，进行土壤环境影响预测。

③预测方法。

a．单位质量土壤中某种物质的增量可用下式计算：

$$\Delta S = n \ (I_s - L_s - R_s) \ / \ (\rho_b \times A \times D)$$

ΔS——单位质量土壤中某种物质的增量（g/kg）；

表层土壤中游离酸或游离碱浓度增量（mmol/kg）；

I_s——预测评价范围内单位年份表层土壤中某种物质的输入量（g）；

预测评价范围内单位年份表层土壤中游离酸、游离碱输入量（mmol）；

L_s——预测评价范围内单位年份表层土壤中某种物质经淋溶排出的量（g）；

预测评价范围内单位年份表层土壤中经淋溶排出的游离酸、游离碱的量（mmol）；

R_s——预测评价范围内单位年份表层土壤中某种物质经径流排出的量（g）；

预测评价范围内单位年份表层土壤中经径流排出的游离酸、游离碱的量（mmol）；

ρ_b——表层土壤容重（kg/m³）；

A——预测评价范围（m²）；

D——表层土壤深度，一般取 0.2，可根据实际情况适当调整；

n——持续年份（a）。

b．单位质量土壤中某种物质的预测值可根据其增量叠加现状值进行计算：

$$S = S_b + \Delta S$$

S_b——单位质量土壤中某种物质的现状值（g/kg）；

S——单位质量土壤中某种物质的预测值（g/kg）。

c．酸性物质或碱性物质排放后表层土壤 pH 预测值，可根据表层土壤游离酸或游离碱浓度的增量进行计算：

$$pH = pH_b \pm \Delta S / BC_{pH}$$

式中，pH_b——土壤 pH 现状值；

BC_{pH}——缓冲容量［mmol/（kg·pH）］

pH——土壤 pH 预测值。

d. 缓冲容量（BC_{pH}）测定方法：采集项目区土壤样品，样品加入不同量游离酸或游离碱后分别进行 pH 值测定，绘制不同浓度游离酸或游离碱和 pH 值之间的曲线，曲线斜率即为缓冲容量。

方法二：

①适用范围。

本方法适用于某种污染物以点源形式垂直进入土壤环境的影响预测，重点预测污染物可能影响到的深度。

一维非饱和溶质垂向运移控制方程：

$$\frac{\partial(\theta c)}{\partial t} = \frac{\partial}{\partial z}\left(\theta D \frac{\partial c}{\partial z}\right) - \frac{\partial}{\partial z}(qc)$$

式中，c——污染物介质中的浓度，单位为（mg/L）；

$\quad\quad D$——弥散系数（m^2/d）；

$\quad\quad q$——渗流速度（m/d）；

$\quad\quad z$——沿轴的距离（m）；

$\quad\quad t$——时间变量（d）；

$\quad\quad \theta$——土壤含水率（%）。

②初始条件。

$$c(z, t) = 0 \qquad t = 0, \ L \leqslant z < 0$$

③边界条件。

第一类 Dirichlet 边界条件，下式适用于连续点源情景和适用于非连续点源情景。

$$c(z, t) = c_0 \qquad t > 0, \ z = 0$$

$$c(z, t) = \begin{cases} c_0, \ 0 < t \leqslant t_0 \\ 0, \ t > t_0 \end{cases}$$

第二类 Neumann 零梯度边界。

$$-\theta \frac{\partial c}{\partial z} = 0 \qquad\qquad t > 0, \ z = L$$

（2）土壤盐化综合评分预测方法。

①土壤盐化综合评分法。

根据表 9-25 选取各项影响因素的分值与权重，采用如下公式计算土壤盐化综合评分值（Sa），对照表 9-25 得出土壤盐化综合评分预测结果。

$$Sa = \sum_{i=1}^{n} W_{x_i} \times I_{x_i}$$

式中，n——影响因素指标数目；

I_{x_i}——影响因素 i 指标评分；

W_{x_i}——影响因素 i 指标权重。

②土壤盐化影响因素赋值见表 9-25。

表 9 - 25　土壤盐化影响因素赋值表

影响因素	分值				权重
	0 分	2 分	4 分	6 分	
地下水位埋深(GWD)(m)	$GWD \geqslant 2.5$	$1.5 \leqslant GWD < 2.5$	$1.0 \leqslant GWD < 1.5$	$GWD < 1.0$	0.35
干燥度（蒸降比值）(EPR)	$EPR < 1.2$	$1.2 \leqslant EPR < 2.5$	$2.5 \leqslant EPR < 6$	$EPR > 6$	0.25
土壤本底含盐量(SSC)(g/kg)	$SSC < 1$	$1 \leqslant SSC < 2$	$2 \leqslant SSC < 4$	$SSC \geqslant 4$	0.15
地下水溶解性总固体(TDS)(g/L)	$TDS < 1$	$1 \leqslant TDS < 2$	$2 \leqslant TDS < 5$	$TDS \geqslant 5$	0.15
土壤质地	黏土	砂土	壤土	砂壤、粉土、砂粉土	0.10

　　污染影响型建设项目，其评价工作等级为一级、二级的，预测方法可参见土壤环境影响预测方法，或进行类比分析；占地范围内应根据土体构型、土壤质地、饱和导水率等分析其可能影响的深度。

　　评价工作等级为三级的建设项目，可采用定性描述或类比分析方法进行预测。

8．土壤环境影响评价项目类别（见表 9 - 26）

表 9 - 26　土壤环境影响评价项目类别

行业类别	项目类别			
	Ⅰ 类	Ⅱ 类	Ⅲ 类	Ⅳ 类
农林牧渔业	灌溉面积大于 50 万亩的灌区工程	新建 5 万亩至 50 万亩的、改造 30 万亩及以上的灌区工程；年出栏生猪 10 万头（其他畜禽种类折合猪的养殖规模）及以上的畜禽养殖场或养殖小区	年出栏生猪 5 000 头（其他畜禽种类折合猪的养殖规模）及以上的畜禽养殖场或养殖小区	其他
水利	库容 1 亿立方米及以上水库；长度大于 1 000 千米的引水工程	库容 1 000 万立方米至 1 亿立方米的水库；跨流域调水的引水工程	其他	
采矿业	金属矿、石油、页岩油开采	化学矿采选；石棉矿采选；煤矿采选、天然气开采、页岩气开采、砂岩气开采、煤层气开采（含净化、液化）	其他	

（续上表）

行业类别		项目类别			
		Ⅰ类	Ⅱ类	Ⅲ类	Ⅳ类
制造业	纺织、化纤、皮革等及服装、鞋制造	制革、毛皮鞣制	化学纤维制造；有洗毛、染整、脱胶工段及产生缫丝废水、精炼废水的纺织品；有湿法印花、染色、水洗工艺的服装制造；使用有机溶剂的制鞋业	其他	
	造纸和纸制品		纸浆、溶解浆、纤维浆等制造；造纸（含制浆工艺）	其他	
	设备制造、金属制品、汽车制造及其他用品制造^a	有电镀工艺的；金属制品表面处理及热处理加工的；使用有机涂层的（喷粉、喷塑和电泳除外）；有钝化工艺的热镀锌	有化学处理工艺的	其他	
	石油、化工	石油加工、炼焦；化学原料和化学制品制造；农药制造；涂料、染料、颜料、油墨及其类似产品制造；合成材料制造；炸药、火工及焰火产品制造；水处理剂等制造；化学药品制造；生物、生化制品制造	半导体材料、日用化学品制造；化学肥料制造	其他	
	金属冶炼和压延加工及非金属矿物制品	有色金属冶炼（含再生有色金属冶炼）	有色金属铸造及合金制造；炼铁；球团；烧结炼钢；冷轧压延加工；铬铁合金制造；水泥制造；平板玻璃制造；石棉制品；含焙烧的石墨、碳素制品	其他	

（续上表）

行业类别	项目类别			
	Ⅰ 类	Ⅱ 类	Ⅲ 类	Ⅳ 类
电力热力燃气及水生产和供应业	生活垃圾及污泥发电	水力发电；火力发电（燃气发电除外）；矸石、油页岩、石油焦等综合利用发电；工业废水处理；燃气生产	生活污水处理；燃煤锅炉总容量 65 t/h（不含）以上的热力生产工程；燃油锅炉总容量 65t/h（不含）以上的热力生产工程	其他
交通运输仓储邮政业		油库（不含加油站的油库）；机场的供油工程及油库；涉及危险品、化学品、石油、成品油储罐区的码头及仓储；石油及成品油的输送管线	公路的加油站；铁路的维修场所	其他
环境和公共设施管理业	危险废物利用及处置	采取填埋和焚烧方式的一般工业固体废物处置及综合利用；城镇生活垃圾（不含餐厨废弃物）集中处置	一般工业固体废物处置及综合利用（除采取填埋和焚烧方式以外的）；废旧资源加工、再生利用	其他
社会事业与服务业			高尔夫球场；加油站；赛车场	其他
其他行业				全部

注1：仅切割组装的、单纯混合和分装的、编织物及其制品制造的，列入Ⅳ类。

注2：建设项目土壤环境影响评价项目类别不在本表的，可根据土壤环境影响源、影响途径、影响因子的识别结果，参照相近或相似项目类别确定。

[a]其他用品制造包括：①木材加工和木、竹、藤、棕、草制品业；②家具制造业；③文教、工美、体育和娱乐用品制造业；④仪器仪表制造业等制造业。

9. 预测评价结论

（1）以下情况可得出建设项目土壤环境影响可接受的结论。

①建设项目各不同阶段，土壤环境敏感目标处且占地范围内各评价因子均满足预测评价标准相关要求的。

②生态影响型建设项目各不同阶段，出现或加重土壤盐化、酸化、碱化等问题，但

采取防控措施后，可满足相关标准要求的。

③污染影响型建设项目各不同阶段，土壤环境敏感目标处或占地范围内有个别点位、层位或评价因子出现超标，但采取必要措施后，应满足 GB15618、GB36600 或其他土壤污染防治相关管理规定。

（2）以下情况不能得出建设项目土壤环境影响可接受的结论。

①生态影响型建设项目：土壤盐化、酸化、碱化等对预测评价范围内土壤原有生态功能造成重大不可逆影响的。

②污染影响型建设项目各不同阶段，土壤环境敏感目标或占地范围内多个点位、层位或评价因子出现超标，采取必要措施后，仍无法满足 GB15618、GB36600 或其他土壤污染防治相关管理规定。

参考文献

［1］国家环境保护部.《环境影响评价技术导则》，2018.

［2］陆书玉. 环境影响评价. 北京：高等教育出版社，2009.

［3］朱蓓丽. 环境工程概论. 北京：科学出版社，2011.

［4］NOUWEN J, CORNELIS C, DE FRé R, et al. Health risk assessment of dioxin emissions from muncicipal waste incinerators：the Neerlandquarter（Wilrijk, Belgium）. Chemosphere, 2001.

［5］徐梦侠. 城市生活垃圾焚烧厂二噁英排放的环境影响研究. 杭州：浙江大学，2009.

［6］XU M X, YAN J H, Lu S Y, et al. Concentrations, profiles and sources of atmospheric PCDD/Fs near a municipal solid waste incinerator in Eastern China. Environmental Science & Technology, 2009（43）.

10 垃圾焚烧发电厂环境的代价—利益分析

10.1 代价—利益分析的理论基础

10.1.1 代价—利益分析法的产生和发展

20 世纪 30 年代后期，西方国家在市场经济发展过程中，逐渐采用了代价—利益分析方法（cost-benefit analysis）。这种方法是根据一种经济规律即供求律建立的。按供求律，商品价格决定于供给和需求相一致的均衡点（见图 10 - 1），图中供给曲线和需求曲线的交点，决定商品的需求量和商品的价格，商品价值是由边际效应决定的。在均衡点的生产规模，生产者可以获得最大的纯利润（见图 10 - 1 阴影部分）。

目前在进行代价—利益分析时，不是采用求均衡点，而是求费用和收益曲线相加构成的总费用点的最低点（见图 10 - 2）。由图可知，费用曲线与收益曲线的交点确定的污染物去除量为最佳污染控制水平，此点为社会污染费用（污染损失费与治理费之和）最低点。

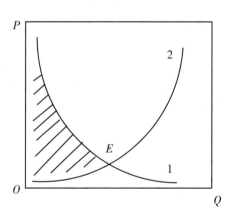

P——商品价格；1——需求曲线；Q——商品数；2——供给曲线；E——均衡点

图 10 - 1　商品供给和需求曲线

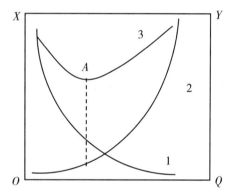

X——费用；1——费用曲线；Y——收益（危害损失费用）；2——收益（危害）曲线；Q——污染物去除量；3——总费用曲线；A——污染损失费与治理费之和的最低点

图 10 - 2　费用—收益分析曲线

10.1.2 代价—利益分析有关的概念

1．"代价"和"利益"的内涵

代价指采用费用，即货币的量纲。环境保护投资是治理环境污染的物质基础。投资主要在四个方面：①污染物的处理和最终处置费；②环境保护活动和监测业务费；③周围受污染区居民解决供水等保护费；④污染了的环境治理和工程废弃时的无害化费等。

如果确定环境保护投资，将涉及国家、地区和企业的财政能力，以及环境质量状况和社会因素等方面。投资比例得当，可取得良好的社会环境保护效益和经济效益。确定环境保护投资问题是政府和经济学家研究的重大课题。利用去污染物的代价—利益分析曲线相加构成的总费用曲线的最低点，确定最佳投资水平。在环境工程中最优化方案的确定，就是采用这种方法。利益即环境保护的"收益"，是指使资源环境和人体减少或避免污染造成损失的费用，表现为化害为利，变损为益。

一般说来，资源、环境和人体健康损害的估价是困难的，不过，按环境工程选址的要求，要尽可能避开专业资源区、矿藏区、风景游览区、名胜古迹和珍贵动植物生长区，这就使代价—利益分析大为简化。环境工程环境经济中侧重对人体健康危害的分析，是环境经济学最优化的要求。

2. 代价—利益分析和代价—效益分析的内涵

代价—利益分析法又称为最优化方法；其目的是确定用于环境保护费用的百分比的最佳值。这一方法从其数学表达式而言是简单的，但实际上涉及的因素很多，甚至包括一些非自然科学因素，因此实际执行起来相当复杂。

代价—效益分析的目的是如何使社会已确定用于环境保护的费用产生最佳的效益。人们为改善环境功能或防止环境恶化采取了各种措施，减少了环境破坏和污染引起的经济损失，给人们带来了效益。这个效益称为环境保护措施的效益。这是环境代价—效益分析的主要对象。公共事业投资、设施运转费就是代价—效益分析中的费用。这些费用是由政府机构和企业承担的。

10.1.3 社会贴现率

代价—效益分析所研究的问题往往需要跨越较长的时间，任何环境保护项目或政策的费用和得到的效益与建设周期、工程项目的使用寿命以及政策的执行时间有关，同时代价与效益的发生时间也不尽相同，见图 10 – 3。

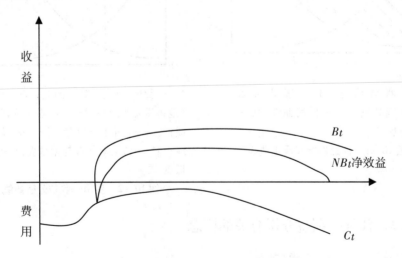

图 10 – 3　项目的代价—效益分析示意图

因此，在代价—效益分析中必须考虑时间因素。在现在就可以得到效益和 10 年以后得到同样的效益之间，人们通常会选择前者。为了便于比较不同时期的代价和效益，经打折扣使它小于现有的代价和效益，用社会贴现率作为折扣的量度。社会贴现率是由国家规定的把未来的各种效益和代价折算成现值，运用社会贴现率把不同时期的代价或效益化为同一水平的现值，使整个时期的代价或效益具有可比性。计算公式如下：

$$PVC = \sum_{t=1}^{t} \frac{C_t}{(1+r)^t} \tag{10.1}$$

$$PVB = \sum_{t=1}^{t} \frac{B_t}{(1+r)^t} \tag{10.2}$$

式中，PVC——总代价的现值；

PVB——总效益的现值；

C_t——第 t 年的费用；

B_t——第 t 年的效益；

r——社会贴现率；

t——时间（以年为单位）。

在每年发生等量的代价或效益情况下，以上公式可以简化为下式：

$$PVC = \frac{(1+r)^t - 1}{r(1+r)^r} C_t \tag{10.3}$$

$$PVB = \frac{(1+r)^t - 1}{r(1+r)^r} B_t \tag{10.4}$$

净效益是扣除费用以后的剩余效益，记作 NB。表达式为：

$$NB = EB - MB - C + DE \tag{10.5}$$

式中，EB——环境效益；

MB——负环境效益；

C——代价；

DE——代价的节约。

若净效益 $NB \geq 0$，表明社会所得大于所失，项目或方案可以接受。若净效益 $NB < 0$，则项目或方案不可取。

若效益和代价发生的时间不同，则需用净现值来评价，计算公式如下：

$$PVNB = PVEB - PVMB - PVC + PVDE \tag{10.6}$$

式中，$PVNB$——净效益的现值；

$PVEB$——环境效益的现值；

$PVMB$——负环境效益的现值；

PVC——代价的现值；

$PVDE$——代价节约的现值。

高贴现率有利于近期获得效益的项目，而低贴现率鼓励人们选择有较长时期净效益的项目，使国家的有限资金得到最佳分配和有效利用。因此，它是一个重要的国家投资决策参数。

10.1.4 代价—效益分析的指标体系

代价—效益分析的比较和评价，常用效费比和净效益两种方法。

①效费比：效费比即效益和代价之比，记作 α，计算公式如下：

$$\alpha = \frac{EB - MB}{C - DE} \qquad (10.7)$$

式中，EB——环境效益；

　　　　MB——负环境效益；

　　　　C——代价；

　　　　DE——代价的节约。

如果效费比 $\alpha \geqslant 1$，说明社会得到的效益大于该项目或方案支出的代价，项目或方案是可以接受的；若 $\alpha < 1$，则该项目或方案支出的代价大于所得的效益，项目或方案应该放弃。

应指出，该项目或方案的负效益是从效益中减去，而不作为代价加在 C 上。例如 $EB = 5$，$MB = 4$，$C = 4$，效费比 $\alpha = (5 - 4)/4 = 0.25$。而不应该按如下计算：$\alpha = 5/(4 + 4) = 0.625$。

效费比的实际含义是单位费用所获的效益，这是十分有用的评价指标。在实际应用中，也有用费效比作为评价指标的，费效比是代价与效益的比，是效费比的倒数。

若项目或方案的效益和代价发生的时间不同，可以用效益的现值与代价的现值进行比较，则效费比 α 为：

$$\alpha = \frac{PVEB - PVMB}{PVC - PVDE} \qquad (10.8)$$

式中符号意义同前。

②净效益：净效益是扣除费用以后的剩余效益，记作 NB，已见公式（10.5）。

若效益和代价发生的时间不同，则需用净现值来评价，计算可按（10.6）式进行计算。

10.2　代价—效益分析的方法

10.2.1　代价—效益分析方法简述

1. 市场价值法（即生产率法）

这种方法将环境看成是生产要素，环境质量的变化导致生产率和生产成本的变化，从而导致产量和利润的变化，而产量和利润是可以用市场价格来计量的。市场价值法就是利用计量因环境质量变化引起的产量和利润的变化来计量环境质量变化的经济效益或经济损失，计算公式如下：

$$L_1 = \sum_{i=1}^{i} P_i \Delta R_i \qquad (10.10)$$

式中，L_1——环境污染或破坏造成产品损失的价值；

　　　　P_i——i 种产品市场价格；

　　　　ΔR_i——i 种产品污染或生态破坏减少的产量。

2. 机会成本法

任何一种自然资源的利用都存在许多相斥的备选方案，为了做出最有效的经济选择，必须找出社会经济效益最大的方案。资源是有限的，选择了这种使用机会就放弃了另一种使用机会，也就失去了后一种获得效益的机会，我们把其他使用方案获得的最大经济效益，称为该资源利用选择方案的机会成本。计算公式如下：

$$L_2 = \sum_{i=1}^{i} S_i W_i \tag{10.11}$$

式中，L_2——资源损失机会成本；

　　　S_i——i 种资源单位机会成本；

　　　W_i——i 种资源损失的数量。

3. 恢复和防护费用法

全面评价环境质量改善的效益，在很多情况下是很困难的。实际上，许多有关环境质量的决策是在缺少对效益进行货币的评价下进行的，对环境质量效益的最低值估计可以从消除或减少有害环境影响的经验中获得。一种资源被破坏了，我们可以把恢复它或防护它不受污染所需要的费用，作为该环境资源被破坏带来的经济损失。计算公式如下：

$$L_3 = \sum_{i=1}^{i} C_i \tag{10.12}$$

式中，L_3——防护或恢复前的污染损失；

　　　C_i——i 项防护或恢复费用。

4. 影子工程法

影子工程是恢复技术的一种特殊形式。影子工程法是在环境破坏以后，人工建造一个工程来代替原来的环境功能。

5. 修正人力资本法或工资损失法

关于环境污染对人的生命、健康的评价问题，至今仍没有一个理想的解决办法。国内外经济学家认为，环境质量变化对人体健康影响的经济损失主要有过早死亡，疾病或疾病造成收入的减少，医疗费用的增加。人力资本法认为一个人的生命价值等于他所创造的价值，即一个人的工资收入减去他的消费开支，剩下的就是个人生产留给社会的财富。这里介绍的修正人力资本法是对人健康损失的一种简单估算，而绝不是对人生命评价。污染引起的健康损失等于损失劳动日所创造的净产值（即按污染地区人均国民收入计算）的医疗费用的总计。计算公式如下：

$$L_4 = p\left[\sum_{i=1}^{i} (a_i \cdot S \cdot t_i) + \sum_{i=1}^{i} (\beta_i \cdot S \cdot t_i) + \sum_{i=1}^{i} (C_i \cdot a_i \cdot S) \right] \tag{10.13}$$

式中，α_i——i 种疾病污染区高于对照区的发病率；

　　　β_i——i 种疾病污染区高于对照区的死亡率；

　　　S——污染区覆盖人口；

　　　t_i——i 种疾病人均失去劳动时间；

　　　P——污染区人均国民收入；

　　　C_i——i 种疾病人均医疗费。

10.2.2　环境代价—效益分析的步骤

环境代价—效益分析的一般步骤见图 10 - 4。

（1）代价—效益分析的首要任务是评估解决某一环境问题各方案的代价和效益，然后通过比较，从中选出净效益最大的方案。因此，首先要弄清代价—效益分析的对象，分析问题所涉及的地域范围，以及弄清楚为解决这一环境问题的各方案所需的时间。

（2）弄清垃圾焚烧产生的烟气、飞灰等污染物释放的途径。

（3）环境功能的分析：环境问题带来的经济损失，是由于环境资源的功能遭到破坏，反过来影响经济活动。环境被破坏或污染了，环境功能就受到了损害，两者之间的定量关系是进行代价—效益分析的关键。

（4）弄清各种方案改善环境的程度：方案改善环境功能的效益取决于方案改善环境的程度，这是方案对比的一个重要依据。

（5）将代价和效益根据各自形成的时间，计算其现值。利用现值进行代价与效益分析，求得净效益的现值，找出净效益现值最大的方案。

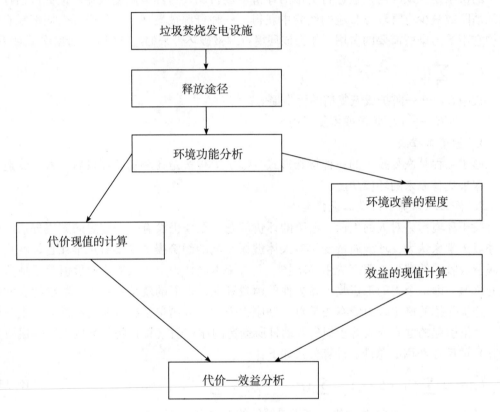

图 10-4 环境代价—效益分析示意图

10.3 垃圾焚烧发电厂社会、经济、环境的代价—效益分析

10.3.1 概述

垃圾焚烧发电的重点是垃圾综合处理而不是发电。我国近年来城市垃圾量与城市人口同步增长，年均增长 6.5% 以上。在一些人口密度高，土地资源非常宝贵，垃圾热值较高的北京、上海、广州、深圳、珠海和宁波等大中城市，利用垃圾发电，已成为这些城市综合利用垃圾资源的重要方式。

垃圾处理的根本目的是减量化、资源化和无害化。首要的是环保性，不能造成环境的污染。垃圾焚烧发电，使其体积减小约90%，质量减少约75%，燃烧产生的热能用于供热发电，消除污染，达到减量化、资源化和无害化的目的。垃圾减量转化为能源是垃圾焚烧发电的突出优点，但如果垃圾发电片面追求经济效益，不仅会造成二次污染，还将严重影响垃圾处理产业的发展。

垃圾焚烧发电产业是环保产业，是以防治环境污染、合理利用资源和改善环境为主要目标的社会公益型产业。我国垃圾焚烧发电厂运行模式有两种：一种完全由政府组织建设，如深圳清水河垃圾发电厂和上海浦东垃圾发电厂等，这些项目从国外引进技术和设备，投资较大，运行成本高，存在经济效益问题，更多是考虑社会效益和环境效益。这种主要依靠政府出资的做法，对大部分城市不易推行。另一种则由企业介入，这种由企业解决城市生活垃圾处理和环保的做法，引起了政府部门和有关企业的高度重视。在产业发展政策中，国家将其列为优先发展产业，在投资、贷款、税收、价格、材料供给等方面给予优惠。如制定财政补贴政策，居民支付垃圾处理费；垃圾发电的上网电量无条件上网，电价与热值的增值税、所得税即征即退政策相联系，这将有力地推动城市垃圾发电行业的迅速发展。

城市垃圾焚烧处理过程中确实存在产生严重的二次污染可能性，若不加规范、限定、监管，这些污染物将对环境产生有害的影响。如垃圾焚烧后排放的烟气达标问题，飞灰的严格处理、处置问题，这将大幅增加城市垃圾处理成本。据了解，按目前国内危险废物飞灰安全处置技术和成本测算，国内一座日处理垃圾500t的发电厂，单独收集、转储、运输、安全填埋处置的年成本在625万元人民币以上，工厂寿期为20年，飞灰处理总费用在1.25亿元人民币以上，1 t/d处理能力飞灰处理总费用在25万元人民币以上。国外目前处理1t生活垃圾焚烧的费用为250~300美元，因此，研究和开发能够达到环保要求并具有较低成本的飞灰处理、处置技术将成为垃圾焚烧处理行业的研究热点。

垃圾处理设施的收益主要来源于垃圾收费和发电上网收入，因此，从运营经济性的观点看，垃圾发电效率只有20%左右，发电上网效率则更低。对城市垃圾进行综合处理是一项兼经济、生态双重效益的事业。城市垃圾含有大量资源成分，利用被回收的资源不仅能节约原生资源和满足资源开发中的能源需求，而且垃圾焚烧还能提供热量。据测算，我国年产垃圾量约1.14×10^8t，焚烧获得的热能相当于1.34×10^7t石油的能量，按垃圾平均发热量4 600kJ/kg计算，全国每年产生的生活垃圾所含能量可折合成约4.0×10^6t标准煤，并且能够减少污染。一座城市的垃圾就像一座低品位的露天煤矿，可以无限制地开发。根据资料数据，直接焚烧发电和综合处理的投资总额之比为1.15：1。对城市垃圾进行综合处理不仅能带来原料、动力所生产的经济效益，还可以对城市植树绿化需要的土壤进行追肥，目前堆肥的市场价格约1 000元/吨。我国每年环保投入已超过1 000亿元，面对这项"朝阳产业"，我国政策和有关行业应抓住机遇，使垃圾焚烧发电产业形成一个前景广阔的新兴产业——环境工程产业。

10.3.2 垃圾焚烧烟气和飞灰中二噁英电子束辐照处理的代价—效益分析

1. 数模计算与实验研究

用电子束辐照二噁英，电子束能量约为0.3Mev，束流约为40mA，辐照剂量约为10kGy，辐照烟气体积为1 000Nm³/h。对垃圾焚烧烟气中PCDDs和PCDFs采用电子束辐照法，研究电子束的辐照剂量与降解效率的关系，结果如图 10-5 所示：

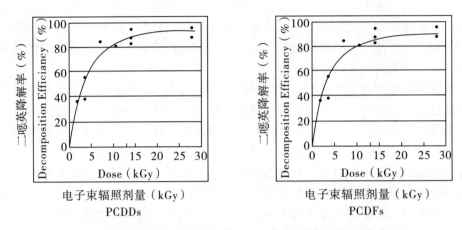

图 10-5　电子束辐照剂量与 PCDDs 和 PCDFs 降解率之间的关系

从图 10-5 可见，辐照剂量 10kGy 时，烟气中二噁英降解效率约 90%，当辐照剂量为 27kGy 时，降解效率达 97%。

选取电子束能量为 1.8Mev，束流强度为 1.5mA，辐照剂量为 0.35kGy/s，辐照总剂量为 30kGy，飞灰中二噁英降解率达 90%。

2. 电子加速器辐照的费用分析

电子加速器辐照的费用分析在很大程度上取决于加速器的容量和运行的效率。

电子加速器辐照的费用可由下式计算：

$$\eta = \frac{1}{3.6 \times 10^3} \cdot \frac{P \cdot D \cdot G}{f} \tag{10.14}$$

式中，η——吸收剂量 D（kGy）照射 G（kg）物质所需的费用（元）；

　　　P——加速器电功率为 1kW·h（度）所需的费用（元）；

　　　f——能量利用系数，对电子：$f = 60\% \sim 75\%$；

　　　D——被照射物质的吸收剂量（kGy）；

　　　3.6×10^3——单位换算系数。

实例：设 $P = 0.7$ 元/度，取 $f = 65\%$，$D = 10$kGy，若被照物质为 1kg，则 $\eta = 0.003$ 元；若被照物质为 1t，则 $\eta = 3$ 元。

实践表明，用电子束辐照费用比常规的化学方法处理垃圾的成本可降低 1/3。

参考文献

[1] 汪玉林主编. 垃圾发电技术及工程实例. 北京：化学工业出版社，2003.

[2] 胡桂川，朱新才，周雄. 垃圾焚烧发电与二次污染控制技术. 重庆：重庆大学出版社，2012.

[3] 陆书玉. 环境影响评价. 北京：高等教育出版社，2005.

[4] HIROTA K, HAKODA T, TAGUCHI M, et al. Application of electron beam for the reduction of PCDD/F emission from municipal solid waste incinerators. Environmental Science & Technology, 2003 (37).

附　录

证 书 号 第 1643458 号

发明专利证书

发 明 名 称：垃圾焚烧发电厂电子束辐照降解二噁英装置及方法

发 明 人：张春淼;沈沙亭;张杰;郑冬琴;钟伟荣

专 利 号：ZL 2012 1 0499370.5

专利申请日：2012年11月28日

专 利 权 人：暨南大学;广东恒健投资控股有限公司

授权公告日：2015年04月22日

　　本发明经过本局依照中华人民共和国专利法进行审查，决定授予专利权，颁发本证书
并在专利登记簿上予以登记。专利权自授权公告之日起生效。

　　本专利的专利权期限为二十年，自申请日起算。专利权人应当依照专利法及其实施细
则规定缴纳年费。本专利的年费应当在每年11月28日前缴纳。未按照规定缴纳年费的，
专利权自应当缴纳年费期满之日起终止。

　　专利证书记载专利权登记时的法律状况。专利权的转移、质押、无效、终止、恢复和
专利权人的姓名或名称、国籍、地址变更等事项记载在专利登记簿上。

局长
申长雨

说　明　书

垃圾焚烧发电厂电子束辐照降解二噁英装置及方法

技术领域

本发明涉及采用电子束辐照技术对垃圾焚烧发电厂产生的二噁英进行降解的装置及方法。

背景技术

垃圾焚烧发电已成为城市垃圾处理的主要手段之一，但因垃圾焚烧会对大气环境造成二次污染，特别是垃圾焚烧过程中产生有毒物质二噁英，极大地限制了垃圾焚烧发电产业的发展，如何减少或去除焚烧过程中产生的二噁英，是当前急需解决的重大环境问题。

二噁英类是指含有2个或1个氧键连结2个苯环的含氯有机化合物（又称异构体）。由一个氧原子联合2个被氯原子取代的苯环，每个苯环上都取代1~4个氯原子，形成135种异构体，称多氯代二苯并呋喃（Polychlorinated dibenzo-furans，简称PCDFs）。由2个氧原子联合2个被氯原子取代的苯环，每个苯环都可取代1~4个氯原子，形成75种异构体，称多氯代二苯并二噁英（Polychlorinated dibenzo-p-dioxins，简称PCDDs）。PC-DFs和PCDDs统称二噁英类（Dioxins），共有210种异构体。各种异构体毒性差异很大，其中2，3，7，8-TCDD毒性最强。国际上通常以毒性当量（TEQ）来评价二噁英类总毒性，即各异构体的含量与其毒性当量因子（TEF）的乘积累加而得，即

$$TEQ = \sum （二噁英异构体浓度 \times TEF）$$

辐照技术是使用钴源产生的 γ 射线或电子束等放射性射线对物质进行照射，通过具有能量的射线和物质的相互作用，使得物质的性质发生改变。相对于钴源辐照，电子束辐照具有可控性好、效率高等优点，因此在工业化生产上得到广泛的应用。近些年，电子束辐照技术也被应用在环保领域，如污泥、污水的处理等。也有一些研究应用电子束辐照处理焚烧炉烟气中的硫化物和氮化物。对于电子束辐照技术降解垃圾焚烧所产生的二噁英，相关报道比较少。

发明内容

本发明要解决的技术问题是提供垃圾焚烧发电厂电子束辐照降解二噁英的装置及方法，首先收集垃圾焚烧发电厂产生的飞灰，对飞灰中二噁英进行抽提处理后，将其放置于电子加速器产生的电子束下进行辐照处理，二噁英辐照降解率高达90%。

为了解决上述技术问题，本发明装置采用以下技术方案：垃圾焚烧发电厂电子束辐照降解二噁英装置，包括电子加速器、照射窗口以及放置在样品台上的辐照样品，所述辐照样品含有二噁英分子；电子加速器产生的电子束通过照射窗口辐射到辐照样品上，从而使电子束与二噁英分子相互作用，完成对二噁英的降解；电子束能量为1.5~3MeV，束流强度为1~30mA，辐照剂量率为0.1~0.7kGy/s，辐照总剂量为15~60kGy。

为了解决上述技术问题，本发明方法采用以下技术方案：垃圾焚烧发电厂电子束辐照降解二噁英方法，包括以下步骤：①采用电子加速器产生的电子束能量对含有二噁英

分子的辐照样品进行辐照；②使电子束与二噁英分子相互作用，完成对二噁英的降解；所述电子加速器产生的电子束能量为 1.5 ~ 3MeV，束流强度为 1 ~ 30mA，辐照剂量率为 0.1 ~ 0.7kGy/s，辐照总剂量为 15 ~ 60kGy。

其中，步骤①中电子加速器产生的电子束能量为 1.8MeV，束流强度为 1.5mA，剂量率为 0.35kGy/s，总剂量为 30kGy。步骤②所述对二噁英的降解过程为：二噁英分子形成激发态分子，当激发态分子能量大于化学键能时，导致化学键断裂，发生分子结构的重排或错位；当辐照样品含有水分时，电子束与水分子相互作用，生成自由基；所述自由基为 OH^*、H^* 和/或 e_{aq}^-。步骤②所述电子束与水分子相互作用的化学式如下：

$$H_2O \xrightarrow{\text{电离辐射}} e_{aq}^-(2.7) + H^*(0.55) + OH^*(2.7) + H_2(0.45) + H_2O_2(0.71) + H_3O^+(2.7)$$

式中括号内的数字表示辐射化学产额，即反应体系中平均每吸收 100 eV 辐射能量时，水中产生各种自由基的数量。

与化学法等传统技术相比，本发明采用电子束辐照降解二噁英的装置及方法具有下列优点：

（1）电子束辐照是清洁的处理方式，可避免二次污染。

（2）电子束辐照法是一种冷处理方法，可避免在降温过程中二噁英的再次生成。

（3）效率高，最终的二噁英辐照降解率达到 90%。

（4）安全环保，辐照室通过合理设计、施工和严格使用管理，作业时完全可以避免电子射线泄漏，加速器断电即切断辐射源，安全可靠。

（5）虽然电子束辐照法初期投资要比常规方法费用高些，但它辐照耗能小，操作运行费较低，能量利用率高，加工速度快，因此电子束辐照法比传统方法的处理成本低。

（6）采用辐照飞灰而非辐照烟气的方法，可以大大减少所需的加速器台数，降低成本，使加速器束流利用效率更高。

具体实施方式

下面结合实施例及附图（见图 1 和图 2）对本发明作进一步详细的描述，但本发明的实施方式不限于此。

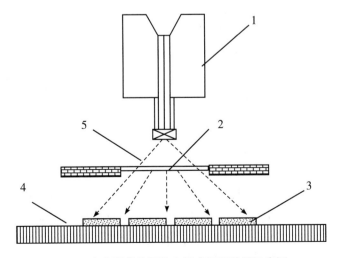

图 1　本发明所使用的电子束辐照装置示意图

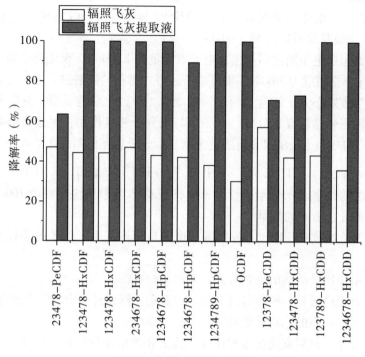

图 2 辐照降解率示意图

如图 1 所示，本发明装置包括电子加速器 1、照射窗口 2 以及放置在样品台 4 上的辐照样品 3，辐照样品含有二噁英分子，电子加速器 1 产生的高速电子束 5 通过照射窗口 2 辐射到辐照样品 3 上，从而使高能电子束 5 与二噁英分子相互作用，完成对二噁英的降解。电子加速器与样品台之间的照射距离越大，照射面积越大，剂量率也就越低，本实施例采用的是照射距离为 50cm，照射面积为 1.2m²。

电子束辐照降解二噁英类的机理是：当高能电子束与二噁英分子相互作用时，二噁英分子形成激发态分子，当激发态分子能量大于化学键能时，会导致化学键断裂，发生分子结构的重排或错位而被除去。当被照射的物质（即辐照样品）含有一定水分时，高能电子束与水分子相互作用，生成各种自由基（OH^*、H^*、e_{aq}^- 等），如下式所示：

$$H_2O \xrightarrow{\text{电离辐射}} e_{aq}^-(2.7) + H^*(0.55) + OH^*(2.7) + H_2(0.45) + H_2O_2(0.71) + H_3O^+(2.7)$$

式中括号内的数字表示辐射化学产额，是指反应体系中平均每吸收 100 eV 辐射能量时，水中产生各种自由基的数量。e_{aq}^- 为水合电子，是强还原性粒子，OH^* 自由基是强氧化性粒子，H^* 自由基是粒子，H_2O_2 是强氧化剂。这些自由基是高活性物质，是强氧化性粒子或还原性粒子，能迅速与水体中的有机物反应，从而达到降解二噁英的目的。

电子束能量的选取取决于辐照样品的厚度。照射的时间 = 照射总剂量/照射剂量率，在总剂量一定的情况下，剂量率越低，需要照射的时间越长。本发明辐照所用参数可以在以下范围内：电子束能量为 1.5～3MeV，束流强度为 1～30mA，辐照剂量率为 0.1～0.7kGy/s，辐照总剂量为 15～60kGy。当电子束能量为 1.8MeV，束流强度为 1.5mA，剂量率为 0.35kGy/s，总剂量为 30kGy 时，飞灰中二噁英类降解率达 90%。

　　上述实施例为本发明较佳的实施方式，但本发明的实施方式并不受上述实施例的限制，其他的任何未背离本发明的精神实质与原理下所作的改变、修饰、替代、组合、简化，均应为等效的置换方式，都包含在本发明的保护范围之内。

权 利 要 求 书

一、垃圾焚烧发电厂电子束辐照降解二噁英装置，其特征在于：包括电子加速器、照射窗口以及放置在样品台上的辐照样品，所述辐照样品含有二噁英分子；电子加速器产生的电子束通过照射窗口辐射到辐照样品上，从而使电子束与二噁英分子相互作用，完成对二噁英的降解；电子束能量为 1.5~3MeV，束流强度为 1~30mA，辐照剂量率为 0.1~0.7kGy/s，辐照总剂量为 15~60kGy。

二、根据权利要求一所述的垃圾焚烧发电厂电子束辐照降解二噁英装置，其特征在于，所述电子束能量为 1.8MeV，束流强度为 1.5mA，剂量率为 0.35kGy/s，总剂量为 30kGy。

三、根据权利要求 1 所述的垃圾焚烧发电厂电子束辐照降解二噁英装置，其特征在于，所述电子加速器与样品台之间的照射距离为 50cm，照射面积为 $1.2m^2$。

四、根据权利要求 1 所述的垃圾焚烧发电厂电子束辐照降解二噁英装置，其特征在于，所述对二噁英的降解过程为：二噁英分子形成激发态分子，当激发态分子能量大于化学键能时，导致化学键断裂，发生分子结构的重排或错位。

五、根据权利要求四所述的垃圾焚烧发电厂电子束辐照降解二噁英装置，其特征在于，对二噁英的降解过程中，当辐照样品含有水分时，电子束与水分子相互作用，生成自由基；所述自由基为 OH^*、H^* 和 e_{aq}^-。

六、根据权利要求五所述的垃圾焚烧发电厂电子束辐照降解二噁英装置，其特征在于，所述电子束与水分子相互作用的化学式如下：

$$H_2O \xrightarrow{\text{电离辐射}} e_{aq}^-(2.7) + H^*(0.55) + OH^*(2.7) + H_2(0.45) + H_2O_2(0.71) + H_3O^+(2.7)$$

式中括号内的数字表示辐射化学产额，即反应体系中平均每吸收 100 eV 辐射能量时，水中产生各种自由基的数量。

七、垃圾焚烧发电厂电子束辐照降解二噁英方法，其特征在于，包括以下步骤：

①采用电子加速器产生的电子束能量对含有二噁英分子的辐照样品进行辐照。

②使电子束与二噁英分子相互作用，完成对二噁英的降解。

所述电子加速器产生的电子束能量为 1.5~3MeV，束流强度为 1~30mA，辐照剂量率为 0.1~0.7kGy/s，辐照总剂量为 15~60kGy。

八、根据权利要求七所述的垃圾焚烧发电厂电子束辐照降解二噁英方法，其特征在于，步骤①中电子加速器产生的电子束能量为 1.8MeV，束流强度为 1.5mA，剂量率为 0.35kGy/s，总剂量为 30kGy。

九、根据权利要求七所述的垃圾焚烧发电厂电子束辐照降解二噁英方法，其特征在于，步骤②所述对二噁英的降解过程为：二噁英分子形成激发态分子，当激发态分子能量大于化学键能时，导致化学键断裂，发生分子结构的重排或错位；当辐照样品含有水分时，电子束与水分子相互作用，生成自由基；所述自由基为 OH^*、H^* 和 e_{aq}^-。

十、根据权利要求九所述的垃圾焚烧发电厂电子束辐照降解二噁英方法，其特征在于，步骤②所述电子束与水分子相互作用的化学式如下：

$$H_2O \xrightarrow{\text{电离辐射}} e_{aq}^-(2.7) + H^*(0.55) + OH^*(2.7) + H_2(0.45) + H_2O_2(0.71) + H_3O^+(2.7)$$

式中括号内的数字表示辐射化学产额，即反应体系中平均每吸收 100 eV 辐射能量时，水中产生各种自由基的数量。